高职高专"十三五"规划教材

煤矿安全技术与风险预控管理

主　编　邱　阳　刘仁路
副主编　刘　聪　林　友

U0319840

北　京
冶金工业出版社
2016

内 容 提 要

本书从煤矿安全生产工作的实际需要出发，系统介绍了煤炭工业企业通识性安全技术，煤矿瓦斯、矿尘、水灾、火灾、顶板、机电等方面安全事故发生的原因、危害和预防措施等，并阐述了煤矿事故调查与处理的方法。此外，本书还特别介绍了煤矿安全避险"六大系统"和煤矿安全风险预控管理的相关知识。

本书可用作高等职业教育和职业培训教材，也可供从事煤矿开采的工程技术人员参考。

图书在版编目（CIP）数据

煤矿安全技术与风险预控管理/邱阳，刘仁路主编. —北京：
冶金工业出版社，2016.1
高职高专"十三五"规划教材
ISBN 978-7-5024-7130-9

Ⅰ.①煤… Ⅱ.①邱… ②刘… Ⅲ.①煤矿—矿山安全—
风险管理—高等职业教育—教材 Ⅳ.①TD7

中国版本图书馆 CIP 数据核字（2016）第 010523 号

出 版 人 谭学余
地 址 北京市东城区嵩祝院北巷 39 号 邮编 100009 电话 (010)64027926
网 址 www.cnmip.com.cn 电子信箱 yjcbs@cnmip.com.cn
责任编辑 王雪涛 宋 良 美术编辑 吕欣童 版式设计 葛新霞
责任校对 石 静 责任印制 牛晓波
ISBN 978-7-5024-7130-9
冶金工业出版社出版发行；各地新华书店经销；三河市双峰印刷装订有限公司印刷
2016 年 1 月第 1 版，2016 年 1 月第 1 次印刷
787mm×1092mm 1/16；25 印张；609 千字；388 页
45.00 元

冶金工业出版社 投稿电话 (010)64027932 投稿信箱 tougao@cnmip.com.cn
冶金工业出版社营销中心 电话 (010)64044283 传真 (010)64027893
冶金书店 地址 北京市东四西大街46号(100010) 电话 (010)65289081(兼传真)
冶金工业出版社天猫旗舰店 yjgycbs.tmall.com
（本书如有印装质量问题，本社营销中心负责退换）

前　言

　　煤炭是我国储量最为丰富的矿产资源之一，位居世界第三，中国"富煤、贫油、少气"的地质条件，决定了煤炭在我国能源供给和消费的主导地位，煤炭在一次能源生产和消费中所占比重保持在70%左右。煤炭无可置疑地是我国重要的基础产业，关系到国家能源安全和国民经济命脉，长期影响电力、化工、冶金、建材等下游产业的发展。在未来相当长的时间内，我国以煤炭为主的能源结构不会发生根本性变化。

　　煤矿开采属高危作业，是典型的劳动强度高、从业危险性高、事故发生率高的"三高"行业。安全生产是安全与生产的统一，事关国家和人民利益，事关社会安定和谐，是社会经济可持续发展的最基本要求。由于我国煤矿大多属井工开采，地质条件复杂，工作空间狭窄，环境恶劣，除具有一般工业企业安全隐患外，还存在瓦斯、矿尘、水、火、顶板冒落五大自然灾害的威胁；同时，煤矿开采需要地下移动作业，还存在点多、面广、线长、流动性大和可预见性差等特点。因此，煤矿开采始终是国家安全生产重点监管的行业。

　　煤矿安全生产离不开广大从业人员安全意识的提高，更离不开安全知识、技能和安全管理方法的掌握。国家对煤矿安全生产高度重视，随着一些产业政策和安全强制标准的推行，煤矿安全状况逐年好转，但与发达国家相比差距仍然十分明显，如英国和澳大利亚的煤矿已实现零伤亡。在新形势下，要提升煤矿安全生产水平，必先提高煤矿从业人员的安全技术和管理能力，而学习和培训是最重要的方式。

　　工欲善其事，必先利其器。选编好教材是搞好学习、培训的重要基础。《煤矿安全技术与风险预控管理》的编写从技术与管理两个维度出发，在总结前辈编写的教材基础上，结合多年的教学、设计和生产实践经验，以现代职业教育理念为先导，构建教材框架，重点突出实用性和操作性，力求做到在编排上深入浅出、主次得当；在内容选择上体现先进性和系统性；在使用上力求通俗易懂和图文并茂。

《煤矿安全技术与风险预控管理》初稿于2013年中期完成，作为讲义已在昆明冶金高等专科学校的煤矿开采技术专业教学中实践了三届，得到了教学和实践经验丰富的教授和行业专家们的审阅和指点，几经修改，终成正稿。

全书共分10章：第1章介绍工业企业的通识性安全技术；第2章至第7章着重阐述煤矿瓦斯、矿尘、水、火、顶板、机电方面的安全基础知识，第8章结合现行煤炭产业政策介绍安全避险"六大系统"的建设；第9章简要阐述煤矿事故调查与处理的方法；第10章简述构建煤矿安全风险预控管理体系的相关知识。

全书由邱阳、刘仁路任主编，刘聪、林友任副主编。第1章由林友编写；第2章、第3章、第9章由刘仁路编写；第6章、第8章、第10章由邱阳编写；第4章、第5章由刘聪编写，第7章由卢萍编写。刘聪、卢萍、赵玉着、郭云锐等做了大量资料整理和校对工作。

本书主要作为高职高专类院校及中等专业学校煤矿开采技术专业的教学用书，建议讲授学时为90学时。

本书的编审、出版，得到多个单位、专家的支持和帮助，以及冶金工业出版社的大力支持。同时，本书还参考和引用了专家学者的专著、教材和论文等文献内容，在此表示衷心的感谢！

由于作者水平有限，书中难免存在不足之处，敬请读者批评指正。

编者

2015 年 10 月 3 日

目　录

1 通识安全技术

煤矿属于工业企业，在安全技术方面既具有工业企业的一般属性，又有煤炭企业的特殊性，如瓦斯、煤尘、火灾等。本章从工业企业角度介绍通识性安全技术。

1.1 安全技术概述

安全技术是指在生产过程中为防止各种伤害，以及火灾、爆炸等事故，并为职工提供安全、良好的劳动条件而采取的各种技术措施。

安全技术措施的目的是通过改进安全设备、作业环境或操作方法，将危险作业改进为安全作业，将笨重劳动改进为轻便劳动，将手工操作改进为机械操作。

安全技术的任务包括：分析造成各种事故的原因，研究防止各种事故的办法，提高设备的安全性，研讨新技术、新工艺、新设备的安全措施。各种安全技术措施都是根据变危险作业为安全作业、变笨重劳动为轻便劳动、变手工操作为机械操作的原则，通过改进安全设备、作业环境或操作方法，达到安全生产的目的。

安全技术主要包括：分析造成各种事故的原因，研究防止各种事故的办法，提高设备的安全性，研讨新技术、新工艺、新设备的安全措施。

安全技术措施的内容很多，例如，在电气设备和机械传动部位设置安全保护装置，在压力容器上设置保险装置，用辅助设备减轻繁重劳动或危险操作，为高空和水下作业设置防护装置等等。

1.2 事 故 详 解

参照《企业职工伤亡事故分类标准》（GB 6441—1986），事故类别包括物体打击、车辆伤害、机械伤害、起重伤害、触电、淹溺、灼烫、火灾、高处坠落、坍塌、冒顶片帮、透水、放炮、瓦斯爆炸、火药爆炸、锅炉爆炸、容器爆炸、其他爆炸、中毒和窒息及其他伤害共20类。对其进行详解如下：

（1）物体打击，指失控物体的惯性力造成的人身伤害事故。如落物、滚石、锤击、碎裂、崩块、砸伤等造成的伤害，不包括爆炸、主体机械设备、车辆、起重机械、坍塌等引发的物体打击。

（2）车辆伤害，指本企业机动车辆引起的机械伤害事故。如机动车辆在行驶中的挤、压、撞车或倾覆等事故，在行驶中上下车、搭乘矿车或放飞车引起的事故，以及车辆运输挂钩、跑车事故。

（3）机械伤害，指机械设备与工具引起的绞、辗、碰、割、戳、切等伤害。如工件或刀具飞出伤人，切屑伤人，手或身体被卷入，手或其他部位被刀具碰伤，被转动的机构缠压住等。常见伤害人体的机械设备有皮带运输机、球磨机、行车、卷扬机、干燥车、气锤、车床、辊筒机、混砂机、螺旋输送机、泵、压模机、灌肠机、破碎机、推焦机、榨油机、硫化机、卸车机、离心机、搅拌机、轮碾机、制毡撒料机、滚筒筛等。但属于车辆、起重设备的情况除外。

（4）起重伤害，指从事起重作业时引起的机械伤害事故。包括各种起重作业引起的机械伤害，但不包括触电、检修时制动失灵引起的伤害、上下驾驶室时引起的坠落式跌倒。

起重伤害事故是指在进行各种起重作业（包括吊运、安装、检修、试验）中发生的重物（包括吊具、吊重或吊臂）坠落、夹挤、物体打击、起重机倾翻、触电等事故。

起重伤害事故形式如下：

1）重物坠落。吊具或吊装容器损坏、物件捆绑不牢、挂钩不当、电磁吸盘突然失电、起升机构的零件故障（特别是制动器失灵、钢丝绳断裂）等都会引发重物坠落。处于高位置的物体具有势能，当坠落时，势能迅速转化为动能，上吨重的吊载意外坠落，或起重机的金属结构件破坏、坠落，都可能造成严重后果。

2）起重机失稳倾翻。起重机失稳有两种类型：一是由于操作不当（例如超载、臂架变幅或旋转过快等）、支腿未找平或地基沉陷等原因使倾翻力矩增大，导致起重机倾翻；二是由于坡度或风载荷作用，使起重机沿路面或轨道滑动，导致脱轨翻倒。

3）挤压。起重机轨道两侧缺乏良好的安全通道或与建筑结构之间缺少足够的安全距离，使运行或回转的金属结构机体对人员造成夹挤伤害；运行机构的操作失误或制动器失灵引起溜车，造成碾压伤害等。

4）高处跌落。人员在离地面大于 2m 的高度进行起重机的安装、拆卸、检查、维修或操作等作业时，从高处跌落造成的伤害。

5）触电。起重机在输电线附近作业时，其任何组成部分或吊物与高压带电体距离过近，感应带电或触碰带电物体，都可以引发触电伤害。

6）其他伤害。其他伤害是指人体与运动零部件接触引起的绞、碾、戳等伤害；液压起重机的液压元件破坏造成高压液体的喷射伤害；飞出物件的打击伤害；装卸高温液体金属、易燃易爆、有毒、腐蚀等危险品，由于坠落或包装捆绑不牢破损引起的伤害等。

（5）触电，指电流流经人体，造成生理伤害的事故。适用于触电、雷击伤害。如人体接触带电的设备金属外壳或裸露的临时线，漏电的手持电动手工工具；起重设备误触高压线或感应带电；雷击伤害；触电坠落等事故。

（6）淹溺，指因大量水经口、鼻进入肺内，造成呼吸道阻塞，发生急性缺氧而窒息死亡的事故。适用于船舶、排筏、设施在航行、停泊、作业时发生的落水事故。

（7）灼烫，指强酸、强碱溅到身体引起的灼伤，或因火焰引起的烧伤，高温物体引起的烫伤，放射线引起的皮肤损伤等事故。适用于烧伤、烫伤、化学灼伤、放射性皮肤损伤等伤害。不包括电烧伤以及火灾事故引起的烧伤。

（8）火灾，指造成人身伤亡的企业火灾事故。不适用于非企业原因造成的火灾，比如，居民火灾蔓延到企业。此类事故属于消防部门统计的事故。

（9）高处坠落，指由于危险重力势能差引起的伤害事故。适用于脚手架、平台、陡壁施工等高于地面的坠落，也适用于山地面踏空失足坠入洞、坑、沟、升降口、漏斗等情况，但排除以其他类别为诱发条件的坠落。如高处作业时，因触电失足坠落应定为触电事故，不能按高处坠落划分。

（10）坍塌，指建筑物、构筑、堆置物等倒塌以及土石塌方引起的事故。适用于因设计或施工不合理而造成的倒塌，以及土方、岩石发生的塌陷事故。如建筑物倒塌，脚手架倒塌，挖掘沟、坑、洞时土石的塌方等情况。不适用于矿山冒顶片帮事故，或因爆炸、爆破引起的坍塌事故。

（11）冒顶片帮，指矿井工作面、巷道侧壁由于支护不当、压力过大造成的坍塌，称为片帮；顶板垮落为冒顶。二者常同时发生，简称为冒顶片帮。适用于矿山、地下开采、掘进及其他坑道作业发生的坍塌事故。

（12）透水，指矿山、地下开采或其他坑道作业时，意外水源带来的伤亡事故。适用于井巷与含水岩层、地下含水带、溶洞或与被淹巷道、地面水域相通时，涌水成灾的事故。不适用于地面水害事故。

（13）放炮，指施工时，放炮作业造成的伤亡事故。适用于各种爆破作业。如采石、采矿、采煤、开山、修路、拆除建筑物等工程进行的放炮作业引起的伤亡事故。

（14）瓦斯爆炸，是指可燃性气体瓦斯、煤尘与空气混合形成了达到燃烧极限的混合物，接触火源时引起的化学性爆炸事故。主要适用于煤矿，同时也适用于空气不流通，瓦斯、煤尘积聚的场合。

（15）火药爆炸，指火药与炸药在生产、运输、储藏的过程中发生的爆炸事故。适用于火药与炸药生产在配料、运输、储藏、加工过程中，由于振动、明火、摩擦、静电作用，或因炸药的热分解作为，储藏时间过长或因存药过多发生的化学性爆炸事故，以及熔炼金属时，废料处理不净，残存火药或炸药引起的爆炸事故。

（16）锅炉爆炸，指锅炉发生的物理性爆炸事故。适用于使用工作压力大于 0.7 大气压（0.07MPa）以水为介质的蒸汽锅炉（以下简称锅炉），但不适用于铁路机车、船舶上的锅炉以及列车电站和船舶电站的锅炉。

（17）容器爆炸。容器（压力容器的简称）是指比较容易发生事故，且事故危害性较大的承受压力载荷的密闭装置。容器爆炸是压力容器破裂引起的气体爆炸，即物理性爆炸，包括容器内盛装的可燃性液化气在容器破裂后立即蒸发，与周围的空气混合形成爆炸性气体混合物，遇到火源时产生的化学爆炸，也称容器的二次爆炸。

（18）其他爆炸。凡不属于上述爆炸的事故均列为其他爆炸事故，如：

1）可燃性气体如煤气、乙炔等与空气混合形成的爆炸；

2）可燃蒸气与空气混合形成的爆炸性气体混合物，如汽油挥发气引起的爆炸；

3）可燃性粉尘以及可燃性纤维与空气混合形成的爆炸性气体混合物引起的爆炸；

4）间接形成的可燃气体与空气相混合，或者可燃蒸气与空气相混合（如可燃固体、自燃物品，其受热、水、氧化剂的作用迅速反应，分解出可燃气体或蒸气与空气混合形成爆炸性气体），遇火源爆炸的事故。

炉膛爆炸，钢水包、亚麻粉尘的爆炸，都属于上述爆炸，亦均属于其他爆炸。

（19）中毒和窒息，指人接触有毒物质。如误吃有毒食物或呼吸有毒气体引起的人体急性中毒事故；或在废弃的坑道、暗井、涵洞、地下管道等不通风的地方工作，因为氧气缺乏，有时会发生突然晕倒，甚至死亡的事故，称为窒息。两种现象合为一体，称为中毒和窒息事故。不适用于病理变化导致的中毒和窒息的事故，也不适用于慢性中毒的职业病导致的死亡。

（20）其他伤害。凡不属于上述伤害的事故均称为其他伤害，如扭伤、跌伤、冻伤、野兽咬伤、钉子扎伤等。

1.3　安全技术措施

1.3.1　安全技术措施遵循的原则

安全技术对策措施的原则是优先应用无危险或危险性较小的工艺和物料，广泛采用综合机械化、自动化生产装置（生产线）和自动化监测、报警、排除故障和安全连锁保护等装置，实现自动化控制、遥控或隔离操作。尽可能防止操作人员在生产过程中直接接触可能产生危险因素的设备、设施和物料，使系统在人员误操作或生产装置（系统）发生故障的情况下也不会造成事故的综合措施，是应优先采取的对策措施。

根据安全技术措施等级顺序的要求，应遵循以下原则：

（1）消除。通过合理的设计和科学的管理，尽可能从根本上消除危险、有害因素；如采用无害工艺技术，生产中以无害物质代替有害物质，实现自动化作业、遥控技术等。

（2）预防。当消除危险、有害因素有困难时，可采取预防性技术措施，预防危险、危害的发生；如使用安全阀、安全屏护、漏电保护装置、安全电压、熔断器、防爆膜、事故排放装置等。

（3）减弱。在无法消除危险、有害因素和难以预防的情况下，可采取减少危险、危害的措施，如局部通风排毒装置、生产中以低毒性物质代替高毒性物质、降温措施、避雷装置、消除静电装置、减振装置、消声装置。

（4）隔离。在无法消除、预防、减弱的情况下，应将人员与危险、有害因素隔开，并将不能共存的物质分开，如遥控作业、安全罩、防护屏、隔离操作室、安全距离、事故发生时的自救装置（如防护服、各类防毒面具）等。

（5）连锁。当操作者失误或设备运行达到危险状态时，应通过连锁装置终止危险、危害发生。

（6）警告。在易发生故障和危险性大的地方，配置醒目的安全色、安全标志；必要时设置声、光或声光组合报警装置。

1.3.2　安全技术对策措施

1.3.2.1　厂址及厂区平面布局的对策措施

A　项目选址

选址时，除考虑建设项目的经济性和技术合理性并满足工业布局和城市规划要求外，在安全方面应重点考虑地质、地形、水文、气象等自然条件对企业安全生产的影响和企业与周边区域的相互影响。

例如，根据区域内工厂和装置的火灾、爆炸危险性分类，考虑地形、风向等条件进行合理布置，以减少相互间的火灾爆炸的威胁；易燃易爆的生产区沿江河岸边布置时，宜位于邻近江河的城镇、重要桥梁、大型锚地、船厂、港区、水源等重要建筑物或构筑物的下游，并采取防止可燃液体流入江河的有效措施；公路、地区架空电力线路或区域排洪沟严禁穿越厂区，与相邻的工厂或设施的防火间距应符合《建筑设计防火规范》（GB 50016—2006）（2001 年修订版）、《石油化工企业设计防火规范》（GB 50160—2008）（1999 年修订版）等有关标准的规定，危险、危害性大的工厂企业应位于危险、危害性小的工厂企业全年主导风向的下风侧或最小频率风向的上风侧；使用或生产有毒物质、散发有害物质的工厂企业应位于城镇和居住区全年主导风向的下风侧或最小频率风向的上风侧；有可能对河流、地下水造成污染的生产装置及辅助生产设施，应布置在城镇、居住区和水源地的下游及地势较低地段（在山区或丘陵地区应避免布置在窝风地带）；产生高噪声的工厂应远离噪声敏感区（居民、文教、医疗区等），并位于城镇居民集中区的夏季最小风频风向的上风侧，对噪声敏感的工业企业应位于周围主要噪声源的夏季最小风频风向的下风侧；建设项目不得建在开放型放射工作单位的防护检测区和核电厂周围的限制区内；按建设项目的生产规模、产生危险、有害因素的种类和性质、地区平均风速等条件，与居住区的最短距离，应不小于规定的卫生防护距离；与爆炸危险单位（含生产爆破器材的单位）应保持规定的安全距离等。

B 厂区平面布置

在满足生产工艺流程、操作要求、使用功能需要和消防、环保要求的同时，主要从风向、安全（防火）距离、交通运输安全和各类作业、物料的危险、危害性出发，在平面布置方面采取对策措施。

例如，全厂性污水处理场及高架火炬等设施，宜布置在人员集中场所及明火或散发火花地点的全年最小风频风向的上风侧；空气分离装置，应布置在空气清洁地段并位于散发乙炔、其他烃类气体、粉尘等场所的全年最小风频风向的下风侧；液化烃或可燃液体罐组，不应毗邻布置在高于装置、全厂性重要设施或人员集中场所的阶梯上，并且不宜紧靠排洪沟；当厂区采用阶梯式布置时，阶梯间应有防止泄漏液体漫流措施；设置环形通道，保证消防车、急救车顺利通过可能出现事故的地点；易燃、易爆产品的生产区域和仓储区域，根据安全需要设置限制车辆通行或禁止车辆通行的路段；道路净空高度不得小于 5m；厂内铁路线路不得穿过易燃、易爆区；主要人流出入口与主要货流出入口分开布置，主要货流出口、入口宜分开布置；码头应设在工厂水源地下游，设置单独危险品作业区并与其他作业区保持一定的防护距离等；汽车装车站、液化烃装车站、危险品仓库等机动车辆频繁出入的设施，应布置在厂区边缘或厂区外，并设独立围墙；采用架空电力线路进出厂区的总变配电所，应布置在厂区边缘等。

1.3.2.2 防火防爆对策措施

引发火灾、爆炸事故的因素很多，一旦发生事故，后果极其严重。为了确保安全生产，首先必须做好预防工作，消除可能引起燃烧爆炸的危险因素。从理论上讲，使可燃物质不处于危险状态或者消除一切着火源，这两项措施，只要控制其一，就可以防止火灾和化学爆炸事故的发生。但在实践中，由于生产条件的限制或某些不可控因素的影响，仅采取一种措施是不够的，往往需要采取多方面的措施，以提高生产过程的安全程度。另外，还应考虑其他辅助措施，以便在万一发生火灾爆炸事故时，减少危害的程度，将损失降到最低限度，这些都是在防火防爆工作中必须全面考虑的问题。

1.3.2.3　电气安全对策措施

以防触电、防电气火灾爆炸、防静电和防雷击为重点，提出防止电气事故的对策措施。

1.3.2.4　机械伤害防护措施

A　设计与制造的本质安全措施

包括选用适当的设计结构及采用机械化和自动化技术。机械化和自动化技术可以使人的操作岗位远离危险或有害现场，从而减少工伤事故。

B　安全防护措施

安全防护是通过采用安全装置、防护装置或其他手段，对一些机械危险进行预防的安全技术措施，其目的是防止机器在运行时产生各种对人员的接触伤害。防护装置和安全装置有时也统称为安全防护装置。安全防护的重点是机械的传动部分、操作区、高处作业区、机械的其他运动部分、移动机械的移动区域，以及某些机器由于特殊危险形式需要采取的特殊防护等。采用何种手段防护，应根据对具体机器进行风险评价的结果来决定。

C　履行安全人机工程学原则

（1）操纵（控制）器的安全人机学要求。操纵器的设计应考虑到功能、准确性、速度和力的要求，与人体运动器官的运动特性相适应，与操作任务要求相适应；同时，还应考虑由于采用个人防护装备（如防护鞋、手套等）带来的约束。

（2）显示器的安全人机学要求。显示器是显示机械运行状态的装置，是人们用以观察和监控系统过程的手段。显示装置的设计、性能和形式选择、数量和空间布局等，均应符合信息特征和人的感觉器官的感知特性，使人能迅速、通畅、准确地接受信息。

（3）工作位置的安全性。确定操作者在机械上的作业区设计时，考虑人机系统的安全性和可靠性，合理布置机械设备上直接由人操作或使用的部件（包括各种显示器、操纵器、照明器），以及创造良好的与人的劳动姿势有关的工作空间、工作椅、作业面等条件，防止产生疲劳和发生事故。

（4）操作姿势的安全要求。工作过程设计、操作的内容、重复程度及操作者对整个工作过程的控制，应避免超越操作者生理或心理的功能范围，保护作业人员的健康和安全，有利于完成预定工作。

D　安全信息的使用

使用信息由文字、标记、信号、符号或图表组成，以单独或联合使用的形式向使用者传递信息，用以指导使用者（专业或非专业）安全、合理、正确地使用机器。

E　起重作业的安全对策措施

起重吊装作业潜在的危险性是物体打击。如果吊装的物体是易燃、易爆、有毒、腐蚀性强的物料，若吊索吊具意外断裂、吊钩损坏或违反操作规程等发生吊物坠落，除有可能直接伤人外，还会将盛装易燃、易爆、有毒、腐蚀性强的物件包装损坏，介质流散出来，造成污染，甚至会发生火灾、爆炸、腐蚀、中毒等事故。起重设备在检查、检修过程中，存在着触电、高处坠落、机械伤害等危险性，汽车吊在行驶过程中存在着引发交通事故的潜在危险性。

1.3.2.5 其他安全对策措施

A 防高处坠落、物体打击对策措施

可能发生高处坠落危险的工作场所，应设置便于操作、巡检和维修作业的扶梯、工作平台、防护栏杆、护栏、安全盖板等安全设施；梯子、平台和易滑倒操作通道的地面应有防滑措施；设置安全网、安全距离、安全信号和标志、安全屏护和佩戴个体防护用品（安全带、安全鞋、安全帽、防护眼镜等）是避免高处坠落、物体打击事故的重要措施。

B 安全色、安全标志

根据《安全色》（GB 2893—2001）、《安全标志及其使用导则》（GB 2894—1996），充分利用红（禁止、危险）、黄（警告、注意）、蓝（指令、遵守）、绿（通行、安全）四种传递安全信息的安全色，正确使用安全色，使人员能够迅速发现或分辨安全标志，及时得到提醒，以防止事故、危害的发生。

C 储运安全对策措施

包括厂内运输安全对策措施和化学危险品储运安全对策措施。

危险化学品专用仓库应当符合国家标准对安全、消防的要求，设置明显标志。危险化学品专用仓库的储存设备和安全设施应当定期检测。

D 焊割作业的安全对策措施

国内外不少案例表明，造船、化工等行业在焊割作业时发生的事故较多，有的甚至引发了重大事故。因此，对焊割作业应予以高度重视，采取有力对策措施，防止事故发生和对焊工健康的损害。

E 防腐蚀对策措施

包括大气腐蚀、全面腐蚀、电偶腐蚀、缝隙腐蚀及孔蚀等对策措施。

F 生产设备的选用

在选用生产设备时，除考虑满足工艺功能外，应对设备的劳动安全性能给予足够的重视；保证设备在按规定作用时不会发生任何危险，不排放出超过标准规定的有害物质；应尽量选用自动化程度、本质安全程度高的生产设备。

生产设备本身应具有必要的强度、刚度和稳定性，符合安全人-机工程的原则，最大限度地减轻劳动者的体力、脑力消耗以及精神紧张状态，合理地采用机械化、自动化和计算机技术以及有效的安全、卫生防护装置；应优先采用自动化和防止人员直接接触生产装置的危险部位和物料的设备（作业线），防护装置的设计、制造一般不能留给用户承担。生产设备应满足《生产设备安全卫生设计总则》（GB 5083—1999）和《机械加工设备一般安全要求》（GB 12266—1990）的规定以及其他要求。

选用的锅炉、压力容器、起重运输机械等危险性较大的生产设备，必须由持有安全、专业许可证的单位进行设计、制造、检验和安装，并应符合国家标准和有关规定的要求。

G 采暖、通风、照明、采光

根据《采暖通风与空气调节设计规范》（GB J19—1987）提出采暖、通风与空气调节的常规措施和特殊措施。根据《建筑照明设计标准》（GB 50034—2013）提出常规和特殊照明措施。根据《建筑采光设计标准》（GB/T 50033—2001）提出采光设计要求。

必要时，根据工艺、建（构）筑物特点和评价结果，针对存在问题，依据有关标准提出其他对策措施。

1.3.2.6　有害因素控制对策措施

有害因素控制对策措施的原则是优先采用无危害或危害性较小的工艺和物料，减少有害物质的泄漏和扩展；尽量采用生产过程密闭化、机械化、自动化的生产装置（生产线），自动监测、报警装置，连锁保护、安全排放等装置，实现自动控制、遥控或隔离操作。尽可能避免、减少操作人员在生产过程中直接接触产生有害因素的设备和物料，是优先采取的对策措施。

A　预防中毒的对策措施

根据《职业性接触毒物危害程度分级》（GB 5044—1985）、《有毒作业分级》（GB 12331—1990）、《工业企业设计卫生标准》（GB Z1—2010）、《工作场所有害因素职业接触限值》（GB Z2—2007）、《生产过程安全卫生要求总则》（GB 12801—2008）、《使用有毒物品作业场所劳动保护条例》（国务院令第 352 号）等，对物料和工艺、生产设备（装置）、控制及操作系统、有毒介质泄漏（包括事故泄漏）处理、抢险等技术措施进行优化组合，采取综合对策措施。

B　预防缺氧、窒息的对策措施

（1）针对缺氧危险工作环境（密闭设备指船舱、容器、锅炉、冷藏车、沉箱等；地下有限空间指地下管道、地下库室、隧道、矿井、地窖、沼气池、化粪池等；地上有限空间指储藏室、发酵池、垃圾站、冷库、粮仓等）发生缺氧窒息和中毒窒息（如二氧化碳、硫化氢和氰化物等有害气体窒息）的原因，应配备（作业前和作业中）氧气浓度、有害气体浓度检测仪器、报警仪器、隔离式呼吸保护器具（空气呼吸器、氧气呼吸器、长管面具等）、通风换气设备和抢救器具（绳缆、梯子、氧气呼吸器等）。

（2）按先检测、通风，后作业的原则，工作环境空气氧气浓度大于 18% 和有害气体浓度达到标准要求后，在密切监护下才能实施作业；对氧气、有害气体浓度可能发生变化的作业和场所，作业过程中应定时或连续检测（宜配设连续检测、通风、报警装置），保证安全作业。严禁用纯氧进行通风换气，以防止氧中毒。

（3）对由于防爆、防氧化的需要不能通风换气的工作场所，受作业环境限制不易充分通风换气的工作场所和已发生缺氧、窒息的工作场所，作业人员、抢救人员必须立即使用隔离式呼吸保护器具，严禁使用净气式面具。

（4）有缺氧、窒息危险的工作场所，应在醒目处设警示标志，严禁无关人员进入。

（5）有关缺氧、窒息的安全管理、教育、抢救等措施和设施同防毒措施部分。

C　防尘对策措施

（1）工艺和物料。选用不产生或少产生粉尘的工艺，采用无危害或危害性较小的物料，是消除、减弱粉尘危害的根本途径。

例如，用湿法生产工艺代替干法生产工艺（如用石棉湿纺法代干纺法，水磨代干磨，水力清理、电液压清理代机械清理，使用水雾电弧气刨等），用密闭风选代替机械筛分，用压力铸造、金属模铸造工艺代替砂模铸造工艺，用树脂砂工艺代替水玻璃砂工艺，用不含游离二氧化硅含量或含量低的物料代替含量高的物料，不使用含锰、铅等有毒物质，不使用或减少产生呼吸性粉尘（5μm 以下的粉尘）的工艺措施等。

（2）限制、抑制扬尘和粉尘扩散。对冶金、建材、矿山、机械、粮食、轻工等行业的振动筛、破碎机、皮带输送机转运点、矿山坑道、毛皮加工等开放性尘源，均可用高压静电抑尘装置有效地抑制金、钨、铜、铀等金属粉尘和煤、焦炭、粮食、毛皮等非金属粉尘以及电焊烟尘、爆破烟尘等粉尘的扩散。

（3）通风除尘。建筑设计时要考虑工艺特点和除尘的需要，利用风压、热压差，合理组织气流（如进排风口、天窗、挡风板的设置等），充分发挥自然通风改善作业环境的作用。当自然通风不能满足要求时，应设置全面或局部机械通风除尘装置。

（4）其他措施。由于工艺、技术上的原因，通风和除尘设施无法达到劳动卫生指标要求的有尘作业场所，操作人员必须佩戴防尘口罩（工作服、头盔、呼吸器、眼镜）等个体防护用品。

D 噪声控制措施

根据《噪声作业分级》（LD 80—1995）、《工业企业噪声控制设计规范》（GB J87—1985）、《工业企业噪声测量规范》（GB J122—1988）、《建筑施工场界环境噪声排放标准》（GB 12523—2011）、《工业企业厂界环境噪声排放标准》（GB 12348—2008）和《工业企业设计卫生标准》（GB Z1—2002）等，采取低噪声工艺及设备、合理平面布置、隔声、消声、吸声等综合技术措施，控制噪声危害。

E 振动控制措施

根据相关标准，提出工艺和设备、减振、个体防护等方面的对策措施。

F 其他有害因素控制措施

（1）防辐射（电离辐射）对策措施。根据《放射卫生防护基本标准》（GB 4792—1984）、《辐射防护规定》（GB 8703—1988）、《放射性物质安全运输规程》（GB 11806—2004）、《低、中水平放射性固体废物暂时贮存规定》（GB 11928—1989）、《高水平放射性废液贮存厂房设计规定》（GB 11929—2011）、《操作非密封源的辐射防护规定》（GB 11930—2010）、《辐射防护技术人员资格基本要求》（GB/T 14570—1993）等，按辐射源的特征（α粒子、β粒子、γ射线、X射线、中子等，密闭型、开放型）和毒性（极毒、高毒、中毒、低毒）、工作场所的级别（控制区、监督区、非限制区和控制区再细分的区、级、开放型放射源工作场所的级别），为防止非随机效应的发生和将随机效应的发生率降到可以接受的水平，遵守辐射防护三原则（屏蔽、防护距离和缩短照射时间）采取对策措施，使各区域工作人员受到的辐射照射不得超过标准规定的个人剂量限制值。

（2）防非电离辐射对策措施。包括防紫外线措施、防红外线（热辐射）措施、防激光辐射措施及防电磁辐射对策措施等。

（3）高温作业的防护措施。根据《高温作业分级》（GB/T 4200—2008）、《工业设备及管道绝热工程施工及验收规范》（GB J126—1989）、《高温作业分级检测规程》（LD 82—1995）、《高温作业允许持续接触热时间限值》（GB 935—1989），按各区对限制高温作业级别的规定采取措施。

（4）低温作业、冷水作业防护措施。根据《低温作业分级》（GB/T 14440—1993）、《冷水作业分级》（GB/T 14439—1993）提出相应的对策措施。

1.3.2.7　其他对策措施

（1）体力劳动。为消除超重搬运和限制重体力劳动（例如消除一级体力劳动强度）应采取的降低体力劳动强度的机械化、自动化作业的措施。根据成年男、女单次搬运重量、全日搬运重量的限制提出的对策措施。针对女职工体力劳动强度、体力负重量的限制提出对策措施。

（2）定员编制、工时制度、劳动组织（包括安全卫生机构的设置）。定员编制应满足国家现行工时制的要求；定员编制还应满足女职工劳动保护规定（包括禁忌劳动范围）和有关限制接触有害因素时间（如有毒作业、高处作业、高温作业、低温作业、冷水作业和全身强振动作业等）、监护作业的要求，以及其他安全的需要，做必要的调整和补充；根据工艺、工艺设备、作业条件的特点和安全生产的需要，在设计中对劳动组织（作业岗位设置、岗位人员配备和文化技能要求、劳动定额、工时和作业班制、指挥管理系统等）提出具体安排；设置劳动安全管理机构；根据《中华人民共和国劳动法》及《国务院关于职工工作时间的规定》提出工时安排方面的对策措施。

（3）工厂辅助用室的设置。根据生产特点、实际需要和使用方便的原则，按职工人数、设计计算人数设置生产卫生用室（浴室、存衣室、盥洗室、洗衣房）、生活卫生用室（休息室、食堂、厕所）和医疗卫生、急救设施；根据工作场所的卫生特征等级的需要，确定生产卫生用室；依据《女职工劳动保护规定》应设置女职工劳动保护设施（例如妇女卫生室、孕妇休息室、哺乳室等）。

（4）女职工劳动保护。根据《中华人民共和国劳动法》、《女职工劳动保护规定》（国务院令第 9 号）、《女职工禁忌劳动范围的规定》（劳安字〔1990〕2 号）、《女职工保健工作规定》（卫妇女〔1993〕11 号）提出女职工"四期"保护等特殊的保护措施。

1.4　本章小结

本章主要介绍了安全技术的基本概念、目的、任务和内容等，参照《企业职工伤亡事故分类标准》对各类事故进行详解，重点讲述了各类安全技术措施，即厂址及厂区平面布局，防火防爆，电气、机械伤害，以及有害因素控制对策措施等。

 复习思考题

1-1　安全技术措施的目的是什么，安全技术的任务是什么？

1-2　参照《企业职工伤亡事故分类标准》将事故分为哪 20 类？

1-3　安全技术对策措施遵循的原则是什么，包括哪些内容？

2 矿井瓦斯防治

矿井瓦斯是指从煤岩中释放出的气体的总称，主要成分为甲烷，是一种无色、无味的气体。由于瓦斯相对密度小，因此容易聚集在巷道上部。瓦斯具有燃烧性与爆炸性。瓦斯与空气混合达到一定浓度后，遇火能燃烧或爆炸。爆炸产生的高温、高压和大量有害气体，能形成破坏力很强的冲击波，不但危及职工生命安全，而且会严重地摧毁井巷工程以及井下设施和设备，还可能引起煤尘爆炸和井下火灾，扩大灾害损失。

2.1 瓦斯地质

瓦斯地质是应用地质学的理论和方法，研究煤层瓦斯的赋存、运移和分布规律，矿井瓦斯涌出和煤与瓦斯突出的地质条件及其预测方法，直接应用于资源、环境和煤矿安全生产的一门新的边缘学科。

2.1.1 煤层瓦斯的生成与赋存

2.1.1.1 煤层瓦斯的生成

煤层瓦斯是腐殖型有机物在成煤的过程中生成的。煤是一种腐殖型有机质高度富集的可燃有机岩，是植物遗体经过复杂的生物、地球化学、物理化学作用转化而成。从植物死亡、堆积到转变成煤要经过一系列演变过程，这个过程称为成煤作用。在整个成煤作用过程中都伴随有烃类、二氧化碳、氢和稀有气体的产生，结合成煤过程，大致可划分为两个成气时期。

A 生物化学作用成气时期

生物化学是成煤作用的第一阶段，即泥炭化或腐殖化阶段。这个时期是从成煤原始有机物堆积在沼泽相和三角洲相环境中开始的，在温度不超过 65℃ 条件下，成煤原始物质经厌氧微生物的分解生成瓦斯。这个过程一般可以用纤维素的化学反应方程式来表达：

$$C_6H_{10}O_5 \longrightarrow \underbrace{CH_4 \uparrow + CO \uparrow + C_9H_6O + H_2O}_{(类烟煤)}$$
$$\text{(纤维素)}$$

或

$$C_6H_{10}O_5 \longrightarrow CH_4 \uparrow + CO_2 \uparrow + C_9H_6O + H_2O$$

这个阶段生成的泥炭层埋藏较浅，覆盖层的胶结固化程度不够，生成的瓦斯很容易渗透和扩散到大气中去，因此，生化作用生成的瓦斯一般不会保留到现在的煤层内。

B 煤化变质作用成气时期

煤化变质是成煤作用的第二阶段，即泥炭、腐泥在以压力和温度为主的作用下变化为煤的过程。在这个阶段中，随着泥炭层的下沉，上覆盖层越积越厚，压力和温度也随之增高，生物化学作用逐渐减弱直至结束，进入煤化变质作用成气时期。由于埋藏较深且覆盖层已固化，因此在压力和温度影响下，泥炭进一步变为褐煤，褐煤再变为烟煤和无烟煤。

煤的有机质基本结构单元是带侧链桥键官能团并含有杂原子的缩合芳香核体系。在煤化作用过程中，芳香核缩合和侧链桥键与官能团脱落分解，同时会伴有大量烃类气体的产生，其中主要的是甲烷。整个煤化作用阶段形成甲烷的示意反应式可由下式表达：

$$\underset{(\text{泥炭})}{C_{16}H_{18}O_5} \longrightarrow \underbrace{C_{57}H_{36}O_{10} + CO_2 \uparrow + CH_4 \uparrow + H_2O}_{(\text{褐煤})}$$

$$\underset{(\text{褐煤})}{C_{57}H_{56}O_{10}} \longrightarrow \underbrace{C_{54}H_{42}O_5 + CO_2 \uparrow + CH_4 \uparrow + H_2O}_{(\text{沥青煤})}$$

$$\underset{(\text{烟煤})}{C_{15}H_{14}O} \longrightarrow \underbrace{C_{13}H_4 + CO_2 + CH_4 \uparrow + H_2O}_{(\text{无烟煤})}$$

从褐煤到无烟煤，煤的变质程度增高，生成的瓦斯量也增多。

2.1.1.2　瓦斯在煤体内的赋存状态

A　煤体内的孔隙特征

a　煤体内的孔隙分类

煤体之所以能保存一定数量的瓦斯，与煤体内具有大量的孔隙密切关系。根据煤的组成及其结构性质，煤中的孔隙可以分为三种：

（1）宏观孔隙：指可用肉眼分辨的层理、节理、劈理及次生裂隙等形成的孔隙。一般在 0.1mm 以上。

（2）显微孔隙：指用光学显微镜和扫描电镜能分辨的孔隙。

（3）分子孔隙：指煤的分子结构所构成的超微孔隙。一般在 0.1μm 以下。

根据孔隙对瓦斯吸附、渗透和煤强度性质的影响，一般按直径把孔隙分为以下几种：

（1）微孔：直径小于 0.01μm，构成煤的吸附空间。

（2）小孔：直径为 0.01~0.1μm，是瓦斯凝结和扩散的空间。

（3）中孔：直径为 0.1 ~1μm，构成瓦斯层流渗流的空间。

（4）大孔：直径为 1~100μm，构成强烈层流渗透的空间，是结构被高度破坏的煤的破碎面。

（5）可见孔和裂隙：大小 100μm，构成层流及紊流混合渗流空间，是坚固和中等强度煤的破碎面。

b　煤的孔隙率

煤的孔隙率是指煤中孔隙总体积与煤的总体积之比，通常用百分数表示，即

$$K = \frac{V_P - V}{V_P} \times 100\% \tag{2-1}$$

式中　K——煤的孔隙率，%；

　　　V_P——煤的总体积，包括其中的孔隙体积，mL；

　　　V——煤的实在体积，不包括其中孔隙体积，mL。

煤的孔隙率可以通过实测煤的真密度和视密度来确定，不同单位煤的孔隙率与煤的真密度、视密度存在如下关系：

$$K = \frac{1}{\rho_p} - \frac{1}{\rho_t} \qquad (2\text{-}2)$$

$$K_1 = \frac{\rho_t - \rho_p}{\rho_t} \qquad (2\text{-}3)$$

式中　K，K_1——单位质量和单位体积煤的孔隙率，m^3/t、m^3/m^3（或%）；

　　　　ρ_p——煤的视密度，即包括孔隙在内的煤密度，t/m^3；

　　　　ρ_t——煤的真密度，即扣除孔隙后煤的密度，t/m^3。

　　煤的视密度和煤的真密度 ρ 可在实验室内测得。真密度与视密度的差值越大，煤的孔隙率也越大。

　　国内外对煤孔隙率的测定结果表明，煤的孔隙率与煤的变质程度有一定关系。表2-1是我国部分矿井煤的孔隙率。图2-1是我国抚顺煤科分院对不同变质程度煤孔隙率的测定结果。

表 2-1　我国部分矿井煤的孔隙率

矿　井	煤的挥发分/%	孔隙率/%
抚顺老虎台	45.76	14.05
鹤岗大陆	31.86	10.6
开滦马家沟 12 号煤	26.9	6.59
本溪田师傅 3 号煤	13.71	6.7
阳泉三矿 3 号煤	6.66	14.1
焦作王封大煤	5.82	18.5

　　从图2-1及表2-1可以看出，不同的煤种孔隙率有很大不同，即使是同一类煤，孔隙率的变化范围也很大，但总的趋势是中等变质程度的煤孔隙率最小，变质程度变小和变大时，孔隙率都会增大。

　　B　瓦斯在煤体内的赋存状态

　　瓦斯在煤体中呈两种状态存在，即游离状态和吸附状态。

　　a　游离状态

　　游离状态也称为自由状态，存在于煤的孔隙和裂隙中，如图2-2所示。这种状态的瓦

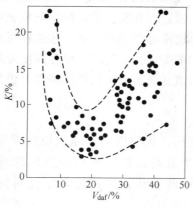

图 2-1　煤的孔隙率 K 随煤可燃基
挥发分含量 V_{daf} 的变化

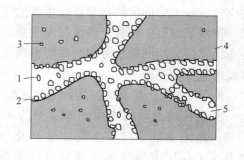

图 2-2　瓦斯在煤内的存在状态示意图
1—游离瓦斯；2—吸着瓦斯；3—吸收瓦斯；
4—煤体；5—孔隙

斯以自由气体存在，呈现出的压力服从自由气体定律。游离瓦斯量的大小主要取决于煤的孔隙率，在相同的瓦斯压力下，煤的孔隙率越大，则所含游离瓦斯量也越大。在储存空间一定时，其量的大小与瓦斯压力成正比，与瓦斯温度成反比。

b　吸附状态

吸附状态的瓦斯主要吸附在煤的微孔表面上（吸着瓦斯）和煤的微粒结构内部（吸收瓦斯），吸着状态是在孔隙表面的固体分子引力作用下，瓦斯分子被紧密地吸附于孔隙表面上，形成很薄的吸附层；而吸收状态是瓦斯分子充填到极其微小的微孔孔隙内，占据着煤分子结构的空位和煤分子之间的空间，如同气体溶解于液体中的状态。吸附瓦斯量的大小，取决于煤的孔隙结构特点、瓦斯压力、煤的温度和湿度等。一般规律是：煤中的微孔越多、瓦斯压力越大，吸附瓦斯量越大；随着煤的温度增加，煤的吸附能力下降；煤的水分占据微孔的部分表面积，故煤的湿度越大，吸附瓦斯量越小。

煤体中的瓦斯含量是一定的，但处于游离状态和吸附状态的瓦斯量是可以相互转化的，这取决于外界的温度和压力等条件变化。如当压力升高或温度降低时，部分瓦斯将由游离状态转化为吸附状态，这种现象称为吸附；相反，压力降低或温度升高时，又会有部分瓦斯由吸附状态转化为游离状态，这种现象称为解吸。吸附和解吸是两个互逆过程，这两个过程在原始应力下处于一种动态平衡，当原始应力发生变化时，这种动态平衡状态将被破坏。

根据国内外研究成果，现今开采的深度内，煤层中的瓦斯主要是以吸附状态存在着，游离状态的瓦斯只占总量的 10% 左右，但在断层、大的裂隙、孔洞和砂岩内，瓦斯则主要以游离状态赋存。随着煤层被开采，煤层顶底板附近的煤岩产生裂隙，导致透气性增加，瓦斯压力随之下降，煤体中的吸附瓦斯解吸而成为游离瓦斯，在瓦斯压力失去平衡的情况下，大量游离瓦斯就会通过各种通道涌入采掘空间。因此，随着采掘工作的进展，瓦斯涌出的范围会不断扩大，瓦斯将保持较长时间持续涌出。

2.1.1.3　煤层瓦斯赋存的垂直分带

当煤层有露头或在冲击层下有含煤地层时，在煤层内存在两个不同方向的气体运移，表现为煤层中经煤化作用生成的瓦斯经煤层、上覆岩层和断层等由深部向地表运移；地面的空气、表土中的生物化学作用生成的气体向煤层深部渗透和扩散。这两种反向运移的结果，形成了煤层中各种气体成分由浅到深有规律的变化，呈现出沿赋存深度方向上的带状分布。煤层瓦斯的带状分布是煤层瓦斯含量及巷道瓦斯涌出量预测的基础，也是搞好瓦斯管理的重要依据。

A　瓦斯风化带及其深度的确定依据

在漫长的地质历史中，煤层中的瓦斯经煤层、煤层围岩和断层由地下深处向地表流动；而地表的空气、生物化学和化学作用生成的气体，则由地表向深部运动。由此形成了煤层中各种瓦斯成分由浅到深有规律的变化，这就是煤层瓦斯沿深度的带状分布。

煤层瓦斯自上而下可划分为氮气－二氧化碳带、氮气带、氮气-甲烷带和甲烷带等4个带。前3个带统称为瓦斯风化带。各瓦斯带的划分标准见表2-2。

表 2-2　煤层瓦斯垂直分带瓦斯组分及含量

瓦斯带名称	CO_2		N_2		CH_4	
	%	m^3/t	%	m^3/t	%	m^3/t
氮气-二氧化碳	20~80	0.19~2.24	20~80	0.15~1.42	0~10	0~0.16
氮　气	0~20	0~0.27	80~100	1.22~1.86	0~20	0~0.22
氮气-甲烷	0~20	0~0.39	20~80	0.25~1.78	20~80	0.6~5.27
甲　烷	0~10	0~0.37	0~20	0~1.93	80~100	0.61~10.5

图 2-3 示出了煤田煤层瓦斯组分在各瓦斯带中的变化。由图中可见，甲烷带中的甲烷含量都在 80%以上，而其他各带甲烷含量逐渐减少或消失，因此，把前面的氮气-二氧化碳带、氮气带、氮气-甲烷带统称为瓦斯风化带。

由于各个煤田的形成条件和煤层瓦斯生成环境不同，各煤田的瓦斯组分可能有很大差别。此外，受成煤环境和各种地质条件的影响，有的矿井中甚至缺失了其中的一个或两个带，如沈阳红阳三矿井田就缺失了氮气带和氮气-甲烷带，而仅存在二氧化碳-甲烷带和甲烷带。有的矿井甚至出现了二氧化碳-甲烷带。

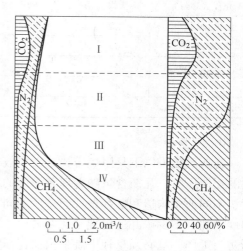

图 2-3　煤田煤层瓦斯组分在各瓦斯带中的变化
Ⅰ—氮气-二氧化碳带；Ⅱ—氮气带；
Ⅲ—氮气-甲烷带；Ⅳ—甲烷带

瓦斯风化带的下部边界深度可根据下列指标中的任何一项来确定：

（1）在瓦斯风化带开采煤层时，煤层的相对瓦斯涌出量达到 $2m^3/t$；

（2）煤层内的瓦斯组分中甲烷组分含量达到（体积比）80%；

（3）煤层内的瓦斯压力为 0.1~0.15MPa；

（4）煤的瓦斯含量烟煤达到 $2~3m^3/t$ 和无烟煤达到 $5~7m^3/t$。

瓦斯风化带的深度取决于井田地质和煤层赋存条件，如围岩性质、煤层有无露头、断层发育情况、煤层倾角、地下水活动情况等。围岩透气性越好、煤层倾角越大、开放性断层越发育、地下水活动越剧烈，则瓦斯风化带深度就越大。

不同矿区瓦斯风化带的深度有较大差异，即使是同一井田有时也相差很大，如开滦矿区的唐山矿和赵各庄矿，两矿的瓦斯风化带深度下限就相差 80m。表 2-3 是我国部分高瓦斯矿井煤层瓦斯风化带深度的实测结果。

需要特别说明，尽管位于瓦斯风化带内的矿井多为瓦斯矿井或低瓦斯区域，瓦斯对生产安全不构成主要威胁，但有的矿井或区域二氧化碳或氮气含量很高，如果通风不良或管理不善，也有可能造成人员窒息事故。如 1980 年江苏某煤矿在瓦斯风化带内掘进带式输送机巷道时，曾先后两次发生人员窒息事故，经分析是煤层中高含量氮气涌入巷道内造成的。

表 2-3　我国部分高瓦斯矿井煤层瓦斯风化带深度

矿区（矿井）	煤层	瓦斯风化带深度/m	矿区（矿井）	煤层	瓦斯风化带深度/m
抚顺（龙凤）	本层	250	南桐（南桐）	4	30~50
抚顺（老虎台）	本层	300	天府（磨心坡）	9	50
北票（台吉）	4	115	六枝（地宗）	7	70
北票（三宝）	9B	110	六枝（四角田）	7	60
焦作（焦西）	大煤	180~200	六枝（木岗）	7	100
焦作（李封）	大煤	80	淮北（卢岭）	8	240~260
焦作（演马庄）	大煤	100	淮北（朱仙庄）	8	320
白沙（红卫）	6	15	淮南（谢家集）	C_{13}	45
涟邵（洪山殿）	4	30~50	淮南（谢家集）	B_{11b}	35
南桐（东林）	4	30~50	淮南（李郢孜）	C_{13}	428
南桐（鱼田堡）	4	30~70	淮南（李郢孜）	B_{11b}	420

B　甲烷带

瓦斯风化带以下是甲烷带，是大多数矿井进行采掘活动的主要区域。在甲烷带内，煤层的瓦斯压力、瓦斯含量随着埋藏深度的增加呈有规律的增长。增长的梯度随不同煤化程度、不同地质构造和赋存条件而有所不同。相对瓦斯涌出量也随着开采深度的增加而有规律地增加，不少矿井还出现了瓦斯喷出、煤与瓦斯突出等特殊涌出现象。因此，要搞好瓦斯防治工作，就必须重视甲烷带内的瓦斯赋存与运移规律，采取针对性措施，才能有效地防止瓦斯的各种危害。

2.1.2　影响瓦斯赋存的地质因素

瓦斯是地质作用的产物，瓦斯的形成和保存、运移与富集同地质条件有密切关系，瓦斯的赋存和分布受地质条件的影响和制约。以下为影响瓦斯赋存的主要地质因素。

2.1.2.1　煤的变质程度

在煤化作用过程中不断地产生瓦斯，煤化程度越高，生成的瓦斯量越多。因此，在其他因素相同的条件下，煤的变质程度越高，煤层瓦斯含量越大。

煤的变质程度不仅影响瓦斯的生成量，还在很大程度上决定着煤对瓦斯的吸附能力。在成煤初期，褐煤的结构疏松、孔隙率大，瓦斯分子能渗入煤体内部，因此褐煤具有很大的吸附能力。但该阶段瓦斯生成量较少，且不易保存，煤中实际所含的瓦斯量一般不大。在煤的变质过程中，由于地压的作用，煤的孔隙率减小，煤质渐趋致密。长焰煤的孔隙和内表面积都比较少，所以吸附瓦斯的能力大大降低，最大吸附瓦斯量在 $20~30m^3/t$ 左右。随着煤的进一步变质，在高温、高压作用下，煤体内部因干馏作用而生成许多微孔隙，使表面积到无烟煤时达到最大。据试验室测定，1g 无烟煤的微孔表面积可达 $200m^3$ 之多。因此，无烟煤吸附瓦斯的能力最强可达 $50~60m^3/t$。但是当由无烟煤向超无烟煤过渡时，微孔又收缩、减少，煤的吸附瓦斯能力急剧减小，到石墨时吸附瓦斯能力消失（图 2-4）。

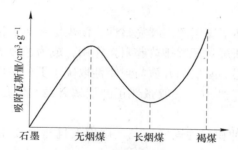

图 2-4　不同编制程度对瓦斯的吸附能力示意图

2.1.2.2　围岩条件

煤层围岩是指煤层直接顶、基本顶和直接底板等在内的一定厚度范围的层段。煤层围岩对瓦斯赋存的影响，决定于煤层围岩的隔气、透气性能。

一般来说，当煤层顶板岩性为致密完整的岩石，如页岩、油母页岩时，煤层中的瓦斯容易被保存下来；顶板为多孔隙或脆性裂隙发育的岩石，如砾岩、砂岩时，瓦斯容易逸散。例如，北京京西煤矿，不论是下侏罗纪或是石炭二叠纪的煤层，尽管煤的牌号为无烟煤，由于煤层顶板为 12~16m 的厚层中粒砂岩，透气性好，因此煤层瓦斯含量低，矿井瓦斯涌出量小。与围岩的隔气、透气性能有关的指标是孔隙性、渗透性和孔隙结构。泥质岩石有利于瓦斯的保存，若含砂质、粉砂质等杂质时，会大大降低它的遮挡能力。粉砂杂质含量不同，影响泥质岩中优势孔隙的大小。例如，泥岩中粉砂组分含量为 20% 时，占优势的是 $0.025~0.005\mu m$ 的孔隙；粉砂组分含量为 50% 时，优势孔隙则为 $0.08~0.16\mu m$。孔隙直径的这种变化也在岩石的遮挡性质上反映出来。随着孔隙直径的增大，渗透性将增高，岩石遮挡能力则显著减弱。砂岩一般有利于瓦斯逸散，但有些地区砂岩的孔隙度和渗透率均低时，也是很好的遮挡面。

煤层围岩的透气性不仅与岩性特征有关，还与一定范围内的岩性组合及变形特点有关。按岩石的力学性质，可将围岩分为强岩层（砂岩、石灰岩等）和弱岩层（细碎屑岩和煤等）两类。强岩层不易塑性变形而易于破裂；弱岩层则常呈塑性变形。

2.1.2.3　地质构造

地质构造对瓦斯赋存的影响，一方面是造成了瓦斯分布的不均衡，另一方面是形成了有利于瓦斯赋存或有利于瓦斯排放的条件。不同类型的构造形迹，地质构造的不同部位、不同的力学性质和封闭情况，形成了不同的瓦斯赋存条件。

A　褶皱构造

褶皱的类型、封闭情况和复杂程度对瓦斯赋存均有影响。

当煤层顶板岩石透气性差，且未遭遇构造破坏时，背斜有利于瓦斯的储存，是良好的储气构造，背斜轴部的瓦斯会相对聚集，瓦斯含量增大。在向斜盆地构造的矿区，顶板封闭条件良好时，瓦斯沿垂直地层方向运移是比较困难的，大部分瓦斯仅能沿两翼流向地表。紧密褶皱地区往往瓦斯含量较高。因为这些地区受强烈构造作用应力集中；同时，发生褶皱的岩层往往塑性较强，易褶不易断，封闭性较好，因而有利于瓦斯的聚集和保存。

B　断裂构造

地质构造中的断层破坏了煤层的连续完整性，使煤层瓦斯运移条件发生变化。有的断层有利于瓦斯排放，有的断层对瓦斯排放起阻挡作用，成为逸散的屏障。前者称为开放型断层，后者称为封闭型断层。断层的开放与封闭性取决于下列条件：

（1）断层的性质和力学性质。一般张性正断层属开放型断层，而压性或压扭性逆断层属封闭型断层。

（2）断层与地表或与冲积层的连通情况。规模大且与地表相通或与冲积层相连的断层一般为开放型。

（3）断层将煤层断开后煤层与断层另一盘接触的岩层性质。若透气性好则利于瓦斯排放，反之则阻挡瓦斯的逸散。

（4）断层带的特征。断层带的充填情况、紧闭程度、裂隙发育情况等都会影响断层的开放或封闭性。

此外，断层的空间方位对瓦斯的保存、逸散也有影响。一般走向断层阻隔了瓦斯沿煤层斜方向的逸散，而倾向和斜交断层则把煤层切割成互不联系的块体。

不同类型的断层形成了不同的构造边界条件，对瓦斯赋存产生不同的影响。例如：焦作矿区东西向的主体构造凤凰岭断层和朱村断层，落差均在百米以上，使煤层与裂隙溶洞发育的奥陶系灰岩接触，皆属开放型断层，因而断裂带附近瓦斯含量很小。

C　构造组合与瓦斯赋存的关系

控制瓦斯分布的构造形迹的组合形式，可大致归纳为以下几种类型：

（1）逆断层边界封闭型。这一类型中，压性、压扭性逆断层常作为矿井或区域的对边边界，断层面一般相背倾斜，使整个矿井处于封闭的条件之下。如内蒙古自治区大青山煤田，南北两侧均为逆断层，断层面倾向相背，煤田位于逆断层的下盘，在构造组合上形成较好的封闭条件。该煤田各矿煤层的瓦斯含量普遍高于区内开采同时代含煤岩系的乌海煤田和桌子山煤田。

（2）构造盖层封闭型。盖层条件原指沉积盖层而言，从构造角度，也可指构造成因的盖层。如某一较大的逆掩断层，将大面积透气性差的岩层推覆到煤层或煤层附近之上，改变了原来的盖层条件，同样对瓦斯起到了封闭作用。

（3）断层块段封闭型。该类型由两组不同方向的压扭性断层在平面上组成三角形或多边形块体，块段边界为封闭型断层所圈闭。

2.1.2.4　煤层的埋藏深度

在瓦斯风化带以下，煤层瓦斯含量、瓦斯压力和瓦斯涌出量都与深度的增加有一定的比例关系。

一般情况下，煤层中的瓦斯压力随着埋藏深度的增加而增大。随着瓦斯压力的增加，煤与岩石中游离瓦斯量所占的比例增大，同时煤中的吸附瓦斯逐渐趋于饱和。因此从理论上分析，在一定深度范围内，煤层瓦斯含量亦随埋藏深度的增大而增加。但是如果埋藏深度继续增大，瓦斯含量增加的速度将要减慢。

个别矿井的煤层随着埋藏深度的增大瓦斯涌出量反而相对减小。例如，徐州矿务局大黄山矿属于低瓦斯矿井，位处较浅的有限煤盆地，煤层倾角大，在新老不整合面上有厚层低透气性盖层，瓦斯主要沿煤层向上运移。由于煤盆地范围小，深部缺乏足够的瓦斯补给，因而当从盆地四周由浅部向深部开采时，瓦斯涌出量随着开采深度增加而减小。

2.1.2.5 煤田的暴露程度

暴露式煤田，煤系地层出露于地表，煤层瓦斯往往沿煤层露头排放，瓦斯含量大为减少。隐伏式煤田，如果盖层厚度较大，透气性又差，煤层瓦斯常积聚储存；反之，若覆盖层透气性好，容易使煤层中的瓦斯缓慢逸散，煤层瓦斯含量一般不大。

在评价一个煤田的暴露情况时，不仅要注意煤田当前的暴露程度，还要考虑到成煤后整个地质时期内煤系地层的暴露情况及瓦斯风化过程的延续时间。

2.1.2.6 水文地质条件

地下水与瓦斯共存于煤层及围岩之中，其共性是均为流体，运移和赋存都与煤、岩层的孔隙、裂隙通道有关。由于地下水的运移，一方面驱动着裂隙和孔隙中瓦斯的运移，另一方面又带动溶解于水中的瓦斯一起流动。尽管瓦斯在水中的溶解度仅为1%~4%，但在地下水交换活跃的地区，水能从煤层中带走大量的瓦斯，使煤层瓦斯含量明显减少；同时，水吸附在裂隙和孔隙的表面，还减弱了煤对瓦斯的吸附能力。因此，地下水的活动有利于瓦斯的逸散。地下水和瓦斯占有的空间是互补的，这种相反的作用关系，常表现为水大地带瓦斯小，水小地带瓦斯大。

2.1.2.7 岩浆活动

岩浆活动对瓦斯赋存的影响比较复杂。岩浆侵入含煤岩系或煤层，在岩浆热变质和接触变质的影响下，煤的变质程度升高，增大了瓦斯的生成量和对瓦斯的吸附能力。在没有隔气盖层、封闭条件不好的情况下，岩浆的高温作用可以强化煤层瓦斯排放，使煤层瓦斯含量减小。岩浆岩体有时使煤层局部被覆盖或封闭，成为隔气盖层。但在有些情况下，由于岩脉蚀变带裂隙增加，造成风化作用加强，可逐渐形成裂隙通道，而有利于瓦斯的排放。所以说，岩浆活动对瓦斯赋存既有生成、保存瓦斯的作用，在某些条件下又有使瓦斯逸散的可能性。因此，在研究岩浆活动对煤层瓦斯的影响时，要结合地质背景作具体分析。

总的来看，岩浆侵入煤层有利于瓦斯生成和保存的现象比较普遍。但在某些矿区和矿井，由于岩浆侵入煤层，亦有造成瓦斯逸散或瓦斯含量降低的情形。如福建永安矿区属暴露式煤田，岩浆岩呈岩墙、岩脉侵入煤层，对煤层有烘烤、蚀变现象。岩脉直通地表，巷道揭露时有淋水现象，说明裂隙道通良好，有利于瓦斯逸散。该矿区煤层瓦斯含量普遍很小，均属低瓦斯矿井。

2.1.3 煤层瓦斯压力和含量及瓦斯的流动和影响因素

2.1.3.1 煤层瓦斯压力

A 煤层瓦斯压力的概念

煤层瓦斯压力是指赋存在煤层孔隙中的游离瓦斯所表现出来的气体压力，即游离瓦斯作用于孔隙壁的压力。它是决定煤层瓦斯含量一个主要因素，当煤的孔隙率相同时，游离瓦斯量与瓦斯压力成正比；当煤的吸附瓦斯能力相同时，煤层瓦斯压力越高，煤的吸附瓦斯量越大。在瓦斯喷出、煤与瓦斯突出的发生、发展过程中，瓦斯压力也起着重大作用，瓦斯压力是预测突出的主要指标之一。

B　煤层瓦斯压力分布的一般规律

研究表明，在同一深度下，不同矿区煤层的瓦斯压力值有很大的差别，但同一矿区中煤层瓦斯压力随深度的增加而增大，这一特点反映了煤层瓦斯由地层深处向地表流动的总规律；也揭示了煤层瓦斯压力分布的一般规律。

煤层瓦斯压力的大小取决于煤生成时期的煤层瓦斯的排放条件。在漫长的地质年代中，煤层瓦斯排放条件也是极其复杂的问题，它除与覆盖层厚度、透气性能、地质构造条件有关外，还与覆盖层的含水性密切相关。当覆盖层充满水时，煤层瓦斯压力最大，这时瓦斯压力等于同水平的静水压力；当煤层瓦斯压力大于同水平静水压力时，在漫长的地质年代中，瓦斯将冲破水的阻力向地面逸散；当覆盖层未充满水时，煤层瓦斯压力小于同水平的静水压力，煤层瓦斯以一定压力得以保存。图 2-5 所示是实测的我国部分局、矿煤层瓦斯压力随煤层埋深变化图，从中可以看出，绝大多数煤层的瓦斯压力小于或等于同水平静水压力。

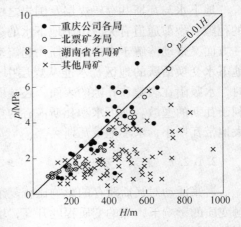

图 2-5　煤层瓦斯压力随煤层埋深变化图

图 2-5 也反映出有少部分煤层的瓦斯压力实测值大于同水平的静水压力，这种异常现象可能与受采动影响产生的局部集中应力有关，也可能有裂隙与深部高压瓦斯相连通，造成实测的煤层瓦斯压力值偏高。

在煤层赋存条件和地质构造条件变化不大时，同一深度各煤层或同一煤层在同一深度的各个地点煤层瓦斯压力是相近的。随着煤层埋藏深度的增加，煤层瓦斯压力成正比例增加。在地质条件不变的情况下，煤层瓦斯压力随深度变化的规律通常用式（2-4）描述：

$$p = p_0 + m(H - H_0) \tag{2-4}$$

式中　p——在深度 H 处的瓦斯压力，MPa；

$\quad\quad p_0$——瓦斯风化带 H_0 深度的瓦斯压力，MPa，一般取 0.15～0.2MPa，预测瓦斯压力时可取 0.196MPa；

$\quad\quad H_0$——瓦斯风化带的深度，m；

$\quad\quad H$——煤层距地表的垂直深度，m；

$\quad\quad m$——瓦斯压力梯度，MPa/m，计算式为：

$$m = \frac{p_1 - p_0}{H_1 - H_0} \tag{2-5}$$

$\quad\quad p_1$——实测瓦斯压力，MPa；

$\quad\quad H_1$——测瓦斯压力 p_1 地点的垂深，m。

根据我国各煤矿瓦斯压力随深度变化的实测数据，瓦斯压力梯度 m 一般为 $0.007 \sim 0.012MPa/m$，而瓦斯风化带的深度则在几米至几百米之间。表 2-4 是我国部分矿井的煤层瓦斯压力和瓦斯压力梯度实测值。

表 2-4 我国部分矿井煤层瓦斯压力和瓦斯压力梯度实测值

矿井名称	煤层	垂深/m	瓦斯压力/ MPa	瓦斯压力梯度/MPa·m^{-1}
南桐一井	4	218	1.52	0.0095
	4	503	4.22	
北票台吉一井	4	713	6.86	0.0114
	4	560	5.12	
涟邵蛇形山	4	214	2.14	0.0120
	4	252	1.60	
淮北芦岭	8	245	20	0.0116
	8	482	1.96	

对于一个生产矿井，应该注意积累和充分利用已有的实测数据，总结出适合本矿的基本规律，为深水平的瓦斯压力预测和开采服务。

例1 某矿井瓦斯风化带深度为 250m，测得 -500m 水平（地面标高 100m）的煤层瓦斯压力为 0.784MPa，试预测 -560m 水平煤层的瓦斯压力。

解: $H_0 = 250m$，取 $p_0 = 0.196MPa$，瓦斯梯度为

$$m = \frac{p_1 - p_0}{H_1 - H_0} = \frac{0.784 - 0.196}{500 - 250} = 0.00235MPa/m$$

预测 -460m 水平煤层的瓦斯压力为

$$p = p_0 + m(H - H_0) = 0.196 + 0.00235 \times (560 - 250) = 0.925MPa$$

经推算，-560m 水平的煤层瓦斯压力为 0.925MPa。

2.1.3.2 煤层瓦斯含量

A 煤层瓦斯含量的概念

煤层瓦斯含量是指单位质量或体积的煤中所含有的瓦斯量，单位是 m^3/t 或 m^3/m^3。

煤层未受采动影响时的瓦斯含量称为原始瓦斯含量；如果煤层受到采动影响，已经排放出部分瓦斯，则剩余在煤层中的瓦斯含量称为残存瓦斯含量。

煤层瓦斯含量是煤层的基本瓦斯参数，是计算瓦斯蕴藏量、预测瓦斯涌出量的重要依据。国内外大量研究和测定结果表明，煤层原始瓦斯含量一般不超过 $20 \sim 30m^3/t$，仅为成煤过程生成瓦斯量的 $1/5 \sim 1/10$ 或更少。

B 影响煤层瓦斯含量的因素

煤层瓦斯含量的大小除了与瓦斯生成量的多少有关外，主要取决于煤生成后瓦斯的逸散和运移条件，以及煤保存瓦斯的能力。所有这些最终都取决于煤田地质条件和煤层赋存条件。以下为主要影响因素。

a 煤田地质史

煤田的形成经过了漫长的地质变化，随着地层的上升和沉降，覆盖层加厚或剥蚀，对

煤层瓦斯流失排放的过程产生不同的影响。地层上升时，剥蚀作用增强，使煤层露出地表，煤层瓦斯的运移排放速度加快；地层下降时，煤层的覆盖层加厚，从而缓解了瓦斯向地表散失。

　　b　煤层的埋藏深度

　　煤层埋藏深度是决定煤层瓦斯含量大小的主要因素。煤层的埋藏深度越深，煤层中的瓦斯向地表运移的距离就越长，散失就越困难；同时，深度的增加也使煤层在地应力作用下降低了透气性，有利于保存瓦斯；由于煤层瓦斯压力增大，煤的吸附瓦斯量增加，也使煤层瓦斯含量增大。在不受地质构造影响的区域，当深度不大时，煤层的瓦斯含量随深度呈线性增加，如焦作煤田，瓦斯风化带以下瓦斯含量与深度的统计关系式为 $X = 6.58 + 0.038H$（X 为瓦斯含量，m^3/t；H 为埋藏深度，m）；当深度很大时，煤层瓦斯含量趋于常量。

　　c　地质构造

　　地质构造是影响煤层瓦斯含量的最重要因素之一。当围岩透气性较差时，封闭型地质构造有利于瓦斯的储存，而开放型的地质构造有利于瓦斯排放。

　　（1）褶曲构造。闭合的和倾伏的背斜或穹窿，通常是良好的储存瓦斯的构造。顶板若为致密岩层而又未遭破坏时，在其轴部煤层内，往往能够积存高压瓦斯，形成"气顶"（图 2-6(a)、(b)）；但背斜轴顶部岩层若是透气性岩层或因张力形成连通地表或其他储气构造的裂隙时，瓦斯会大量流失，轴部瓦斯含量反而比翼部少。

　　向斜构造一般轴部的瓦斯含量比翼部高，这是因为轴部岩层受到的挤压力比底板岩层强烈，使顶板岩层和两翼煤层的透气性变小，更有利于轴部瓦斯的积聚和封存（图 2-6(f)），如南桐一井、鹤壁六矿。但当开采高透气性的煤层时（如抚顺龙凤矿）、轴部瓦斯容易通过构造裂隙和煤层转移到向斜的翼部，瓦斯含量反而减少。

　　受构造影响在煤层局部形成的大型煤包（图 2-6(c)~(e)）内也会出现瓦斯含量增高的现象。这是因为煤包四周在构造挤压应力作用下使煤层变薄，在煤包内形成了有利于瓦斯封闭的条件。同理，由两条封闭性断层与致密岩层构成的封闭的地垒或地堑构造，也能成为瓦斯含量增高区（图 2-6(g)、(h)）。

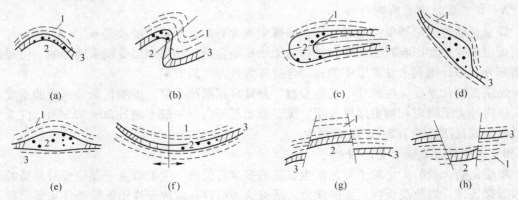

图 2-6　几种常见的储存瓦斯构造

1—不透气岩层；2—瓦斯含量增高部位；3—煤层

　　（2）断裂构造。断层对煤层瓦斯含量的影响比较复杂，一方面要看断层（带）的封闭性，另一方面要看与煤层接触的对盘岩层的透气性。一般来说，开放性断层（张性、张扭性或导水性断层）有利于瓦斯排放，煤层瓦斯含量降低，如图2-7（a）所示。对于封闭性、压性、压扭型、不导水断层，当煤层对盘的岩层透气性差时，有利于瓦斯的存储，煤层瓦斯含量增大；如果断层的规模大而断距大时，在断层附近也可能出现一定宽度的瓦斯含量降低区，如图2-7（b）所示。

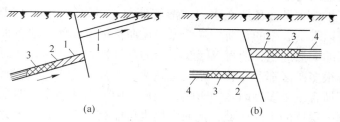

图 2-7　断层对煤层瓦斯含量的影响

1—瓦斯丧失区；2—瓦斯含量降低区；3—瓦斯含量异常增高区；4—瓦斯含量正常增高区

　　煤层瓦斯含量与断层的远近有如下规律：靠近断层带附近瓦斯含量降低；稍远离断层，瓦斯含量增高；离断层再远，瓦斯含量恢复正常。实践证明，不仅是瓦斯含量，瓦斯涌出量与断层的远近也有类似规律，图2-8是焦作矿区焦西矿39号断层与巷道瓦斯涌出量的关系。

　　d　煤层倾角和露头

　　煤层埋藏深度相同时，煤层倾角越大，越有利于瓦斯沿着一些透气性好的地层或煤层向上运移和排放，瓦斯含量降低；反之，煤层倾角小，一些透气性差的地层就起到了封闭瓦斯的作用，

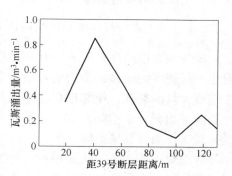

图 2-8　焦作焦西矿 39 号断层与瓦斯涌出量的关系

使煤层瓦斯含量升高。如芙蓉煤矿北翼煤层倾角较大（40°～80°），相对瓦斯涌出量约20m³/t；而南翼煤层倾角较小（6°～12°），相对瓦斯涌出量高达150m³/t，并有瓦斯突出现象发生。

　　煤层如果有露头，并且长时间与大气相通，瓦斯很容易沿煤层流动逸散到大气之中，煤层瓦斯含量就不大；反之，地表无露头的煤层，瓦斯难以逸散，煤层瓦斯含量就大。例如中梁山煤田，煤层无露头，且为覆舟状（背斜）构造，瓦斯含量大，相对涌出量达到70～90m³/t。

　　e　煤的变质程度

　　一般情况下，煤的变质程度越高，生成的瓦斯量就越大，因此，在其他条件相同时，其含有的瓦斯量也就越大。在同一煤田，煤吸附瓦斯的能力随煤的变质程度的提高而增大，因此，在同样的瓦斯压力和温度下，变质程度高的煤往往能够保存更多的瓦斯。但对于高变质无烟煤（如石墨），煤吸附瓦斯的能力急剧减小，煤层瓦斯含量反而大大降低。

　　f　煤层围岩的性质

　　煤层的围岩致密、完整、透气性差时，瓦斯容易保存；反之，瓦斯则容易逸散。例如大同煤田比抚顺煤田成煤年代早、变质程度高，生成的瓦斯量和煤的吸附瓦斯能力都比抚

顺煤田的高，但实际上煤层中的瓦斯含量却比抚顺煤田小得多。大同煤田的煤层顶板为孔隙发育、透气性良好的砂质页岩、砂岩和砾岩，瓦斯容易逸散；而抚顺煤田的煤层顶板为厚度近百米的致密油母页岩和绿色页岩，透气性差，故大量瓦斯能够保存下来。

　　g　水文地质条件

　　地下水活跃的地区通常瓦斯含量小。这是因为这些地区的裂隙比较发育，而且处于开放状态，瓦斯易于排放；虽然瓦斯在水中的溶解度很小（3%~4%），但经过漫长的地质年代，地下水也可以带走大量的瓦斯，降低煤层瓦斯含量；此外，地下水对矿物质的溶解和侵蚀会造成地层的天然卸压，使得煤层及围岩的透气性大大增强，从而增大瓦斯的散失量。南桐、焦作等很多矿区都存在着"水大瓦斯小""水小瓦斯大"的现象。

　　总之，煤层瓦斯含量受多种因素的影响，造成不同煤田瓦斯含量差别很大，即使是同一煤田，甚至是同一煤层的不同区域，瓦斯含量也可能有较大差异。因此，在矿井瓦斯管理中，必须结合本井田的具体实际，找出影响本矿井瓦斯含量的主要因素，作为预测瓦斯含量和瓦斯涌出量的参考和依据。

2.1.3.3　采动影响下邻近煤层瓦斯的流动

　　当开采煤层的顶底板地层中有邻近煤层时，受到本煤层开采的影响，顶底板地层都会发生不同程度的位移和应力的重新分布，从而在地层中造成大量的裂隙，使邻近煤层中的瓦斯可以通过这些裂隙涌出到开采空间。这一过程表现最明显的地点是采煤工作面及其采空区，如图2-9所示。

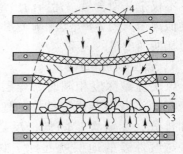

图2-9　邻近煤层的瓦斯流动
1—卸压圈；2—冒落圈；3—开采煤层；
4—邻近煤层；5—瓦斯流向

　　在采煤工作面第一次放顶后，煤层顶板岩层冒落或破裂变形，在采空区附近形成一个卸压圈。靠近冒落区的邻近煤层有的直接向采空区放散瓦斯，而大多数则会通过裂隙向采空区放散瓦斯；还有一些煤层需要经过一段时间，裂隙发展到该煤层后才会向开采煤层的采空区放散瓦斯。通常，顶板岩层变形区域随时间和空间不断扩大，达到一定范围后停止。底板岩层因上部卸压引起膨胀变形，形成裂隙，从而沟通下部的邻近煤层，使其向开采空间放散瓦斯。开采过程中，由于顶底板地层裂隙的发展往往不是连续的，因此，邻近煤层的瓦斯放散也呈现跳跃式的变化。对于具体矿井，应分析开采煤层的具体情况，进行实际测定才能确定邻近煤层放散到本煤层中的瓦斯状况。

2.1.3.4　影响煤与瓦斯突出分布的地质因素

　　国内外对煤和瓦斯突出分布的研究表明，无论在煤田、矿区或井田范围内，突出都是不均匀分布的，它们往往比较集中地发生在某些区域，称为突出的区域性分布。根据前苏联马凯耶夫煤矿安全科学研究所的研究，在顿巴斯煤田各个矿井煤层中，突出危险区只占煤和瓦斯突出危险煤层总面积的5%~7%。在预报的非突出区中，由于不采取预防措施，其产量和掘进速度可提高5%~30%。因此，研究煤和瓦斯突出的区域性分布，对合理的采取防止突出措施，减少盲目性，具有很大的现实意义。

A　地质构造

在我国 1955~1978 年部分局矿的统计资料中，也可以看出这种联系。例如，四川南桐矿区（1955~1972 年）在有资料记载的 464 次突出中，有 436 次（占 94%）发生在构造带；红卫煤矿（1954~1976 年）225 次突出中，有 190 多次（占 85%）发生在煤包处。

国内外大量的资料表明：煤和瓦斯突出的区域性分布主要取决于构造条件。根据已有资料，突出危险区主要发生在下述构造部位（或构造带）。

a　封闭向斜轴附近

向斜是由水平侧压力作用形成的，在其中性面的下部产生张应力，在中性面上部产生压应力。在轴部地带，上面受到强大的压应力作用，而下面受到深部地层的阻力，使岩层受到进一步的挤压，或产生一些小型的层间滑动（并且往往有近似地沿着最大应变轴方向延伸的压性逆断层出现）。这是一个地应力较高的地带。因此，向斜轴部地带往往是突出点分布密集地区。

b　帚状构造的收敛端

帚状构造的收敛端常常是应力集中的地点，因而有较大的突出危险性。例如，天府矿务局三汇一矿 +280m 主平硐掘开断层上、下盘的六号煤层时，分别发生了强度 12780t 和 2500t 的特大型突出。在三号煤层掘进巷道时，又发生了强度为数十吨的 29 次突出。

c　煤层的扭转区

在煤层扭转区，由于受到强大扭力的作用，煤层逐渐发生倒转，构造应力高度集中，故常常是突出严重的地区。

d　煤层产状变化地带

在煤层产状沿走向（或倾向）发生转折、变陡或变缓的地区，是地应力集中的地区，也常常是突出严重的地区。

前苏联 H. M. 毕楚克曾经对由于煤层倾角变化而产生的附加应力作过粗略的计算。当煤层的倾角由 8°变化到 14°时（曲率半径 $R \approx 600m$），如果弹性岩石埋藏在距离中性面 60m 处，地应力可以超过砂岩的极限强度几倍。

e　压性、压扭性小断层带

断裂构造是地应力达到或超过岩石断裂强度时岩石连续发生破坏的产物，总的表现为地应力的释放。然而，在一些由于受到水平方向挤压而形成的断距较小的压性或压扭性小断层带，应力释放还不充分，仍保持着应力集中，其两侧还处于强烈挤压状态，对瓦斯储存也较为有利。同时，两侧的煤体结构遭到破坏，因而常常是突出集中的地点。

B　煤层厚度变化

突出集中发生在煤层厚度变化地带，也是各突出矿井常见的情况。在一些局矿（如北票矿务局、英岗岭煤矿等），突出发生在这类构造地带约占 20%~30%，湖南的一些矿井（如白沙矿务局红卫煤矿等），在此类构造带发生的突出还要多一些。

煤层厚度变化的原因很多。其中有原生的因素，也有后期构造运动所造成的。与突出有关的煤层厚度变化带多属后期构造变动引起的。在煤层厚度急剧变化处易产生应力集中和煤体结构的破坏，形成有利于突出发生的地质条件。

C　煤体结构

煤与瓦斯突出发生在煤层中，煤的结构特征对突出也有显著影响。一般原生结构的煤不发生突出，属非突出煤。受构造应力作用，煤的原生结构遭受破坏后所表现出的结构称为构造结构。突出煤层均具有构造结构特征，它主要是指煤层在后期改造中所形成的结构。

根据大量突出点的调查统计，在发生突出的地点及附近的煤层都具有层理紊乱、煤质松软的特点。人们习惯上把这种煤称为软分层煤，或简称软煤。从地质角度分析，软分层煤应属于构造煤，它是煤层在构造应力作用下形变的产物。在突出矿井，构造煤的存在是发生突出的一个必要条件。

按照煤在构造作用下的破碎程度，可将构造煤分为 3 种类型：

（1）碎裂煤。煤被密集的相互交叉的裂隙切割成碎块，这些碎块保持尖棱角状，相互之间没有大的移位，煤仅在一些剪性裂隙表面被磨成细粉。

（2）碎粒煤。煤已破碎成粒状，其主要粒级在 1mm 以上。由于运动过程中颗粒间相互摩擦，因此大部分颗粒被磨去了棱角，并被重新压紧。

（3）糜棱煤。煤已破碎成细粒状或细粉状，并被重新压紧，其主要粒级在 1mm 以下，有时煤粒磨得很细，只相当于岩石的粉砂级，由于这种煤经历了强烈形变和发生了塑性流动，因而肉眼和显微镜下常可看到流动构造，如长条状颗粒的定向排列等。

对构造煤的瓦斯地质参数测试结果表明，随着煤体破坏程度的增高，煤的坚固性系数（f 值）降低（图 2-10），而瓦斯放散指数（Δp 值）增大（图 2-11）。同原生结构煤相比，构造煤具有坚固性系数小、瓦斯放散指数大和瓦斯含量高等特点，这是构造煤易于发生突出的重要原因。构造变动引起的煤厚变化和煤体结构破坏是受地质构造控制的，因此这 3 个因素可归结为地质构造破坏。煤与瓦斯突出为什么集中发生在构造破坏带呢？大部分研究者认为：构造破坏加深了煤的破坏程度，使煤的机械强度降低、瓦斯放散能力提高，或因处于断层某一翼的煤层中的瓦斯向地表排放不利等，瓦斯含量增高。另外，在一些构造带，存在着较高的构造应力，增大了突出危险性。

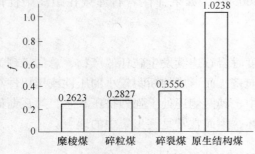

图 2-10　萍乡青山矿各类煤的坚固性系数直方图

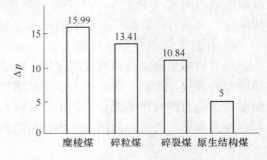

图 2-11　萍乡青山矿各类煤的瓦斯放散指数

2.2　煤层瓦斯压力与瓦斯含量的测定

煤矿建设和生产过程中，煤层和围岩中的瓦斯气体会涌到生产空间，对井下的安全生产构成威胁。不同的煤层、不同的矿井中的瓦斯赋存状况不同，而瓦斯所造成的危险程度也是不同的。只有在了解瓦斯的基本性质和煤层瓦斯赋存状况的前提下，煤层瓦斯赋存主要参数的测定，才能为瓦斯治理提供可靠的基础依据。

2.2.1 煤层瓦斯压力及其测定

煤层瓦斯压力的测定方法如下：

《煤矿安全规程》要求，为了预防石门揭穿煤层时发生突出事故，必须在揭穿突出煤层前，通过钻孔测定煤层的瓦斯压力，它是突出危险性预测的主要指标之一，也是选择石门防突措施的主要依据。同时，用间接法测定煤层瓦斯含量，也必须知道煤层原始的瓦斯压力。因此，测定煤层瓦斯压力是煤矿瓦斯管理和科研需要经常进行的一项工作。

测定煤层瓦斯压力时，通常是从围岩巷道（石门或围岩）钻场向煤层打孔径为 50～75mm 的钻孔，孔中放置测压管，将钻孔封闭后，用压力表直接进行测定。为了测定煤层的原始瓦斯压力，测压地点的煤层应为未受采动影响的原始煤体。石门揭穿突出煤层前测定煤层瓦斯压力时，在工作面距煤层法线距离 5m 以外，至少打 2 个穿透煤层全厚或见煤深度不少于 10m 的钻孔。

测压的封孔方法分填料法和封孔器法两类。根据封孔器的结构特点，封孔器分为胶圈、胶囊和胶圈-黏液等几种类型。

2.2.1.1 填料封孔法

填料封孔法是应用最广泛的一种测压封孔方法。采用该法时，在打完钻孔后，先用水清洗钻孔，再向孔内放置带有压力表接头的测压管，管径约为 6～8mm，长度不小于 6m，最后用充填材料封孔。图 2-12 为填料法封孔结构示意图。

为了防止测压管被堵塞，在测压管前端焊接一段直径稍大于测压管的筛管或直接在测压管前端管壁打筛孔。为了防止充填材料堵塞测压管的筛管，在测压管前端后部套焊一挡料圆盘。测压管

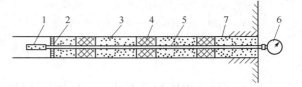

图 2-12 填料法封孔结构示意图
1—前端筛管；2—挡料圆盘；3—充填材料；
4—木楔；5—测压管；6—压力表；7—钻孔

为紫铜管或细钢管，充填材料一般用水泥和砂子或黏土。填料可用人工或压风送入钻孔。为使钻孔密封可靠，每充填 1m 左右，送入一段木楔，并用堵棒捣固。人工封孔时，封孔深度一般不超过 5m；用压气封孔时，借助喷射罐将水泥砂浆由孔底向孔口逐渐充满，其封孔深度可达 10m 以上。为了提高填料的密封效果，可使用膨胀水泥。

填料法封孔的优点是不需要特殊装置，密封长度大，密封质量可靠，简便易行；缺点是人工封孔长度短，费时费力，且封孔后需等水泥基本凝固后，才能上压力表。

2.2.1.2 封孔器封孔法

A 胶圈封孔器法

胶圈封孔器法是一种简便的封孔方法，它适用于岩柱完整致密的条件。图 2-13 为胶圈封孔器封孔的结构示意图。

封孔器由内外套管、挡圈和胶圈组成。内套管即为测压管。封直径为 50mm 的钻孔时，胶圈外径为 49mm，内径为 21mm，长度为 78mm，测压管前端焊有环形固定挡圈，当

拧紧压紧螺帽时，外套管向前移动压缩胶圈，使胶圈径向膨胀，达到封孔的目的。北票矿务局台吉矿在 −550m 水平西 5 石门用胶圈封孔器实测的 10 号煤层瓦斯压力高达 8.1MPa。

胶圈封孔器法的主要优点是简便易行，封孔器可重复使用；缺点是封孔深度小，且要求封孔段岩石必须致密、完整。

B　胶圈-压力黏液封孔器法

这种封孔器与胶圈封孔器的主要区别是在两组封孔胶圈之间充入带压力的黏液。胶圈-压力黏液封孔器法的结构如图 2-14 所示。

图 2-13　胶圈封孔器封孔结构示意图
1—测压管；2—外套管；3—压紧螺帽；4—活动挡圈；
5—固定挡圈；6—胶圈；7—压力表；8—钻孔

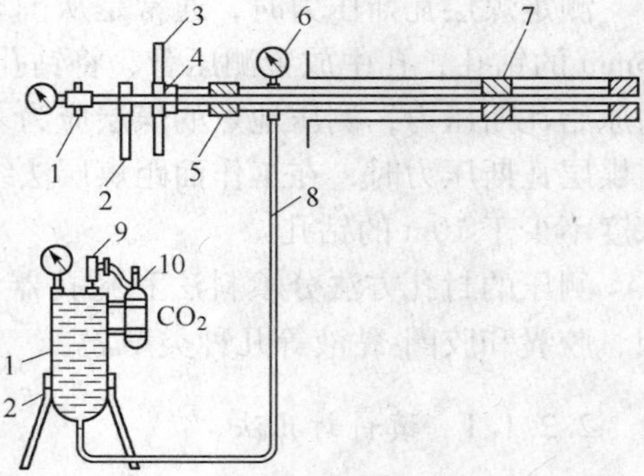

图 2-14　胶圈-压力黏液封孔器法的结构示意图
1—补充气体入口；2—固定把；3—加压把手；
4—推力轴承；5，7—胶圈；6—黏液压力表；
8—高压胶管；9—阀门；10—二氧化碳瓶；
11—黏液；12—黏液罐

该封孔器由胶圈封孔系统和黏液加压系统组成。为了缩短测压时间，本封孔器带有预充气口，预充气压力略小于预计的煤层瓦斯压力。使用该封孔器时，钻孔直径 62mm，封孔深度 11~20m，封孔黏液段长度 3.6~5.4m。适用于坚固性系数的煤层。

这种封孔器的主要优点是：封孔段长度大，压力黏液可渗入封孔段岩（煤）体裂隙，密封效果好。通过在阳泉、焦作和鹤壁等矿务局的实验证明，该封孔器能满足煤巷直接测定煤层瓦斯压力的要求。

实践表明，封孔测压技术的效果除了与工艺条件（如钻孔未清洗干净，填料未填紧密，水泥凝固产生收缩裂隙，管接头漏气等）有关外，更主要取决于测压地点岩体（或煤体）的破裂状态。当岩体本身的完整性遭到破坏时，煤层中的瓦斯会经过破坏的岩柱产生流动，这时所测得的瓦斯压力实际上是瓦斯流经岩柱的流动阻力，因此，为了测到煤层的原始瓦斯压力，就应当选择在致密的岩石地点测压，并适当增大封孔段长度。

2.2.2　煤层瓦斯含量测定

煤层瓦斯含量的测定方法如下：

煤层瓦斯含量包含两部分，即游离的瓦斯量和煤体吸附的瓦斯量。测定方法分为直接测定法和间接测定法两类。根据应用范围又可分为地质勘探钻孔法和井下测定法两类。

2.2.2.1 地质勘探时期煤层瓦斯含量的直接测定法

直接测定法就是直接从采取的煤样中抽出瓦斯,测定瓦斯的成分和含量。目前,地质勘探钻孔法主要采用解吸法直接测定,包括3个阶段:

(1)确定从钻取煤样到把煤样装入密封罐这段时间内的瓦斯损失量。

(2)利用瓦斯解吸仪测定密封罐中煤样的解吸瓦斯量。

(3)用粉碎法确定煤样的残存瓦斯量。

上述3个瓦斯量相加即得该煤样的总瓦斯含量。以下为具体测定步骤。

A 采样

当地勘钻孔见煤层时,用普通岩芯管采取煤芯。当煤芯提出地表之后,选取煤样约300~400g,立即装入密封罐,密封罐结构如图2-15所示。在采样过程中,标定提升煤芯和煤样在空气中的暴露时间。

B 煤样瓦斯解吸规律的测定

煤样装入密封罐后,在拧紧罐盖过程中,应先将穿刺针头插入垫圈,以便密封时及时排出罐内气体,防止空气被压缩而影响测定结果。密封后,应立即将密封罐与瓦斯解吸仪相连接,测定煤样瓦斯解吸量随时间的变化而变化的规律。传统的煤芯瓦斯解吸仪如图2-16所示。

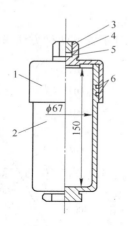

图2-15 密封罐
1—罐盖;2—罐体;3—压紧螺丝;4—垫圈;
5—胶垫;6—O形密封圈

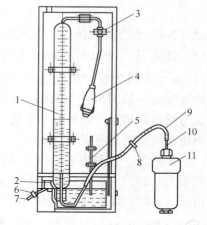

图2-16 煤芯瓦斯解吸速度测定仪
1—量管;2—水槽;3—螺旋夹;4—吸气球;
5—温度计;6,8—弹簧夹;7—放水管;
9—排气管;10—穿刺针头;11—密封罐

这种瓦斯解吸仪采用排水集气,需要人工读数,误差较大。目前,在地勘部门使用的是AMG-1型自动化地勘瓦斯解吸仪,该仪器采用单片机自动测定与记录提钻时间、煤样封罐前暴露时间、煤样瓦斯解吸量及解吸时间,具有预置参数、数据采集、数据处理以及数据显示与打印等程序和功能。

煤样瓦斯解吸测定一般进行2h,然后再把煤样密封罐封送到试验室进行脱气和气体组分分析。

C　煤样损失瓦斯量的推算

根据试验研究与理论分析,在煤样开始暴露的一段时间内,累计解吸出的瓦斯量与煤样瓦斯解吸时间呈以下关系:

$$V_z = k\sqrt{t_0 + t} \qquad (2\text{-}6)$$

式中　V_z——煤样自暴露时起至解吸测定结束时的瓦斯解吸总体积,mL;

　　　　t——煤样解吸测定时间,min;

　　　　k——比例常数,mL/$\min^{1/2}$;

　　　　t_0——煤样在解吸测定前的暴露时间,min,计算式为:

$$t_0 = \frac{1}{2}t_1 + t_2 \qquad (2\text{-}7)$$

　　　　t_1——提钻时间,min,根据经验,煤样在钻孔内暴露解吸时间取$\frac{1}{2}t_1$;

　　　　t_2——解吸测定前在地面空气中的暴露时间,min。

显然,利用瓦斯解吸仪在 t 时间内所测出的瓦斯解吸量 V_2 仅是煤样总解吸量 V_z 的一部分。解吸测定之前,煤样在暴露时间 t_0 内已经损失的瓦斯量为:

$$V_1 = k\sqrt{t_0} \qquad (2\text{-}8)$$

由此,则试验解吸的瓦斯量为:

$$V_2 = V_z - V_1 = k\sqrt{t_0 + t} - V_1 \qquad (2\text{-}9)$$

式(2-9)为直线表达式,解吸之前损失的瓦斯量 V_1 可用以下两种方法求出:

(1)图解法。即以实测解吸出的瓦斯量 V_2 为纵坐标,以 $\sqrt{t_0+t}$ 为横坐标,把全部测点标绘在坐标纸上,将开始解吸的一段时间内呈直线关系的各点连接成线,并延长与纵坐标相交,则延长的直线在纵坐标轴上的截距即为所求的解吸之前损失瓦斯量,如图 2-17 所示。

(2)解吸法。这种方法是以上述图解法作出的瓦斯损失量图为基础,用最小二乘法求出瓦斯损失量。

由式(2-8),煤样开始暴露一段时间内的解吸瓦斯量 V_2 与 T（$T=\sqrt{t_0+t}$）呈线性关系,即 $V=a+bT$,式中的 a、b 为待定常数。当 $T=0$ 时,$V=a$,a 值即为所求的瓦斯损失量。计算 a 值前,先由瓦斯损失量图大致判定呈线性关系的各测点,根据各测点的坐标值,按最小二乘法求出 a 值。当解吸观测点比较分散或解吸瓦斯量较大时,用解吸法计算比较方便。

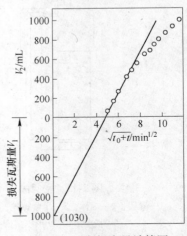

图 2-17　瓦斯损失量计算图

从实际测定结果看,煤样解吸之前损失的瓦斯量可占煤样总瓦斯含量的 10%~50%,且煤的瓦斯含量越大,煤样越粉碎,损失瓦斯量所占的比例越大。为了提高煤层瓦斯含量的测定精度,应尽量减少煤样的暴露时间,选取较大粒度的煤样,以减少瓦斯损失量在煤样总瓦斯量中的比重。

实践表明,上述的推算方法存在着钻孔取样深度越大,煤层瓦斯含量预测值越低的缺陷，其原因是所采取的取芯损失瓦斯量的推算方法有局限性，故一般适用于钻孔深度不大于 500m 的条件下。

D 煤样残存瓦斯含量的试验室测定

经过瓦斯解吸仪解吸测定后，煤样在密封状态下应尽快送试验室进行加热，真空脱气。脱气分为两次，第一次脱气后需将煤样粉碎，再进行第二次脱气，根据两次脱出气体量和瓦斯组分，求出煤样粉碎前后脱出的瓦斯量，即残存瓦斯量。

真空脱气仪原理如图 2-18 所示。它是由煤样恒温槽、脱气系统和气体计量系统组成。以下为测定步骤。

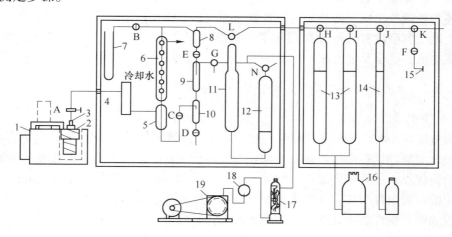

图 2-18 真空脱气装置

1—超级恒温器；2—密封罐；3—穿刺针头；4—滤尘管；5—集水瓶；6—冷却管；7—水银真空计；8—隔水瓶；
9—吸水管；10—排水瓶；11—吸气瓶；12—真空瓶；13—大量管；14—小量管；
15—取气支管；16—水准瓶；17—干燥管；18—分隔球；19—真空泵；
A—螺旋夹；B，C，D，E，F—单向活塞；G，H，I，J，K—三通活塞；L，N—120°三通活塞

将装有待测煤样的密封罐装入恒温槽 1 中，进行真空脱气，脱气时恒温 95℃，直到每 0.5h 泄出瓦斯量小于 10mL、煤芯所含的水分大部分蒸发出来为止。这一阶段脱气所需的时间约 5h，之后测量脱出气体体积，并用气相色谱仪分析气体成分。

煤样第一次脱气后，打开煤样密封罐，取出煤样，放入密封球磨罐粉碎 4~5h，要求粉碎后煤样的粒度在 0.25mm 以下，然后进行第二次脱气，脱气方法同粉碎前。第二次脱气大约需要 5h，一直进行到无气体泄出、真空计的水银柱趋于稳定为止。用同样的方法计量抽出的气体体积，并进行气体分析。

脱气后，将煤样称重并进行工业分析。

根据两次脱气的气体分析中的氧含量，扣除混入的空气成分，即可求出无空气基的煤的气体成分。根据两次脱气的体积和瓦斯组分、煤样质量和工业分析结果，即可计算出单位质量煤（或可燃物）中的瓦斯量，即煤的残存瓦斯含量。

E 煤层瓦斯含量计算

煤层瓦斯含量是通过上述各阶段实测煤样放出瓦斯量、损失瓦斯量和煤样质量计算的，计算公式如下：

$$X_0 = \frac{V_1 + V_2 + V_3 + V_4}{G} \tag{2-10}$$

式中　X_0——煤层原始瓦斯含量，mL/g；

　　　V_1——推算出的损失瓦斯量，mL；

　　　V_2——煤样解吸测定中累计解吸出的瓦斯量，mL；

　　　V_3——煤样粉碎前脱出的瓦斯量，mL；

　　　V_4——煤样粉碎后脱出的瓦斯量，mL；

　　　G——煤样质量，g。

上述各阶段放出的瓦斯量皆为换算成标准状态下的瓦斯体积。

以上地勘解吸法直接测定煤层瓦斯含量的成功率可达 98%，精度也较高，而且操作简单，成本低，优于其他方法。

2.2.2.2　生产时期井下煤层瓦斯含量的直接测定法

A　井下煤层瓦斯含量测定方法——钻屑解吸法 A

抚顺分院在 1980~1981 年期间，研究提出了钻屑解吸法测定煤层瓦斯含量的方法。方法的原理与地勘钻孔所用解吸法相同。与在地勘钻孔中应用相比，该法在井下煤层钻孔应用有明显优点：一是煤样暴露时间短，一般为 3~5min，且易准确进行测定；二是煤样在钻孔中的解吸条件与在空气中大致相同，无泥浆和泥浆压力的影响。

试验表明，煤样解吸瓦斯随时间变化的规律较好地符合下式：

$$q = q_1 t^{-k} \tag{2-11}$$

式中　q——在解吸时间为 t 时煤样的瓦斯解吸速度，mL/(g·min)；

　　　q_1——t 为 1min 时煤样瓦斯解吸速度，mL/(g·min)；

　　　k——解吸速度随时间的衰减系数。

在解吸时间为 t 时累计的解吸瓦斯量为

$$Q = \int_0^t q_1 t^{-k} \mathrm{d}t = \frac{q_1}{1-k} t^{1-k} \tag{2-12}$$

在测定时从石门钻孔见煤时开始计时，直至开始进行煤样瓦斯解吸测定这段时间即为煤样解吸测定前的暴露时间 t_0，显然，瓦斯损失量为

$$Q_2 = \frac{q_1}{1-k} t_0^{1-k} \tag{2-13}$$

式中　Q_2——煤样瓦斯损失量，mL/g；

　　　t_0——解吸测定前煤样暴露时间，min。

可以看出，当 $k \geqslant 1$ 时无解；因此，利用幂函数规律求算瓦斯损失量仅适用于 $k < 1$ 的场合，为此在采煤样时应尽量选取较大的粒度。

应用该法测定煤层瓦斯含量时，同样需要测定钻屑的现场解吸量 Q_1 和试验室测出的试样粉碎前后瓦斯脱出量 Q_3 和 Q_4，将 $Q_1 + Q_2 + Q_3 + Q_4$ 值除以钻屑试样的质量 G，即可得到煤层的瓦斯含量，有关 Q_1、Q_3 和 Q_4 的测定方法同前。

B　井下煤层瓦斯含量测定方法——钻屑解吸法 B

在钻屑解吸法 A 中，用于推算取样损失量的公式（2-13）不能用于 $k \geqslant 1$ 的煤层。

为了弥补这一不足，中国矿业大学的俞启香教授提出了一种新的钻屑解吸法，简称钻屑解吸法 B。和钻屑解吸法 A 相比，钻屑解吸法 B 只是对取样时的钻屑损失瓦斯量计算作了改进，改进后的方法适应于所有煤层，无论是突出煤还是非突出煤，也无论煤样粒度。钻屑解吸法 B 采用的取样损失量推算公式为

$$Q_2 = -\frac{r_0}{k}(e^{-kt_1} - 1) \tag{2-14}$$

式中　Q_2——钻屑开始解吸瓦斯时的解吸瓦斯速度，mL/(g·min)；

　　　　k——常数；

　　　　t_1——煤样从脱离煤体至开始解吸测定所用时间，min。

至于 Q_1、Q_3 和 Q_4 的测定，与钻屑解吸法 A 完全相同。

C　井下煤层瓦斯含量测定方法——钻屑解吸法 C

无论是钻屑解吸法 A 或钻屑解吸法 B，无一例外地要推算煤样在取样过程中的损失量 Q_2、煤样解吸测定终了后的残存瓦斯量 $Q_3 + Q_4$。这些测定需要在专门的试验室完成，因此测定周期长。为了实现井下煤层瓦斯含量快速测定，煤炭科学研究总院抚顺分院在 1993~1995 年期间提出了一种新的钻屑解吸法——钻屑解吸法 C，并以此为基础研制 WP-1 型井下煤层瓦斯含量快速测定仪。WP-1 型井下煤层瓦斯含量快速测定仪就是根据煤样瓦斯解吸速度随时间变化的幂函数关系，利用瓦斯解吸速度特征指标计算煤层瓦斯含量的原理设计的。它由煤样罐、检测器和数据处理机三部分组成。煤样罐由有机玻璃制成，内装粒度 1~3mm，重 20g 的煤样，为了快速装样并保证不漏气，采用高真空橡胶塞为盖。检测器是通过测定煤样的瓦斯解吸量和解吸速度来完成的，它采用热导式气体流量传感器作为测量器件，传感器电路由加热控制桥路和感应平衡桥路两部分组成，通过瓦斯气体流入对某一电阻值的变化，使感应平衡桥路失去平衡而产生偏压电压，经过放大调整和 A/D 转换，变成一个与瓦斯气流速呈线性关系的数字信息，送入单片机进行定时数据采集，并把采集的瓦斯流量值、计时值分别进行存储和显示。当整个瓦斯解吸过程结束后，将内存存储的瓦斯流量测定数据组和计时组通过计算处理后，显示或打印出最终测定参数。

WP-1 型瓦斯含量快速测定仪的测定依据如下：

$$X = a + bV_1 \tag{2-15}$$

式中　X——煤层瓦斯含量，mL/g；

　　　　V_1——单位质量煤样在脱离煤体 1min 时的瓦斯解吸速度，mL/(g·min)；

　　　　a，b——反映 V_1 与 X 间特征常数，不同煤层有不同值，需要在试验室模拟测定得到。

WP-1 型瓦斯含量快速测定仪利用井下煤层钻孔采集煤屑，自动测定煤样的瓦斯解吸速度 V_1 值和瓦斯含量 X 值，由于不需要测定取样损失瓦斯量和试样的残存瓦斯量，因而测定周期大大缩短，整个测定周期仅需 15~30min，真正实现了井下煤层瓦斯含量就地快速测定。

D　煤层可解吸瓦斯含量测定

该法的原理是根据煤的瓦斯解吸规律来补偿采样过程中损失的瓦斯量。该法首先在法国得到成功应用，现已在西欧一些国家应用。根据这种方法测定的不是煤层原始瓦斯含量，而是煤的可解吸瓦斯含量。煤的可解吸瓦斯含量等于煤的原始含量与 0.1MPa 瓦斯压力下煤的残存瓦斯含量之差，它的实际意义大致代表煤在开采过程中在井下可能泄出的瓦

斯量。采用可解吸瓦斯含量的概念后，就没有必要再把煤样在真空下进行脱气了。

以下为应用该法进行测定的步骤：

（1）采样。用手持式压风钻机垂直于新鲜暴露煤壁面打直径约 42mm、深 12~15m 的钻孔，每隔 2m 取 2 个煤样，打钻时使用中空螺旋钻杆。图 2-19 所示为带有压风引射器的取煤样装置。

不采样时，阀门 3 和 4 关闭，阀门 5 打开。钻进时，压风经接头 7 和钻杆 8 的中心孔吹向孔底，将钻屑排出孔外。采煤样时，关闭阀门 5，打开阀门 3 和 4，压风经阀门 4 和引射器 1 吹出，在孔底造成负压，钻孔底部钻屑在负压作用下瞬间经钻杆中心孔、接头 7、阀门 3 进入煤样筒，煤样筒装有筛网，煤屑经筛选将粒度为 $\phi 1 \sim 2mm$ 的煤样收集起来。取煤样 10g，装入样品管中，同时记录从采样到装入样品管的时间 t_1（一般为 1~2min）。

（2）瓦斯解吸量测定。样品管预先与瓦斯解吸仪连接，测定过相同时间 t_1 的瓦斯解吸量 q。

解吸仪最简单的形式是如图 2-20 所示的皂膜流量计。测定时用秒表计时测定经 t_1 时间皂膜移动的距离，得出瓦斯解吸量 q。

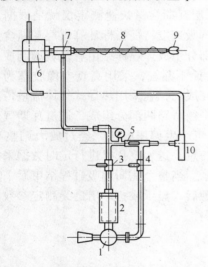
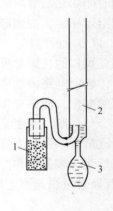

图 2-19　钻孔取样装置　　　　　　图 2-20　瓦斯解吸量测定装置

1—压风引射器；2—煤样筒；3，4，5—阀门；　　　1—煤样罐；2—皂膜流量计；3—皂液

6—手持式风动钻机；7—活接头；

8—中空麻花钻杆；9—钻头；10—压风管线

（3）送样过程中的瓦斯解吸量。将煤样从样品管中取出装入容积为 0.5L 或 1L 的塑料瓶，同时测定并记下测定地点空气中的瓦斯浓度 C_0；样品送到试验室后开瓶前再一次测定瓶中的瓦斯浓度 C。

（4）煤样粉碎过程和粉碎后解吸的瓦斯量。打开煤样瓶称煤样质量，并迅速放入密封粉碎罐中磨 20~30mm，同时收集粉碎过程中泄出的瓦斯，直至无气泡泄出为止，记录泄出瓦斯体积 Q_3。

（5）可解吸瓦斯量的计算。煤的可解吸瓦斯量由下列三部分组成，分别计算如下：

1）从煤体钻取煤样到煤样装入塑料瓶这段时间煤样所泄出的瓦斯量 Q_1。它包括煤样暴露时间为 t_1 时的损失瓦斯量和时间从 t_1 到 $2t_1$ 实测的解吸量 q。

根据累计瓦斯解吸量与解吸时间成正比的规律，有

$$Q_1 = k\sqrt{t_1 + t_1} = k\sqrt{2t_1} \tag{2-16}$$

$$q = k\sqrt{2t_1} - k\sqrt{t_1} \tag{2-17}$$

则有

$$Q_1 = 3.4q$$

2）煤样在塑料瓶中在运送期间泄出的瓦斯量 Q_2 按式（2-18）计算：

$$Q_2 = \left(\frac{C - C_0}{100}\right)\left(1 + \frac{C}{100}\right)V \tag{2-18}$$

式中　V——塑料瓶体积，mL；

　　　C_0——采样地点井下空气中瓦斯浓度，%；

　　　C——煤样粉碎前装煤样的塑料瓶中的瓦斯浓度，%。

3）煤样粉碎过程中和粉碎后释放的瓦斯量 Q_3 直接测定得出。

最后按式（2-19）计算煤的可解吸瓦斯含量：

$$X = \left(\frac{Q_1 + Q_2 + Q_3}{m}\right)\frac{1}{1 - 1.1A_{ad}} \tag{2-19}$$

式中　X——纯煤的可解吸瓦斯含量，mL/g；

　　　m——煤样质量，g；

　　　A_{ad}——煤中灰分含量，%；

　　1.1——煤灰分校正系数。

该法简单易行，井下解吸测定时间短，且采样方法能保证准确判定采样地点。对不同深度钻孔进行采样测定，能判断工作面排放带的影响范围。沿孔深实测最大而稳定的瓦斯含量即为煤层原始可解吸瓦斯含量。

2.2.2.3 煤层瓦斯含量间接测定方法

A 根据煤层瓦斯压力和煤的吸附等温线确定煤的瓦斯含量

根据已知煤层瓦斯压力和试验室测出的煤对瓦斯吸附等温线，可用式（2-20）确定纯煤（煤中可燃质）的瓦斯含量：

$$X = \frac{abp}{1 + bp}\frac{1}{1 + 0.3M_{ad}}e^{n(t_s - t)} + \frac{10Kp}{k} \tag{2-20}$$

式中　X——纯煤（煤中可燃质）的瓦斯含量，m³/t；

　　　a——吸附常数，试验温度下煤的极限吸附量，m³/t；

　　　b——吸附常数，MPa；

　　　p——煤层瓦斯压力，MPa；

　　　t_s——试验室做吸附试验的温度，℃；

　　　t——井下煤体温度，℃；

　　　M_{ad}——煤中水分含量，%；

　　　K——煤的孔隙容积，m^3/t；

　　　k——甲烷的压缩系数，见表 2-5；

　　　n——系数，按下式确定：

$$n = \frac{0.02t}{0.993 + 0.07p}$$

表 2-5　甲烷的压缩系数 k 值

压力/MPa	温度/℃					
	0	10	20	30	40	50
0.1	1.00	1.04	1.08	1.12	1.16	1.20
1.0	0.97	1.02	1.06	1.10	1.14	1.18
2.0	0.95	1.00	1.04	1.08	1.12	1.16
3.0	0.92	0.97	1.02	1.06	1.10	1.14
4.0	0.90	0.95	1.00	1.04	1.08	1.12
5.0	0.87	0.93	0.98	1.02	1.06	1.11
6.0	0.85	0.90	0.95	1.00	1.05	1.10
7.0	0.83	0.88	0.93	0.98	1.04	1.09

　　如需确定原煤瓦斯含量，则可按式（2-21）进行换算：

$$X_0 = X \frac{100 - A_{ad} - M_{ad}}{100} \tag{2-21}$$

式中　X_0——原煤瓦斯含量，m^3/t；

　　　A_{ad}——煤中灰分含量，%；

　　　M_{ad}——煤中水分含量，%。

　　B　含量系数法

　　为了减小试验室条件和天然煤层条件的差异所带来的误差，中国矿业大学周世宁院士研究提出了井下煤层瓦斯含量测定的含量系数法，他在分析研究煤层瓦斯含量的基础上，发现煤中瓦斯含量和瓦斯压力之间的关系可以近似用式（2-22）表示：

$$X = \alpha\sqrt{p} \tag{2-22}$$

式中　X——煤瓦斯含量，m^3/t；

　　　α——煤的瓦斯含量系数，$m^3/(m^3 \cdot MPa)^{1/2}$；

　　　p——瓦斯压力，MPa。

　　煤层瓦斯含量系数在井下可直接测定得出。

　　在掘进巷道的新鲜暴露煤面，用煤电钻打眼采煤样，煤样粒度为 0.1~0.2mm，质量为 60~75g，装入密封罐。用井下钻孔自然涌出的瓦斯作为瓦斯源，用特制的高压打气筒将钻孔涌出的瓦斯打入密封罐内。为了排除气筒和罐内残存的空气，应先用瓦斯清洗气筒和煤样罐数次，然后向煤样正式注入瓦斯。特制打气筒打气最高压力达 2.5MPa 时，即可满足测定含量系数的要求。煤样罐充气达 2.0MPa 以上时，即关闭罐的阀门，然后送入试验室，在简易测定装置上测定调至不同平衡瓦斯压力下煤样所解吸出的瓦斯量，最后按式（2-22）求出平均的煤的瓦斯含量系数 α 值。

C 根据煤的残存瓦斯含量推算煤层瓦斯含量

根据煤的残存瓦斯含量推算煤层原始瓦斯含量是一种简单易行的方法。在波兰，该法得到较广泛的应用。使用该法时，在正常作业的掘进工作面，在煤壁暴露30min后，从煤层顶部和底部各取一个煤样，装入密封罐，送入试验室测定煤的残存瓦斯含量。如工作面煤壁暴露时间已超过30min，则采样时应把工作面煤壁清除0.2~0.3m深，再采煤样。

当实测煤的残存瓦斯含量在 $3m^3/t$ 可燃物以下时，按式（2-23）计算煤的原始瓦斯含量：

$$X_0 = 1.33X_c \qquad (2-23)$$

式中 X_0——纯煤原始瓦斯含量，m^3/t；

X_c——实测煤的残存瓦斯含量，m^3/t。

当煤的残瓦斯含量大于 $3m^3/t$ 可燃物时，用式（2-24）计算煤的瓦斯含量：

$$X_0 = 2.05X_c - 2.17 \qquad (2-24)$$

在所采两个煤样中，以实测较大的残存量为计算依据。

2.3 矿井瓦斯涌出与测定

矿井瓦斯灾害一般都具有突发性、危害性大的特点，一旦事故发生，不仅造成巨大的经济和财产损失，严重的会造成矿毁人亡，带来极为不良的政治影响和经济后果。因此，在煤矿建设和生产过程中，只有了解煤层瓦斯涌出规律，掌握矿井瓦斯涌出源和预测瓦斯涌出技术，就可以从根本上有效地控制和治理矿井瓦斯事故的发生。

2.3.1 矿井瓦斯涌出

2.3.1.1 矿井瓦斯涌出形式

矿井建设和生产过程中煤岩体遭受到破坏，储存在煤岩体内的部分瓦斯将会离开煤岩体释放到井巷和采掘工作面空间，这种释放现象称为矿井瓦斯涌出。

由于采掘生产的影响，破坏了煤岩层中瓦斯赋存的正常平衡状态，使游离状态的瓦斯不断涌向低压的采掘空间；与此同时，吸附状态的瓦斯不断解吸，也以不同的形式涌现出来，其涌出形式有普通涌出与特殊涌出。

A 普通涌出形式

普通涌出是指瓦斯通过煤体或岩石的微小裂隙，从暴露面上均匀、缓慢、连续不断地向采掘工作面空间释放。

普通涌出是煤矿井下瓦斯的主要涌出形式，其涌出特点：时间长、范围大、涌出量多，速度慢而均匀。

B 特殊涌出形式

煤层或岩层内含有的大量高压瓦斯，在很短的时间内自采掘工作面的局部地区，突然涌出大量的瓦斯，或伴随瓦斯突然涌出而有大量的煤和岩石被抛出。其涌出形式包括瓦斯喷出和煤与瓦斯突出。

2.3.1.2　矿井瓦斯涌出的来源

矿井瓦斯一般来源于掘进区瓦斯、采煤区瓦斯和采空区瓦斯三个部分。

A　掘进区瓦斯

掘进区瓦斯是基建矿井中瓦斯的主要来源。在生产矿井中，掘进区瓦斯占全矿井瓦斯涌出量的比例主要取决于准备巷道的多少、围岩瓦斯含量的大小和掘进是否在瓦斯聚集带。当矿井采用准备巷道多的采煤方法、煤层瓦斯含量高、瓦斯释放较快时，掘进区瓦斯所占比例就大。如某矿采用水平分层采煤方法时，掘进和平巷的瓦斯涌出量占各分层涌出量总和的 59.2%~66.2%，在瓦斯聚集带掘进巷道时，掘进瓦斯曾占矿井瓦斯总涌出量的 67.5%。

B　采煤区瓦斯

采煤区瓦斯是正常生产矿井瓦斯的主要来源之一。它一部分来自开采层本身，一部分来自围岩和邻近煤层。在多数情况下，开采单一煤层时其本身的瓦斯涌出是主要的，但开采煤层群时，邻近煤层涌出的瓦斯往往也占有很大的比例。如某矿对 9 个采煤工作面的统计，来自开采煤层本身的瓦斯占 48%，而由围岩及邻近煤层中释放出的瓦斯占 52%。

C　采空区瓦斯

采空区瓦斯包括早已采过的老空区的瓦斯。随着采空区岩石的冒落，有时从顶、底板围岩和邻近煤层中放出大量瓦斯，丢弃在采空区的煤柱、煤皮、浮煤也放出瓦斯。采空区瓦斯涌出的多少，主要取决于煤层赋存条件、顶板管理方法、采空区面积的大小和管理状况。如果是煤层群开采，煤层顶、底板和邻近煤层含有大量瓦斯时，则采空区瓦斯涌出就多，用水砂充填法管理顶板时比用垮落法瓦斯涌出少；其他条件相同时，随着采空区面积的增大，这部分的瓦斯涌出所占比例也就增大。采空区的管理状况是影响采空区瓦斯是否大量涌出的直接因素。因此，提高密闭质量，及时封闭采空区和合理调整通风系统，能大大降低采空区瓦斯的涌出，这对矿井生产后期的瓦斯管理更有重要的意义。

2.3.1.3　瓦斯涌出量及其影响因素

A　瓦斯涌出量

瓦斯涌出量是指在矿井建设和生产过程中从煤与岩石内涌出的瓦斯量，对应于整个矿井的称为矿井瓦斯涌出量，对应于水平、采区或工作面的称为水平、采区或工作面的瓦斯涌出量。矿井瓦斯涌出量的大小通常用两个参数来表示，即矿井绝对瓦斯涌出量和矿井相对瓦斯涌出量。

a　矿井绝对瓦斯涌出量

矿井在单位时间内涌出的瓦斯量，单位为 m^3/min 或 m^3/d。它与风量、瓦斯浓度的关系为

$$Q_{CH_4} = Q_f \times C \tag{2-25}$$

式中　Q_{CH_4}——绝对瓦斯涌出量，m^3/min；

　　　Q_f——瓦斯涌出地区的风量，m^3/min；

　　　C——风流中的平均瓦斯浓度，%。

b　矿井相对瓦斯涌出量

矿井在正常生产条件下，平均日产 1t 煤同期所涌出的瓦斯量，单位为 m^3/t。其与绝对瓦斯涌出量、煤量的关系为

$$q_{CH_4} = Q_{CH_4}/T \tag{2-26}$$

式中　q_{CH_4}——相对瓦斯涌出量，m^3/t；

　　　Q_{CH_4}——绝对瓦斯涌出量，m^3/d；

　　　T——矿井日产煤量，t。

B　影响瓦斯涌出量的因素

矿井瓦斯涌出量大小取决于自然因素和开采技术因素的综合影响。

a　自然因素

自然因素包括煤层的自然条件和环境因素两个方面。

（1）煤层的瓦斯含量是影响瓦斯涌出量的决定因素。煤层瓦斯含量越大，瓦斯压力越高，透气性越好，则涌出的瓦斯量就越高。煤层瓦斯含量的单位与矿井相对瓦斯涌出量相同，但其代表的物理意义却完全不同，数量上也不相等。矿井瓦斯涌出量中，除包含本煤层涌出的瓦斯外，邻近煤层通过采空区涌出的瓦斯等也占有相当大的比例，因此，有些矿井的相对瓦斯涌出量要大于煤层瓦斯含量。

（2）在瓦斯带内开采的矿井，随着开采深度的增加，相对瓦斯涌出量增高。煤系地层中有相邻煤层存在时，其含有的瓦斯会通过裂隙涌出到开采煤层的风流中，因此，相邻煤层越多，含有的瓦斯量越大；距离开采层越近，矿井的瓦斯涌出量就越大。

（3）地面大气压变化时引起井下大气压的相应变化，它对采空区（包括回采工作面后部采空区和封闭不严的老空区）或塌冒处瓦斯涌出量的影响比较显著。如图 2-21 所示大气压力变化时，引起瓦斯涌出量增加的是工作面采空区（图中 2、3）和老采区（图中 5、6）的瓦斯涌出，掘进工作面几乎不受影响。

b　开采技术因素

（1）开采强度和产量。矿井的绝对瓦斯涌出量与回采速度或矿井产量成正比，而相对瓦斯涌出量变化较小。当回采速度较高时，相对瓦斯涌出量中开采煤层涌出的量和邻近煤层涌出的量反而相对减少，使得相对瓦斯涌出量降低。实测结果表明，如从两方面考虑，则高瓦斯的综采工作面快采必须快运才能减少瓦斯的涌出。

（2）开采顺序和回采方法。厚煤层分层开采或开采有邻近煤层涌出瓦斯的煤层时，

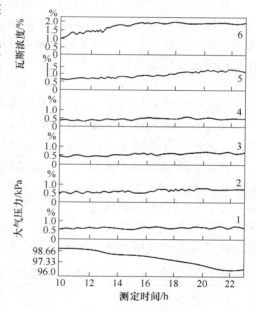

图 2-21　地面大气压力下降对矿井
瓦斯涌出的影响

1—掘进巷道回风；2—采煤面 2 回风；
3—采煤面 1 回风；4—掘进区总回风；
5—1 采区总回风；6—2 采区总回风

首先开采的煤层瓦斯涌出量较大, 因为除本煤层 (或本分层) 瓦斯涌出外, 邻近层 (或未开采分层) 的瓦斯也要通过回采产生的裂隙与孔洞渗透出来, 增大瓦斯涌出量, 之后其他层开采时, 瓦斯涌出量则大大减少。

采空区丢失煤炭多、采出率低的采煤方法, 采区瓦斯涌出量大。管理顶板采用垮落法比充填法造成的顶板破坏范围大, 邻近层瓦斯涌出量较大。回采工作面周期来压时, 瓦斯涌出量也会增大。

(3) 风量的变化。风量变化时, 瓦斯涌出量和风流中的瓦斯浓度由原来的稳定状态逐渐转变为另一种稳定状态。风量变化时, 漏风量和漏风中的瓦斯浓度也会随之变化。井巷的瓦斯涌出量和风流中的瓦斯浓度在短时间内就会发生异常的变化。通常风量增加时, 起初由于负压和采空区漏风的加大, 一部分高浓度瓦斯被漏风从采空区带出, 绝对瓦斯涌出量迅速增加, 回风流中的瓦斯浓度可能急剧上升; 然后, 浓度开始下降, 经过一段时间, 绝对瓦斯涌出量恢复到或接近原有值, 回风流中的瓦斯浓度才能降低到原值以下, 风量减少时情况相反。这类瓦斯涌出量变化的时间由几分钟到几天, 峰值浓度和瓦斯涌出量可为原值的几倍。

c　瓦斯涌出不均衡系数

在正常生产过程中, 矿井绝对瓦斯涌出量受各种因素的影响, 其数值是经常变化的, 但在一段时间内只在一个平均值上下波动, 我们把其峰值与平均值的比值称为瓦斯涌出不均衡系数。在确定矿井总风量选取风量备用系数时, 要考虑矿井瓦斯涌出不均衡系数。矿井瓦斯涌出不均衡系数表示为

$$k_g = Q_{max}/Q_a \tag{2-27}$$

式中　k_g——给定时间内瓦斯涌出不均衡系数;

　　　Q_{max}——该时间内的最大瓦斯涌出量, m^3/min;

　　　Q_a——该时间内的平均瓦斯涌出量, m^3/min。

确定瓦斯涌出不均衡系数的方法是根据需要, 在待确定地区 (工作面、采区、一翼或全矿) 的进、回风流中连续测定一段时间 (一个生产循环、一个工作班、一天、一月或一年) 的风量和瓦斯浓度, 一般以测定结果中的最大一次瓦斯涌出量和各次测定的算术平均值代入式 (2-27), 即为该地区在该时间间隔内的瓦斯涌出不均衡系数。表 2-6 为部分矿井根据通风报表统计的瓦斯涌出不均衡系数。

表 2-6　部分矿井瓦斯涌出不均衡系数

矿井名称	全矿	采煤工作面	掘进工作面
淮南谢二矿	1.18	1.51	
抚顺龙凤矿	1.18	1.32	1.42
抚顺胜利矿	1.29	1.38	
阳泉一矿北头嘴井	1.24	1.41	1.40

通常, 工作面的瓦斯涌出不均衡系数总是大于采区的, 采区的大于一翼的, 一翼的大于全矿井的。进行风量计算时, 应根据具体的情况选用合适的瓦斯涌出不均衡系数。

总之, 任何矿井的瓦斯涌出在时间上与空间上都是不均匀的。在生产过程中要有针对性地采取措施, 使瓦斯涌出比较均匀稳定。例如尽可能均衡生产, 错开相邻工作面的破

煤、放顶时间等。

2.3.2 矿井瓦斯涌出量的预测

瓦斯涌出量的预测是根据某些已知相关数据，按照一定的方法和规律，预先估算出矿井或局部区域瓦斯涌出量的工作。其任务是确定新矿井、新水平、新采区、新工作面投产前瓦斯涌出量的大小；为矿井、采区和工作面通风提供瓦斯涌出基础数据；为矿井通风设计、瓦斯抽放和瓦斯管理提供必要的基础参数。

决定矿井风量的主要因素往往是瓦斯涌出量，所以预测结果的正确与否，能够影响矿井开采的经济技术指标，甚至影响矿井正常生产。大型高瓦斯矿井，如果预测瓦斯涌出量偏低，投产不久就需要进行通风改造，或者被迫降低产量；而预测的瓦斯涌出量偏高，势必增大投资和通风设备的运行费用，造成不必要的浪费。

矿井瓦斯涌出量预测方法可概括为两大类：一类是矿山统计预测法；另一类是根据煤层瓦斯含量进行预测的分源预测法。

2.3.2.1 矿山统计预测法

矿山统计预测法的实质是根据对本矿井或邻近矿井实际瓦斯涌出量资料的统计分析得出的矿井瓦斯涌出量随开采深度变化的规律，来推算新井或延深水平的瓦斯涌出量。该方法适用于生产矿井的延深水平，生产矿井开采水平的新区，与生产矿井邻近的新矿井。在应用中，必须保证预测区的煤层开采顺序、采煤方法、顶板管理等开采技术条件和地质构造、煤层赋存条件、煤质等地质条件与生产区相同或类似。应用统计预测法时外推范围一般沿垂深不超过 100~200m，沿煤层倾斜方向不超过 600m。

A 基本计算式

矿井开采实践表明，在一定深度范围内，矿井相对瓦斯涌出量与开采深度呈如下线性关系：

$$q = \frac{H - H_0}{a} + 2 \tag{2-28}$$

式中　q ——矿井相对瓦斯涌出量，m^3/t；

　　　H ——开采深度，m；

　　　H_0——瓦斯风化带深度，m；

　　　a ——开采深度与相对瓦斯涌出量的比例常数，t/m^2。

瓦斯风化带深度 H_0 即为相对瓦斯涌出量为 $2m^3/t$ 时的开采深度。开采深度与相对瓦斯涌出量的比例常数 a 是指在瓦斯风化带以下、相对瓦斯涌出量每增加 $1m^3/t$ 时的开采下延深度。H_0 和 a 值根据统计资料确定，为此，至少要有瓦斯风化带以下两个水平的实际相对瓦斯涌出量资料，有了这些资料后，可按式（2-29）计算 a 值：

$$a = \frac{H_2 - H_1}{q_2 - q_1} \tag{2-29}$$

式中　H_1，H_2——分别为瓦斯带内 1 和 2 水平的开采垂深，m；

q_1，q_2——在深度开采时的相对瓦斯涌出量，m^3/t。

a 值确定后，瓦斯风化带深度可由式（2-30）求得：

$$H_0 = H_1 - a(q_1 - 2)$$ （2-30）

瓦斯风化带深度也可以根据地勘阶段实测的煤层瓦斯成分来确定。

a 值的大小取决于煤层倾角、煤层和围岩的透气性等因素。当有较多水平的相对瓦斯涌出量资料时，可用图解法或最小二乘法按式（2-31）确定平均的权值：

$$a = \frac{n\sum_{i=1}^{n}q_iH_i - n\sum_{i=1}^{n}H_i\sum_{i=1}^{n}q_i}{n\sum_{i=1}^{n}q_i^2 - \left(\sum_{i=1}^{n}q_i\right)^2}$$ （2-31）

式中　H_i——第 i 个水平的开采深度，m^3；

　　　q_i——第 i 个水平的开采相对瓦斯涌出量，m^3/t；

　　　n——统计的开采水平个数。

对于某些矿井相对瓦斯涌出量与开采深度之间并不呈线性关系，即 a 值不是常数，此时，应首先根据实际资料确定 a 值随开采深度的变化规律，然后才能进行深部区域瓦斯预测。

B　生产水平矿井瓦斯涌出量和平均开采深度的确定

应用矿山统计法预测矿井瓦斯涌出量，必须首先统计至少两个开采水平的瓦斯涌出量资料。在统计确定某一水平矿井瓦斯涌出量时，通风瓦斯旬报、矿井瓦斯等级鉴定以及专门进行的瓦斯涌出量测定资料均可加以利用；此外，还应掌握在统计期间的矿井开采和地质情况。对于全矿井，可以统计某一生产时期的绝对瓦斯涌出量和采煤量，并用加权平均方法求出该时期的平均开采深度和平均相对瓦斯涌出量。

下面介绍利用矿井瓦斯等鉴定资料确定矿井瓦斯涌出量和平均开采深度的具体方法。

根据《煤矿安全规程》的规定，矿井瓦斯等级鉴定工作是在鉴定月份的上、中、下旬各选一天，分三班或四班进行的，且每班测定 3 次；按矿井、煤层、一翼、水平和采区分别计算日产 1t 煤的瓦斯涌出量，并选取相对瓦斯涌出量最大一天的数据作为确定矿井瓦斯等级的依据。在瓦斯预测工作中，与矿井瓦斯等级鉴定的要求不同，它是取 3 天测定结果的平均值作为确定相对瓦斯涌出量的依据。

确定全矿井相对瓦斯涌出量时，可采用矿井总回风的瓦斯鉴定资料。根据鉴定月份井下各采区的煤炭产量和采深，按式（2-32）计算鉴定月份全矿井的加权平均开采深度：

$$H_c = \frac{\sum_{i=1}^{n}H_iA_i}{\sum_{i=1}^{n}A_i}$$ （2-32）

式中　H_c——全矿井加权平均开采深度，m；

　　　H_i——鉴定月份第 i 采区的采深，m；

A_i——鉴定月份第 i 采区的产量，t。

根据历年的矿井相对瓦斯涌出量和加权平均深度，可用图解法或计算法找出相对瓦斯涌出量与采深之间的关系。

2.3.2.2 分源预测法

A 分源预测法的基本原理

含瓦斯煤层在开采时，受采掘作业的影响，煤层及围岩中的瓦斯赋存平衡状态即遭到破坏，破坏区内煤层、围岩中的瓦斯将涌入井下巷道。井下涌出瓦斯的地点即为瓦斯涌出源。瓦斯涌出源的多少、各涌出源涌出瓦斯量的大小直接决定着矿井瓦斯涌出量的大小。根据煤炭科学研究总院抚顺研究院的研究，矿井瓦斯涌出的源、汇关系如图 2-22 所示。

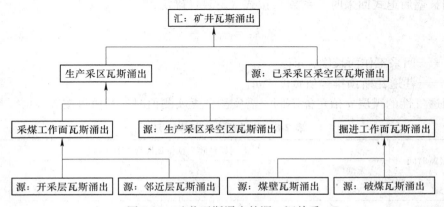

图 2-22 矿井瓦斯涌出的源、汇关系

应用分源预测法预测矿井瓦斯涌出量，是以煤层瓦斯含量、煤层开采技术条件为基础，根据各基本瓦斯涌出源的瓦斯涌出规律，计算回采工作面、掘进工作面、采区及矿井瓦斯涌出量。

B 预测所需的原始资料

应用分源预测法预测瓦斯涌出量时，需要准备如下原始资料：

（1）各煤层瓦斯含量测定资料、瓦斯风化带深度以及瓦斯含量等值线图。

（2）地层剖面和柱状图，图上应标明各煤层和煤层夹矸的厚度、层间距离和岩性。

（3）煤的灰分、水分、挥发分和密度等工业分析指标和煤质牌号。

（4）开拓和开采系统图，应有煤层开采顺序、采煤方法、通风方式等。

C 计算方法

a 开采煤层（包括围岩）瓦斯涌出量

（1）薄及中厚煤层不分层开采时按式（2-33）计算：

$$q_1 = k_1 k_2 k_3 \frac{m_0}{m_1}(X_0 - X_1) \tag{2-33}$$

式中 q_1——开采煤层（包括围岩）相对瓦斯涌出量，m^3/t；

k_1——围岩瓦斯涌出系数，其值取决于回采工作面顶板管理方法；

k_2——工作面丢煤瓦斯涌出系数，其值为工作面采出率的倒数；

k_3——准备巷道预排瓦斯对工作面煤体瓦斯涌出影响系数；

m_0——煤层厚度（夹矸层按层厚 1/2 计算），m；

m_1——煤层开采高度，m；

X_0——煤层原始瓦斯含量，m^3/t；

X_1——煤的残存瓦斯含量，m^3/t。

X_1 值与煤质和原始瓦斯含量有关，需实测；如无实测数据，可参考表 2-7 取值。

表 2-7　运至地表时煤的残存瓦斯含量

煤的挥发分含量/%	6~8	8~12	12~8	18~26	26~35	35~42	42~50
煤的残存瓦斯含量/$m^3 \cdot t^{-1}$	9~6	6~4	4~3	3~2	2	2	2

采用长壁后退式回采时，系数 k_3 按式（2-34）确定：

$$k_3 = \frac{L - 2h}{L} \tag{2-34}$$

式中　L——回采工作面长度，m；

h——巷道瓦斯预排等值宽度，m。

不同透气性的煤层 h 值可能不同，需实测；无实测值时，其值可按表 2-8 参考选取。

表 2-8　巷道预排瓦斯等值宽度

巷道煤壁暴露时间/d	不同煤种巷道预排瓦斯等值宽度/m					
	无烟煤	瘦煤	焦煤	肥煤	气煤	长焰煤
25	6.5	9.0	9.0	11.5	11.5	11.5
50	7.4	10.5	10.5	13.0	13.0	13.0
100	9.0	12.4	12.4	16.0	16.0	16.0
160	10.5	14.2	14.2	18.0	18.0	18.0
200	11.0	15.4	15.4	19.7	19.7	19.7
250	12.0	16.9	16.9	21.5	21.5	21.5
300	13.0	18.0	18.0	23.0	23.0	23.0

采用长壁前进式方法回采时，如上部相邻工作面已采，则 $k_3 = 1$；如上部相邻工作面未采，则可按下式计算 k_3 值：

$$k_3 = \frac{L + 2h + 2b}{L + 2h} \tag{2-35}$$

式中　b——巷道长度，m。

残存瓦斯含量的单位为每 1t 煤的瓦斯体积，在应用公式（2-33）时，应按式（2-36）换算为原煤残存瓦斯含量 $X_1(m^3/t)$：

$$X_1 = \frac{100 - A_{ad} - M_{ad}}{100} X_1' \tag{2-36}$$

式中　X_1'——纯煤残存瓦斯含量，m^3/t；

A_{ad}——原煤中灰分含量，%；

X_{ad}——原煤中水分含量，%。

（2）厚煤层分层开采时按式（2-37）计算：

$$q_1 = k_1 k_2 k_3 k_{fi}(X_0 - X_1) \tag{2-37}$$

式中　k_{fi}——取决于煤层分层数量和顺序的分层开采瓦斯涌出系数，可按表2-9取值。

表 2-9　厚煤层分层开采瓦斯涌出系数

两分层开采		三分层开采		
k_{f1}	k_{f2}	k_{f1}	k_{f2}	k_{f3}
1.504	0.496	1.820	0.692	0.488

b　邻近层瓦斯涌出量

$$q_2 = \sum_{i=1}^{n} \frac{m_i}{m_1} k_i (X_{0i} - X_{1i})$$

式中　q_2——邻近层相对瓦斯涌出量，m^3/t；

　　　m_i——第 i 个邻近层厚度，m；

　　　m_1——开采层的开采厚度，m；

　　　X_{0i}——第 i 邻近层原始瓦斯含量，m^3/t；

　　　X_{1i}——第 i 邻近层残存瓦斯含量，m^3/t；

　　　k_i——受多种因素影响但主要取决于层间距离的第 i 邻近层瓦斯排放率。

邻近层瓦斯排放率与层间距存在如下关系：

$$k_i = 1 - \frac{h_i}{h_p} \tag{2-38}$$

式中　k_i——第 i 邻近层瓦斯排放率；

　　　h_i——第 i 邻近层至开采层垂直距离，m；

　　　h_p——受开采层采动影响顶底板岩层形成贯穿裂隙、邻近层向工作面释放卸压瓦斯的岩层破坏范围，m。

开采层顶板的影响范围由式（2-39）计算：

$$h_p = k_y m_1 (1.2 + \cos\alpha) \tag{2-39}$$

式中　k_y——取决于顶板管理方式的系数（对采高小于等于2.5m的煤层，用全部垮落法管理顶板时，$k_y = 60$；用局部充填法管理顶板时，$k_y = 45$；用全部充填法管理顶板时，$k_y = 25$）；

　　　m_1——开采层的开采厚度，m；

　　　α——煤层倾角，（°）。

开采倾斜和缓倾斜煤层时，开采层底板的影响范围为35~60m。开采急倾斜煤层时，底板的影响范围由式（2-40）计算：

$$h_p = k_y m_1 (1.2 - \cos\alpha) \tag{2-40}$$

c　掘进巷道煤壁瓦斯涌出量

$$q_1 = n m_0 v q_0 (2\sqrt{L_v} - 1) \tag{2-41}$$

式中　q_1——掘进巷道煤壁瓦斯涌出量，m^3/min；

　　　n——煤壁暴露面个数；

m_0——煤层厚度，m；

v——巷道平均掘进速度，m/min；

L_v——巷道长度，m；

q_0——煤壁瓦斯涌出初速度，$\mathrm{m^3/(m^2 \cdot min)}$，按式（2-42）计算：

$$q_0 = 0.026 \times (0.0004 \times V_{\mathrm{daf}}^2 + 0.16) \times X_0 \tag{2-42}$$

V_{daf}^2——煤中挥发分含量，%；

X_0——煤层原始瓦斯含量，$\mathrm{m^3/t}$。

d　掘进破煤的瓦斯涌出量

$$q_1 = Sv\gamma(X_0 - X_1) \tag{2-43}$$

式中　q_1——掘进巷道破煤瓦斯涌出量，m³/min；

S——掘进巷道断面积，m²；

v——巷道平均掘进速度，m/min；

γ——煤的密度，m³/t；

X_0——煤层原始瓦斯含量，m³/t；

X_1——煤层残存瓦斯含量，m³/t。

e　采煤工作面瓦斯涌出量

回采工作面瓦斯涌出量由开采层（包括围岩）、邻近层瓦斯涌出量两部分组成，其计算公式为

$$q_5 = q_1 + q_2 \tag{2-44}$$

式中　q_5——回采工作面相对瓦斯涌出量，m³/t。

f　掘进工作面瓦斯涌出量

掘进工作面瓦斯涌出量包括掘进巷道煤壁和掘进破煤瓦斯涌出量两部分，由式（2-45）计算：

$$q_6 = q_3 + q_4 \tag{2-45}$$

式中　q_6——掘进工作面瓦斯涌出量，m³/min。

g　生产采区瓦斯涌出量

生产采区瓦斯涌出量系采区内所有回采工作面、掘进工作面及采空区瓦斯涌出量之和，其计算公式为

$$q_7 = (1 + k') \cdot \left(\sum_{i=1}^{n} q_{5i}A_1 + 1440 \sum_{i=1}^{n} q_{6i}A_1 \right) / A_0 \tag{2-46}$$

式中　q_7——生产采区瓦斯涌出量，m³/t；

k'——生产采区内采空区瓦斯涌出系数，取 $k' = 0.15 \sim 0.25$；

q_{5i}——第 i 回采工作面瓦斯涌出量，m³/t；

q_{6i}——第 i 掘进工作面瓦斯涌出量，m³/min；

A_1——第 i 回采工作面平均日产量，t；

A_0——生产采区平均日产量，t。

h　矿井瓦斯涌出量

矿井瓦斯涌出量为矿井内全部生产采区和已采采区（包括其他辅助巷道）瓦斯涌出

量之和，其计算公式为

$$q_8 = \frac{(1 + k'') \sum\limits_{i=1}^{n} q_{7i} A_{0i}}{\sum\limits_{i=1}^{n} A_{0i}} \tag{2-47}$$

式中　q_8——矿井相对瓦斯涌出量，$\mathrm{m^3/t}$；

　　　　k''——已采区采空区瓦斯涌出量系数，其值为 $k'' = 0.10 \sim 0.25$；

　　　　q_{7i}——第 i 生产采区瓦斯涌出量，$\mathrm{m^3/t}$；

　　　　A_{0i}——第 i 生产采区日平均产量，t。

2.3.2.3　类比法

A　基本原理

瓦斯生成、赋存、排放条件是受地质构造因素控制的。在未开发的井田、未受采动影响处于自然状态的煤层，瓦斯含量的分布规律与地质构造条件有密切的关系，而矿井瓦斯涌出量的大小，一方面受地质因素控制，另一方面受开采方法的影响。因此，在一个煤田或一个矿区范围内，在地质条件相同或相似的情况下，矿井瓦斯涌出量与钻孔煤层瓦斯含量之间存在一个自然比值。

对于新建矿井，在地质勘探期间已经提供了钻孔煤层瓦斯含量的基础数据，而矿井瓦斯涌出量是未知数。若要获得该参数，可以通过邻近生产矿井已知的矿井瓦斯涌出量资料和钻孔煤层瓦斯含量资料的统计运算，求得一个比值。然后将该比值与新建矿井已知的钻孔煤层瓦斯含量相乘，即可得到新建矿井的瓦斯涌出量。

B　类比条件

运用类比法预测新建矿井瓦斯涌出量是通过邻近生产矿井的实际瓦斯资料统计来进行的。因此，必须把相同或相似的地质、开采条件作为两个矿井类比的前提。

C　计算方法

a　采煤工作面瓦斯涌出量

（1）采煤工作面相对瓦斯涌出量：

$$q_{\mathrm{h}} = w_0 \times k_1 \tag{2-48}$$

式中　q_{h}——采煤工作面相对瓦斯涌出量，$\mathrm{m^3/t}$；

　　　　w_0——采煤工作面煤层瓦斯含量，$\mathrm{m^3/t}$；

　　　　k_1——类比矿采煤工作面相对瓦斯涌出量与瓦斯含量比值。

（2）采煤工作面绝对瓦斯涌出量：

$$Q_{\mathrm{h}} = q_{\mathrm{h}} \times T_1 / 1440 \tag{2-49}$$

式中　Q_{h}——采煤工作面绝对瓦斯涌出量，$\mathrm{m^3/min}$；

　　　　T_1——采煤工作面日产量，t。

b　掘进巷道绝对瓦斯涌出量

$$Q_{\mathrm{j}} = w_0 \times k_2 \times k_3 \tag{2-50}$$

式中　Q_{j}——掘进巷道绝对瓦斯涌出量，$\mathrm{m^3/min}$；

k_2——类比矿掘进巷道绝对瓦斯涌出量与瓦斯含量比值；

k_3——巷道条数。

c　采区瓦斯涌出量

（1）采区绝对瓦斯涌出量：

$$Q_c = Q_h + Q_j \tag{2-51}$$

式中　Q_c——采区绝对瓦斯涌出量，m^3/min。

（2）采区相对瓦斯涌出量：

$$q_c = Q_c \times 1440/T_2 \tag{2-52}$$

式中　q_c——采区日产量，t；

T_2——采区日产量。

d　矿井相对瓦斯涌出量：

$$q_k = \sum_{i=1}^{n} Q_{ci} \times 1440/T_3 \tag{2-53}$$

式中　q_k——矿井相对瓦斯涌出量，m^3/t；

Q_{ci}——第 i 采区绝对瓦斯涌出量，m^3/min；

T_3——矿井日产量，t。

2.3.3　矿井瓦斯等级及鉴定

矿井安全工作的基本方针是"安全第一、预防为主、综合治理"，瓦斯灾害是煤矿开采过程中最重要的灾害，瓦斯事故的防治是煤矿安全工作的重中之重。每一个生产矿井都必须建立适合矿井瓦斯状况的防治体系，制定各项瓦斯管理制度和措施，预防瓦斯事故的发生。由于各矿的具体情况不同，因此，根据矿井瓦斯的涌出情况和灾害情况对矿井进行瓦斯等级划分，有利于矿井瓦斯灾害的防治和管理。

2.3.3.1　矿井瓦斯等级的划分

矿井瓦斯等级是矿井瓦斯量大小和安全程度的基本标志。根据矿井瓦斯涌出量或瓦斯危害程度的不同，选用相应的机电设备，采取符合客观规律要求的防治措施和管理制度，可以保障矿井安全生产。《煤矿安全规程》规定："一个矿井中只要有一个煤（岩）层发现瓦斯，该矿井即为瓦斯矿井。"瓦斯矿井必须依照矿井瓦斯等级进行管理。

矿井瓦斯等级是根据矿井相对瓦斯涌出量、矿井绝对瓦斯涌出量和瓦斯涌出形式进行划分，包括以下等级：

（1）瓦斯矿井：矿井相对瓦斯涌出量小于或等于 $10m^3/t$ 且矿井绝对瓦斯涌出量小于或等于 $40m^3/min$。

（2）高瓦斯矿井：矿井相对瓦斯涌出量大于 $10m^3/t$ 或矿井绝对瓦斯涌出量大于 $40m^3/min$。

（3）煤（岩）与瓦斯（二氧化碳）突出矿井。矿井在采掘过程中，只要发生过一次煤（岩）与瓦斯（二氧化碳）突出（简称突出），该矿井即为突出矿井，发生突出的煤层即为突出煤层。瓦斯矿井中，相对瓦斯涌出量大于 $10m^3/t$ 或有瓦斯喷出的个别区域（采区或工作面）为高瓦斯区，该区应该按高瓦斯矿井管理。

2.3.3.2　矿井瓦斯等级鉴定

《煤矿安全规程》规定："每年必须对矿井进行瓦斯等级和二氧化碳涌出量的鉴定工作，报省（自治区、直辖市）负责煤炭行业管理的部门审批，并报省级煤矿安全监察机构备案。上报时应包括开采煤层最短发火期和自燃倾向性、煤尘爆炸性的鉴定结果。"

矿井瓦斯等级鉴定是矿井瓦斯防治工作的基础。借助于矿井瓦斯等级鉴定工作，也可以较全面地了解矿井瓦斯的涌出情况，包括各工作区域的涌出和各班涌出的不均衡程度。

生产矿井瓦斯等级鉴定方法如下。

A　鉴定条件

矿井瓦斯鉴定工作应在正常的条件下进行，按每一矿井的全矿井、煤层、一翼、水平和采区分别计算月平均日产 1t 煤的瓦斯涌出量。在测定时，应采取各项测定中的最大值作为确定矿井瓦斯等级的依据。

B　鉴定时间

根据矿井生产和气候变化的规律，可以选在瓦斯涌出量较大的一个月进行，一般为七、八月。在这两个月份中产量较正常的一个月进行鉴定，并在鉴定月的上、中、下旬中各取一天（如 5 日、15 日、25 日），每天分早、中、夜三班测定。如果是四班工作制，则按四班进行。每班测定的时间最好是在交班后 2h 生产正常之后进行。

C　测前准备

测前要做好仪器校正和实测人员的组织分工，使每个实测人员明确自己的岗位及实测、记录、计算方法。

D　鉴定内容与测点位置

（1）鉴定的内容应包括矿井、一翼、水平和采区的瓦斯以及二氧化碳涌出量。

（2）测点的选择是以能够便于准确测量和真实反映测定区域的回风量，以及瓦斯和二氧化碳浓度为准。因此，测点应布置在通风机硐室内，以及煤层、一翼、水平和采区的回风巷道的测风站内，如果回风巷道内没有测风站，则可选择断面规整、无杂物堆积的一段平直巷道作为观测点。

（3）测定的基础数据有测点的巷道断面积、风速、风流内的瓦斯和二氧化碳浓度、当月的产煤量、工作日数，以及地面和井下测点的温度，气压、温度和湿度等气象条件等。

（4）井下测量应力求准确，最好每一个数据测定 3 次，求其平均值作为基础数据。测定瓦斯浓度时，在巷道风流的上部，即距支架顶帮 50mm 或距硐顶或锚喷拱顶 200mm 进行；测定二氧化碳时，应在巷道风流的下部，即距底板及两帮支架 50mm 或无支架巷道底板及两帮 200mm 进行。有瓦斯抽放系统的矿井，在测定日应同时测定各区域内瓦斯的抽放量，矿井的瓦斯等级必须包括抽放瓦斯量在内的吨煤瓦斯涌出量。

E　记录整理计算

测定计算的矿井、煤层、一翼、水平或采区的瓦斯或二氧化碳涌出量时，应该扣除相应的进风流中瓦斯或二氧化碳量。计算结果填入测定表中。

F　矿井瓦斯等级鉴定报告

从鉴定月 3 天测定的数据中选取瓦斯涌出量最大的一天，作为计算相对瓦斯涌出量的基础。根据鉴定的结果，结合产量、地质构造、采掘比等提出确定矿井瓦斯等级的意见，填写矿井瓦斯等级鉴定报告，并连同其他资料报上级主管部门审批。

　　G　申报矿井瓦斯等级所需资料

（1）瓦斯和二氧化碳测定基础数据表。

（2）矿井瓦斯等级鉴定申报表。

（3）矿井通风系统图（标明鉴定工作的观测地点）。

（4）煤尘爆炸指数表。

（5）上年度矿井内外因火灾记录表。

（6）上年度煤（岩）与瓦斯（二氧化碳）突出或喷出记录表。

（7）其他说明，比如鉴定中生产是否正常和矿井瓦斯来源分析等资料。

2.4　瓦斯喷出、煤与瓦斯突出的防治

2.4.1　矿井瓦斯喷出的防治

2.4.1.1　矿井瓦斯喷出及其危害

　　大量的承压状态的瓦斯从可见的煤、岩裂缝中快速喷出到采掘工作面和巷道的现象称为矿井瓦斯喷出。

　　矿井瓦斯喷出在时间上的突然性和空间上的集中性，对煤矿安全生产的威胁很大。一旦发生，可以造成局部地区瓦斯积聚，甚至使采区或一翼充满高浓度瓦斯，致使人员窒息；也可能引起瓦斯爆炸或火灾等事故，给矿井造成严重的破坏。

2.4.1.2　瓦斯喷出分类与特点

　　根据瓦斯喷出裂缝的显现原因不同，可分为地质来源的和采掘地压形成的两大类。

　　A　瓦斯沿原始地质构造洞、缝喷出

　　这类喷出大多发生在地质破坏带（包括断层带）、石灰岩溶洞裂缝区、背斜或向斜轴部储瓦斯区以及其他储瓦斯构造附近有原始洞、缝相通的区域。这类瓦斯喷出的特点：往往流量大，持续时间长，无明显的地压显现，喷瓦斯裂缝多属于开放性裂缝（张性或张扭性断裂），它们与储气层（煤层、砂岩层等）溶洞或断层带相通。

　　B　瓦斯沿采掘地压形成的裂缝喷出

　　高压瓦斯沿采掘地压显现生成的裂缝喷出。这类喷出也往往与地质构造有关，因为在各种地质构造应力影响区内，原有处于封闭状态的构造裂隙在采掘地压与瓦斯压力共同作用下很容易张开、扩展开来，成为瓦斯喷出的通道。这类瓦斯喷出的特点：喷出即将发生时伴随着地压显现效应出现多种显现预兆，喷出持续的时间较短，其流量与卸压区面积、瓦斯压力和瓦斯含量大小等因素有关。地压显现时的卸压区，其裂隙由封闭型变为开放型，成为瓦斯喷出的通道。可以认为，在地质构造破坏地区瓦斯喷出的危险性更大。喷出的瓦斯源是突然卸压煤层所含的高压瓦斯。

2.4.1.3 瓦斯喷出的原因和规律

根据瓦斯喷出事故的规律和其发生的原因,一般认为:煤层或岩层的构造裂缝中储存有大量高压瓦斯是引起矿井瓦斯喷出的内在因素;在采掘过程中,由于爆破穿透、机械振动或地压活动,使煤岩造成卸压缝隙,构成瓦斯喷出的通道是其外在因素。喷出一般有如下规律:

(1)瓦斯喷出与地质变化有关。一般喷出均发生在地质变化带。如南桐煤矿回采工作面的喷出,就是发生在斜轴或断层这些压扭性结构面附近。

(2)煤层顶、底板岩层中有溶洞、裂隙发育的石灰岩,其中储有大量沼气时,则可能发生大规模的瓦斯喷出现象。

(3)瓦斯喷出一般具有明显的喷出口或裂隙。

(4)瓦斯喷出量有大有小,从几立方米到几十万立方米,喷出的持续时间从几分钟到几年,甚至十几年。它与蓄积的瓦斯量和瓦斯来源的范围有密切的关系。

(5)瓦斯喷出前往往出现预兆,地压活动显著加剧,发生底板臌起,支架来压破坏,煤层变软、湿润,瓦斯涌出忽大忽小、有时出现嘶嘶声等。

2.4.1.4 瓦斯喷出的防治措施

预防与处理瓦斯喷出的措施,应根据瓦斯喷出量的大小和瓦斯压力的高低来拟定。矿井瓦斯喷出的防治措施可总结为"探、排、引、堵"。探就是探明地质构造和瓦斯情况;排就是排放或抽放瓦斯;引就是把瓦斯引至总回风流或工作面后 20mm 以外的区域;堵就是将裂隙、裂缝等堵住,不让瓦斯喷出。

A 探明地质构造情况

(1)作业前利用打超前钻孔等办法,探明采掘区域与巷道(井)前方的地质构造、溶洞、裂隙的位置分布以及瓦斯的储量。对于溶洞及断层带和无吸附能力的砂岩、石灰岩洞缝隙的储瓦斯容积可用式(2-54)估算:

$$V = Q/(p_1 - p_2) \tag{2-54}$$

式中 V——储瓦斯洞、缝的容积,m^3;

Q——井下测试时,两次测压期间从洞、缝排出的瓦斯量,m^3;

p_1——排放瓦斯前,洞、缝的瓦斯压力,kPa;

p_2——测试地点的瓦斯压力,kPa。

(2)对于有吸附能力的煤岩层,按煤岩的瓦斯含量与储气层煤岩的储量来预计。根据瓦斯压力和洞、缝大小预先制定好防治喷出的安全措施。

(3)根据初期卸压面积计算卸压瓦斯量。根据这个瓦斯量及瓦斯喷出的危险程度确定预排初期卸压瓦斯钻孔的数量和孔位。尽可能提高抽放负压,以求增大预排瓦斯量。对于突出煤层,可采用在邻近该突出煤层瓦斯初期卸压位置打密集钻孔抽放卸压瓦斯,或打密集穿层钻孔进行水力冲孔。

B 利用引排、封堵、抽放进行综合治理

(1)当用通风的办法不能使井巷的瓦斯浓度降到《煤矿安全规程》规定的允许浓度时,就要采用隔离瓦斯源的措施,利用专门通道把瓦斯排(或引)到安全地点。当喷出量小而裂隙又不大时，可用罩子或其他设施（铁风筒、金属溜槽或铁板等）将喷出裂隙封盖好并利用管路将瓦斯引排到回风巷或地面。若面积较大，可以安设若干个引排罩。安设引排罩时，先将煤（或岩石）挖出 30~40mm 深的槽，然后把引排罩罩在喷出口上，并在四周用混凝土或黄泥等材料填实，利用管路把瓦斯引走（图 2-23）。

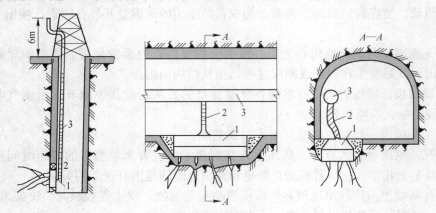

图 2-23　引排罩排放瓦斯示意图
1—引排罩；2—软管；3—瓦斯管

（2）不能用引排罩时，可以考虑采用包帮包顶抽放和打钻孔抽放瓦斯，钻孔直径为 45~110mm。也可以先砌筑混凝土井壁或巷道碹体，然后在碹壁外注水泥浆封固，同时壁后插管可将瓦斯引排到回风巷或地面。

（3）若瓦斯喷出很强烈不能采用上述方法时，必须封闭喷出瓦斯巷道。通过密闭墙把瓦斯抽出或引入回风巷进行抽放。为了放水、抽瓦斯和取气样，在密闭墙上应安设 3 个直径为 35mm 的插管：一个为抽放瓦斯管，最好安有孔板流量计（以便测定流量）；一个是放水管（在密闭墙下部，为了水封瓦斯应做成 U 形）；一个取样用，平时用塞子堵严。

C　加强管理工作

（1）严格通风和瓦斯检查制度，掌握瓦斯涌出动态与抽放动态和瓦斯喷出预报，以防止瓦斯喷出。

（2）加强全员安全培训，人人掌握瓦斯喷出预兆，配备隔离式自救器，熟悉避灾路线。

（3）抓好工程质量，搞好顶板管理，加强支架质量检查，必要时采取人工卸压措施，以防大面积突然卸压。

（4）搞好工作面通风，加强瓦斯检查、上报制度。

2.4.2　煤与瓦斯突出的分类、过程和机理

煤矿地下采掘过程中，在很短的时间内，从煤（岩）壁内部向采掘工作空间突然喷出大量煤（岩）和瓦斯的现象，称为煤（岩）与瓦斯突出，简称突出。它是矿井瓦斯特殊涌出的一种形式，是煤矿严重的自然灾害之一，它是煤体在地应力和高压瓦斯的共同作用下发生的一种异常动力现象，表现为几吨至数千吨甚至达万吨以上的破碎煤在数秒至几十秒极短的时间内由煤体向巷道、工作面等采掘空间抛出，并伴有大量瓦斯涌出。危害轻

的突出摧毁采掘工作空间设施，破坏采掘设备；危害严重的突出会发生抛出物埋人，涌出的瓦斯能造成局部地区乃至整个矿井风流反向，引起人员窒息，甚至引起瓦斯煤尘爆炸，造成一次伤亡数十人的重大恶性事故。煤与瓦斯突出是一个经过长期研究至今未能可靠解决、威胁煤矿安全生产的世界性难题。我国对煤与瓦斯突出防治技术开展了长期的研究工作，取得了显著的成绩，但距完全控制煤与瓦斯突出还有一定的距离。

2.4.2.1 突出现象及分类

对煤与瓦斯突出现象分类是采取突出防治措施、减少和降低瓦斯突出危害的重要基础工作。对瓦斯突出的分类有多种方案，生产管理中一般利用《防治煤与瓦斯突出规定》中的分类，其中根据突出的力学特征和显现特点不同，将突出现象分为四类。

A 煤与瓦斯（二氧化碳）突出（简称突出）

发动突出的主要因素是地应力、瓦斯（二氧化碳）压力和煤体结构的综合作用。实现突出的基本动力是煤体内高压瓦斯能和煤与围岩的弹性变形能。其特点是：

（1）抛出物有明显的气体搬运特征。表现为：分选性好，由突出地点向外突出物由大变小、颗粒由粗变细；抛出物的堆积角小于其自然安息角；大型突出时，突出煤可堆满巷道达数十米甚至数百米，堆积物顶部往往留有排瓦斯道。

（2）由于高压气体对煤的破碎作用，突出物中有大量极细的煤粉。

（3）抛出煤的距离从几米至几百米，大型和特大型突出可达千米以上。

（4）喷出的瓦斯（二氧化碳）量大大超出煤层瓦斯含量，突出所形成的冲击波和瓦斯（二氧化碳）风暴可逆风行进数十米、数百米，甚至更远使风流逆转。

（5）动力效应大，能推倒矿车，破坏巷道和通风设施。

（6）孔洞形状呈腹大口小的梨形、舌形、倒瓶形，甚至形成奇异的分岔孔洞。

B 煤与瓦斯的突然压出（简称压出）

实现压出的主要因素是由应力集中所产生的地应力。实现压出的主要动力是煤和围岩的弹性变形能。其特点是：

（1）压出有两种形式，即煤的整体位移和煤有一定距离的抛出，但位移和抛出的距离都较小。

（2）压出后，在煤层与顶板之间的裂隙中常留有细煤粉，整体位移的煤体上有大量的裂隙；有时是煤壁外臌或底板底臌。

（3）压出的煤呈块状，无分选现象。

（4）巷道瓦斯（二氧化碳）涌出量增大。

（5）孔洞呈口大腹小的楔形、唇形，有时无孔洞。

C 煤与瓦斯的突然倾出（简称倾出）

发动倾出的主要动力是地应力。实现倾出的基本动力是煤的自重（注意这时煤的结构松软、内聚力小）。其特点是：

（1）倾出的煤按自然安息角堆积，并无分选现象。

（2）倾出常发生在煤质松软的急倾斜煤层中，倾出的煤距离近，一般为几米，上山中可达十几米。

（3）喷出的瓦斯（二氧化碳）量取决于倾出的煤量及瓦斯含量，一般无逆风流现象。

（4）动力效应较小，一般不破坏工程、设施。

（5）孔洞呈口大腹小的舌形、袋形，并沿煤层倾斜或铅垂方（厚煤层）延伸。

D　岩石与二氧化碳（瓦斯）突出

在我国的东北和西北个别矿井中，也发生过岩石与二氧化碳（瓦斯）突出的现象。其发动突出的主要动力是地应力，实现突出的基本能源是岩石的变形能、二氧化碳内能。其特点是：

（1）在有突出危险的砂岩中进行爆破时，在炸药直接作用范围外发生岩石破坏、抛出等现象。

（2）有突出危险的砂岩岩层松软，呈片状、碎屑状，并具有较大的孔隙率和二氧化碳（瓦斯）含量。

（3）突出的砂岩中，含有大量的砂粒和粉尘。

（4）巷道的二氧化碳（瓦斯）涌出量增大，二氧化碳（瓦斯）量取决于抛出的岩量及二氧化碳（瓦斯）含量。

（5）动力效应明显，破坏性较强。

（6）在岩体中形成与煤与瓦斯突出类似的孔洞。

2.4.2.2　突出强度及分类

煤与瓦斯突出的规模有很大的差别，瓦斯突出的规模常用突出强度来表述。突出强度是指每次突出中抛出的煤（岩）量（t）和涌出的瓦斯量（m^3），因瓦斯量计量困难，通常以突出的煤（岩）量作为划分依据。一般分为以下几种：

（1）小型突出（<50t）；

（2）中型突出（≥50t，<100t）；

（3）次大型突出（≥100t，<500t）；

（4）大型突出（≥500t，<1000t）；

（5）特大型突出（≥1000t）。

2.4.2.3　突出过程

煤与瓦斯突出是一种复杂的动力现象，突出过程就是一个能量释放的过程。根据瓦斯突出过程的特征，一般认为突出的发生和发展要经历以下4个阶段。

（1）准备阶段。能量的积聚，包括应力集中形成的弹性变形能和瓦斯流动受阻形成的高压瓦斯能。此阶段经历着两个过程，即能量积聚过程和阻力降低过程。能量积聚过程是地应力集中，煤体受压，煤体的弹性能增加，孔隙压缩，使瓦斯压缩能提高；阻力降低过程是因落煤工序，使煤体由三向受力状态变为两向甚至单向受力状态，煤的强度骤然下降，经过以上两个过程后，煤体内显现有声和无声预兆。

（2）激发（发动）阶段。在此阶段中，处于极限应力状态的部分煤体突然破碎卸压，发出巨响和冲击，使瓦斯作用在突然破裂煤体上的推力向巷道自由方向增加几倍至十几倍，这时膨胀瓦斯流开始形成，大量吸附瓦斯进入解吸过程，加强了流速。

（3）发展（抛出）阶段。在这个阶段中，破碎的煤在高速瓦斯流中呈悬浮状态流动，这些煤在煤体内外瓦斯压力差的作用下被破碎成更小粒度，撞击与摩擦也加大了煤的粉化程度，煤的粉化又加速了吸附瓦斯的解吸作用，增强了瓦斯风暴的搬运力。这时瓦斯流连同碎煤从煤体内以极短的时间抛出并形成强大的动力效应，随着碎煤被抛出和瓦斯的快速喷出，突出孔壁内的地应力与瓦斯压力分布进一步发生变化，煤体内，由于瓦斯排放，压力逐渐下降，致使地应力增加，导致破碎区连续地向煤体深部扩展，又进入准备阶段，当条件具备时，即可发生第二次、第三次突出。

（4）稳定（停止）阶段。突出发展到一定程度，由于抛出物的堆积使瓦斯流动阻力增大，瓦斯解吸速度放慢，从而导致煤体内瓦斯压力下降速度放慢，使煤体的平衡得到加强；另一方面，突出孔洞扩展到一定程度也形成了有利于煤体平衡的拱形结构。这些有利因素满足了煤体新的平衡条件，突出趋于稳定，但这时煤的突出虽然停止了，而从突出孔周围卸压区与突出煤炭中涌出瓦斯的过程并没有完全停止，异常的瓦斯涌出还要持续相当长的时间，这就造成了突出的瓦斯量大大超过了煤的瓦斯含量的现象。

2.4.2.4　突出机理

煤与瓦斯突出机理的研究是认识这一动力现象的基础，对于开展瓦斯突出预测预报和正确地采取有效防突措施均具有重要的理论和实际意义。突出发生的突然性和危险性，使得直接观测突出的发生和发展过程极为困难。目前对突出机理的研究，还只能是根据突出统计资料、突出后的现场观测数据以及采用试验室模拟方法，通过对不同的试验结果进行分析。

A　国外对煤与瓦斯突出机理的认识

国外关于煤与瓦斯突出机理的研究很广泛，由于突出的区域性及复杂性，对突出机理形成众多假说，概括起来主要有4种类型：

（1）以瓦斯为主导作用的假说。这类假说强调瓦斯是突出的主要能源，高压瓦斯突破煤壁，携带碎煤猛烈喷出，形成突出。

（2）以地应力为主导作用的假说。这类假说认为突出的主要因素和能源是地应力，而瓦斯是次要因素；突出的发生是由于积聚在煤层周围岩石的弹性变形潜能所引起的。

（3）化学本质假说。认为突出是由于煤在很大的深度内变质时发生的化学反应引起的。

（4）综合假说。该假说是当前较普遍认同的一种假说，认为地应力、瓦斯和煤的结构是导致煤与瓦斯突出的3个主要因素，如图2-24所示。其主要论点是：

1）煤与瓦斯突出是地应力、高压瓦斯、煤的结构性能等3个要素综合作用的结果，除了地压和瓦斯压力外，在煤层中不存在任何其他导致突出的能源。

2）地压破碎煤体是造成突出的首要原因，而瓦斯则起着抛出体和搬运煤体的作用，从突出的总能量来说，瓦斯是完成突出的主要能源。

3）煤的强度是形成突出的一个重要因素，只有当煤的强度很低、煤与围岩的摩擦力不大时，地压造成的变形潜能才能使煤体破碎。

B　国内对煤与瓦斯突出机理的认识

我国从20世纪60年代起就对突出煤层的应力状态、瓦斯赋存状态、煤的物理力学性能等开展了研究，根据现场资料和试验研究对突出机理进行了探讨，提出了新的见解和观点。特别是近几年，随着研究的深入及手段的应用，产生了许多新认识，目前已能对突出

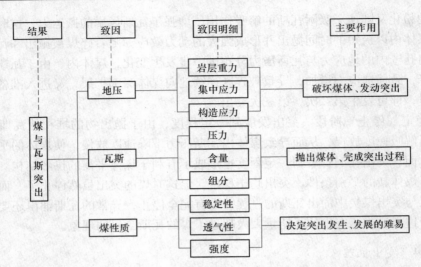

图 2-24　综合作用假说论突出机理

发生的原因、条件、能量来源作出定性的解释和近似的定量计算，为防治措施选择及效果检验提供理论依据。概括起来主要有以下几方面：

（1）中心扩张学说。认为煤和瓦斯突出是从离工作面某一距离处的中心开始，尔后向周围扩展，由发动中心周围的煤-岩石-瓦斯体系提供能量并参与活动。在煤和瓦斯突出地点，地应力、瓦斯压力、煤体结构和煤质是不均匀的，突出发动中心就处在应力集中点，煤体的低透气性有助于建立大的瓦斯压力梯度。

（2）流变说。认为煤和瓦斯突出是含瓦斯煤体在采动影响后地应力与孔隙瓦斯气体耦合的一种流变过程。在突出的准备阶段，含瓦斯煤体发生蠕变破坏形成裂隙网，之后瓦斯能量冲垮破坏的煤体发生突出。该观点对延期突出的解释很有帮助。

（3）相流体说。认为突出的本质是在突出中形成了煤粒和瓦斯的二相流体。二相流体受压积蓄能量，卸压膨胀放出能量，冲破阻碍区形成突出，强调突出的动力源是压缩积蓄能量、卸压膨胀能量，不是煤岩弹性能。

（4）固流耦合失稳理论。认为突出是含瓦斯煤体在采掘活动影响下，局部发生迅速、突然破坏而生成的现象。采深和瓦斯压力的增加都将使突出发生的危险性增加。

（5）球壳失稳观点。认为突出实质是地应力破坏煤体、煤体释放瓦斯、瓦斯使煤体裂隙扩张并使形成的煤壳失稳破坏的过程。煤体的破坏以球盖状煤壳的形成、扩展及失稳抛出为主要特点。这种观点对于解释突出孔洞的形状及形成过程很有帮助。

此外还有多种观点，如中国科学院力学研究所从力学角度对突出过程做了大量的研究工作，提出了突出破坏过程及瓦斯渗流的机制方程。

2.4.2.5　突出发生的条件

煤和瓦斯突出是地应力、煤中的瓦斯及煤的结构和力学性质综合作用的动力现象。突出过程中，地应力、瓦斯压力是发动与发展煤和瓦斯突出的动力，煤的结构、力学性质则是突出发生的阻碍因素。它们存在于一个共同体中，有其内在联系，但不同因素对突出的作用不同，不同的突出起主要作用的因素也不一样。

A 发生突出的地应力条件

地应力包括自重应力、构造应力和采动应力。地应力对突出主要有3方面的作用：

（1）围岩或煤层的弹性变形潜能使煤体产生突然破坏和位移。

（2）地应力控制瓦斯压力场，促进瓦斯破坏煤体。

（3）围岩中应力增加决定了煤层的低透气性，造成瓦斯压力梯度增高，煤体一旦破坏，对突出有利。可见，煤层和围岩具有较高的地应力，并且在工作面附近煤层的应力状态要发生突然变化，使潜能有可能突然释放，是发生煤和瓦斯突出的第一个必要和充分条件。

B 瓦斯在突出中的作用

存在于煤裂隙和煤孔隙中的瓦斯对煤体有3方面的作用：

（1）全面压缩煤的骨架，促使煤体产生潜能。

（2）吸附在微孔表面的瓦斯分子对微孔起楔子作用，降低煤的强度。

（3）瓦斯压力可降低地应力的作用。瓦斯的解吸使煤的破碎和移动进一步加强，并由瓦斯流不断地把碎煤抛出，使突出空洞壁始终保持着一个较大的地应力梯度和瓦斯压力梯度，使煤的破碎不断向深处发展。所以，瓦斯的作用成为突出发生的第二个必要和充分条件。

C 发生突出的煤体结构条件

煤体结构破坏程度影响煤层的力学性质和对瓦斯的储集能力，因而不同的煤体结构类型具有不同的突出危险性。苏联科学院地质研究所基于对煤中原生与次生节理的变化、微裂隙间距、断口和光泽特征，将煤体结构分为5种类型，并认为Ⅳ、Ⅴ类破坏类型的煤体结构分层是发生煤和瓦斯突出的必要条件。中国矿业学院瓦斯组在此分类基础上，把煤体结构的破坏程度分为甲、乙、丙3类。焦作工学院从瓦斯地质角度出发，根据煤体宏观和微观结构特征，将煤体结构划分为4种类型。《防治煤与瓦斯突出规定》明确了煤体结构破坏类型划分新标准。

2.4.3 煤与瓦斯突出的分布规律和特征

2.4.3.1 突出分布的规律

我国各矿区的突出分布具有一定的规律性。

（1）突出具有方向性。煤与瓦斯突出的分布与构造线方向密切相关，瓦斯突出条带常沿构造带分布。如我国南桐二井，其突出点大致沿一组构造扭裂面 NW 60°~70°一线展布。

（2）突出具有集中性。一个矿区突出分布有不均匀性，主要有几个矿井突出，突出矿井只有几个突出工作面。各突出区的突出点多集中分布在构造应力集中部位或其他瓦斯地质异常区附近。

（3）突出具有相似性。在相似的瓦斯地质条件区域，具有相似的突出分布特点。不同的矿井或不同的煤层，发生煤与瓦斯突出的地质条件具有相似性，因此，在瓦斯突出预测中有瓦斯地质类比法。

（4）突出具有递增性。煤与瓦斯突出规模和次数随开采深度的增加而增加（表2-10）。

表 2-10　　突出于开采深度的关系

矿井水平	平均突出强度/t·次$^{-1}$		
	平顶山矿	六枝大用矿	天府矿
第一水平	344	7	20
第二水平	1395	117	26
第三水平	3371	360	32

（5）突出具有分级性。地质构造级别的大小和次序的前后对突出分布具有明显的对应控制作用。如南桐一井，其突出的总体分布受八面山向斜轴控制，靠近轴部突出次数多、强度大，突出点的具体分布又受低序次的 NE 50°～60° 和 NW 40°～50° 两组扭裂面的控制；又如平顶山矿，矿区地质构造控制突出矿井的分布，矿井地质构造控制突出集中区的分布。

2.4.3.2　突出的基本特征

根据对我国大量突出资料的研究，煤与瓦斯突出的基本特征主要有如下几个方面。

A　始突深度

我国煤与瓦斯突出的始突深度在不同地区的矿井中相差很大，最小的不到 100m，最大的超过 600m。一般在华南东部的始突深度最小，在 100m 左右；其次是华南地区西部，一般在 200m 左右；华北地区始突深度一般在 300m；东北地区的始突深度一般在 100～400m，最大在 600m，且突出强度和次数随深度增加而增加。

B　突出强度

煤与瓦斯突出强度以中、小型为常见，特大型突出主要发生在高瓦斯区内煤层瓦斯含量和矿井瓦斯涌出量相当高的矿井中。华南地区占全国特大型突出矿井的 80%。截至目前，全国最大的突出是天府的三汇坝一矿，突出的煤量为 12780t，其次是南桐矿区的鱼田堡矿，突出煤量为 8327t。

C　突出受地质因素控制

断层等地质构造带附近易发生突出，特别是构造应力集中的部位突出的危险性大。突出煤层一般强度较低。突出强度和次数随着煤层厚度（特别是软分层厚度）的增加而增加，随煤层倾角的增大而增加。煤层顶底板与煤层的接触面越光滑，越易发生突出。突出危险性随煤层含水量的增加而减小。

D　气体成分

突出气体主要成分是甲烷，高瓦斯矿井易发生瓦斯突出。突出的气体成分为二氧化碳时，突出规模一般比较大。二氧化碳突出常常与火山岩中的气体有关。在我国某些矿区的瓦斯突出中，常含有一定数量的重烃，有时可高达 10% 以上。

E　突出与工程因素有关

煤与瓦斯突出大多发生在落煤时，尤其是在爆破作业时，不同的采掘方式下煤层突出强度不一样，不同作业方式和工序下突出概率不同。因此，有效的防突措施可以在很大程度降低突出强度，减少突出次数。

F　突出有预兆

（1）地压显现预兆：煤炮声、支架断裂、岩煤开裂掉碴、底臌、岩煤自行剥落、煤壁颤动、钻孔变形、垮孔、顶钻、夹钻杆、钻机过负荷等。

（2）瓦斯涌出预兆：瓦斯涌出异常、忽大忽小，煤尘增大、气温异常、气味异常，打钻喷瓦斯、喷煤粉、哨声、蜂鸣声等。

（3）煤结构预兆：层理紊乱、强度降低、松软或不均质、暗淡无光泽、厚度增大、软分层厚度增大、倾角变陡、挤压褶曲、波状隆起、煤体干燥、煤体断裂等。

G 突出空洞

突出空洞多呈口小肚大的梨形。

H 突出强度与频度

突出矿井可分为两类：一类是频率高而强度低，往往煤层酥松，围岩破碎，瓦斯已发生运动；另一类是频率低而强度高，煤质多为坚硬，围岩破碎不严重，属地应力相对集中地带。

2.4.3.3 煤与瓦斯突出点地质特征

在中、小型地质构造及构造尖灭端，煤与瓦斯突出常常集中分布。如平顶山十二矿160 采区，受牛庄逆断层尖灭端影响，采面掘进时曾发生煤与瓦斯突出 10 次；平顶山八矿己三采区受辛店正断层尖灭端的影响，采面掘进时共发生 8 次煤与瓦斯突出。受到两条断层的影响，这两个采面成为平顶山矿区的两个高突工作面。

对不同矿区的煤与瓦斯突出点地质构造性质、煤体结构类型、突出煤层、突出点标高和垂深等因素的统计结果表明，煤与瓦斯突出点有如下地质特征：

（1）随开采深度增加，煤与瓦斯突出危险性增加。不同煤层始突深度不同，造成这种现象的主要原因是随煤层埋藏深度增加煤层中的瓦斯保存条件较好，瓦斯压力及煤层瓦斯含量增加，突出在不同深度上有表现。

（2）煤与瓦斯突出分布受地质构造控制。煤与瓦斯突出多发生在矿井构造附近。统计资料表明，很多突出矿区地质构造带的突出占突出总数的 70% 以上，而且突出点煤层层理紊乱，煤体结构破坏严重，突出点构造煤厚度增加，突出点有不同的地质构造特征。

（3）煤与瓦斯突出分区与地质条件分区相关。如在平顶山东矿区发生的突出占矿区内突出总数的 80%，西区的矿井和中区的矿井只占少数。突出的分区与矿区构造分区相一致，在矿区构造带或褶曲轴部的过渡地带，往往是煤与瓦斯突出带。

2.4.3.4 工程因素对突出分布的影响

对矿区内历次突出中反映动力特征的突出煤量和瓦斯量、煤的抛出距离和堆积角、分选性、突出孔洞形态和深度、突出类型等指标的统计结果表明，矿区内煤与瓦斯突出动力特征如下：

（1）从突出规模看，已发生的突出以小型突出为主，中型、大型突出较少。如平顶山矿区，小于 10t/次的突出，占突出总数的 85%。从突出类型看，煤与瓦斯压出、倾出、突出类型的比例也是不同的，对矿井生产系统造成的破坏程度也不同。

（2）突出在不同采掘施工工程中的分布不同。煤巷掘进工作面发生突出最多，如平顶山矿区煤巷掘进中的突出占突出次数的 80% 以上；在平巷中发生的次数高于上山和下山、回采工作中的突出次教。突出在不同生产工序中，如放炮后、综采中、综掘中、打钻中或其他作业中，发生突出的次数也不同，在煤巷掘进及放炮作业后发生的突出最多。

（3）突出前有一系列动力预兆。所有的突出发生前都有瓦斯涌出量增加、瓦斯压力升高、煤层变软、煤层内响煤炮的现象，有时煤体温度降低，甚至出现冒顶和片帮、夹钻现象，有时钻孔冒白烟，支架变形损坏，迎头煤体变软，矿压显现强烈。

2.4.4　煤与瓦斯突出预测

2.4.4.1　煤层突出危险性预测分类和突出危险性划分

根据突出预测的范围和精度，煤层突出危险性预测分为区域突出危险性预测（简称区域预测）和工作面突出危险性预测（包括石门和竖井、斜井揭煤工作面，煤巷掘进工作面和采煤工作面的突出危险性预测，简称工作面预测）。区域预测应预测煤层和煤层区域的突出危险性，并应在地质勘探、新井建设、新水平和新采区开拓或准备时进行。工作面预测是预测工作面附近煤体的突出危险性，应在工作面推进过程中进行。

在地质勘探、新井建设、矿井生产时期应进行区域预测，把煤层划分为突出煤层和非突出煤层。突出煤层经区域预测后可划分为突出危险区、突出威胁区和无突出危险区。在突出危险区域内，工作面进行采掘前应进行工作面预测。采掘工作面经预测后，可划分为突出危险工作面和无突出危险工作面。

突出煤层在开采过程中，如果已确切掌握煤层突出危险区域的分布规律，并且有可靠的预测资料，在确认的无突出危险区内可不采取防治突出措施，可直接采取安全防护措施进行采掘作业。在突出威胁区内，根据煤层突出危险程度，采掘工作面每推进 30～100m，应用工作面预测方法连续进行不少于两次区域预测验证，其中任何一次验证为有突出危险时，该区域应改划为突出危险区。只有连续两次验证都为无突出危险时，该区域才能继续定为突出威胁区域。

2.4.4.2　区域突出危险性预测

《防治煤与瓦斯突出规定》（以下简称《防突规定》）规定，在确定新建矿井煤层突出危险性时，地质勘探部门必须提供初步预测资料。设计新矿井前，编制设计任务书的单位应根据地质勘探部门提供的矿井突出危险性的基础资料，并参照邻近矿井突出情况和预测煤层突出危险性指标，与原煤炭部授权的煤炭科研单位共同确定矿井突出危险性，方可将矿井突出危险性列入设计任务书中，报上级批准后，作为新矿井的设计依据。

区域突出危险性预测是预测矿井、煤层和煤层区域的突出危险性。区域突出危险性预测的方法有单项指标法、瓦斯地质统计法和综合指标法等。

A　单项指标法

根据煤的破坏类型、瓦斯放散初速度指标 Δp、煤的坚固性系数 f 和煤层瓦斯压力 p，判断煤层突出危险性的临界值，应根据矿井的实测资料确定，如无实测资料时，可参考表 2-11 所列数据划分。煤的破坏类型可参考表 2-12 确定。只有全部指标达到或超过其临界值时方可划为突出煤层。

表 2-11 预测煤层突出危险性单项临界指标值

煤层突出危险性	煤的破坏类型	瓦斯的放散初速度 Δp	煤的坚固性系数 f	煤层瓦斯压力 p
突出危险	Ⅲ、Ⅳ、Ⅴ	10	0.5	0.74

注：煤的破坏类型见《防治煤与瓦斯突出规定》。

表 2-12 煤的破坏类型分类

破坏类型	光泽	构造与构造特征	节理性质	节理面性质	断口性质	强度
Ⅰ类煤（非破坏煤）	亮与半亮	层状构造，块状构造，条带清晰明显	一组或两三组节理，节理系统发达，有次序	有充填物（方解石），次生面少，节理、劈理面平整	参差阶状、贝壳状、波浪状	坚硬，用手难以掰开
Ⅱ类煤（破坏煤）	亮与半亮	(1) 尚未失去层状，较有次序；(2) 条带明显，有时扭曲，有错动；(3) 不规则块状，多棱角；(4) 有挤压特征	次生节理面多，且不规则，与原生节理呈网状节理	节理面有擦纹、滑皮，节理平整，易掰开	参差多角	用手极易剥成小块，中等硬度
Ⅲ类煤（强烈破坏煤）	半亮与半暗	(1) 弯曲呈透镜体构造；(2) 小片状构造，细小碎块，层理；(3) 较紊乱无次序	节理不清，系统不发达，次生节理密度大	有大量擦痕	参差及粒状	用手捻之成粉末，硬度低
Ⅳ类煤（粉碎煤）	暗淡	粒状或小颗粒胶结而成，形似天然煤团	节理失去意义，呈黏块状		粒状	用手捻之成粉末，偶尔较硬
Ⅴ类煤（全粉煤）	暗淡	(1) 土状构造；(2) 断层泥状			土状	可捻成粉末，疏松

建井时期应由施工单位测定煤层瓦斯压力 p、瓦斯放散初速度指标 Δp、煤的坚固性系数 f 等基本参数，并根据揭穿各煤层的实际情况，重新验证开采煤层的突出危险性。如果验证结果与设计任务书中所确定的煤层突出危险性不符，则要求重新确定煤层突出危险性。

B 瓦斯地质统计法

煤和瓦斯突出动力现象形成于一定的地质条件中。国外对煤和瓦斯突出地质条件的研究表明，突出分布的不均匀性受地质条件控制，突出与构造复杂程度、煤层围岩、煤变质程度有关，在所有突出点都有地质构造或构造作用形成的软煤带。澳大利亚 Brown 煤田突出点都发生在落差 0.4m 以上的断层处。我国 20 世纪 60 年代开始对瓦斯赋存规律进行研究，70 年代开始研究瓦斯突出分布的地质规律，80 年代提出煤和瓦斯突出预测的地质条件，并认为主要有矿井地质构造、煤体结构、煤层和围岩 4 个方面，构造煤是煤和瓦斯突出的必要条件。瓦斯地质区划论阐明了瓦斯分布和突出分布的不均衡性、分区分带性受地质因素制约，在煤和瓦斯突出预测中发挥了重要作用。我国瓦斯地质工作者从构造地质、数学地质、岩体力学、地球化学、构造物理等方面对地质构造控制煤和瓦斯突出规律开展了广泛的研究，在利用构造应力场、构造特征、煤体结构、地应力等瓦斯地质因素预测突出危险性方面取得了大量成果，有效地控制了重大瓦斯事故的发生。

对煤层瓦斯分布规律和煤与瓦斯突出地质规律的研究，形成了煤与瓦斯突出预测的地质方法。利用瓦斯地质方法预测煤与瓦斯突出的基本原理是"瓦斯地质区划论"。由于瓦斯是地质历史时期的产物，是地质体的一部分，因此瓦斯的形成和保存是受地质条件控制的。控制瓦斯突出主要是指控制瓦斯突出的空间分布。根据突出分布在空间上的范围大小，可分为瓦斯突出区、瓦斯突出带、瓦斯突出点，点、带皆属区；点在带内，带在区内。瓦斯突出区、突出带、突出点的控制条件是有区别的，即瓦斯突出具有分级控制的特点。

瓦斯地质区划论的工作方法又称为瓦斯地质单元法。通过地质预测实现瓦斯突出预测，对研究区域进行瓦斯地质单元划分，是开展瓦斯地质研究的第一步。在单个瓦斯地质因素划分单元的基础上，对多个地质因素划分的单元进行综合，作为控制突出分布和级别的地质条件和地质背景。依据瓦斯参数和瓦斯突出资料同样可以划分出单元，作为区域内瓦斯的综合。瓦斯参数包括瓦斯含量、瓦斯压力、瓦斯涌出量等，依此划分出高、中、低瓦斯单元；瓦斯突出分布以瓦斯突出点为基础，划分出严重瓦斯突出带、一般瓦斯突出带和非瓦斯突出带。划分单元的地质指标有定性和定量指标，如煤层埋深、煤层厚度、煤的强度、构造变形系数、瓦斯成分中的重烃含量等为定量指标，而构造类型、构造力学性质、围岩性质、煤种、构造煤类型等为定性指标。这些指标在地质单元划分中都是经常用到的地质变量。

采用瓦斯地质统计法进行区域预测，是根据已开采区域确切掌握的煤层赋存和地质构造条件与突出分布的规律，划分出突出危险区域与突出威胁区域。划分突出危险区一般可达到下列要求：

（1）在上水平发生过一次突出的区域，可预测下水平垂直对应区域的突出危险性。

（2）根据上水平突出点分布与地质构造的关系及突出点距构造线两侧的最远距离，并结合地质部门提供的下水平或下部采区的地质构造分布，预测下水平或下部采区的突出危险区域。

（3）根据上水平突出规律预测下水平或采区的突出威胁区。

C　综合指标法

由于煤和瓦斯突出原因的复杂性和影响因素的多样性，突出预测没有一种绝对敏感的指标，多种指标的综合应用往往有更好的预测效果，因而出现了突出预测综合指标法。综合指标法可以是对几种瓦斯突出预测指标不同的经验处理或数学计算。采用综合指标法对煤层进行区域预测的方法是：

（1）在岩石工作面向突出煤层至少打两个测压钻孔，测定煤层瓦斯压力。

（2）在打测压孔过程中，每个煤孔采取 1 个煤样，测定煤的坚固性系数 f。

（3）将两个测压孔所得的坚固性系数最小值加以平均，作为煤层软分层的平均坚固性系数。

（4）将坚固性系数最小的两个煤样混合，测定煤的瓦斯放散初速度 Δp。

煤层区域性突出危险性，按下列两个综合指标判断：

$$D = (0.0075Hf - 3)(p - 0.74) \tag{2-55}$$

$$K = \Delta p/f \tag{2-56}$$

式中　D——煤层的突出危险性综合指标；

K——煤层的突出危险性综合指标；

H——开采深度，m；

p——煤层瓦斯压力，取两个测压钻孔实测瓦斯压力的最大值，MPa；

Δp——软分层煤的瓦斯放散初速度；

f——软分层煤的平均坚固性系数。

综合指标 D、K 的突出临界指标值应根据本矿区实测数据确定，如无实测资料时可参照表 2-13 所列的临界值确定区域突出危险性。如果测压孔所取得的煤样粒度达不到测定 f 值所要求的粒度，则可采取粒度为 1~3mm 的煤样进行测定。

表 2-13　预测煤层区域突出危险性的综合指标 D 和 K 的临界值

煤的突出危险性综合指标 D	煤的突出危险性综合指标 K	
	无烟煤	其他煤种
0.25	20	15

注：1. 如果式（2-55）中两个括号内的计算值都为负时，则不论 D 值大小，都为突出威胁区域；

　　2. 地质勘探和新井建设时期进行煤层突出倾向性预测时，视为无突出危险煤层。

2.4.4.3　工作面突出危险性预测

A　石门揭煤工作面突出危险性预测

《防突规定》规定，在突出煤层的构造破坏带，包括断层、褶曲、火成岩侵入等，在煤层赋存条件急剧变化和采掘应力叠加的区域，在工作面预测过程中出现喷孔、顶钻等动力现象或工作面出现明显突出预兆时，应视为突出危险工作面。石门揭开突出煤层前可选用综合指标法、钻屑瓦斯解吸指标法或其他经证实有效的方法预测工作面突出危险性。

采用综合指标法预测石门揭煤工作面突出危险性的方法同前。利用钻屑瓦斯解吸指标法预测石门揭煤工作面突出危险性的方法如下：

（1）在石门工作面距煤层最小垂距为 3~10m 时，利用探明煤层赋存条件和瓦斯情况的钻孔或至少打两个直径为 50~75mm 的预测钻孔，在其钻进煤层时，用 1~3mm 的筛子筛分钻屑，测定其瓦斯解吸指标（Δh_2 或 K_1）。

（2）钻屑瓦斯解吸指标的突出临界值应根据实测数据确定；如无实测数据时，可参照表 2-14 中所列的指标临界值预测突出危险性。

表 2-14　钻屑指标法预测石门揭煤工作面突出危险性的临界值

$\Delta h_2/Pa$	$K_1/mL \cdot (g \cdot min^{1/2})^{-1}$
干煤 200	0.5
湿煤 160	0.4

（3）选用表 2-14 中的任一指标进行预测时，当指标超过临界值时，该石门工作面预测为突出危险工作面；反之，为无突出危险工作面。

B　煤巷掘进工作面突出危险性预测

在突出危险区域中掘进煤巷时，可采用钻孔瓦斯涌出初速度法、R 值指标法和钻屑指标法及其他经证实有效的方法（钻屑温度、煤体温度、放炮后瓦斯涌出量等）预测煤巷工作面的突出危险性。

a　钻孔瓦斯涌出初速度法

用钻孔瓦斯涌出初速度法预测煤巷掘进工作面突出危险性的方法如下：

（1）在掘进工作面的软分层中，靠近巷道两帮各打一个平行于巷道掘进方向直径 42mm、深 3.5m 的钻孔。

（2）用专门的封孔器封孔，封孔后测量室长度为 0.5m。

（3）钻孔瓦斯涌出初速度的测定必须在打完钻后 2min 内完成。

判断突出危险性的钻孔瓦斯涌出初速度的临界值 q_m 应根据实测资料分析确定；如无实测资料时，可参照表 2-15 中的临界值 q_m。当实测的值等于或大于临界值 q_m 时，煤巷掘进工作面应预测为突出危险工作面；实测值小于临界值时，该工作面应预测为无突出危险工作面。

表 2-15　判断突出危险性的钻孔瓦斯涌出初速度临界值

煤的挥发分 $V_{daf}/\%$	5~15	15~20	20~30	>30
$q_m/L \cdot min^{-1}$	5.0	4.5	4.0	4.5

用钻孔瓦斯涌出初速度法预测煤巷掘进工作面突出危险性时，如预测为无突出危险工作面，每预测循环应留有 2m 预测超前距。

b　R 值指标法

R 值指标法预测煤巷掘进工作面突出危险性的程序如下：

（1）在煤巷掘进工作面打 2 个（倾斜或急倾斜煤层）或 3 个（缓倾斜煤层）直径为 42mm、深为 5.5~6.5m 的钻孔。钻孔应布置在软分层中，一个钻孔位于巷道工作面中部，并平行于掘进方向，其他钻孔的终孔点应位于巷道轮廓线外 2~4m 处。

（2）钻孔每打 1m，测定一次钻屑量和钻孔瓦斯涌出初速度。测定钻孔瓦斯涌出初速度时，测量室的长度为 1.0m。根据每个钻孔的最大钻屑量和最大瓦斯涌出初速度按式（2-57）确定各孔的 R 值：

$$R = (S_{max} - 1.8)(q_{max} - 4) \tag{2-57}$$

式中　S_{max}——每个钻孔沿孔长最大钻屑量，L/m；

　　　q_{max}——每个钻孔沿孔长最大瓦斯涌出初速度，L/(m·min)。

判断煤巷掘进工作面突出危险性的临界指标 R_m 应根据实测资料确定；如无实测资料

时，取 R_m =6。任何一个钻孔中，当 $r>R_m$ 时，该工作面预测为突出危险工作面；当 $r<R_m$ 时，该工作面预测为无突出危险工作面。当 R 为负值时，应用单项（取公式中的正值项）指标预测。

（3）当预测为无突出危险时，每预测循环应留有 2m 的预测超前距。

c　钻屑指标法

采用钻屑指标法预测煤巷掘进工作面突出危险性时，应按下列步骤进行：

（1）在煤巷掘进工作面打 2 个（倾斜和急倾斜煤层）或 3 个（缓倾斜煤层）直径 42mm、孔深 8~10m 的钻孔。

（2）钻孔每打 1m 测定钻屑量一次，每隔 2m 测定一次钻屑解吸指标。根据每个钻孔沿孔长每米的最大钻屑量 S_{max} 和钻屑解吸指标 K_1 或 Δh_2 预测工作面的突出危险性。

采用钻屑指标法预测工作面突出危险性时，各项指标的突出危险临界值应根据现场测定资料确定。如无实测资料时，可参照表 2-16 数据确定工作面的突出危险性。实测得到的任一指标值 S_{max}、K_1 值或 Δh_2 值等于或大于临界值时，该工作面预测为有突出危险性工作面。

（3）采用钻屑指标法预测突出危险性，当预测为无突出危险性时，每预测循环应留有 2m 的预测超前距。

表 2-16　钻屑指标法预测煤巷掘进工作面突出危险性的临界值

$\Delta h_2/Pa$	最大钻屑量		K_1	危　险　性
	kg/m	L/m	/mL·(g·min$^{1/2}$)$^{-1}$	
≥200	≥6	≥5.4	≥0.5	突出危险工作面
<200	<6	<5.4	<0.5	无突出危险工作面

C　采煤工作面突出危险性预测

相对煤巷掘进工作面而言，采煤工作面的突出危险性较小，采煤工作面突出危险性预测可使用煤巷掘进工作面突出预测方法，沿采煤工作面每隔 10~15m 布置一个预测钻孔，孔深根据工作面条件选定，但不得小于 3.5m。当预测为无突出危险工作面时，每预测循环应留有 2m 预测超前距。采煤工作面的预测较巷道预测相对方便，在采面预测中可以在利用煤巷工程中的瓦斯地质资料基础上，补充重点区域的瓦斯地质资料。

突出预测地质敏感性指标主要有地质构造指标和煤体结构指标等。在矿井瓦斯地质研究基础上，通过对突出煤层地质构造的研究，区分突出地质构造和非突出地质构造、突出构造的突出段和非突出段；通过对煤层中软煤分布规律及发生煤与瓦斯突出的软煤临界厚度的研究，进一步对煤与瓦斯突出进行准确预测，在生产中得到了有效的应用。

2.4.5　煤与瓦斯突出防治技术

开采突出煤层时，必须采取综合防突措施。在采用防治突出措施时，应优先选择区域性防治突出措施，如果不具备采取区域性防治突出措施的条件，则必须采取局部防治突出措施。

2.4.5.1　区域性防治突出措施

A　开采保护层

在突出矿井开采煤层群时，必须首先开采保护层。开采保护层后，在被保护层中受到保护的地区按无突出煤层进行采掘工作，开采保护层防治煤与瓦斯突出的机理如图2-25所示。在未受到保护的地区，则必须采取防治突出措施。

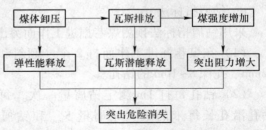

图 2-25　开采保护层防治煤与瓦斯突出的机理

在开采保护层之前，选择保护层是一项关键工作，一般应首先选择无突出危险的煤层作为保护层。当煤层群中有几个煤层都可作为保护层时，应根据安全、技术和经济的合理性，综合比较分析，择优选定。当矿井中所有煤层都有突出危险时，应选择突出危险程度较小的煤层作保护层，但在此保护层中进行采掘工作时，必须采取防治突出措施。选择保护层时，应优先选择上保护层，条件不允许时，也可选择下保护层，但在开采下保护层时，不得破坏被保护层的开采条件。

开采下保护层时，上部被保护层不被破坏的最小层间距应根据矿井开采实测资料确定；如无实测资料时，可参用式（2-58）或式（2-59）确定：

$$H = KM\cos\alpha \qquad (\alpha < 60°) \qquad (2\text{-}58)$$

$$H = KM\sin(\alpha/2) \qquad (\alpha > 60°) \qquad (2\text{-}59)$$

式中　H——允许采用的最小层间距，m；

　　　M——保护层的开采厚度，m；

　　　α——煤层倾角；

　　　K——顶板管理系数。冒落法管理顶板，$K=10$；充填法管理顶板，$K=6$。

划定保护层有效作用范围的有关参数，应根据矿井实测资料确定；对暂无实测资料的矿井，可参照下述方法：

（1）保护层与被保护层之间的有效垂距，可用式（2-60）或式（2-61）或根据《防突规定》确定。

下保护层最大有效距离：

$$S_{下} = S'_{下}\beta_1\beta_2 \qquad (2\text{-}60)$$

上保护层最大有效距离：

$$S_{上} = S'_{上}\beta_1\beta_2 \qquad (2\text{-}61)$$

式中　$S'_{下}$，$S'_{上}$——下保护层和上保护层的理论有效间距，m；

　　　β_1——保护层开采影响系数（当 $M \leq M_0$ 时，$\beta_1 = M/M_0$；当 $M > M_0$ 时，$\beta_1 = 1$）；

　　　M——保护层的开采厚度，m；

　　　M_0——开采保护层的最小有效厚度，m；

　　　β_2——层间硬岩（砂岩、石灰岩）含量系数。

以 η 表示硬岩在层间岩石中所占有的百分比，当 $\eta < 50\%$ 时，$\beta_2 = 1-0.4\eta$；当 $\eta \geq 50\%$ 时，$\beta_2 = 1$。

（2）正在开采的保护层工作面，必须超前于被保护层的掘进工作面，其超前距离不得小于保护层与被保护层层间垂距的 2 倍，并不得小于 30m。

（3）对停采的保护层采煤工作面，停采时间超过 3 个月且卸压比较充分时，该采煤工作面的始采线、采止线及所留煤柱对被保护层沿走向的保护范围可暂按卸压角 56°~60°划定。

（4）保护层沿倾向的保护范围按卸压角划定。卸压角的大小应采用矿井的实测数据。如无实测数据时，参照《防突规定》中的数据确定。

（5）矿井首次开采保护层时，必须进行保护层保护效果及范围的实际考察，并不断积累、补充资料，以便尽快得出确定本矿保护层有效作用范围的参数。

开采保护层时，采空区内不得留有煤·（岩）柱，特殊情况需留煤（岩）柱时，必须将煤（岩）柱的位置和尺寸准确地标在采掘平面图上。每个被保护层的瓦斯地质图上，应标出煤（岩）柱的影响范围，在这个范围内进行采掘工作时，必须采取防治突出的措施。当保护层内非留煤柱不可时，必须按照其最外缘的轮廓划出平直轮廓线，并根据保护层与被保护层之间的层间距变化确定其有效影响范围。在被保护层中进行采掘工作时，还应根据采掘瓦斯动态及时修改。

开采厚度等于或小于 0.5m 的保护层时必须检验实际保护效果。如果保护层的实际保护效果不好，在开采被保护层时还必须采取防治突出的补充措施。在有抽放瓦斯系统的矿井开采保护层时，应同时抽放被保护层的瓦斯。开采近距离保护层时，必须采取措施，严防被保护层初期卸压的瓦斯突然涌入保护层采掘工作面或误穿突出煤层。

B　预抽煤层瓦斯

一个采煤工作面的瓦斯涌出量每分钟大于 $5m^3$ 时，或两个掘进工作面瓦斯涌出量每分钟大于 $3m^3$，采用通风方法解决瓦斯问题不合理时，应采取抽放瓦斯措施。经验证明，预抽煤层瓦斯是一种有效的方法。矿井瓦斯抽放方法要根据矿井瓦斯来源、煤层地质和开采技术条件以及瓦斯基础参数来定，"多打孔、严封闭、综合抽"是加强瓦斯抽放工作的方向。为提高抽放效果，可采用人为的卸压措施，如水力割缝、水力压裂、松动爆破和深孔控制卸压爆破等。

瓦斯抽放方法主要有四类：开采层瓦斯抽放、邻近层瓦斯抽放、采空区瓦斯抽放、围岩瓦斯抽放。生产中根据矿井煤层瓦斯赋存情况及矿井条件可采用不同的方法，有时在一个抽放瓦斯工作面同时采用两种以上方法进行抽放瓦斯，即综合抽放瓦斯。

单一的突出危险煤层和无保护层可采的突出煤层群，可采用预抽煤层瓦斯防治突出的措施，钻孔应控制整个预抽区域并均匀布置。预抽煤层瓦斯钻孔可采用沿煤层或穿层布置方式。在未受保护的煤层中掘进钻场或掘进打钻时，都必须采取防治突出措施。

采用预抽煤层瓦斯措施防治突出时，钻孔封堵必须严密，穿层钻孔的封孔深度应不小于 3m，沿层钻孔的封孔深度应不小 5m。钻孔孔口抽放负压不应小于 13kPa，并应使波动范围尽可能降低。采用预抽煤层瓦斯防治突出措施的有效性指标，应根据矿井实测资料确定。如果无实测数据，可参考下列方法确定：

（1）预抽煤层瓦斯后，突出煤层残存瓦斯含量应小于该煤层始突深度的原始煤层瓦斯含量。

（2）煤层瓦斯预抽率应大于 25%。煤层瓦斯预抽率应用钻孔控制范围内煤层瓦斯储量与抽出瓦斯量（包括打钻时钻孔喷出的瓦斯量、自然排放瓦斯量）来计算。

达不到上述预抽指标的区域，在进行采掘工作时，都必须采取防治突出的补充措施。采用煤层瓦斯抽出率作为有效性指标的突出煤层，在进行采掘作业时，必须参照《防突规定》所规定的方法对预抽效果进行经常复查。

2.4.5.2　局部防治突出措施

A　石门和其他岩巷揭煤防治突出措施

a　石门揭穿突出煤层

石门揭穿突出煤层，即石门自底（顶）板岩柱穿过煤层进入顶（底）板的全部作业过程都必须采取防治突出措施。在地质构造破坏带应尽量不布置石门。如果条件许可，石门应布置在被保护区或先掘出石门揭煤地点的煤层巷道，然后再用石门贯通。石门与突出煤层中已掘出的巷道贯通时，该巷道应超过石门贯通位置 5m 以上，并保持正常通风。

在揭穿突出煤层时，为防治突出应按顺序进行：（1）探明石门（或揭煤巷道）工作面和煤层的相对位置；（2）在揭煤地点测定煤层瓦斯压力或预测石门工作面突出危险性；（3）预测有突出危险时，采取防治突出措施；（4）实施防突措施效果检验；（5）用远距离放炮或震动放炮揭开或穿过煤层；（6）在巷道与煤层连接处加强支护；（7）穿透煤层进入顶（底）板岩石。

为防治石门揭煤发生突出，在石门揭穿突出煤层的设计中要求：（1）突出预测方法及预测钻孔布置、控制突出煤层层位和测定煤层瓦斯压力的钻孔布置；（2）建立安全可靠的独立通风系统，并加强控制通风风流设施的措施。在建井初期矿井尚未构成全风压通风时，在石门揭穿突出煤层的全部作业过程中，与此石门有关的其他工作面都必须停止工作。放震动炮揭穿突出煤层时，与此石门通风系统有关地点的全部人员必须撤至地面，井下全部断电，井口附近地面 20m 范围内严禁有任何火源；（3）有揭穿突出煤层的防治突出措施；（4）有准确确定安全岩柱厚度的措施；（5）有安全防护措施。

在石门揭穿突出煤层前，必须对煤层突出危险性进行探测，主要工作内容包括以下几方面：

（1）石门揭穿突出煤层前，必须打钻控制煤层层位、测定煤层瓦斯压力或预测石门工作面的突出危险性。前探钻孔布置方式如图 2-26 所示。

（2）在石门工作面掘至距煤层 10m（垂距）之前，至少打两个穿透煤层全厚且进入顶（底）板、直径不小于 0.5m 的前探钻孔。地质构造复杂、岩石破碎的区域，石门工作面掘至距煤层 20m（垂距）之前，必须在石门断面四周轮廓线外 5m 范围煤层内布置一定数量的前探钻孔，以保证能确切地掌握煤层厚度、倾角的变化、地质构造和瓦斯情况等。

（3）在石门工作面距煤层 5m（垂距）

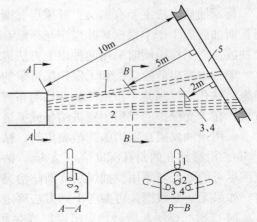

图 2-26　前探钻孔布置方式图

1，2—控制层位钻孔；3，4—测定瓦斯压力钻孔；5—突出煤层

以外，至少打两个穿透煤层全厚的测压（预测）钻孔，测定煤层瓦斯压力、煤的瓦斯放散初速度与坚固性系数或钻屑瓦斯解吸指标等。为准确得到煤层原始瓦斯压力值，测压孔应布置在岩层比较完整的地方，测压孔与前探孔不能共用时，两者见煤点之间的间距不得小于 5m；在近距离煤层群中，层间距小于 5m 或层间岩石破碎时，应测定各煤层的综合瓦斯压力。

（4）为了防止误穿煤层，在石门工作面距煤层垂距 5m 时，应在石门工作面顶（底）部两侧补打 3 个小直径（42mm）超前钻孔，其超前距不得小于 2m。当岩巷距突出煤层垂距不足 5m 且大于 2m 时，为了防止岩巷误穿突出煤层，必须及时采取探测措施，确定突出煤层层位，保证岩柱厚度不小于 2m（垂距）。

（5）石门掘进工作面与煤层之间必须保持一定厚度的岩柱。岩柱的尺寸应根据防治突出的措施要求、岩石的性质、煤层倾角等确定。采用震动放炮措施时，石门掘进工作面距煤层的最小垂距是：急倾斜煤层 2m、倾斜和缓倾斜煤层 1.5m。如果岩石松软、破碎，还应适当增加垂距。

b 揭穿突出煤层的措施

石门揭穿突出煤层前，当预测为突出危险工作面时，必须采取防治突出措施，经效果检验有效后可用远距离放炮或震动放炮揭穿煤层；若检验无效，应采取补充措施，经效果检验有效后，用远距离放炮或震动放炮揭穿煤层。当预测为无突出危险时，可不采取防治突出措施，但必须采用震动放炮揭穿煤层。当石门揭穿厚度小于 0.3m 的突出煤层时，可直接用震动放炮揭穿煤层。

（1）预抽瓦斯措施。在石门揭煤时利用预抽瓦斯措施，要选择煤层透气性较好并有足够的抽放时间（一般不少于 3 个月）的巷道；抽放钻孔布置到石门周界外 3~5m 的煤层内，抽放钻孔的直径为 75~100mm，钻孔孔底间距一般为 2~3m；在抽放钻孔控制范围内，如预测指标降到突出临界值以下，认为防突措施有效。

（2）水力冲孔措施。当打钻时具有自喷（喷煤、喷瓦斯）现象，可采用水力冲孔措施进行石门揭煤。水力冲孔的水压视煤层的软硬程度而定，一般应大于 3MPa。钻孔应布置到石门周界外 3~5m 的煤层内，冲孔顺序一般是先冲对角孔后冲边上孔，最后冲中间孔。石门冲出的总煤量不得少于煤层厚度 20 倍的煤量，如冲出的煤量较少时，应在该孔周围补孔（图 2-27）。

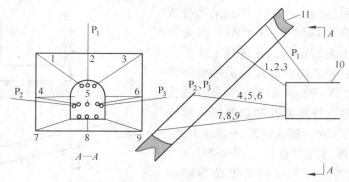

图 2-27　水力冲孔钻孔布置图
1~9—水冲孔；10—巷道；11—突出危险煤层；P_1，P_2，P_3—瓦斯压力孔

（3）排放钻孔措施。在排放钻孔的控制范围内，预测指标降到突出临界值以下措施才有效。对于缓倾斜厚煤层，当钻孔不能一次打穿煤层全厚时可采取分段打钻，但第一次打钻钻孔穿煤长度不得小于 15m，进入煤层掘进时必须留有 5m 最小超前距离（掘进到煤层顶（底）板时不在此限）。下一次的排放钻孔参数应与第一次相同（图 2-28）。

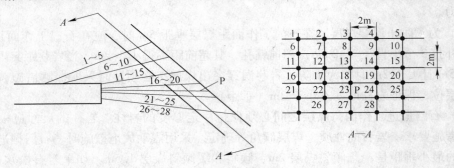

图 2-28 石门排放钻孔布置图

P—测压孔；1~28—排放钻孔

（4）金属骨架措施。金属骨架措施主要用于石门与煤层层面交角较大或具有软煤和软围岩的薄及中厚突出煤层。在石门上部和两侧周边外 0.5~1.0m 范围内布置骨架孔；骨架钻孔穿过煤层并进入煤层顶（底）板至少 0.5m，钻孔间距不得大于 0.3m，对于软煤要架设两排金属骨架，钻孔间距应小于 2m。骨架材料可选用 8kg/m 的钢轨、型钢或直径不小于 50mm 的钢管，其伸出孔外端用金属框架支撑或砌入碹体内。揭开煤层后，严禁拆除金属骨架，而且金属骨架防治突出措施应与抽放瓦斯、水力冲孔或排放钻孔等措施配合使用。

c 立井揭穿突出煤层

立井揭穿突出煤层前，在立井工作面距煤层 10m（垂距）处，至少打 2 个前探钻孔，查明煤层赋存情况。如果立井工作面附近有地质构造存在（断层、褶曲或煤层走向与倾角急剧变化等），前探钻孔不得少于 3 个，并预测工作面突出危险性。当预测为突出危险工作面时，必须采取防治突出措施，经效果检验有效后，可用远距离放炮或震动放炮揭穿煤层；若检验无效，应采取补充措施并经措施效果检验有效后，用远距离放炮或震动放炮揭穿煤层。当预测为无突出危险时，可不采取防治突出措施，但必须采用震动放炮揭穿煤层，突出煤层厚度小于 3m 时，立井工作面可直接用震动放炮揭穿煤层。

（1）排放钻孔措施。立井工作面采用排放钻孔措施时要求在距煤层 5m（垂距）时必须打测定煤层瓦斯压力的钻孔，并进行工作面突出危险性预测。立井工作面距煤层最小垂距为 3m 时，打直径为 75~90mm 的排放钻孔，钻孔必须穿透煤层全厚，外圈钻孔超出井筒轮廓线外的距离不得小于 2m，钻孔间距一般取 1.5~2.0m，在控制断面内均匀布孔（图 2-29）。为加快煤层瓦斯排放，可采用松动爆破等辅助措施。

（2）金属骨架措施。采用金属骨架防治突

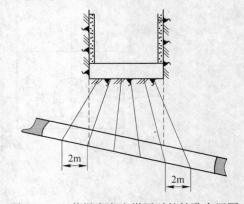

图 2-29 立井揭穿突出煤层时的钻孔布置图

出措施时，要求工作面距突出煤层最小垂距为 30m，沿井筒周边打直径 75~90mm 的钻孔。钻孔呈辐射状布置，并穿透煤层全厚，进入底板岩石深度不得小于 0.5m。钻孔见煤处的间距应小于 0.3m，向钻孔插入直径 50mm 的钢管或型钢，然后向孔内灌水泥砂浆，将骨架外端封固在井壁上。骨架安设牢固后，必须配合其他防治突出的措施，并进行效果检验。检验证实措施有效后，方可用震动放炮或远距离放炮揭穿煤层。

B 煤巷掘进工作面和采煤工作面防治突出措施

采掘工作面防治突出措施在突出煤层中进行掘进和回采时，都应预测煤层的突出危险性，并根据煤层的突出危险性和具体条件，采取防治突出措施。在一个或相邻的两个采区中同一阶段的突出煤层中进行采掘作业时，不得布置两个工作面相向回采和掘进。突出煤层的掘进工作面，不得进入本煤层或邻近煤层采煤工作面的应力集中区。突出煤层的采掘工作面靠近或处于地质构造破坏和煤层赋存条件急剧变化地带时，都应认真检验防治突出措施的效果。如果措施无效，应及时采取补救措施。

a 煤巷掘进工作面防治突出措施

在突出危险煤层中掘进平巷时，应采用超前钻孔、松动爆破、前探支架、水力冲孔或其他经试验证实有效的防治突出措施。在第一次执行上述措施或无措施超前距时，必须采用浅孔排放或其他防治突出措施，在工作面前方形成 5m 的执行措施的安全屏障后，方可进入正常防突措施施工，确保执行措施的安全。

（1）超前钻孔措施。采用超前钻孔作为防治突出的措施时要求在煤层透气性较好、煤质较硬的突出煤层中，超前钻孔直径应根据煤层赋存条件和突出情况确定，一般为 75~120mm，地质条件变化剧烈地带也可采用直径 42mm 的钻孔。钻孔超前于掘进工作面的距离不得小于 5m；若超前钻孔直径超过 120mm，必须采用专门的钻进设备和制定专门的施工安全措施；钻孔应尽量布置在煤层的软分层中，超前钻孔的控制范围应控制到巷道断面轮廓线外 2~4m（包括巷道断面内的煤层），超前钻孔孔数应根据钻孔的有效排放半径确定。钻孔的有效排放半径必须经实测确定，煤层赋存状态发生变化时，应及时探明情况，再重新确定超前钻孔的参数。必须对超前钻孔进行效果检验，若措施无效，必须补打钻孔或采取其他补充措施。超前钻孔施工前应加强工作面支护，打好迎面支架，工作面打好背板。

（2）深孔松动爆破措施。深孔松动爆破措施适用于煤质较硬、突出强度较小的煤层。深孔松动爆破的孔径为 42mm，孔深不得小于 8m。深孔松动爆破应控制到巷道轮廓线外 1.5~2m 的范围。孔数应根据松动爆破有效半径确定，采用深孔松动爆破防突措施，在掘进时必须留有不小于 50m 的超前距。深孔松动爆破的有效影响半径应进行实测，深孔松动爆破孔的装药长度为孔长减去 5.5~6m，每个药卷（特制药卷）长度为 1m，每个药卷装入 1 个雷管。装药必须装到孔底。装药后，应装入不小于 0.4m 的水炮泥。水炮泥外侧还应充填长度不小于 2m 的封口炮泥，在装药和充填炮泥时，应防止折断电雷管的脚线。深孔松动爆破后，必须按照规定进行措施效果检验。如果措施无效，必须采取补救措施。深孔松动爆破时，必须执行撤人、停电、设警戒、远距离放炮、反向风门等安全措施。

在地质构造破坏带或煤层赋存条件急剧变化处不能按原措施要求实施时，必须打钻孔查明煤层赋存条件，然后采用直径为 42~75mm 的钻孔进行排放。经措施效果检验有效后，方可采取安全防护措施施工。

（3）水力冲孔措施。水力冲孔适用于有自喷现象的严重突出危险煤层。在厚度 3m 左右和小于 3m 的突出煤层，按扇形布置 3 个孔，在地质构造破坏带或煤层较厚时，应适当增加孔数，孔底间距控制在 5m 左右，孔深通常为 20～25m，冲孔钻孔超前掘进工作面的距离不得小于 5m，冲孔孔道应沿软分层前进。冲孔前掘进工作面必须架设迎面支架，并用木板和立柱背紧背牢，对冲孔地点的巷道支架必须检查和加固。冲孔后和交接班前都必须退出钻杆，并将导管内的煤冲洗出来，防止煤、水、瓦斯突然喷出伤人。冲孔后必须进行效果检验，经检验有效后方可采取安全措施施工。若措施无效，必须采取补充措施。

前探支架可用于松软煤层的平巷工作面，以防止工作面顶部悬煤垮落而造成突出（倾出）。前探支架一般是向工作面前方打钻孔，孔内插入钢管或钢轨，其长度可按两次掘进长度再加 0.5m 确定，每掘进一次，打一排钻孔，形成两排钻孔交替前进，钻孔间距为 0.2～0.3m。

在突出煤层中掘进上山时，应采取超前钻孔、松动爆破、掩护挡板或其他保证作业人员安全的防护措施。若是急倾斜煤层，可采用双上山或伪倾斜上山等掘进方式，并应加强支护。当采用大直径钻孔（直径 300mm 以上）时，应一次打透上部平巷；如果不能一次打透，应先将已经打好钻孔的部分刷大到规定的断面，加强支护，然后继续打钻。当煤质较软（$f<3$）或受设备的限制时，可打直径 75～120mm 的超前钻孔；也可采用双上山掘进。在两个上山之间应开联络横贯，该横贯间距不得大于 10m，上山和横贯只准一个工作面作业。突出煤层上山掘进工作面同上部平巷贯通前，上部平巷必须超过贯通位置，其超前距不得小于 5m，并采用抗静电的硬质风筒通风。突出煤层上山掘进工作面采用放炮作业时，应采用浅炮眼远距离全断面一次爆破。

b　采煤工作面防治突出措施

《防突规定》要求当急倾斜突出煤层厚度大于 0.8m 时，应优先采用伪倾斜正台阶或掩护支架采煤法。急倾斜突出煤层倒台阶采煤工作面，各个台阶高度应尽量加大，台阶宽度应尽量缩小，每个台阶的底脚必须背紧背严，落煤后必须及时紧贴煤壁支护；必须及时维修突出煤层采煤工作面进、回风道，保持风流畅通。在突出煤层中，不得使用综合机械化放顶煤采煤法，特殊情况下必须制定安全技术措施。开采有突出危险的急倾斜厚煤层时，可利用上分层或上阶段开采后造成的卸压作用保护下分层或下阶段，但必须掌握上分层或上阶段的卸压范围，以确定其保护范围，使下分层或下阶段的采掘工作面布置在这个保护范围内。

有突出危险的采煤工作面可采用松动爆破、注水湿润煤体、超前钻孔、预抽瓦斯等防治突出措施，并尽量采用刨煤机或浅截深采煤机采煤。采煤工作面的松动爆破防治突出措施，适用于煤质较硬、围岩稳定性较好的煤层。松动爆破孔沿采煤工作面每隔 2～3m 打一个，孔深不小于 3m，炮泥封孔长度不得小于 1m。措施实施后，必须经措施效果检验有效方可进行采煤。采用松动爆破防治突出措施的超前距离不得小于 2m，采煤工作面浅孔注水湿润煤体措施适用于煤质较硬的突出煤层。注水孔沿工作面每隔 2～3m 打一个，孔深不小于 3.0m，向煤体注水压力不得低于 8MPa；发现水由煤壁或相邻注水钻孔中流出时，即可停止注水。注水后必须经措施效果检验有效后方可进行采煤。注水孔超前工作面的距离不得小于 2m。

2.4.5.3 防治岩石与二氧化碳（瓦斯）突出措施

在有岩石与二氧化碳（瓦斯）突出的岩层内掘进巷道或揭穿该岩层时，可采取岩芯法或突出预兆法预测岩层的突出危险性。有突出危险时，必须采取防治岩石与二氧化碳（瓦斯）突出的措施。

A 岩芯法预测

在工作面前方岩体内，打直径 50~75mm、长度不小于 10m 的钻孔，取出全部岩芯，并从孔深 2m 处起记录岩芯中的圆片数。当取出的岩芯中大部分长度在 150mm 以上，且有裂缝围绕，个别为小圆柱体或圆片时，应预测为一般突出危险地带；在取出的 1m 长的岩芯内，部分岩芯呈现出 20~30 个圆片，其余岩芯为长 50~100mm 的圆柱体并有环状裂隙时，应预测为中等突出危险地带；当 1m 长的岩芯内具有 20~40 个凸凹状圆片时，应预测为严重突出危险地带；岩芯中没有圆片和岩芯表面上没有环状裂缝时，应预测为无突出危险地带。

B 突出预兆预测

突出预测预兆主要有：岩石呈薄片状或松软碎屑状；工作面爆破后，进尺超过炮眼深度；有明显的火成岩侵入或工作面二氧化碳（瓦斯）涌出量明显增大。

在有岩石与二氧化碳（瓦斯）突出危险的岩层中掘进巷道时，应采取相应的防治措施，一般或中等程度突出危险的地带可采用浅孔爆破措施或远距离多段放炮法，以减少对岩体的震动强度，降低突出频率和强度。采用远距离多段放炮法时，先在工作面打 6 个掏槽眼、6 个辅助眼，呈椭圆形布置，使爆破后形成椭圆形超前孔洞，然后爆破周边炮眼，其炮眼距超前孔洞周边应大于 0.6m，孔洞超前距不应小于 2m，在严重突出危险地带，可采用超前钻孔和深孔松动爆破措施。超前钻孔直径不小于 75mm，孔数应不少于 3 个，孔深应大于 40m，钻孔超前工作面的安全距离不得少于 5m。深孔松动爆破孔径 60~75mm，孔长 15~25m，封孔深度不小于 5m，孔数 4~5 个，其中爆破孔 1~2 个，其他孔不装药，以提高松动效果。在岩石与二氧化碳（瓦斯）突出危险严重地带中掘进放炮时，在工作面附近应安设挡栏，以限制岩石与二氧化碳（瓦斯）突出。

2.4.5.4 防治突出措施效果检验

A 远距离和极薄保护层的保护效果检验

保护层的开采厚度等于或小于 0.5m，上保护层与突出煤层间距大于 50m 或下保护层与突出煤层间距大于 80m 时，都必须对保护层的保护效果进行检验。检验应在被保护层中掘进巷道时进行。如果各项测定指标都降到该煤层突出危险临界值以下，则认为保护层开采有效；反之，认为无效。

B 预抽煤层瓦斯防治突出措施效果检验

预抽煤层瓦斯在突出防治中取得了很好的效果，但预抽煤层瓦斯后对其效果也需进行检验。对预抽瓦斯防治突出效果的检验应在煤巷掘进时进行。

C 石门揭煤工作面防治突出措施效果检验

石门防治突出措施执行后，应采取钻屑指标等方法检验措施效果。检验孔孔数为 4 个，其中石门中间 1 个并应位于措施孔之间，其他 3 个孔位于石门上部和两侧，终孔位置应位于措施控制范围的边缘线上。如检验结果的各项指标都在该煤层突出危险临界值以下，则认为措施有效；反之，认为措施无效。

D 煤巷掘进工作面防治突出措施效果检验

煤巷掘进工作面执行防治突出措施效果检验时，检验孔孔深应小于或等于措施孔，并应布置在两个措施孔之间。如果测得的指标都在该煤层突出危险临界值以下，则认为措施有效；反之，认为措施无效。当措施无效时，无论措施孔还留有多少超前距，都必须采取防治突出的补充措施，并经措施效果检验有效后，方可采取安全措施施工。当检验孔孔深等于措施孔孔深时，经检验措施有效后，必须留有 5m 投影孔深的超前距。当检验孔孔深小于措施孔孔深，且两孔投影孔深的差值不小于 3m 时，经检验措施有效后，可采用 2m 投影孔深的超前距。

E 采煤工作面防治突出措施效果检验

采煤工作面采用浅孔注水或松动爆破措施时，可采用钻孔瓦斯涌出初速度法、钻屑指标法或其他经试验证实有效的方法检验防治突出措施的效果。检验钻孔应打在措施孔之间，检验指标小于该煤层的突出危险临界值时，认为防突措施有效；反之，认为防突措施无效。在措施效果无效区段，必须采取补充防治突出的措施，并经措施效果检验有效后，方可采取安全措施施工，并应留有不小于 2m 的超前距。

2.4.5.5 安全设施及防护措施

为降低煤与瓦斯突出造成的危害、减少不必要的伤亡，在井巷揭穿突出煤层或在突出煤层中进行采掘作业时，都必须采取安全防护措施。安全防护措施主要有震动放炮、远距离放炮、避难所、压风自救系统和隔离式（压缩氧和化学氧）自救器等。

A 震动放炮

对石门揭穿突出煤层采用震动放炮有严格规定，工作面必须有独立可靠的回风系统，必须保证回风系统中风流畅通，并严禁人员通行和作业。在其进风侧的巷道中应设置两道坚固的反向风门，与该系统相连的风门、密闭、风桥等通风设施必须坚固可靠，防止突出后的瓦斯涌入其他区域；凿岩爆破参数、放炮地点、反向风门位置、避灾路线及停电、撤人、警戒范围等，必须有明确规定；放震动炮要有统一指挥，并由矿山救护队在指定地点值班，放炮后至少经 30min，由矿山救护队人员进入工作面检查。根据检查结果，确定采取恢复送电、通风及排除瓦斯等具体措施。为降低震动放炮时诱发突出的强度，应采用挡栏设施。挡栏可用金属、矸石或木垛等构成。揭开煤层后，在石门附近 30m 范围内掘进煤巷时，必须加强支护，严格采取防突措施。

震动放炮要求一次全断面揭穿或揭开煤层。对急倾斜和倾斜的薄煤层，都必须一次全断面揭穿煤层全厚；对急倾斜和倾斜的中厚、厚煤层，一次全断面揭入煤层深度应不小于 1.3m；对缓倾斜煤层，应一次全断面揭开岩柱。如果震动放炮未能按要求揭穿煤层，则在掘进剩余部分时（包括掘进煤层和进入底、顶板 2m 范围内），必须按照震动放炮的安全要求进行放炮作业。震动放炮未崩开石门全断面的岩柱和煤层时，继续放炮仍需按照震动放炮有关规定执行，并需加强支护，设专人检查瓦斯和观察突出预兆；在作业中，如发现突出预兆，工作人员应立即撤到安全地点。

煤层特厚或倾角过小不能一次揭开煤层全厚时，在掘进剩余部分时，必须采用抽放瓦斯、排放钻孔、水力冲孔等防突措施。在采用抽放瓦斯、排放钻孔、水力冲孔之前，必须加强巷道及迎面支护，巷道支架背严背实后方可进行作业。作业时，必须采取保护工作面作业人员的安全措施；放震动炮前，对所有钻孔和在煤体中形成的孔洞都应严密封闭孔口，孔内注满水或以黄土、砂充实。

B 反向风门

对突出危险区设置反向风门时，必须设在石门掘进工作面的进风侧，以控制突出时的瓦斯能沿回风道流入回风系统；必须设置两道牢固可靠的反向风门，风门墙垛可用砖或混凝土砌筑，其嵌入巷道周边岩石的深度可根据岩石的性质确定，但不得小于 0.2m，墙垛厚度不得小于 0.8m。门框和门可采用坚实的木质结构，门框厚度不得小于 100mm，风门厚度不得小于 50mm。两道风门之间的距离不得小于 4m。放炮时风门必须关闭，对通过内墙垛的风筒，必须设有隔断装置。放炮后，矿山救护队和有关人员进入检查时，必须把风门打开顶牢。反向风门距工作面的距离和反向风门的组数，应根据掘进工作面的通风系统和石门揭穿突出煤层时预计的突出强度确定。

C 远距离放炮

采用远距离放炮时，放炮地点应设在进风侧反向风门之外或避难所内，放炮地点距工作面的距离根据实际情况确定。放炮员操纵放炮的地点，应配备压风自救系统或自救器。远距离放炮时，回风系统的采掘工作面及其他有人作业的地点都必须停电撤人，放炮30min 后，方可进入工作面检查。

D 井下避难所或压风自救系统

井下避难所要求设在采掘工作面附近和放炮员操纵放炮的地点，避难所必须设置向外开启的隔离门，室内净高不得低于 2m，长度和宽度应根据同时避难的最多人数确定，但每人使用面积不得少于 1.5m。避难所内支护必须保持良好，并设有与矿（井）调度室直通的电话，有供给空气的设施，每人供风量不得少于 0.3m^3/min。如果用压缩空气供风，应有减压装置和带有阀门控制的呼吸嘴。避难所内应根据避难最多人数配备足够数量的自救器。

压风自救系统要求安设在井下压缩空气管路上，应设置在距采掘工作面 25~40m 的巷道内、放炮地点、撤离人员与警戒人员所在的位置以及回风道有人作业处。长距离的掘进巷道中，应每隔 50m 设置一组压风自救系统，每组压风自救系统一般可供 5~8 人用，压缩空气供给量每人不得少于 0.1m^3/min。

E 其他防护措施

在有突出危险的采区和工作面，电气设备必须有专人负责检查、维护，并应每旬检查一次防爆性能，严禁使用防爆性能不合格的电气设备。突出矿井所有入井人员，必须随身携带隔离式（压缩氧和化学氧）自救器。

2.4.6 煤与瓦斯突出典型案例分析

2.4.6.1 矿井基本情况

私庄煤矿位于云南省曲靖市师宗县雄壁镇，为私营企业，核定生产能力为 9 万吨/年。事故发生时，该矿除工商营业执照、矿长资格证、矿长安全资格证外，其他相关证照已过期或被暂扣，其中安全生产许可证于 2010 年 11 月 28 日被云南煤矿安全监察局曲靖监察分局暂扣，且于 2011 年 9 月过期；采矿许可证于 2011 年 7 月 18 日过期；煤炭生产许可证于 2011 年 6 月 10 日被师宗县煤炭工业局暂扣。

该矿采用斜井开拓，分 3 个水平开采，有南翼、北翼两个采区，南翼、北翼采区通过 1780 水平运输巷连通。该矿主、副斜井均采用绞车串车提升，采掘工作面采用人力自制简易矿车运输。

矿井采用分区对角抽出式通风方式。主斜井、一号副斜井为北翼采区进风井，二号副斜井为南翼采区进风井，南翼风井为南翼采区回风井，北翼风井为北翼采区回风井。该矿安装了 KJ101N 型安全监测监控系统，建有防尘洒水系统和矿井压风系统。

矿井主要开采 M17 煤层、M22 煤层。M17 煤层平均厚度 3.58m、倾角 25°~30°，煤尘有爆炸性；M22 煤层平均厚度 2.10m、倾角 15°~25°，煤尘有爆炸性，2010 年被鉴定为煤与瓦斯突出煤层。

该矿为煤与瓦斯突出矿井，但矿井瓦斯抽采系统不完善。2005 年 12 月，该矿聘请重庆煤炭科学研究院编制了矿井瓦斯抽采设计，确定"瓦斯抽放的方法以开采层抽放为主，采空区及邻近层抽放为辅"的方案。随后，该矿开始建立瓦斯抽放系统，在地面设有瓦斯抽放泵房，安设抽放泵 1 台。因瓦斯抽放系统存在无备用泵、不能正常运转、无接替抽放场等原因，该矿未通过师宗县煤炭工业局验收。之后，该矿进行了整改，于 2008 年 6 月 18 日通过了师宗县煤炭工业局验收。但该矿通过验收后未按照设计方案实施瓦斯抽放，抽放系统未能正常运行。

2010 年 11 月 28 日，该矿由于未编制防突专项设计，未落实"两个四位一体"综合防突措施，被云南煤矿安全监察局曲靖监察分局责令停产整顿。随后，该矿委托昆明煤炭设计研究院编制了《防治煤与瓦斯突出专项设计》。2011 年 1 月 13 日，云南省煤矿安全生产监督管理局审查批复了私庄煤矿《防治煤与瓦斯突出专项设计》，但该矿未按专项设计相关要求组织实施，仍未落实"两个四位一体"综合防突措施。

发生事故的 1747 掘进工作面，位于南翼二号副井 1750 水平，突出地点标高 +1746.8m，正在实施揭穿 M22 突出煤层的掘进作业。该掘进工作面揭穿 M22 煤层前未实施"两个四位一体"综合防突措施，违规只采取工作面瓦斯抽放等局部防突措施且未落实到位，原来应该打 28 个超前钻孔进行瓦斯抽放，但实际只打抽放孔 11 个，其中 7 个见煤钻孔出现喷孔等突出预兆。在未消除突出危险的情况下组织掘进作业。2011 年 11 月 7 日掘进施工揭露 M22 煤层，11 月 9 日见煤厚度为 0.5m 左右。

2.4.6.2　事故发生及抢险救援经过

A　事故发生经过

2011 年 11 月 10 日 6 时 19 分，私庄煤矿 1747 掘进工作面作业人员违规使用风镐作业时诱发了煤与瓦斯突出，突出煤量约 1813t、瓦斯量约 25.8 万立方米，大量煤粉自 1747 掘进工作面迅速向其他巷道扩散，一直到二号副井并冲至地面，同时突出的大量瓦斯气体还进入 +1824m 标高石门及车场和南翼采区的进风巷道、1850 水平采区回风巷和南翼回风井、北翼回风井。事发时该矿井下共有作业人员 43 人，其中事故发生地点 1747 掘进工作面有 8 人，+1827m、+1845m 标高巷道等作业地点有 35 人。

B 事故报告和抢险救援经过

6时30分左右，大舍煤管所所长接到私庄煤矿矿长的事故报告。7时10分，师宗县煤炭局副局长兼县煤矿安全监管局局长接到大舍煤管所所长报告，他在确认发生事故后，于7时25分分别向上级汇报，并通知救护队前往救援。

接到事故报告后，曲靖市及师宗县党委、政府立即启动应急预案，成立事故抢险指挥部，先后调集师宗县、富源县等7支专业救护队伍和64支煤矿兼职救护队伍，全力开展事故抢险救援工作。当晚，云南省成立了抢险救援指挥部，由云南省人民政府副省长任指挥长，统一指挥协调救援工作。11月10日，救护队对灾区搜救时，在井下发现20名遇难矿工遗体。至11月15日，经清理巷道，又发现因掩埋致死的15名遇难矿工遗体。清理巷道至距1747掘进工作面迎头140m左右时，巷道被突出的煤粉充满。12月5日，经抢险救援专家组论证，被埋在1747掘进工作面的8名被困矿工已无生还的可能，作业现场瓦斯浓度高、煤尘飞扬严重，且巷道内有一定数量的残余雷管炸药，继续清理存在诸多危险因素，抢险救援指挥部决定终止事故救援工作。至此，本次事故共造成43人死亡。

云南省、曲靖市及师宗县县政府全力做好事故善后处理工作，12月初师宗县县政府依照有关规定与遇难矿工家属全部签署了赔偿协议并落实到位。

2.4.6.3 事故原因和性质

A 直接原因

私庄煤矿非法违法组织生产，未执行"两个四位一体"综合防突措施，在未消除突出危险性的情况下，1747掘进工作面违规使用风镐掘进作业，诱发了煤与瓦斯突出，突出的大量煤粉和瓦斯逆流进入其他巷道，致使井下人员全部因窒息、掩埋死亡。

B 间接原因

（1）私庄煤矿非法违法组织生产，防突措施不落实，安全管理混乱。

1）非法违法组织生产。云南省、曲靖市及师宗县县政府于2011年4月要求所有地方煤矿全面停产整顿；私庄煤矿自2010年11月以来，安全生产许可证、采矿许可证、煤炭生产许可证先后被暂扣或过期，被有关部门责令停产，但该矿拒不执行省、市、县政府及相关部门的指令，擅自违法组织生产，2010年11月29日至2011年11月9日期间，共生产原煤6万多吨。该矿还存在越界开采行为，越界巷道走向长约171m，总长约409m。

2）防突措施不落实。私庄煤矿为煤与瓦斯突出矿井，没有设立防突机构，未配备专门的防突人员，未落实《防治煤与瓦斯突出规定》（国家安全监管总局令第19号）和《防治煤与瓦斯突出专项设计》，没有进行煤与瓦斯突出危险性预测，未实施"两个四位一体"综合防突措施，违规只采用局部防突措施且未落实到位。在未消除煤层突出危险、施工钻孔时出现严重喷孔等明显突出预兆的情况下，冒险组织作业。

3）安全管理混乱，违规作业行为严重。私庄煤矿安全基础薄弱，相关图纸、技术资料与实际不符；未进行全员防突培训，部分新工人未按规定培训即下井作业，1747掘进工作面瓦检员未经培训上岗；劳动组织管理混乱，井下两班交叉作业；将井下工程违法承包给不具备施工资质的队伍，以包代管，冒险蛮干；作业人员未随身携带自救器，未执行矿领导带班下井制度，事故当班矿领导在事故发生后弄虚作假、伪装下井带班。

（2）地方政府有关职能部门不正确履行职责，一些工作人员失职渎职，对私庄煤矿存在的非法违法行为打击不力。

1) 师宗县煤炭工业局、县煤矿安全监督管理局未落实煤矿安全生产法律法规和云南省、曲靖市关于煤矿停产整顿的部署安排；未认真督促私庄煤矿加强安全管理、落实《防治煤与瓦斯突出规定》；县煤炭工业局局长、副局长、执法人员、煤管所负责人、驻矿监管员等收受私庄煤矿钱物，放任私庄煤矿非法违法生产。

曲靖市煤炭工业局贯彻落实安全生产法律法规和云南省、曲靖市关于煤矿停产整顿的部署安排不到位，对师宗县县政府及县煤炭工业局有关煤矿安全生产工作指导协调、监督检查不力；对全市开展煤矿停产整顿、隐患排查治理等工作组织、督促不力；对私庄煤矿存在的非法违法生产行为失察。

2) 师宗县国土资源局开展煤炭资源开发利用和保护工作不力，未将私庄煤矿采矿许可证过期信息及执法文书向相关部门通报，对该矿在采矿许可证过期后的非法违法生产行为打击不力；对私庄煤矿存在的越界开采行为失察。

曲靖市国土资源局对师宗县国土资源局履行职责情况监督、检查和指导不力；对"打非治违"工作组织不力，对私庄煤矿在采矿许可证过期后的违法生产及其越界开采行为失察。

3) 师宗县公安局对煤矿安全生产法律法规和有关民用爆炸物品管理规定落实不到位，向私庄煤矿批供民用爆炸物品审核把关不严；对私庄煤矿炸药库管理人员未经培训、无证上岗问题失察。

4) 师宗县安全生产监督管理局贯彻落实煤矿安全生产法律法规和云南省、曲靖市关于煤矿停产整顿的部署安排不到位，对师宗县有关职能部门安全生产工作指导督促不到位；组织开展煤矿"打非治违"、隐患排查治理等工作不力，对私庄煤矿存在的非法违法生产行为及重大安全隐患失察。

（3）有关地方政府监管不力。

1) 师宗县县委、县政府不重视安全生产工作，在全县煤矿停产整顿、大部分未验收复产的情况下，下达超出生产能力的煤炭生产考核指标；未认真贯彻落实党和国家安全生产方针政策和法律法规，对上级关于煤矿停产整顿的部署安排落实不到位，组织打击煤矿非法违法生产行为不力。师宗县县委书记、县政府分管煤炭工作的常务副县长收受私庄煤矿矿主贿赂，放任其非法违法生产。师宗县县委书记、县长、常务副县长还多次违规收受县煤炭工业局等部门以"奖金"名义送给的现金，没有严格督促这些部门依法履行职责。

2) 曲靖市政府督促贯彻落实党和国家安全生产方针政策和法律法规不到位；督促落实煤矿停产整顿、隐患排查治理等工作不力；对有关职能部门履行职责情况监督不到位。

（4）云南煤矿安全监察局曲靖监察分局督促落实煤矿停产整顿、隐患排查治理等工作不到位；对私庄煤矿存在的非法违法生产行为失察。

C　事故性质

经调查认定，云南省曲靖市师宗县私庄煤矿"11·10"特别重大煤与瓦斯突出事故是一起责任事故。

2.4.6.4　防范措施

（1）严厉打击非法违法行为。云南省、曲靖市要认真落实《国务院办公厅关于集中开展安全生产领域"打非治违"专项行动的通知》（国办发明电〔2012〕10号）等要求，进一步完善和落实地方政府统一领导、相关部门共同参与的联合执法机制，深入开展"打非治违"专项行动，加强对煤矿企业的日常执法、重点执法和跟踪执法，始终保持高压态势，形成严厉打击非法违法生产经营建设、治理纠正违规违章行为的工作合力，确保"打非治违"工作取得实效。对存在非法违法行为的矿井要切实做到"四个一律"，即对非法生产经营建设和经停产整顿仍未达到要求的，一律关闭取缔；对非法生产经营建设的有关单位和责任人，一律按规定上限予以处罚；对存在非法生产经营建设的单位，一律责令停产整顿，并严格落实监管措施；对触犯法律的有关单位和人员，一律依法严格追究法律责任。

（2）切实加强煤矿瓦斯防治工作。煤矿企业要严格执行《防治煤与瓦斯突出规定》，认真落实"两个四位一体"综合防突措施，特别是认真制定和严格组织实施开采保护层、预抽煤层瓦斯等区域性防突措施，切实做到不采突出面、不掘突出头。煤矿安全监管监察、煤炭行业管理部门要严格执行《国务院办公厅转发发展改革委安全监管总局关于进一步加强煤矿瓦斯防治工作若干意见的通知》（国办发〔2011〕26号）、《国务院办公厅转发发展改革委关于加快推进煤矿企业兼并重组若干意见的通知》（国办发〔2010〕46号）、《国家安全监管总局国家煤矿安监局关于印发煤矿瓦斯防治工作"十条禁令"的通知》（安监总煤装〔2011〕182号）精神，加快煤矿企业兼并重组，规范煤炭开发秩序，对9万吨/年以下的煤与瓦斯突出矿井，要立即停产并开展评估工作；经评估不具备瓦斯防治能力的，要继续停产整改，整改不达标要依法予以关闭。严格煤矿建设项目审批，"十二五"期间停止核准新建30万吨/年以下的高瓦斯矿井、45万吨/年以下的煤与瓦斯突出矿井项目；已批在建的同类矿井项目，由有关部门按照国家关于瓦斯防治的政策标准重新组织审查其初步设计，督促其完善瓦斯防治措施。

（3）切实加强煤矿企业安全管理。曲靖市、师宗县煤矿安全监管监察、煤炭行业管理部门要督促煤矿企业严格落实安全生产主体责任，按照《国务院关于进一步加强企业安全生产工作的通知》（国发〔2010〕23号）要求，全面加强企业安全管理，健全规章制度，完善安全标准，提高企业技术水平，夯实安全生产基础，坚持不安全不生产。强化现场安全管理和技术管理，加强对生产现场的监督检查，严格查处违章指挥、违规作业、违反劳动纪律的"三违"行为。加大隐患排查治理力度，做到排查不留死角、整治不留后患。出现事故征兆时，要及时撤出井下作业人员。切实加强煤矿劳动组织管理，严格执行煤矿主要负责人和领导班子成员轮流带班下井制度。严禁层层转包、以包代管。加大安全培训教育力度，未经培训或培训考核不合格者，一律不得上岗作业。

（4）认真落实地方政府及有关部门安全生产责任。云南省、曲靖市要认真落实《国务院关于坚持科学发展安全发展促进安全生产形势持续稳定好转的意见》（国发〔2011〕40号），坚持"安全第一、预防为主、综合治理"的方针和科学发展、安全发展的理念，认真落实安全生产各项措施，提升安全保障能力。要建立健全政府领导班子成员安全生产"一岗双责"制度，进一步强化安全生产监管机制，加大安全生产监管监察力度。国土资源管理部门要切实加强矿产资源监管，严厉打击超层越界、盗采资源行为。公安机关要严格落实民用爆炸物品管理的相关规定，严格审批民用爆炸物品，加强对涉爆人员培训。对工作不力、非法违法行为得不到查处、安全生产秩序混乱的地区，要严肃追究地方政府和部门相关责任人员的责任。

（5）切实加强煤焦领域党风廉政建设。云南省、曲靖市要认真贯彻《关于加强领导干部反腐倡廉教育的意见》和《关于实行党风廉政建设责任制的规定》，就煤焦领域党风廉政建设和反腐败斗争形势和现状、腐败易发的重点环节、滋生腐败的主要原因、解决问题的做法和对策建议进行深入调研。针对突出问题，大力开展党性党风党纪教育，强化监督考核，坚决整治领导干部违规收受礼金、谋取不正当利益等问题；严肃查处领导干部为非法违法煤矿充当"保护伞"、权钱交易、贪污受贿等腐败问题。同时，深化改革创新和制度建设，从源头上防治煤焦领域腐败问题。

2.5　矿井瓦斯爆炸的防治

矿井瓦斯爆炸是煤矿生产中最为严重的灾害，一旦发生，不仅会造成人员伤亡和财产损失，还会严重摧毁矿井设施、中断生产，有时还能引起煤尘爆炸、矿井火灾、井巷堵塞和顶板冒落等二次灾害，加重矿井灾害的后果，使生产难以在短期内恢复。所以，预防矿井瓦斯爆炸是煤矿生产的首要任务。研究与掌握瓦斯爆炸的防治技术，对确保煤矿安全生产具有重要意义。

2.5.1　瓦斯爆炸机理及其效应

2.5.1.1　瓦斯爆炸的形成

瓦斯爆炸是一定浓度的瓦斯和空气中氧气组成的爆炸性混合气体，在高温热源的作用下发生复杂的激烈氧化反应结果。其最终的化学反应式为

$$CH_4 + 2O_2 \Longrightarrow CO_2 + 2H_2O$$

$$\Delta_r H_m^{\ominus} = +882.6\text{kJ/mol}$$

当空气中的氧气不足或反应进行不完全时的最终反应式为

$$CH_4 + O_2 \Longrightarrow CO + H_2 + H_2O$$

矿井瓦斯爆炸是一种链式反应（也称链锁反应）。当爆炸混合物吸收一定能量（通常是引火源给予的热能）后，反应分子的链即行断裂，离解成2个或2个以上的游离基（也叫自由基）。这类游离基具有很大的化学活性，成为反应连续进行的活化中心。在适合的条件下，每一个游离基又可以进一步分解，再产生2个或2上以上的游离基。这样循环不已，游离基越来越多，化学反应速度也越来越快，最后就可以发展为燃烧或爆炸式的氧化反应。根据爆炸的传播速度，可燃混合气体的燃烧爆炸可分为爆燃和爆轰两种状态。

A　爆燃

爆燃时的火焰传播速度在声速以内，一般为每秒几米至每秒几百米；冲击波压力在0.15倍大气压以内，完全可以使人烧伤和引起火灾。发生在煤矿井下的瓦斯爆炸属于较强烈的爆燃，具体的爆炸强度与瓦斯积聚的量、点燃源的热能强度及爆炸发展过程中的巷道状况等都有关系。

B　爆轰

爆轰时的火焰传播速度超过声速，可达每秒数千米；冲击波压力可达数个至数十个大

气压。根据爆轰波的理论，爆轰波由一个以超声速传播的冲击波和冲击波后被压缩、加热气体构成的燃烧波组成。冲击波过后，紧随其后的燃烧波发生剧烈的化学反应，随着反应的进行，温度升高、密度和压力降低。据表 2-17 爆轰与爆燃的有关指标，可见爆轰比爆燃要猛烈得多，对井下人员和设施具有强烈的杀伤能力和摧毁作用。

表 2-17　可燃可爆气体爆燃与爆轰间的定性判断

项　目	数值范围		备　注
	爆　轰	爆　燃	
U_b/C_0	5~10	0.001~0.03	C_0 是未燃混合气体中的声速，U 是燃烧速度，p 是压力，T 是热力学温度，ρ 是密度，下标 b 表示燃烧后状态，0 表示初始状态
U_b/U_0	0.4~0.7	4~6	
p_b/p_0	13~55	0.976~0.98	
T_b/T_0	8~21	4~16	
ρ_b/ρ_0	1.4~2.6	0.06~0.25	

　　爆轰波依靠其后燃烧反应区的支持，可传播到可爆混合气体占据的全部空间，当混合气体中瓦斯等可燃气体的含量减少时，爆轰波的能量也会逐渐衰减。由于巷道的转弯、壁面阻力等影响，前导冲击波的能量也逐渐衰减。爆炸发生时，爆源附近的气体向外冲出，而燃烧反应生成的水蒸气凝结成水，使该区域空气的体积缩小形成一个负压区。这样，爆炸冲击波在向前传导的同时，又生成反向冲击冲回爆源，特别是当冲击波遇到巷道转弯时，反射回来的冲击波具有更高的能量。这种反向冲击波作用于已遭到破坏的巷道，往往会造成更严重的后果。

　　煤矿井下的瓦斯爆炸可以认为处于爆炸极限内的瓦斯空气混合气体首先在点燃源处被引燃，形成厚度仅有 0.01~0.1mm 的火焰层面。该火焰峰面向未燃的混合气体中传播，传播的速度称为燃烧速度。瓦斯燃烧产生的热使燃烧峰面前方的气体受到压缩，产生一个超前于燃烧峰面的压缩波，压缩波作用于未燃气体使其温度升高，从而使火焰的传播速度进一步增大，这样就产生压力更高的压缩波，从而获得更高的火焰传播速度。层层产生的压缩波相互叠加，形成具有强烈破坏作用的冲击波，这就是爆炸。沿巷道传播的冲击波和跟随其后的燃烧波受到巷道壁面的阻力和散热作用的影响，冲击波的强度和火焰温度都会衰减，而供给能量的瓦斯一般不可能大范围积聚，因此，当波面传播出瓦斯积聚区域后，爆炸强度就逐渐减弱，直至恢复正常。若存在大范围的瓦斯积聚和良好的爆炸波传播条件，则燃烧峰面的不断加速将使得前驱冲击波的压力越来越高，最终形成依靠本身高压产生的压缩温度就能点燃瓦斯的冲击波，这种状况就是爆轰。煤矿井下的爆炸一般不能发展为爆轰，这主要是井下环境条件的影响所致。

2.5.1.2　瓦斯爆炸的效应

　　矿井瓦斯在高温火源引发下激烈氧化反应形成爆炸过程中，如果氧化反应极为剧烈，膨胀的高温气体难以散失时，将会产生极大的爆炸动力效应危害。

　　A　爆炸产生高温高压

　　瓦斯爆炸时反应速度极快，瞬间释放出大量的热，使气体的温度和压力骤然升高。试验表明，爆炸性混合气体中的瓦斯浓度为 9.5% 时，在密闭条件爆炸气体温度可达 2150~

2650℃，相对应的压力可达 1.02MPa；在自由扩散条件下爆炸气体温度可达 1850℃，相对应的压力可达 0.74MPa，其爆炸压力平均值为 0.9MPa。煤矿井下是处于封闭和自由扩散之间，因此，瓦斯爆炸时的温度高于 1850℃，相对应的压力高于 0.74MPa。爆炸产生高压冲击和火焰峰面瓦斯爆炸时产生的高压高温气体以极快的速度（可达每秒几百米甚至数千米）向外运动传播，形成高压冲击波。瓦斯爆炸产生的高压冲击作用可以分为直接冲击和反向冲击两种。

（1）直接冲击。爆炸产生的高温及气浪使爆源附近的气体以极高的速度向外冲击，造成井下人员伤亡，摧毁巷道和设备，扬起大量的煤尘参与爆炸，使灾害事故扩大。

（2）反向冲击。爆炸后由于附近爆源气体以极高的速度向外冲击，爆炸生成的一些水蒸气随着温度的下降很快凝结成水，在爆源附近形成空气稀薄的负压区，致使周围被冲击的气体又高速返回爆源地点，形成反向冲击，其破坏性更为严重。如果冲回气流中有足够的瓦斯和氧气时，遇到尚未熄灭的爆炸火源，将会引起二次爆炸，造成更大的灾害破坏和损失。

伴随高压冲击波产生的另一危害是火焰峰面。火焰峰面是瓦斯爆炸时沿巷道运动的化学反应区和高温气体的总称，其传播速度可在宽阔的范围内变化，从正常的燃烧速度 1~2.5m/s 到爆轰时传播速度 2500m/s，火焰峰面温度可高达 2150~2650℃。火焰峰面所经过之处，可以造成人体大面积皮肤烧伤或呼吸器官及食道、胃等黏膜烧伤，可烧坏井下的电气设备、电缆，并可能引燃井巷中的可燃物，产生新的火源。

B　产生有毒有害气体

根据一些矿井瓦斯爆炸后的气体成分分析，氧气浓度为 6%~10%，氮气为 82%~88%，二氧化碳 4%~8%，一氧化碳 2%~4%。如果有煤尘参与爆炸时，一氧化碳的生成量将更大，往往是造成人员大量伤亡的主要原因。

2.5.2　瓦斯爆炸条件及其影响因素

煤矿瓦斯在适当的浓度和引火热源的作用下会产生强烈的燃烧和爆炸，给矿井造成严重的人员伤亡和财产损失。

2.5.2.1　瓦斯爆炸的必备条件

瓦斯爆炸必备的 3 个基本条件是混合气体中瓦斯浓度达到一定的爆炸界限范围；存在高能量的引燃火源；有足够的氧气，三者缺一不可。

A　瓦斯浓度

瓦斯爆炸发生的浓度界限是指瓦斯与空气的混合气体发生爆炸时其中瓦斯的体积浓度。试验证实，瓦斯浓度低于 5%，遇火只能燃烧而不能发生爆炸；瓦斯浓度在 5%~16% 时，混合气体具有爆炸性；瓦斯浓度大于 16% 时混合气体将失去爆炸和燃烧爆炸性，但当供给新鲜空气时，混合气体可以在与新鲜空气接触面上燃烧。由此表明，瓦斯只能在一定的浓度范围内具有爆炸性，即下限浓度为 5%~6%，上限浓度为 6%~14%。理论上当瓦斯浓度达到 9.5% 时，混合气体中的氧气与瓦斯完全反应，放出的热量最多，爆炸的强度最大。当瓦斯浓度低于 9.5% 时，其中一部分氧没有参与爆炸，使爆炸威力减弱；瓦斯浓度高于 9.5% 时，混合气体中的瓦斯过剩而空气中的氧气不足，爆炸威力也被减弱。但在实际矿井生产中，由于混入了其他可燃气体或人为加入了过量的惰性气体，则上述瓦斯爆炸的界限就要发生变化，这种变化通常是不能忽略的。

煤矿井下生产过程中，涌出的瓦斯被流过工作面的风流稀释、带走。当工作面风量不足或停止供风时，以瓦斯涌出地点为中心，瓦斯浓度将迅速升高，形成局部瓦斯积聚。例如断面积为 $8m^2$ 的煤巷掘进工作面，绝对瓦斯涌出量为 $1m^3/min$，正常通风时期供风量为 $200m^3/min$，回风流瓦斯浓度为 5%。假设工作面新揭露断面及距该断面 10m 范围内的煤壁涌出的瓦斯占掘进工作面总瓦斯涌出量的 50%，如果工作面停止供风，则只需要 8min，距该断面 10m 范围内平均瓦斯浓度达到爆炸下限 5%。若工作面空间瓦斯分布得不均匀，在局部区域达到瓦斯爆炸界限的时间将更短。由此可见，在井下停风时，很容易形成瓦斯爆炸的第一个基本条件。因此，《规程》规定：采掘工作面内，体积大于 $0.5m^3$ 的空间内瓦斯浓度达到时即构成局部瓦斯积聚，就必须停止工作，撤出人员。

B 氧气的浓度

瓦斯与空气的混合气体中氧气的浓度必须大于 12%，否则爆炸反应不能持续。煤矿井下的封闭区域、采空区内及其他裂隙等处由于氧气消耗或没有供氧条件，可能会出现氧气浓度低于 12% 的情况，其他巷道、工作场所等一般不存在氧气浓度低于 12% 的条件，因为，在此条件下人员在短时间内就会窒息而死亡。

进入井下的新鲜空气中氧气浓度为 21%，由于瓦斯等其他气体的混入和井下煤炭、设备、有机物的氧化，人员呼吸消耗，风流中的氧含量会逐渐下降，但到达工作地点的风流中的氧含量一般都在 20% 以上。因此，煤矿井下混合气体中瓦斯浓度增高到 10% 形成瓦斯积聚时，混合气体中氧浓度才下降到 18%；只有当瓦斯浓度升高到 40% 以上时，其氧浓度才能下降到 12%。由此可见，在矿井瓦斯积聚的地点，往往都具备氧浓度大于 12% 的第二个爆炸条件。在恢复工作面通风、排放瓦斯的过程中，高浓度的瓦斯与新鲜风流混合后得到稀释，氧浓度迅速恢复并超过 12%，此时，如果不能很好地控制排放量，则这种混合气流的瓦斯浓度很容易达到爆炸范围。因此，排放瓦斯必须制定专门的防治瓦斯爆炸措施。

C 高能量引燃火源

正常大气条件下，火源能够引燃瓦斯爆炸的温度不低于 650~750℃、最小点燃能量为 0.28mJ 和持续时间大于爆炸感应期。煤矿井下的明火、煤炭自燃、电弧、电火花、赤热的金属表面和撞击或摩擦火花都能点燃瓦斯。

(1) 明火火焰。这类点火源的特点是伴随有燃烧化学反应。如明火、井下焊接产生的火焰、放炮火焰、煤炭自燃产生的明火、电气设备失爆产生的火焰、油火等。

(2) 炽热表面和炽热气体。炽热的表面，如电炉、白炽灯、过流引起的线路灼热，皮带打滑机械摩擦引起的金属表面炽热等都会引起瓦斯爆炸。白炽灯中钨丝的工作温度高达 2000℃，在该温度下钨丝暴露于空气中就会发生激烈的氧化，从而便会立刻点燃瓦斯。因此，煤矿井下使用专用的照明灯具，以防止灯泡破裂时引燃瓦斯。炽热的废气或火灾产生的高温烟流也会引起瓦斯爆炸，这主要是由于它们与瓦斯相遇时发生氧化、燃烧等化学反应所致。瓦斯的引燃温度在 650℃，机械、电气设备等的表面温度持续升高或防爆电器内部发生失爆时都可能达到这一温度，保持机械设备地点的供风可大大降低其表面温度。

(3) 机械摩擦及撞击火花。矿用设备在使用过程中的摩擦和撞击所产生的火花可引燃瓦斯。如跑车时车辆和轨道的摩擦、金属器件之间的撞击、钢件与岩石的碰撞、矿用机械的割齿同巷道坚固岩石的摩擦、巷道塌落时岩石同岩石的碰撞（主要是火成岩等坚硬岩石间的碰撞）等都能产生足以引燃瓦斯的火花。

（4）电火花。主要包括电弧放电、电气火花和静电产生的火花。瓦斯爆炸的最小点燃能量是 0.28mJ，该值就是使用电容放电产生火花的方法测定的。在瓦斯爆炸的事故案例中，电火花引燃瓦斯的例子很多，井下输电线路的短路、电器失爆、接头不符合要求及带电检修等都是造成瓦斯爆炸的主要原因。假设人体的电容为 200pF，化纤衣服静电电位为 15kV，则其放电的能量可达 22.5mJ，大大超过最小点燃能量。因此，要求井下工作人员的服装必须是棉织品。井下容易形成瓦斯积聚的工作场所，应特别加强电气设备的管理和瓦斯的监测，以防止点火源的出现。地面闪电通过矿用管路传输到井下也可能引燃瓦斯。此外，井下测量的激光，因其光束窄、能量集中，也具有点燃瓦斯的能力。在使用该类设备时，不仅应保证其外壳和电路的安全性，还应该保证其激光辐射的安全性。

由此可见，采取特殊的安全防爆技术措施后，可避免火源不能满足点燃瓦斯的点火条件。如井下安全爆破时产生的火焰，虽然温度高达 2000℃，但持续的时间很短，小于爆炸感应期，所以，不会引起瓦斯爆炸。

2.5.2.2　影响瓦斯爆炸发生的因素

煤矿井下复杂的环境条件对瓦斯爆炸有重要影响，主要表现在不同环境条件和各种点燃源对爆炸性混合气体爆炸界限的影响。随着其他可燃可爆性物质的混入、惰性物质的混入、环境温度、压力、氧气浓度及点燃源能量等因素的变化，将会引起矿井瓦斯爆炸界限的变化。忽视这些影响因素，将会造成难以预料的瓦斯爆炸灾害事故；而主动利用这些影响因素，则可以为矿井防治瓦斯灾害和救灾提供安全保证。

A　可燃可爆性物质的影响

a　可燃可爆性气体的掺入

矿井瓦斯混合气体中掺入其他可燃可爆性气体时，不仅增加了爆炸性气体的总浓度，而且使瓦斯爆炸界限发生变化，即爆炸下限降低，爆炸上限升高。总体来说，其他可燃气体的混入往往使瓦斯的爆炸下限降低，从而增加其爆炸危险性（表2-18）。

表 2-18　煤矿中常见气体的爆炸界限

气体名称	化学分子式	爆炸下限/%	爆炸上限/%	气体名称	化学分子式	爆炸下限/%	爆炸上限/%
甲 烷	CH_4	5.00	16.00	乙 烯	C_2H_4	2.75	28.60
乙 烷	C_2H_5	3.22	12.45	一氧化碳	CO	12.50	75.00
丙 烷	C_2H_6	2.40	9.50	氢 气	H_2	4.00	74.20
丁 烷	C_4H_{10}	1.90	8.50	硫化氢	H_2S	4.32	45.50
戊 烷	C_5H_{12}	1.40	7.80				

b　可爆性煤尘的混入

具有爆炸危险性的煤尘飘浮在瓦斯混合气体中时，不仅增强爆炸的猛烈程度，还可降低瓦斯的爆炸下限，这主要是因为在 300~400℃时，煤尘会干馏出可燃气体。试验表明，瓦斯混合气体中煤尘浓度达 68g/m³ 时，瓦斯的爆炸下限降低到 2.5%。

B 混合气体初始温度、压力的影响

a 环境初始温度

温度是热能的体现，温度越高表明具有的能量越大。瓦斯混合气体热化反应与环境初始温度有很大的关系，试验证明（表2-19）环境初始温度越高，瓦斯混合气体热化反应越快，爆炸范围越大（即爆炸上限升高，爆炸下限下降）。

表 2-19　瓦斯爆炸界限与初始温度的关系

初始温度/℃	20	100	200	300	400	500	600	700
爆炸下限/%	6.00	5.45	5.05	4.40	4.00	3.65	3.35	3.25
爆炸上限/%	13.40	13.50	13.85	14.25	14.70	15.35	16.40	18.75

b 环境初始气压

试验表明，瓦斯爆炸界限的变化与环境初始压力有关。环境初始压力升高时，爆炸下限变化很小，而爆炸上限则大幅度增高，见表2-20。

表 2-20　瓦斯爆炸界限与初始压力的关系

初始压力/kPa	101.3	1013	5065	12662.5
爆炸下限/%	5.6	5.9	5.4	5.7
爆炸上限/%	14.3	17.2	29.4	45.7

井下环境空气压力发生显著变化的情况很少，但在矿井火灾、爆炸冲击波或其他原因（如大面积冒顶等）引起的冲击波峰作用范围内，环境气压会显著地增高，点燃源向邻近气体层传输的能量增大，燃烧反应可自发进行的浓度范围增宽，使正常条件下未达到爆炸浓度界限的瓦斯发生爆炸。

C 瓦斯点燃温度和能量与引火延迟性的影响因素

a 瓦斯的最低点燃温度和最小点燃能量

瓦斯的最低点燃温度和最小点燃能量取决于空气中的瓦斯浓度。瓦斯-空气混合气体的最低点燃温度，绝热压缩时为565℃，其他情况时为650℃，最低点燃能量为0.28mJ。根据在球形容器中进行的试验，随着点燃能量的增加，瓦斯空气混合物的爆炸界限有明显的变化（表2-21），最佳爆炸极限的点燃能量约为10000J，煤矿井下明火、电火花、放炮火焰、煤炭自燃、电器设备失爆产生的火焰等各种点燃源的能量往往大大超过这一数值。从煤矿瓦斯爆炸事故的统计数据来看，电火花约占50%，而放炮点燃占30%。

表 2-21　点火能量对瓦斯混合气体爆炸界限的影响

点燃能量/J	爆炸下限/%	爆炸上限/%	爆炸范围/%
1	4.9	13.5	8.9
10	4.6	14.2	9.6
100	4.25	15.1	10.8
10000	3.6	17.5	13.9

b 瓦斯引火的迟延性

瓦斯与高温热源接触后，不是立即燃烧或爆炸，而是要经过一个很短的间隔时间，这种现象叫引火延迟性，间隔的这段时间称感应期。感应期的长短与瓦斯的浓度、火源温度和火源性质有关，而且瓦斯燃烧的感应期总是小于爆炸的感应期。由表 2-22 可见，火源温度升高，感应期迅速下降；瓦斯浓度增加，感应期略有增加。

表 2-22　瓦斯爆炸的感应期

瓦斯浓度/%	火源温度/℃						
	755	825	875	925	975	1075	1175
	感应期/s						
6	1.08	0.58	0.35	0.20	0.12	0.039	
7	1.15	0.6	0.36	0.21	0.13	0.041	0.01
8	1.25	0.62	0.37	0.22	0.14	0.042	0.012
9	1.3	0.65	0.39	0.23	0.14	0.044	0.015
10	1.4	0.68	0.41	0.24	0.15	0.049	0.018
12	1.64	0.74	0.44	0.25	0.16	0.055	0.02

2.5.3　瓦斯爆炸事故防治

煤矿瓦斯爆炸事故始终是我国煤矿一次死亡 3 人以上重大伤亡事故的主要因素，而这种倾向在 10 人以上特大事故中更为明显。瓦斯灾害是我国煤矿最严重的自然灾害。加强煤矿安全的监察管理工作，防治重大恶性事故的发生，以预防为主防治瓦斯爆炸事故是煤矿安全工作的重点。

2.5.3.1　瓦斯爆炸事故原因分析

根据煤矿瓦斯爆炸事故原因分析，瓦斯聚积和引爆火源是造成瓦斯爆炸的基本因素；违章作业、违章指挥、安全生产技术措施不完善、安全技术水平不高是造成事故的人为因素。采煤工作面和掘进工作面是瓦斯极易聚积造成爆炸事故的主要地点，只要掌握矿井瓦斯聚积的规律，有针对性地采取预防措施，即可杜绝瓦斯爆炸事故发生。

A　矿井瓦斯积聚的原因

矿井局部空间的瓦斯浓度达到 2%，其体积超过 $0.5m^3$ 的现象，称为瓦斯积聚。瓦斯积聚是造成瓦斯爆炸事故的根源。

a　工作面风量不足引起瓦斯积聚

通风是排除瓦斯最主要的手段。通风系统设计不合理，供风距离过远，采掘布置过于集中，工作面瓦斯涌出量过大而风量供给不足等，均会造成采掘工作面瓦斯积聚；而采煤工作面瓦斯积聚通常首先发生在回风上隅角处，因此，有时需要对该区域实施特别的通风处理，才能保证工作面无瓦斯超限。对于掘进工作面，风筒漏风、局部通风机能力不足、串联通风、风筒安设不当、出风口距离工作面距离过远、单台局部通风机向多头供风等往往造成掘进工作面风量不足，引起瓦斯积聚。

此外，供给局部通风机的全风压风量不足，造成局部通风机发生循环风等，或局部通风机安装位置距离回风口过近造成循环风等，也会使掘进工作面的瓦斯浓度超限，形成积聚。

b 通风设施质量差、管理不善引起瓦斯积聚

正常生产时期，煤矿井下的通风设施绝不允许非专业人员随意改变其状态。每一通风设施都有控制风流的目的，改变其状态，往往造成风流短路或某些巷道、工作面风量的减小，由此引起的瓦斯积聚通常难以预料。由此可见，井下的通风设施应该定期检查其质量，一旦发现损坏，应立即进行修理，以保证其控制风流的有效性性。

c 串联通风、不稳定分支等引起的瓦斯积聚

采掘工作面的串联通风必须严格按照《煤矿安全规程》的规定实施和管理。在串联通风时，由于上一个工作面的乏风要进入下一个工作面，因此，必须能够监测进入下工作面的瓦斯，防止瓦斯涌出叠加而超限。不稳定分支会造成井下风流的无计划流动，从而造成难以预测的瓦斯积聚。除总进风、总回风外，采区之间应尽量避免角联分支的出现。角联分支的风流方向受到自然风压及其他分支阻力的影响，可能会发生改变，从而使原来的回风流污染进风，造成瓦斯超限和积聚。

d 局部通风机停止运转造成的瓦斯积聚

从瓦斯爆炸条件计算示例可见，局部通风机停止运转可能使掘进工作面很快达到瓦斯爆炸的界限。因此，对局部通风机的严格管理和风电闭锁等措施，是防止这类事故的根本。从对事故原因的统计分析可以看出到，设备检修时随意开停风机，无计划停电、停风，掘进面停工停风后不检查瓦斯就随意开动风机供风等是造成掘进工作面瓦斯积聚和瓦斯爆炸事故的主要原因。通常，局部通风机等机电设备属机电部门维修管理，而掘进面瓦斯监测属通风部门管理，因此，两部门之间的协调合作对管理好掘进工作面的瓦斯十分重要，应建立相应的制度。

e 恢复通风排放瓦斯时期容易造成瓦斯事故

对封闭的区域或停工一段时间的工作面恢复通风，必须制定专门的排放瓦斯措施排放积存在停风区域内的高浓度瓦斯。此时，必须严格控制排出的瓦斯速度，以保证混合风流中的瓦斯浓度不超过规定的限制，否则，很容易使排放风流中的瓦斯浓度达到爆炸界限。巷道贯通等风流流动状态改变时，都容易出现这样的问题。

f 采空区及盲巷中积聚的瓦斯

采空区和盲巷中往往积存有大量高浓度的瓦斯，当大气压发生变化或采空区发生大面积冒顶时，这些区域的瓦斯会突然涌出，造成采掘空间的瓦斯积聚。

g 瓦斯异常涌出造成的瓦斯积聚

当采掘工作面推进到地质构造异常区域时，有可能发生瓦斯异常涌出，使得正常通风状态下供给的风量不足以稀释涌出的瓦斯，造成瓦斯积聚。煤与瓦斯突出矿井发生突出灾害，有瓦斯抽放系统的矿井抽放系统突然出现故障时等情况，都可归属于瓦斯异常涌出。这些特殊时期的瓦斯爆炸防治重点应着重放在断电、停工、撤人等防止点火源的出现上。

h 巷道冒落空间等的瓦斯积聚

巷道冒落空间由于通风不良容易形成瓦斯积聚，而采区煤仓虽然瓦斯涌出量不大，但也是瓦斯容易积聚的地点。

B 瓦斯爆炸的点火源

有点火源出现在瓦斯积聚并达到爆炸界限的区域才能引起瓦斯爆炸事故。在正常生产时期，存在许多足以引燃瓦斯的点火源，例如矿车与轨道的摩擦、工作过程中的机械碰

撞、采煤机截齿与煤层夹矸的碰撞等。这些点火源的出现有时是难以避免的，具有随机性。从事故的统计分析可以看到，很多瓦斯爆炸事故的点火源都是人为造成的，即违章作业、使用不合格的产品等，应该找出这些方面的规律，坚决杜绝类似现象的发生。

a　井下爆破

爆破工作本身就具有一定的危险性。在煤矿井下进行的爆破，因其特殊的环境条件，安全爆破就显得更为重要。据统计，近年来因井下爆破引起的瓦斯爆炸和燃烧事故呈增加的趋势。存在的主要问题有：（1）使用了不符合安全要求的炸药或炸药已经超过安全有效期限；（2）充填炮泥不合格，造成放炮火焰存在时间过长；（3）爆破炮眼布置不合理，抵抗线过低，或放明炮、糊炮等；（4）爆破电路连线不合格，产生电火花；（5）放炮器不合格或使用明电放炮等。

b　电火花

因电火花引起的瓦斯爆炸与电气设备的不合格和人员违章操作有关，主要原因有线路接头不符合要求、电器失爆、带电检修、违章私自打开矿灯或矿灯失爆、使用非煤矿用的电气设备等。

c　摩擦撞击火花

井下工作中的摩擦和撞击有时难以避免，因此，在瓦斯高浓度的区域，例如排放瓦斯的路线上、U+L形通风的瓦斯尾巷等，应该减少或停止井下各类作业施工。从事故原因的统计看，该类原因仅次于前两类点火源。

d　明火点燃

井下使用明火的情况很少，属于严格限制的作业。此类引爆原因多是发生在小煤矿井下的吸烟，这是缺乏最基本的安全常识和安全管理造成的。其他情况有矿井火灾时期封闭火区引起的瓦斯爆炸，或者自然发火引起采空区小规模的瓦斯爆炸等。

2.5.3.2　预防煤矿爆炸事故的技术措施

预防煤矿爆炸事故就是消除引发爆炸的基本条件，即防止瓦斯的积聚和点火源的出现。

A　防止瓦斯积聚的技术措施

煤矿井下容易发生瓦斯积聚的地点是采掘工作面和通风不良的场所，每一矿井必须从采掘工作、生产管理上采取措施，保持工作场所的通风良好，防止瓦斯积聚。

a　保证工作面的供风量

所有没有封闭的巷道、采掘工作面和硐室必须保证风量和风速，足以稀释瓦斯到规定界限使瓦斯没有积聚的条件。应保证采煤工作面风路的畅通，对每个掘进工作面在开始工作前都应构造合理的进、回风路线，避免形成串联通风。对于瓦斯涌出量大的煤层或采空区，在采用通风方法处理瓦斯不合理时，应采取瓦斯抽放措施。

掘进工作面供风是煤矿井下最容易出现安全问题的地点，特别是在更换、检修局部通风机或风机停运时，必须加强管理、协调通风部门和机电部门的工作，以保证工作的顺利进行和恢复通风时的安全。对高瓦斯矿井，为防止局部通风机停风造成的危险，必须使用"三专"（专用变压器、专用开关、专用线路）和"两闭锁"装置（风电闭锁、瓦斯电闭锁），局部通风机要挂牌指派专人管理，严格非专门人员操作局部通风机和随意开停风机；即使是短暂的停风，也应该在检查瓦斯后开启风机；在停风前，必须先撤出工作面的人员并切断向工作面的供电。在进行工作面机电设备的检修或局部通风机的检修时，应该特别注意安全，严禁带电检修。局部通风筒的出风口距离掘进工作面的距离一般不大于7m，风量要大于$4m^3/s$，以防止出现通风死角和循环通风。供风的风筒要吊挂平直，在拐弯处应该缓慢拐弯，风筒接头应严密、不漏风，禁止中途割开风筒供风。局部通风机及启动装置必须安装在新鲜风流中，距离回风口的距离不小于10m，安设局部通风机的进风巷道所通过的风量要大于局部通风机吸风量的1.43倍，以保证局部通风机不会吸入循环风。

对于采煤工作面应特别注意回风上隅角的瓦斯超限，保证工作面的供风量。整个矿井的生产和通风是相匹配的，为了避免工作面的风量供应不足，首先应该采掘平衡，不要将整个矿井的生产和掘进都安排在一个采区或集中到矿井的一翼；其次，各采区在开拓工作面时，应该首先开掘中部车场，避免造成掘进和采煤工作面的串联通风。矿井漏风也是风量不足的主要原因。对于采深较浅的矿井，受小煤矿开采的影响，常造成大量漏风，使得矿井总风量不足。因此，堵漏对提高矿井风量和矿井安全都十分重要。

b　处理采煤工作面回风上隅角的瓦斯积聚

正常生产时期，采煤工作面的回风上隅角容易积聚瓦斯，及时有效地处理该区域积聚的瓦斯是日常瓦斯管理的重点。采取的方法主要有风障引流、移动泵站采空区抽放、改变工作面的通风方式（如采用 Y 形通风、Z 形通风）等消除回风上隅角瓦斯积聚的现象（可参见矿井通风的相关资料）。

（1）挂风障引流。该方法是在工作面支柱或支架上悬挂风帘或苇席等阻挡风流，改变工作面风流的路线，以增大向回风上隅角处的供风。悬挂的方法如图 2-30 所示。该方法的优点是：操作简单、快捷，立即就可以发挥一定的作用；缺点是：能引流的风量有限，且风流不稳定，增加了工作面的通风阻力和向采空区的漏风，对工作面的作业有一定的

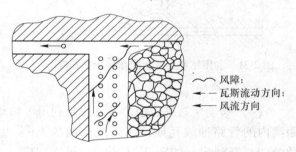

图 2-30　工作面挂风障排放上隅角聚积的瓦斯

影响。该方法可以作为一种临时措施在井下采用，对于瓦斯涌出量较大、回风上隅角长期超限的工作面，应该采用更为可靠的方法进行处理。

（2）尾巷排放瓦斯法。尾巷排放瓦斯是利用与工作面回风巷平行的专门瓦斯排放巷道，通过其与采空区相连的联络巷排放瓦斯的方法。巷道的布置如图 2-31 所示。该方法改变了采空区内风流流动的路线，尾巷专门用于排放瓦斯，不安排任何其他工作，《煤矿安全规程》规定尾巷中瓦斯浓度可以放宽到 2.5%。该方法的优点是：充分利用已有的巷道，不需要增加设备，易于实施；缺点是：增加了向采空区的漏风，对于有自燃发火的工作面不宜采用。瓦斯尾巷的管理十分重要，必须保证安全，即采煤工作面瓦斯涌出量大于$20m^3/min$，经抽放瓦斯（抽放率 25%以上）和增大风量已经达到最高允许风速后，其回风巷风流中瓦斯浓度仍不符合《煤矿安全规程》的规定时，经企业负责人审批后，可采用专用排放瓦斯巷。

采用专用排放瓦斯巷的要求：1）工作面的风流控制必须可靠；2）专用排瓦斯巷内

不得进行生产作业和设置电气设备，如需进行巷道维修工作，瓦斯浓度必须低于 1.5%；3）专用排瓦斯巷内风速不得低于 0.5m/s；4）专用排瓦斯巷内必须用不燃性材料支护，并应有防止产生静电、摩擦和撞击火花的安全措施；5）专用排瓦斯巷必须贯穿整个工作面推进长度且不得留有盲巷；6）专用排瓦斯巷内必须安设甲烷传感器，甲烷传感器应悬挂在距专用排瓦斯巷回风口 15m 处，当甲烷浓度达到 2.5% 时，能发出报警信号并切断工作面电源，工作面必须停止工作，进行处理；7）煤层的自燃倾向性为不易自燃。

（3）风筒导引法。该方法是利用铁风筒和专门的排放管路引排回风上隅角积聚的瓦斯。为了增加管路中风流的流量，一般附加其他动力以促使回风上隅角处的风流流入风筒中，如图 2-32 所示，利用水力引射器，其他动力还可以是局部通风机、井下压气等。该方法的优点是：适应性强，可应用于所有矿井，且排放能力大，安全可靠；缺点是：需要在回风巷道布置管路等设备，影响工作面的作业。该方法使用的动力设备必须是防爆的，在排放风流的管路内保证没有点燃瓦斯的可能，且引排风筒内的瓦斯浓度要加以限制，一般小于 3%。

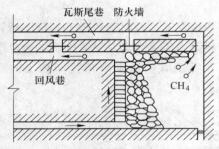

图 2-31　利用尾巷排放上隅角聚积的瓦斯

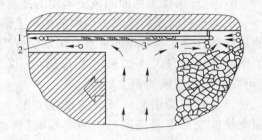

图 2-32　利用水力引射器排放上隅角聚积的瓦斯
1—水管；2—导风筒；3—水力引射器；4—风障

（4）移动泵站排放法。该方法是利用可移动的瓦斯抽放泵，通过埋设在采空区一定距离内的管路抽放瓦斯，从而减小回风上隅角处的瓦斯涌出，如图 2-33 所示。该方法的实质也是改变采空区内风流流动的线路，使高浓度的瓦斯通过抽放管路排出。与风筒导风法相比，该方法使用的管路直径较小，抽放泵也不布置在回风巷道中，因此，对工作面的工作影响较小，且该方法具有稳定可靠、排放量大、适应性强的优点，目前得到了较广泛的应用。但对于自燃倾向性比较严重的煤层不宜采用。

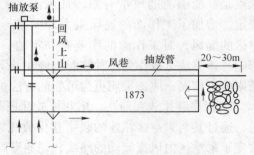

图 2-33　移动抽放泵站排放采空区瓦斯

（5）液压局部通风机吹散法。该方法在工作面安设小型液压通风机和柔性风筒，向上隅角供风，吹散上隅角处积聚的瓦斯，如图 2-34 所示。该方法克服了原压入式局部通风机处理上隅角瓦斯需要铺设较长风筒，而采用抽出式局部通风机抽放上隅角瓦斯时瓦斯浓度不得大于 3% 的弊病，是一种较为安全可靠的处理工作面上隅角瓦斯积聚的方法。图 2-34 是平顶山煤业集团研制的一套应用小型液压通风机自动排放上隅角瓦斯的装置。

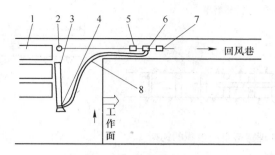

图 2-34　小型液压局部通风机排放上隅角聚积的瓦斯
1—工作面液压支架；2—瓦斯传感器；3—柔性风筒；4—小型液压通风机；
5—中心控制处理器；6—液压泵站；7—磁力启动器；8—油管

c　掘进工作面局部瓦斯积聚的处理

掘进工作面的供风量一般都比较小，因此，出现瓦斯局部积聚的可能性较大，应该特别注意防范，加强监测工作。对于瓦斯涌出大的掘进工作面应尽量使用双巷掘进，每隔一定距离开掘联络巷，构成全负压通风，以保证工作面的供风量。盲巷部分要安设局部通风机供风，使掘进排除的瓦斯直接流入回风道中。掘进工作面或巷道中的瓦斯积聚通常出现在一些冒落空洞或裂隙发育、涌出速率较大的地点，对于这些地点积聚的瓦斯可以使用下列的方法处理。

（1）充填法。充填法就是将沙土等惰性物质充填到冒落的空洞内，以消除瓦斯积聚的空间，如图 2-35 所示。

（2）引风法。如图 2-36 所示，该方法是利用安设在巷道顶部的挡风板将风流引入冒落的空洞中，以稀释其中积聚的瓦斯。

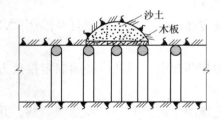

图 2-35　充填法处理冒落空洞聚积的瓦斯

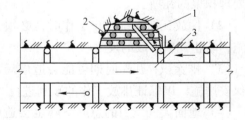

图 2-36　挡风板引导风流处理冒落空洞聚积的瓦斯
1—挡风板；2—坑木；3—风筒

（3）风筒分支排放法。如图 2-37 所示，在局部通风机风筒上安设三通或直径较小的风筒，将部分风流直接送到冒落的空洞中，排放积聚的瓦斯。该方法适用于积聚的瓦斯量较大、冒落空间较大、挡风引风难以奏效的情况下。

（4）黄泥抹缝法。该方法是在顶板裂隙发育、瓦斯涌出量大而又难以排除时使用。它首先将巷道棚顶用木板背严，然后用黄泥抹缝将其封闭，以减少瓦斯的涌出或扩大瓦斯涌出的面积。

（5）钻孔抽放断裂带的瓦斯。如图 2-38 所示，当巷道顶、底板裂隙大量涌出瓦斯时，可以向断裂带打钻孔，利用抽放系统对该区域进行定点抽放。这种方法适用于通风难以解决掘进面瓦斯涌出的情况下，否则，因工程量较大，而使用期较短，在经济上不合理。

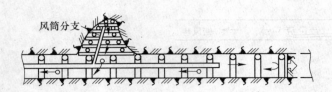

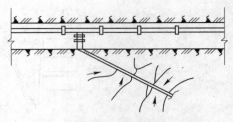

图 2-37　风筒分支法处理冒落空洞聚积的瓦斯　　　图 2-38　钻孔抽放断裂带的瓦斯

d　刮板输送机底槽瓦斯积聚的处理

刮板输送机停止运转时，底槽附近有时会积聚高浓度的瓦斯。由于刮板与底槽之间在运煤时产生的摩擦火花能引起瓦斯燃烧爆炸，因此，必须排除该处的瓦斯。处理的方法有：

（1）设专人清理输送机机底遗留的煤炭，保证底槽畅通，使瓦斯不易积聚。

（2）保证输送机经常运转，即使不出煤也让输送机继续运转，以防止瓦斯积聚。

（3）吊起输送机处理积聚的瓦斯。如果发现输送机底槽内有瓦斯超限的区段，可把输送机吊起来，使空气流通而排除瓦斯。

（4）压风排瓦斯。有压风管路的地点可以将压风引至底槽进行通风，排除积聚的瓦斯。

e　通风异常或瓦斯涌出异常时期应特别注意的事项

（1）煤与瓦斯突出造成的短时间内涌出大量瓦斯，形成高瓦斯区，此时必须杜绝一切可能产生的火源，切断该区域的供电、撤出人员，并对灾区实行警戒，然后制定专门措施处理积聚的瓦斯。

（2）抽放瓦斯系统停止工作时，必须及时采取增加供风、加强监测直至停产撤人的措施，防止瓦斯事故的发生。

（3）排除积存瓦斯时期可能会造成局部区域的瓦斯超限，因此，必须制定排放方案和保安措施，以保证排放工作的顺利进行。

（4）地面大气压力的急剧下降也会造成井下瓦斯涌出的异常，必须加强监测，并有相应的防护措施。

（5）在工作面接近上下邻近已采区边界或基本顶来压时，会使涌入工作面的瓦斯突然增加，应加强对这一特殊时期的监测，总结规律，做到心中有数。

（6）回采工作面大面积落煤也会造成大量的瓦斯涌出，因此，应适当限制一次放炮的落煤量和采煤机连续工作的时间。

井下通风改变引起的瓦斯浓度异常变化往往被忽视。在井下巷道贯通、增加或减少某工作场所的风量、停止供风或恢复供风、井下通风设施遭到破坏、矿井反风及矿井灾变时期等都会引起井下瓦斯浓度的异常变化。这些情况下，必须首先考虑矿井安全，防止出现瓦斯积聚。局、矿安全管理部门应当依据《煤矿安全规程》的相关规定，制定井下巷道贯通、瓦斯排放、掘进面临时停风、封闭区域恢复通风、灾害时期的瓦斯管理规定技术措施，以有效防止特殊情况下的瓦斯积聚。

B 防止点火源的出现

防止点火源的出现，就是要严禁一切非生产火源，严格管理和限制生产中可能出现的火源、热源，特别是容易积聚瓦斯的地点更应该重点防范。

a 加强管理，提高防火意识

在长期的生产中，要做到日日不松懈，班班严格执行机电、放炮、摩擦撞击、明火等的防治规定和措施，是十分不易的。提高井下工人和工程技术人员的素质，加强他们的防火防爆意识，贯彻执行有关规定，发现隐患和违章就严肃处理，对这项工作有重要的实际意义。

b 防止放炮火源

（1）煤矿井下的爆破必须使用符合《煤矿安全规程》规定的安全炸药，严禁使用不合格或变质、超期的炸药。

（2）有爆破作业的工作面必须严格执行"一炮三检"的瓦斯检查制度，保证放炮前后的瓦斯浓度在规定的界限内。

（3）禁止使用明接头或裸露的放炮母线，放炮连线、放炮等工作要由专门的人员操作，放炮员尽量在新鲜风流中执行放炮操作，要严格执行"三人连锁放炮"制度。

（4）炮眼的深度、位置、装药量要符合该工作面"作业规程"的要求，炮眼要填满、填实，严禁使用可燃性物质代替炮泥充填炮眼，要坚持使用水炮泥；禁止放明炮、糊炮。

（5）严格执行井下火药、雷管的存放、运输管理规定，放炮员要持证上岗。

c 防止电气火源和静电火源

井下电气设备的选用应符合表 2-23 的要求，井下严禁带电检修、搬运电气设备。井下防爆电气在入井前需由专门的防爆设备检查员进行安全检查，合格后方可入井。井下供电应做到：无"鸡爪子""羊尾巴"和明接头，有过电流和漏电保护，有接地装置；坚持使用检漏继电器、煤电钻综合保护、局部通风机风电闭锁和瓦斯电闭锁装置；发放的矿灯要符合要求，严禁在井下拆开、敲打和撞击矿灯灯头和灯盒。

表 2-23 井下电气设备选用安全规定

使用 场所类别	煤与瓦斯突出矿井及瓦斯喷出区域	瓦斯矿井			
		井底车场、总或主要进风道		采区进风道翻罐笼硐室	采区总、主要回风道和工作面进、回风道
		低瓦斯矿井	高瓦斯矿井		
高低压电机和电气设备	矿用防爆型（矿用增安型除外）	矿用一般型	矿用一般型	矿用防爆型	矿用防爆型（矿用增安型除外）
照明灯具	矿用防爆型（矿用增安型除外）	矿用一般型	矿用增安型	矿用防爆型	矿用防爆型（矿用增安型除外）
通信、自动化装置和仪表、仪器	矿用防爆型（矿用增安型除外）	矿用一般型	矿用增安型	矿用防爆型	矿用防爆型（矿用增安型除外）

为防止静电火花，井下使用的高分子材料（如塑料、橡胶、树脂）制品，其表面电

阻应低于其安全限定值。洒水、排水用塑料管外壁表面电阻应小于 $1\times10^9\Omega$，压风管、喷浆管的表面电阻应小于 $1\times10^8\Omega$。消除井下杂散电流产生的火源，首先应普查井下杂散电流的分布，针对产生的原因采取有效措施，防治杂散电流。

　　d　防止摩擦和撞击点火

随着井下机械化程度的日益提高，机械摩擦、冲击引燃瓦斯的危险性也相应增加。防治的主要措施有：在摩擦发热的装置上安设过热保护装置和温度检测报警断电装置；在摩擦部件金属表面附着活性低的金属，使其形成的摩擦火花难以引燃瓦斯，或在合金表面涂苯乙烯醇酸，以防止摩擦火花的产生；工作面遇到坚硬夹石或硫化铁夹层时，不能强行截割，应放炮处理；定期检查截齿及其后的喷水装置，保证其工作正常。

　　e　防止明火点燃

煤矿井下对明火的使用和火种都有严格的管理规定，关键是必须做到长期认真执行，坚决防止任何可能的明火点燃出现。主要的规定有：

　　(1) 严禁携带烟草、点火物品入井，严禁携带易燃物品入井。必须带入井下的易燃物品要经过矿总工程师的批准，并指定专人负责其安全。

　　(2) 严禁在井口房、通风机房、瓦斯泵房周围 20m 范围内使用明火、吸烟或用火炉取暖。

　　(3) 不得在井下和井口房内从事电气焊作业，如必须在井下主要硐室、主要进风巷道和井口房内从事电气焊或使用喷灯作业时，每次都必须制定安全措施，报矿长批准，并遵守《煤矿安全规程》的有关规定，防止火源出现。在回风巷道内不准进行焊接作业。

　　(4) 严禁在井下存放汽油、煤油、变压器油等，井下使用的棉纱、布头、润滑油等必须放在有盖的铁桶内，严禁乱扔乱放或抛在巷道、硐室及采空区内。

　　(5) 井下严禁使用电炉或灯泡取暖。

　　(6) 必须加强井下火区管理。

　　f　防止其他火源

井下火源的出现具有突然性，在工作场所，由于机械作业和金属材料的大量使用，很多情况下撞击、摩擦等火源难以避免，这些地点的通风工作就显得更为重要。但是，对灾害区域、封闭的瓦斯积聚区域，必须采取措施防止点火源的出现。除上述方面外，地面的闪电或其他突发的电流也可能通过井下管道进入这些可能爆炸区域而引燃瓦斯，因此，通常应当截断通向这些区域的铁轨、金属管道等。

2.5.3.3　加强瓦斯的检查和监测

随时检查和监测煤矿井下的通风、瓦斯状况，是矿井安全管理的主要内容。它可以及时发现瓦斯超限和积聚，从而采取处理措施，使事故消除在萌芽状态。每个矿井都必须建立井下瓦斯检查制，设立相应的瓦斯检查和通风管理机构，配备相应的瓦斯检查仪器仪表，以监测监控井下的瓦斯。低瓦斯矿井每班至少检查瓦斯 2 次，高瓦斯矿井每班至少检查瓦斯 3 次。对有煤与瓦斯突出或瓦斯涌出量较大的采掘工作面，应有专人负责检查瓦斯。瓦斯检查人员发现瓦斯超限，有权立即停止工作，撤出人员，并向有关人员汇报。瓦斯检查员应由责任心强、经过专业培训并考试合格的人员担任。严禁瓦斯检查空班、漏检、假报等；一经发现，严肃处理。

通风安全管理部门的值班人员，必须审阅瓦斯检查报表，掌握瓦斯变化情况，发现问题及时处理，并向矿调度室汇报。对重大的通风瓦斯问题，通风部门应制定措施，报矿总工程师批准，进行处理。每日通风、瓦斯情况必须送矿长、总工程师审阅，一矿多井的矿必须同时送井长、井技术负责人审阅。

高瓦斯矿井、煤（岩）与瓦斯突出矿井、有高瓦斯区的低瓦斯矿井必须装备矿井安全监控系统。没有装备矿井安全监控系统的矿井的煤巷、半煤岩巷和有瓦斯涌出的岩巷的掘进工作面，必须装备风电闭锁装置和甲烷断电仪。编制采区设计、采掘作业规程时必须对安全监控设备的种类、数量和位置等作出明确的规定。

安全监测所使用的仪器仪表必须定期进行调试、校正，每月至少一次。甲烷传感器、便携式甲烷检测报警仪等采用催化元件的设备，每隔 7 天必须使用校准气样和空气样按使用说明书的要求调校 1 次，每隔 7 天必须对甲烷断电功能进行测试。

矿务局（集团公司）、矿区应建立安全仪表计量检验机构，对矿区内各矿井使用的检测仪器仪表进行性能检验、计量鉴定和标准气样配置等工作，并对矿安全仪器仪表检修部门进行技术指导。

2.5.4　防止灾害扩大的措施

瓦斯爆炸的突发性、瞬时性，使得在爆炸发生时难以进行救治。因此，防止灾害扩大的措施应该集中在灾害发生前的预备设施和灾害发生时的快速反应。具体的措施有隔爆、阻爆两个方面，即分区通风和利用爆炸产生的高温、冲击波设置自动阻爆装置。灾害预防处理计划的制订对快速有效的救灾也具有十分重要的意义。

2.5.4.1　分区通风

分区通风是防止灾害蔓延扩大的有效措施。利用矿井开拓开采的分区布置，在各个采区之间、不同生产水平之间、矿井两翼之间自然分割（保护煤柱等）的基础上，布置必要的防止爆炸传播设施，可以实现井下灾害的分区管理。这样，使某一区域发生的灾害难以传播到相邻的区域，从而简化救灾抢险工作，防止灾害的扩大。

要实现分区管理，矿井的通风系统应力求简单，对井下各工作区域实行分区通风。每一生产水平、每一采区都必须布置独立的回风道，严格禁止各采区、水平之间的串联通风，尽量避免采区之间存在角联风路。采区内采煤工作面和掘进工作面应采用独立的通风路线，防止互相影响。对于矿井主要进、回风道之间的联络巷必须构筑永久性挡风墙，生产必须使用的，应安设正反向两道风门。装有主要通风机的出风口应安装防爆门。在开采有煤尘爆炸危险的矿井两翼、相邻采区、相邻煤层、相邻工作面时，应安设岩粉棚或水棚隔开。在所有运输巷道和回风巷道中必须撒布岩粉，防止爆炸传播。

对于多进风井、多主要通风机的矿井，应尽量减少各风机所辖风网之间的联络巷道，如果无法避免，则应保证风流的稳定并安设必要的隔爆设施。各主要通风机的特性最好相近，并与负担的通风需求相匹配。进风区域中公共部分应该尽量减少，以防止风速超限和增加矿井通风阻力。

2.5.4.2　隔爆装置

当瓦斯爆炸发生后，依靠预先设置的隔爆装置可以阻止爆炸的传播，或减弱爆炸的强度、减小爆炸的燃烧温度，以破坏其传播的条件，尽可能地限制火焰的传播范围。

A　用岩粉阻隔爆炸的蔓延

岩粉是不燃性细散粉尘，定期将岩粉撒布在积存煤尘的工作面和巷道中，可以阻碍煤尘爆炸的发生和瓦斯煤尘爆炸的传播。撒布的岩粉要求与煤尘混合，长度不少于 300m，使不燃物含量大于 80%。岩粉棚是安装在巷道靠近顶板处的若干组台板，每块台板上存放大量岩粉。发生爆炸时，冲击波将台板摧垮，使岩粉弥漫于巷道中吸收爆炸火焰的热量及惰化空气，阻碍爆炸的传播。

B　用水预防和阻隔爆炸

在巷道中架设水棚的作用与岩粉棚的作用相同，只是用水槽或水袋代替岩粉板棚。要求每个水槽的容量为 40~75L，总水量按巷道断面计算不低于 400L/m^2，水棚长度不小于 30m。岩粉的缺点是易受潮结块，需要经常更换，成本较高，国内外现在都广泛使用水代替岩粉隔爆。火的比热容比岩粉高 5 倍，汽化时吸热并能降低氧气的浓度，在爆炸的作用下比岩粉飞散快，隔爆效果较好。

C　自动式防爆棚

使用压力或温度传感器，在爆炸发生时探测爆炸波的传播，及时将预先放置的水、岩粉、氮气、二氧化碳、磷酸铵等喷洒到巷道中，从而达到自动、准确、可靠地扑灭爆炸火焰，防止爆炸蔓延的目的，常用的有自动水幕等。

2.5.4.3　编制矿井灾害预防和处理计划

《煤矿安全规程》规定："煤矿企业必须编制年度灾害预防和处理计划，并根据具体情况及时修改。灾害预防和处理计划由矿长负责组织实施。煤矿企业每年必须至少组织 1 次矿井救灾演习。"针对可能发生的井下灾害，预先编制处理计划，是防止灾害扩大、及时抢险救灾的主要方法。矿井灾害处理计划除了必须掌握灾害发生时必须通知的相关人员、救护队的情况外，还应包括当前矿井的基本情况。救灾指挥部的具体组成和设置地点，根据灾害的具体情况确定。

A　灾害预防处理必备的资料

每一矿井都必须有反映当前实际情况的图纸，主要包括矿井地质图，地面、井下巷道、采掘工程对照图，通风系统图，管路（排水、防火、压风、瓦斯抽放等）布置系统图，安全监测控制系统图，井下配电系统图，井下电气设备布置图及井下避灾路线图。这些矿井的基础资料是进行及时救灾的保证。

B　灾害预防处理计划主要内容

对井下主要的采掘工作面和其他可能发生爆炸灾害的地点，应根据各自的不同特点制订合适的救灾计划。每年都要根据井下状况的变化对计划的内容作出相应的修改。计划内容主内包括：

（1）确定发生爆炸后可能造成的影响。爆炸对通风系统的影响，爆炸蔓延传播的可能性，爆炸对井下工作人员构成威胁的区域等。

（2）制定恢复灾区通风和人员避灾路线的安全措施。受爆炸破坏的通风系统恢复通风的安全技术措施；调整通风时保证可能受影响区域人员的安全撤离路线。

（3）灾害区域的断电方法。局部区域或更大范围、地点的断电安全措施。

（4）防止爆炸火灾、二次爆炸及灾害扩大的措施。制定可行的救灾方案和控制灾害范围的措施。

（5）救灾人员的安全路线。根据灾害的具体情况，计划制订出救护队员下井进行侦察、救灾时的安全路线。

2.6 矿井瓦斯检测与技术管理

2.6.1 矿井瓦斯的检测

矿井瓦斯检查测定是煤矿安全管理中一项重要的工作内容。其目的一是了解掌握煤矿井下不同地点、不同时间的瓦斯涌出情况，为矿井风量计算、分配和调节提供可靠的防止瓦斯灾害技术参数，以达到安全、经济、合理通风的目的；二是妥善处理和防止瓦斯事故的发生，及时检查发现瓦斯超限或积聚等灾害隐患，以便采取针对性的有效预防措施。

2.6.1.1 矿井主要检测地点瓦斯浓度的规定

（1）矿井总回风巷或一翼回风巷中瓦斯或二氧化碳浓度超过 0.75% 时，必须立即查明原因，进行处理。

（2）采区回风巷、采掘工作面回风巷风流中瓦斯浓度超过 1.0% 或二氧化碳浓度超过 1.5% 时，必须停止工作，撤出人员，采取措施，进行处理。

（3）装有矿井安全监控系统的机械化采煤工作面、水采和煤层厚度小于 0.8m 的保护层的采煤工作面，经抽放瓦斯（抽放率 25% 以上）和增加风量已达到最高允许风速后，其回风巷风流中瓦斯浓度仍不能降低到 1.0% 以下时，回风巷风流中瓦斯最高允许浓度为 1.5%，但应符合下列要求：

1）工作面的风流控制必须可靠。

2）必须保持通风巷的设计断面。

3）必须配有专职瓦斯检查工。

（4）采掘工作面风流中瓦斯浓度达到 1% 时，必须停止用电钻打眼；放炮地点附近 20m 以内风流中的瓦斯浓度达到 1% 时，严禁放炮。

（5）采掘工作面及其他作业地点风流中、电动机或其开关地点附近 20m 以内风流中的瓦斯浓度达到 0.5% 时，必须停止工作，切断电源，撤出人员，进行处理。

（6）采掘工作面内体积大于 0.5m³ 的空间，局部积聚瓦斯浓度达到 2% 时，附近 20m 内必须停止工作，撤出人员，切断电源，进行处理。

（7）综合机械化采掘工作面，应在采煤机和掘进机上安设机载式断电仪，当其附近瓦斯浓度达到 1% 时报警，达到 1.5% 时必须停止工作，切断采煤机和掘进机的电源。

2.6.1.2 矿井主要地点瓦斯浓度的检查测定

A 巷道风流中瓦斯浓度的检查测定

a 巷道风流范围的划定

巷道风流是指距巷道顶板、底板及两壁一定距离的巷道空间的风流。棚子支架支护巷道风流范围，是距支架和巷道底板各 50mm 的巷道空间内的风流；锚喷、砌碹支护巷道风流范围，是距巷道顶、底、帮 200mm 的巷道空间内的风流。

b　巷道风流中瓦斯及二氧化碳浓度的测定方法

巷道风流中瓦斯与二氧化碳在巷道空间位置中的浓度分布不同，因此，检测时，应在巷道风流中分别测定瓦斯或二氧化碳浓度。

CH_4 浓度的测定应在巷道风流的上部进行。将 CH_4 检测仪的进气口置于巷道风流的上部靠近顶板处进行采样，连续检测 3 次，取其平均值。

CO_2 浓度的测定，应在巷道风流的下部进行。

采用光学瓦斯检测仪测定时，先将光学瓦斯检测仪的进气口置于巷道风流的下部靠近底板处测出浓度，然后去掉 CO_2 吸收管测出该处混合气体浓度，后者减去前者乘以 0.952 校正系数即是 CO_2 浓度的测定值。连续检测 3 次，取其平均值。

B　采煤工作面瓦斯浓度的检查测定

a　采煤工作面测定瓦斯浓度地点

(1) 工作面进风流。指进风顺槽至工作面煤壁线以外的风流。

(2) 工作面风流。指距煤壁、顶、底板各 200mm（小于 1mm 厚的薄煤层采煤工作面距煤壁、顶、底板各 100mm）和以采空区切顶线为界的采煤工作面空间的风流。

(3) 上隅角。指采煤工作面回风巷最后一架棚落山侧 1m 处。

(4) 工作面回风流。指距采煤工作面 10m 以外的回风顺槽内不与其他风流汇合的一段风流。

(5) 尾巷。指高瓦斯与瓦斯突出矿井采煤工作面专用于排放瓦斯的巷道栅栏处。

b　采煤工作面瓦斯浓度测定方法及规定

采煤工作面瓦斯及二氧化碳浓度的测定方法与巷道风流中的测定方法相同，但要取其中的最大值作为测定结果和处理依据。其检查的顺序和有关规定要求如下：

(1) 采煤工作面是从进风巷开始，经采煤工作面、上隅角、回风巷、尾巷栅栏处等为一次循环检查。

(2) 循环检查中，应在采煤工作面上下次检查的间隔时间中确定无人工作区或其他检查点的检查时间。

(3) 检查瓦斯的间隔时间要均匀，在正常情况下，每班检查 3 次的，其相隔时间不允许过大或过小；每班检查 2 次的，其相隔时间要求不允许半班内完成一班的检查次数。

(4) 检查采煤工作面上隅角、采空区边缘的瓦斯时，要站在支护完好的地点用小棍将胶管送到检测地点，以防缺氧而窒息。

(5) 检查采煤机前后 20m 内，距煤壁 300mm、距顶板 200mm 范围内的瓦斯。当局部积聚的瓦斯浓度达 2% 或采煤机前后 20m 内风流中瓦斯浓度达 1.5% 时，应停止采煤机工作，切断工作面电源，立即进行处理。

(6) 利用检查棍、胶皮管检查采煤机滚筒之间、距煤壁 300mm、距顶板 200mm 范围内的瓦斯。当瓦斯浓度达 2% 时，应停止采煤机的工作，切断工作面电源，进行处理；凡处理不了的，应立即向通风调度汇报。

C 掘进工作面瓦斯浓度的检查测定

a 掘进工作面测定瓦斯浓度地点

（1）掘进工作面风流。指风筒出口或入口前方到掘进工作面的一段风流。

（2）掘进工作面回风流。

（3）局部通风机前后各 10m 以内的风流。

（4）局部高冒空区域。

b 掘进工作面检测瓦斯的有关规定要求

（1）检测掘进工作面上部左右角，距顶、帮、煤壁各 200mm 处的 CH_4 浓度，取测量次数中的最大值作为检测结果和处理依据。

（2）检测掘进工作面第一架棚子左右柱窝，距帮、底各 200mm 处的 CO_2 浓度，取测量次数中的最大值作为检测结果和处理依据。

（3）循环检查中，应在掘进工作面上下次检查的间隔时间中确定无人工作区或其他检查点的检查时间。

（4）检查瓦斯的间隔时间要均匀，在正常情况下，每班检查 3 次的，其相隔时间不允许过大或过小；每班检查 2 次的，其相隔时间要求不允许半班内完成一班的检查次数。

（5）双巷掘进工作面由一名瓦斯检查员检查时，一次循环检查瓦斯应从进风侧掘进面开始到回风侧掘进面结束。

（6）检查局部高冒空区域的瓦斯时，要站在支护完好的地点用小棍将胶管送到检测地点，由低到高逐渐向上检查，检查人员的头部切忌超越检查的最大高度，以防缺氧而窒息。

（7）对于使用掘进机的掘进工作面，当掘进机工作时，应检查掘进机的电动机附近 20m 范围内及风筒出口至煤壁间风流中的瓦斯浓度。当瓦斯浓度达到 1.5% 或掘进工作面回风流中瓦斯浓度达到 1% 时，应停止掘进机工作，切断工作面电源，立即进行处理；处理不了的，应向通风调度汇报。

D 盲巷和临时停风的掘进工作面瓦斯浓度的检查测定

盲巷和临时停风时间长的掘进工作面往往会积聚大量的高浓度瓦斯，进行检查瓦斯和其他有害气体时，要特别小心谨慎，确保安全，防止窒息、中毒或瓦斯爆炸事故的发生。

（1）检查废巷、盲巷和临时停风的掘进工作面及密闭墙外的瓦斯、二氧化碳及其他有害气体时，只准在栅栏处检查；必须进入盲洞内检查时，应由救护队员进行。

（2）检查时，必须最少 2 人一起，在确认携带的矿灯、自救器和瓦斯检定器完好可靠情况下，方能进行瓦斯检查工作。2 人一前一后保持一定的安全距离，先检查巷道入口处的瓦斯和二氧化碳浓度，测定浓度均小于 3% 时，方可由外向内逐步进行检查。

（3）在盲巷入口或任何一处，检查瓦斯或二氧化碳浓度达到 3% 及其他有害气体浓度超过规定时，必须停止前进，并在入口处设置栅栏，向通风调度汇报，由通风部门按规定进行处理。

在盲巷内检查瓦斯和二氧化碳浓度时，还必须检查氧气浓度和其他有害气体浓度。倾角较大的上山盲巷应重点检查瓦斯浓度，倾角较大的下山盲巷应重点检查二氧化碳浓度。

E 煤与瓦斯突出孔内的检查测定

煤与瓦斯突出孔内未通风处理前，往往会积聚大量的高浓度瓦斯，检查瓦斯时，严禁冒险进入突出孔内检查，防止瓦斯窒息事故的发生。必须在确保安全的条件下，利用瓦斯检测棍把检测仪的进气管伸到突出孔内，由外向里逐渐进行检查，并根据检测的瓦斯浓度和积聚瓦斯量采取相应的措施进行处理。

F　工作面爆破过程中的瓦斯检查

a　放炮地点检查瓦斯的部位

（1）采煤工作面放炮地点的瓦斯检查，应在沿工作面煤壁上下各 20m 范围内的风流中进行。

（2）掘进工作面放炮地点的瓦斯检查，应在该点向外 20m 范围内的巷道风流中及本范围内局部瓦斯积聚处进行。

b　安全爆破检查的有关规定要求

井下爆破煤（岩）时，往往会从煤（岩）层中释放出大量的瓦斯。而达到燃烧或爆炸浓度的瓦斯，因爆破产生的火焰将会导致瓦斯燃烧或爆炸事故。因此，在采掘工作面爆破过程中，必须严格执行"一炮三检"和"三人连锁放炮"的安全爆破制度。

（1）"一炮三检"即装药前、爆破前、爆破后必须检查爆破地点附近 20m 以内风流中的瓦斯浓度，瓦斯浓度达 1% 时，严禁装药爆破。爆破后至少等待 15min（突出危险工作面至少 30min），待炮烟吹散，瓦斯检查工、爆破工和生产班组长一同进入爆破地点检查瓦斯及爆破效果等情况。

（2）"三人连锁放炮"即瓦斯检查工持起爆器钥匙、生产班组长持工作牌、爆破工持爆破牌，经爆破前各项检查和警戒工作符合安全要求时，相互交换牌才可爆破。

2.6.2　矿井瓦斯检测仪器

矿井瓦斯检测仪种类很多，主要分为便携式和固定式两大类，按其工作原理又分为光干涉式、热催化式、热导式、红外线式、气敏半导体式、声速差式和离子化式等几种。

下面只介绍瓦斯检查员必备的便携式光学瓦斯检测器和井下部分流动人员经常携带的便携式瓦斯报警器的构造、原理、使用方法。

2.6.2.1　光学瓦斯检测器

光学瓦斯检测器是煤矿井下用来测定瓦斯和二氧化碳气体浓度的便携式仪器。这种仪器的特点是携带方便，操作简单，安全可靠，且有足够的精度。但由于采用光学系统，因此构造复杂，维修不便。仪器测定范围和精度有两种：$0 \sim 10.0\%$，精度 0.01%；$0 \sim 100\%$，精度 0.1%。

A　光学瓦斯检测器的构造

光学瓦斯检测器有很多种类，其外形和内部构造基本相同。现以 AQC-1 型光学瓦斯检测器为例介绍其构造。

图 2-39 为 AQC-1 型光学瓦斯检测器的内部构造图，它由以下 3 个系统组成。

（1）气路系统。由进气管、二氧化碳吸收管、水分吸收管、气室、吸收管、吸气橡皮球、毛细管等组成。其中主要部件的作用如下：

1）二氧化碳吸收管。装有颗粒直径 $2 \sim 5mm$ 的钠石灰，当测定瓦斯浓度时用于吸收混合气体中的二氧化碳。

2）水分吸收管。水分吸收管内装有氯化钙（或硅胶），吸收混合气体中的水分。

3）气室。如图2-40中的5，用于分别存储新鲜空气和含有瓦斯或瓦斯、二氧化碳的混合气体。图2-40中A为空气室，B为瓦斯室。

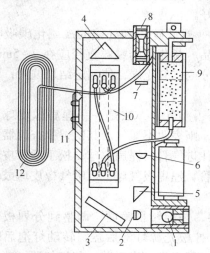

图 2-39　光学瓦斯检测器的内部结构
1—灯泡；2—聚光镜；3—平面镜；4—折光棱镜；
5—反射棱镜；6—物镜；7—测微玻璃；8—目镜；
9—吸收管；10—气室；11—按钮；12—盘形管

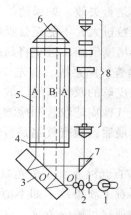

图 2-40　光学瓦斯检测器原理图
1—光源；2—聚光镜；3—平面镜；
4—平行玻璃；5—气室；6—反光棱镜；
7—反射棱镜；8—望远镜系统

4）毛细管。毛细管的一端与大气相通，另一端与空气室相连。其作用是保持空气室内的空气的温度和绝对压力与被测地点相同。

（2）光路系统。光路系统及其组成如图2-40所示。

（3）电路系统。电路系统由电池、光源灯泡、光源盖、微读数电门和光源电门等组成，实现光路系统的电能供给和电路控制功能。

B　光学瓦斯检测器的原理

光学瓦斯检测器的工作原理如图2-40所示。由光源1发出的光，经聚光镜2到达平面镜3的O点后分为两束光线。一束光在平面镜O点反射穿过右空气室，经反光棱镜6两次反射后穿过左空气室，然后回到平面镜3，折射入平面镜，经其底面反射到镜面，再折射于O′点穿出平面镜3；另一束光被折射入平面镜3，在底面反射，镜面折射穿过瓦斯室B，经反光棱镜6，仍然通过瓦斯室B也回到平面镜3的O′点，反射后与第一束光一同进入反射棱镜7，再经90°反射进望远镜。这两束光由于光程不同，在望远镜的焦面上就产生了白色光特有的干涉条纹光谱。通过望远镜就可以清晰地看到有两条黑条纹和若干条彩色条纹组成的光谱。如果以空气室和瓦斯室均充入密度相同的新鲜空气时产生的干涉条纹为基准，当用含有瓦斯的空气置换瓦斯室的空气后，两气室内的气体成分和密度不同，折射率也就不同，光谱发生位移。若保持气室的温度和压力相同，光谱的位移距离就与瓦斯的浓度成正比，从望远镜系统中的刻度尺上读出光谱位移量，以此位移量来表示瓦斯的浓度，这就是光学瓦斯检测器的原理。

当待测地点的气体压力和温度变化时，瓦斯室内的气体的压力和温度随之变化，气体折射率也要变化，会因此产生附加的干涉条纹位移。由于仪器空气室安设了毛细管，其作用是消除环境条件变化的干扰，使测得的瓦斯浓度值不受影响。

C　准备工作

使用光学瓦斯检测器前，应首先检查其是否完好。

（1）检查药品性能。检查水分吸收管中氯化钙（或硅胶）和外接的二氧化碳吸收管中的钠石灰是否失效。如果药品失效，应更换新药品。新药品的颗粒直径应在 2~5mm 之间。药品颗粒过大，不能充分吸收通过气体中的水分或二氧化碳，使测定结果偏大；颗粒过小又易于堵塞气路，甚至将药品粉末吸入气室内。

（2）检查气路系统。首先，检查吸气橡皮球是否漏气，方法是一手捏扁橡皮球，另一手捏住橡皮球的胶管，然后放松皮球，若不胀起，则表明不漏气。其次，检查仪器是否漏气，将吸气橡皮球胶管同检测仪吸气孔连接，堵住进气管，捏扁皮球，松手后橡皮球不胀起为好。最后，检查气路是否畅通，即放开进气管，捏扁吸气球，以吸气橡皮球鼓起自如为好。

（3）检查光路系统。按光源电门，由目镜观察，并旋转目镜筒，调整到分划板刻度清晰时，再看干涉条纹。如不清晰，取下光源盖，拧松光源灯泡后盖，转动灯泡后端小柄，并同时观察目镜内条纹，直至条纹清晰为止，拧紧光源灯泡后盖，装好仪器。若电池无电应及时更换新电池。

（4）对仪器进行校正。国产光学瓦斯检测器的校正办法是将光谱的第一条黑色条纹对在"0"刻度上，如果第 5 条条纹正在"7%"的数值上，则表明条纹宽窄适当，可以使用；否则应调整光学系统。

D　测定瓦斯

用光学瓦斯检测器测定瓦斯时，应按下述步骤进行操作。

（1）调零。在与待测地点温度、气压相近的进风巷道中，如图 2-41 所示，捏放吸气橡皮球 7 次，清洗瓦斯室。温度和气压相近，是防止因温度和空气压力不同引起测定时出现零点漂移的现象。然后，按下微读数电门 5，观看微读数观测窗，旋转微调手轮 1，使微读数盘的零位刻度和指标线重合；再按下光源电门 4，观看目镜，旋下主调螺旋盖，转动主调手轮 2，在干涉条纹中选定一条黑基线与分划板的零位相重合，并记住这条黑基线，盖好主调螺旋盖，再复查对零的黑基线是否移动。

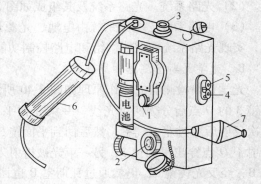

图 2-41　光学瓦斯检测器的使用
1—微调手轮；2—主调手轮；3—目镜；4—光源电门；
5—微读数电门；6—二氧化碳吸收管；7—吸气球

（2）测定。在测定地点处将仪器进气管送到待测位置，如果测点过高或人不能进入的空间，可接长胶皮管，系在木棍或竹棍上，送到待测位置。捏放橡皮吸气球 5~10 次（胶皮管长，次数增加），将待测气体吸入瓦斯室。按下光源电门 4，从目镜中观察黑基线的位置，黑基线处在两个整数之间时，转动微调手轮，使黑基线倒退到和小的整数重合，读出此整数，再从微读数盘上读出小数位，二者之和即为测定的瓦斯浓度。例如，从整数位读出整数值为 1，微读数读出 0.36，则测定的瓦斯浓度为 1.36%。同一地点最少检测 3 次，然后取平均值。

E 测定二氧化碳

用光学瓦斯检测仪测定二氧化碳浓度时，先用上述方法测出待测点的瓦斯浓度，然后取下二氧化碳吸收管，在此点再捏放吸气球 5~10 次，测出二氧化碳和瓦斯的混合浓度，从混合浓度中减去瓦斯浓度，再乘以 0.952 的校正系数，即得二氧化碳的浓度。

F 使用和保养

光学瓦斯检测器的使用和保养应注意以下问题：

（1）携带和使用检测仪时，应轻拿轻放，防止和其他物体碰撞，以免仪器受较大振动，损坏仪器内部的光学镜片和其他部件。

（2）当仪器干涉条纹观察不清时，往往是测定时空气湿度过大，水分吸收管不能将水分全部吸收，在光学玻璃上结成雾粒；或者有灰尘附在光学玻璃上。当光学系统确有问题时，调动光源灯泡也不能解决，就要拆开进行擦拭，或调整光学系统。

（3）如果空气中含有一氧化碳（火灾气体）或硫化氢，将使瓦斯测定结果偏高。为消除这一影响，应再加一个辅助吸收管，管内装颗粒活性碳可消除硫化氢；装 40% 氧化铜和 60% 二氧化锰混合物可消除一氧化碳。

（4）在严重缺氧的地点（如密闭区和火区）气体成分变化大，光学瓦斯检测器测定的结果将比实际浓度大得多，这时最好采取气样，用气体分析的方法测定瓦斯浓度。

（5）高原地区空气密度小、气压低，使用时应对仪器进行相应的调整，或根据测定地点的温度和大气压力计算校正系数，并进行测定结果的校正。

（6）定期对仪器进行检查、校正，发现问题及时维修。仪器不用时应放在干燥地点，取出电池，防止仪器腐蚀。

G 防止光学瓦斯检测器零点漂移

用光学瓦斯检测器测定瓦斯时，发生零点漂移会使测定结果不准确，其主要原因和解决办法如下：

（1）仪器空气室内空气不新鲜。解决办法是用新鲜空气清洗空气室，不得连班使用同一台光学瓦斯检测器，否则毛细管里的空气不新鲜，起不到毛细管的作用。

（2）调零地点与测定地点温度和气压不同。解决办法是尽量在靠近测定地点、标高相差不大、温度相近的进风巷道内调零。

（3）瓦斯室气路不畅通。要经常检查气路，如发现堵塞及时修理。

H 光学瓦斯检测器的校正系数

当温度和气压变化较大时，应校正已测得的瓦斯或二氧化碳浓度值。光学瓦斯检测器是在温度为 20℃、1 个标准大气压力条件下标定分划板刻度的。当被测地点空气温度和大气压力与标定刻度时的温度和大气压力相差较大时（温度超过 20℃±2℃，大气压超过 101325Pa±100Pa），应进行校正。校正的方法是将已测得的瓦斯或二氧化碳浓度乘以校正乘数 K。校正系数 K 按式（2-62）计算：

$$K = 345.8T/P \tag{2-62}$$

式中 T——测定地点绝对温度，K，绝对温度 T 与摄氏温度 t 的关系为 $T = t + 273$；

P——测定地点的大气压力，Pa。

例如，测定地点温度为27℃、大气压力为86645Pa，测得瓦斯浓度读数为2.0%，根据公式计算，$T = 273+27 = 300K$ 得 $K = 1.2$，校正后瓦斯浓度为2.4%。

2.6.2.2　便携式瓦斯检测报警器

便携式瓦斯检测报警器是一种可连续测定环境中瓦斯浓度的电子仪器。当瓦斯浓度超过设定的报警点时，仪器能发出声、光报警信号。它具有体积小、质量轻及检测精度高、读数直观、连续检测、自动报警等优点，是煤矿防止瓦斯事故的重要防线。

便携式瓦斯检测报警器种类很多，目前尚无统一、明确的分类方法，习惯上按检测原理分类，主要分为热催化（热效）式、热导式及半导体气敏元件式三大类。便携式瓦斯检测报警器的测量瓦斯浓度范围一般在0~4.0%或0~5.0%。当瓦斯浓度在0~1.0%时，测量误差为±0.1%；当瓦斯浓度在1.0%~2.0%时，测量误差为±0.2%；当瓦斯浓度在2.0%~4.0%时，测量误差为±0.3%。

A　热催化（热效）式瓦斯检测报警器

热催化（热效）式瓦斯检测报警器是由热催化元件、电源、放大电路、警报电路、显示电路等部分构成。其中热催化元件是仪器的主要部分，它直接与环境中的瓦斯相接触，当甲烷等可燃气体在元件表面发生氧化反应时，放出的热使元件的温度上升，改变其金属丝的电阻值，测量电路有电压输出，以此电压的大小来表示瓦斯浓度的高低。

热催化元件是用铂丝按一定的几何参数绕制的螺旋圈，外部涂以氧化铝浆并经煅烧而成的一定形状的耐温多孔载体，如图2-42所示。其表面上浸渍一层铂、钯催化剂。这种检测元件表面呈黑色，称黑元件。除黑元件以外，在仪器中还有一个与黑元件结构相同，但表面没有涂催化剂的补偿元件，称白元件。黑白两个元件分别接在一个电桥的相邻桥臂上，电桥的另两个桥臂分别接入适当的电阻测量电桥，如图2-43所示。

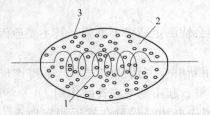

图 2-42　载体催化元件的结构
1—铂丝；2—氧化铝；3—催化剂

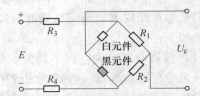

图 2-43　催化传感器测量电桥原理

使用时，一定的工作电流通过检测元件，其表面被加热到一定的温度，含有瓦斯的空气接触到黑元件表面时，便被催化燃烧，燃烧放出的热量又进一步使元件的温度升高，使铂丝的电阻值明显增加，于是电桥就失去平衡，输出一定的电压。在瓦斯浓度低于4%的情况下，电桥输出的电压与瓦斯浓度基本上呈直线关系，因此可以根据测量电桥输出电压的大小测算出瓦斯浓度的数值；当瓦斯浓度超过4%时，输出电压就不再与瓦斯浓度成正比关系。所以按这种原理做成的甲烷检测报警器只能测低浓度的瓦斯。

B　热导式瓦斯检测报警器

热导式瓦斯检测报警器与热催化瓦斯检测报警器的构造基本相同，也是由热导元件、电源、放大电路、显示及报警电路组成，区别在于两种仪器热敏元件的构造和原理不同。

热导式检测器是依据矿井空气的导热系数随瓦斯含量的变化而变化这一特性，通过测量这个变化来达到测量瓦斯含量的目的。通常仪器都是通过某种热敏元件将混合气体中待测成分含量变化引起的导热系数变化转变成为电阻值的变化，再通过平衡电桥来测定这一变化的。其原理图如图 2-44 所示。

图 2-44 中，r_1 和 r_2 为两热敏元件，分别置于同一气室的两个小孔腔中，它们和电阻 R_3、R_4 共同构成电桥的 4 个臂。放置 r_1 的小孔腔与大气连通，称为工作室；放置 r_2 的小孔腔充入清净空气后密封，称为比较室。工作室和比较室在结构上尺寸、形状完全相同。

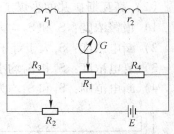

图 2-44　热导式瓦斯传感器电路原理

在无瓦斯的情况下，由于两个小孔腔中各种条件皆相同，两个热敏元件的散热状态也相同，电桥就处于平衡状态，电表 G 上无电流通过，其指示为零。

当含有瓦斯的气体进入气室与 r_1 接触后，由于瓦斯比空气的导热系数大、散热好，故使其温度下降，电阻值减小，而被密封在比较室内的 r_2 阻值不变，于是电桥失去平衡，电表 G 中便有电流通过。瓦斯含量越高，电桥就越不平衡，输出的电流就越大。根据电流的大小便可得出矿井空气中瓦斯含量值。利用这种原理制成的检定器一般用于检定高浓度瓦斯。

C　便携式瓦斯检测报警器的使用

便携式瓦斯检测报警器在每次使用前都必须充电，以保证其可靠工作。使用时首先在清洁空气中打开电源，预热 15min 观察指示是否为零，如有偏差，则需调整调零电位器使其归零。

测量时，用手将仪器的传感器部位举至或悬挂在测点处，经十几秒的自然扩散，即可读取瓦斯浓度的数值；也可由工作人员随身携带，在瓦斯超限发出声、光报警时，再重点监视环境瓦斯或采取相应措施。使用仪器时应当注意：

（1）要保护好仪器，在携带和使用过程中严禁摔打、碰撞，严禁被水浇淋或浸泡。

（2）使用中发现电压不足时，应立即停止使用，否则将影响仪器的正常工作，缩短电池使用寿命。

（3）热催化式瓦斯测定器不适宜在含有 H_2S 的地区以及瓦斯浓度超过仪器允许值的场所中使用，以免仪器产生误差或损坏。

（4）对仪器的零点、测试精度及报警点应 1 周或 1 旬进行校验，以便使仪器测量准确、可靠。

2.6.2.3　瓦斯传感器的设置

瓦斯传感器也称甲烷自动检测报警装置，在井下它像哨兵一样能连续检测瓦斯浓度并能在瓦斯超限时发出警报。瓦斯传感器应垂直悬挂在巷道顶板（顶梁）下距顶板不大于 300mm、距巷道侧壁不小于 200mm 处，该巷道顶板要坚固、无淋水；在有风筒的巷道中，不得悬挂在风筒出风口和风筒漏风处。下面说明瓦斯传感器在主要地点的设置。

A　采煤工作面瓦斯传感器的设置

（1）低瓦斯矿井的采煤工作面中，瓦斯传感器按图 2-45 所示设置。

1）报警浓度：大于等于 1.0%；

2）断电浓度：大于等于 1.5%；

3）复电浓度：小于 1.0%；

4）断电范围：工作面及其回风巷内全部非本质安全型电器设备。

（2）高瓦斯矿井的采煤工作面中，瓦斯传感器按图 2-46 所示设置。

1）报警浓度：S_1 和 S_2 均大于等于 1.0%；

2）断电浓度：S_1 大于等于 1.5%，S_2 大于等于 1.0%；

3）复电浓度：S_1 和 S_2 均小于 1.0%；

4）断电范围：S_1 和 S_2 均为工作面及回风巷内全部非本质安全型电气设备。

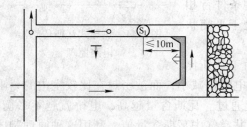

图 2-45　低瓦斯工作面瓦斯传感器设置

S_1—采煤工作面风流中的瓦斯传感器

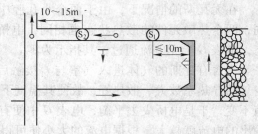

图 2-46　高瓦斯工作面瓦斯传感器设置

S_1—采煤工作面风流中的瓦斯传感器；

S_2—采煤工作面回风流中的瓦斯传感器

（3）煤与瓦斯突出矿井的采煤工作面中，瓦斯传感器按图 2-47 所示设置。

S_1 和 S_2 设置规定与高瓦斯矿井采煤工作面的设置规定相同，其中，S_1 和 S_2 的断电范围扩大到进风巷内全部非本质安全型电气设备，如果不能实现断电，则应增设 S_3。

S_3 的报警浓度和断电浓度均大于等于 0.5%，复电浓度小于 0.5%，断电范围为采煤工作面及进回风巷内全部非本质安全型电气设备。

采煤工作面采用串联通风时，被串联工作面的进风巷必须设置瓦斯传感器。瓦斯传感器的报警浓度和断电浓度均大于等于 0.5%，复电浓度小于 0.5%，断电范围为被串采煤工作面及其进回风巷内全部非本质安全型电气设备。

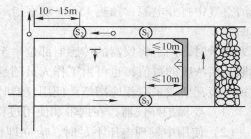

图 2-47　煤与瓦斯突出工作面瓦斯传感器设置

S_1—采煤工作面风流中的瓦斯传感器；

S_2—采煤工作面回风流中的瓦斯传感器；

S_3—采煤工作面进风流中的瓦斯传感器

装有矿井安全监控系统的采煤工作面，符合条件且经批准，回风巷风流中瓦斯浓度提高到 1.5% 时，回风巷（回风流）瓦斯传感器的报警浓度和断电浓度均大于等于 1.5%，复电浓度小于 1.5%。

采煤工作面的采煤机应设置机载式瓦斯断电仪或便携式瓦斯检测报警器。其报警浓度大于等于 1.0%，断电浓度大于等于 1.5%，复电浓度小于 1.0%，断电范围为采煤机电源。

B　掘进工作面瓦斯传感器的设置

（1）高瓦斯矿井和煤与瓦斯突出矿井的煤巷、半煤岩巷和有瓦斯涌出的岩巷掘进工作面，瓦斯传感器按图 2-48 所示设置。

低瓦斯矿井的掘进工作面，可不设 S_2。

1）报警浓度：S_1 和 S_2 均大于等于 1.0%；

2）断电浓度：S_1 大于等于 1.5%，S_2 大于等于 1.0%；

3）复电浓度：S_1 和 S_2 均小于 1.0%；

4）断电范围：S_1 和 S_2 均为掘进巷道内全部非本质安全型电气设备。

（2）掘进工作面与掘进工作面串联通风时，被串掘进工作面增加瓦斯传感器 S_3，按图 2-49 所示设置。

1）报警浓度和断电浓度：S_3 大于等于 0.5%；

2）复电浓度：S_3 小于 0.5%；

3）断电范围：被串掘进巷道内全部非本质安全型电气设备。

掘进工作面的掘进机应设置机载式瓦斯断电仪或便携式瓦斯检测报警器。其报警浓度大于等于 1.0%，断电浓度大于等于 1.5%，复电浓度小于 1.0%，断电范围为掘进机电源。

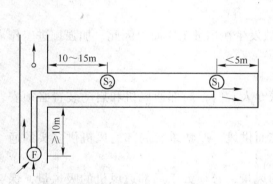

图 2-48　掘进工作面瓦斯传感器设置

S_1—掘进工作面风流中的瓦斯传感器；

S_2—掘进工作面回风流中的瓦斯传感器

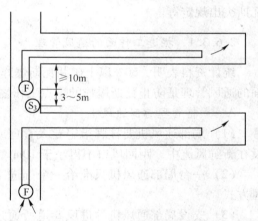

图 2-49　串联通风掘进工作面瓦斯传感器设置

S_3—被串联工作面风流中的瓦斯传感器；

F—局部通风机

C　煤矿安全监控系统简介

随着科学技术的进步，生产自动化和管理现代化的矿井日益增多，传统的人工检测和一般的检测装备及其监测技术已无法适应现代化矿井生产发展的需要。于是，系统监控技术和各种类型的安全监控系统装备相继问世，并逐步取代各种简单的监测手段。

煤矿安全监控系统是煤矿安全生产的重要保障，在瓦斯防治、遏制超能力生产、加强井下作业人员管理等多方面发挥着重要作用。

煤矿安全监控系统是集传感器技术、计算机技术、监控技术和网络技术于一体的现代化综合系统，主要有监测瓦斯浓度、一氧化碳浓度、二氧化碳浓度、氧气浓度、硫化氢浓度、矿尘浓度、风速、风压、湿度、温度、馈电状态、风门状态、局部通风机开停、主要通风机开停，并实现瓦斯超限声光报警、断电和瓦斯风电闭锁控制等功能。

当瓦斯超限或局部通风机停止运行或掘进工作面停风时，煤矿安全监控系统会自动切断相关区域的电源并闭锁，避免或减少由于电气设备失爆、违章作业、电气设备故障电火花或危险温度引起瓦斯爆炸；避免或减少采掘运设备运行产生的摩擦碰撞火花及危险温度等引起瓦斯爆炸；及时通知提醒矿井各级领导、生产调度等，将相关区域人员撤至安全地点。

同时，还可以通过煤矿安全监控系统监控瓦斯抽放系统、矿井通风系统、煤炭自然发火、煤与瓦斯突出、煤矿井下人员等。

2.6.3　矿井瓦斯管理

瓦斯矿井必须根据《煤矿安全规程》有关规定，结合本矿井的实际情况，建立和健全矿井瓦斯管理的有关规定和制度。这主要包括：健全专业机构，配备足够的检查人员，定期培训和不断提高专业人员技术素质的规定；建立各级领导和检查人员（包括瓦斯检查工）区域分工巡回检查、汇报制度，建立矿长、总工程师每天签阅瓦斯日报的制度；建立盲巷、旧区和密闭启封等瓦斯管理规定；健全放炮过程中的瓦斯管理制度；健全排放瓦斯的有关规定及瓦斯监测装备的使用、管理的有关规定；健全矿井瓦斯抽放、防止煤与瓦斯突出规定等。

2.6.3.1　掘进工作面的通风管理

统计资料表明，60%以上矿井瓦斯爆炸事故发生在掘进工作面。因此，加强掘进工作面的通风管理是防止瓦斯爆炸的重点工作之一。

A　严格管理局部通风机

（1）局部通风机要挂牌指定专人管理或派专人看管，局部通风机和启动装置必须安设在新鲜风流中，距回风口不得小于10m。

（2）一台局部通风机只准给一个掘进工作面供风，严禁单台局部通风机供多头的通风方式。

（3）安设局部通风机的进风巷道所通过的风量，必须大于局部通风机的吸风量，保证局部通风机不发生循环风。

（4）局部通风机不准任意开停。有计划停电、停风时，要编制安全措施，履行审批手续，并严格执行。停风、停电前必须先撤出人员和切断电源；恢复通风前必须检查瓦斯，符合规定后，方可人工开启局部通风机。

B　风筒"三个末端"管理

严格风筒"三个末端"管理是指风筒末端距掘进工作面距离必须符合作业规程要求，风筒末端出口风量要大于 $40m^3/min$，风筒末端处回风瓦斯浓度必须符合《煤矿安全规程》规定。

C　高、突矿井掘进工作面局部通风机供电的要求

在瓦斯喷出区域、高瓦斯矿井、煤与瓦斯突出矿井的所有掘进工作面的局部通风机，都应安装"三专两闭锁"设施。所谓"三专"，即是专用变压器、专用开关、专用线路；所谓"两闭锁"，是指局部通风机安设的"风电闭锁"和"瓦斯电闭锁"装置。具体功

能要求：

（1）当局部通风机停止运转时，能自动切断局部通风机供风巷道中的一切动力电源。

（2）只有当局部通风机启动，工作面风量符合要求后，才可向供风区域送电。

（3）当掘进巷道内瓦斯超限时，能自动切断局部通风机供风巷道中的一切动力电源，而局部通风机照常运转。

（4）若供风区域内瓦斯超限，该区域的电器设备不能送电，只有排除瓦斯，浓度低于1%时，方可解除闭锁，人工送电。

2.6.3.2 盲巷和采空区瓦斯日常管理

（1）井下应尽量避免出现任何形式的盲巷。与生产无关的报废巷道或旧巷，必须及时充填或用不燃性材料进行封闭。

（2）对于掘进施工的独头巷道，局部通风机必须保持正常运转，临时停工也不得停风。如因临时停电或其他原因局部通风机停止运转，要立即切断巷道内一切电气设备的电源（安设风电闭锁装置可自动断电）和撤出所有人员，在巷道口设置栅栏，并挂有明显警标，严禁人员入内，瓦斯检查工每班在栅栏处至少检查一次。发现栅栏内侧1m处瓦斯浓度超过3%或其他有害气体超过允许浓度的，必须在24h内用木板予以密闭。

（3）长期停工、瓦斯涌出量较大的岩石巷道也必须封闭，没有瓦斯涌出或涌出量不大（积存瓦斯浓度不超过3%）的岩巷可不封闭，但必须在巷口设置栅栏、揭示警标，禁止人员入内并定期检查。

（4）凡封闭的巷道，要对密闭坚持定期检查，至少每周一次，并对密闭质量、内外压差、密闭内气体成分、温度等进行检测和分析，发现问题采取相应措施及时处理。

（5）恢复有瓦斯积存的盲巷，或打开密闭时，瓦斯处理工作应特别慎重，事先必须编制专门的安全措施，报矿总工程师批准。处理前应由救护队佩戴呼吸器进入瓦斯积聚区域检查瓦斯浓度，并估算积聚的瓦斯数量，然后按"分级管理"的规定排放瓦斯。

2.6.3.3 排放瓦斯的分级管理

A 排放瓦斯分级管理的规定

（1）一级管理。停风区中瓦斯浓度超过1.0%或二氧化碳浓度超过1.5%，最高瓦斯或二氧化碳浓度不超过3.0%时，必须采取安全措施，控制风流排放瓦斯。

（2）二级管理。停风区中瓦斯浓度或二氧化碳浓度超过3.0%时，必须制定安全排瓦斯措施，报矿技术负责人批准。

B 排放瓦斯的安全措施

凡因停电或停风造成瓦斯积聚的采掘工作面、恢复瓦斯超限的停工区或已封闭的停工区以及采掘工作面接近这些地点时，通风部门必须编制排放瓦斯安全措施。不编制排放瓦斯的安全措施，不准进行排放瓦斯工作。具体排放瓦斯的安全措施应包括下列内容：

（1）计算排放的瓦斯量、供风量和排放时间，制定控制排放瓦斯的方法，严禁"一风吹"，确保排出的风流与全风压风流混合处的瓦斯浓度不超过1.5%，并在排出的瓦斯与全风压风流混合处安设瓦斯断电仪。

（2）确定排放瓦斯的流经路线和方向、控制风流设施的位置、各种电气设备的位置、通信电话位置、甲烷传感器的监测位置等，必须做到文图齐全，并在图上注明。

（3）明确停电撤人范围，凡受排放瓦斯影响的硐室、巷道和被排放瓦斯风流切断安全出口的采掘工作面，必须停电、撤人、停止作业，并指定警戒人员的位置，禁止其他人员进入。

（4）排放瓦斯风流经过的巷道内的电气设备，必须指定专人在采区变电所和配电点两处同时切断电源，并设警示牌和专人看管。

（5）瓦斯排完后，指定专人检查瓦斯，只有在供电系统和电气设备完好、排放瓦斯巷道的瓦斯浓度不超过 1% 时，方准指定专人恢复供电。

（6）加强排放瓦斯的组织领导，明确排放瓦斯人员名单，要落实责任。

2.6.3.4　爆破过程中的瓦斯管理

《煤矿安全规程》规定：爆破地点附近 20m 以内风流中的瓦斯浓度达到 1% 时，严禁爆破。严格执行爆破过程中的瓦斯管理，必须严格检查制度，严格执行"一炮三检"和"三人连锁放炮"制度。

A　"一炮三检"制度

"一炮三检"是要求爆破工在井下爆破工艺过程中的装药前、爆破前和爆破后必须分别检查爆破地点附近 20m 内风流中的瓦斯浓度，只有在瓦斯浓度符合《煤矿安全规程》有关规定时，方准许进行装药、爆破。需要强调的是：每放一次炮之前、之后都要分别进行检查，不准检查一次而多次爆破。爆破工还必须随身携带"一炮三检记录手册"，应把检查的结果填写在上面，做到检查一次填写一次。

B　"三人连锁放炮"制度

"三人连锁放炮"制度是为安全爆破而采取的有效措施，既可防止瓦斯燃爆事故的发生，又可防止爆破伤人。三人连锁中的"三人"，是指生产小组长（队长）、爆破工和瓦斯检查工；连锁的方法是，瓦斯检查工携带爆破起爆器的"钥匙"，生产组长携带"工作牌"，爆破工携带"爆破牌"。爆破前由爆破工、瓦斯检查工和生产组长 3 人检查风流瓦斯浓度和其他爆破安全事项，当符合《煤矿安全规程》要求、允许爆破时，开始交换牌子和钥匙；生产组长把自己携带的工作牌与瓦斯检查工携带的起爆器钥匙交换，生产组长持起爆器钥匙连接炮药引火导线后，用手中的钥匙换爆破工手中的爆破牌，之后，生产组长与瓦斯检查工一起躲避在安全处，由爆破工起爆放炮；炮声响过、瓦斯检查工检查瓦斯合格后，生产组长再用手中的爆破牌换回爆破工手中的钥匙去连接爆破导线，直到爆破结束。最后，生产组长用手中的爆破牌与爆破工手中的爆破钥匙交换，再用钥匙与瓦斯检查工手中的工作牌交换，标志着爆破工作结束。

2.6.4　安全排放瓦斯技术

矿井排放瓦斯有局部通风机排放瓦斯和全风压排瓦斯两大类，其中局部通风机排放瓦斯又分掘进工作面临时停风排瓦斯和已封闭巷道或长期不通风巷道的瓦斯排放。全风压排瓦斯包括尾排处理采面上隅角瓦斯。除掘进面排瓦斯外都有一个启封密闭排瓦斯问题。

2.6.4.1 局部通风机排放瓦斯

A 掘进工作面临时停风的瓦斯排放

a 扎风筒法

在启动局部通风机前先把局部通风机前的风筒扎起来，只留小孔，开动局部通风机，向工作面供风。瓦斯在巷道整体向外推移。进入全风压处被稀释，扎风筒的大小按瓦斯量大小确定。排完瓦斯再把扎风筒处全打开。

b 挡局部通风机法

在启动局部通风机前用木板或皮带将局部通风机遮挡上一部分，再启动局部通风机，根据瓦斯情况确定遮挡的大小，等到排完瓦斯把挡板或皮带移开。

c 设三叉风筒排瓦斯

在局部通风机前设一个三叉风筒，其中一个出风叉口向工作面供风，另一个出风叉口平时正常通风时捆扎严实，不许漏风，遇到需要排瓦斯时将捆扎处打开，再启动局部通风机，一部分新风供向工作面，一部分新风在打开的叉口处出来直接进入回风巷道。进入工作面的风流可将巷道的瓦斯向外推移到全风压处再稀释，根据瓦斯情况，在三叉处控制两个方向的风量，直到排完瓦斯后，再将通向回风巷道的风筒叉口捆扎严实。

d 断开风筒法

在启动局部通风机前，排瓦斯人员向工作面方向检查瓦斯，在瓦斯浓度达到1%处，将风筒断开，直接启动局部通风机，根据瓦斯浓度将风筒半对接，一人在断开风筒后方5~10m处检查瓦斯，浓度不准超过1.5%，超过了就把风筒移开一些，多些新风，浓度降下来就把风筒多对上点儿，如此反复直到瓦斯不超，全部接上风筒。

局部通风机排放瓦斯方法比较：前三种方法的优点是简单易行、省事。它的原理都是减少向工作面供风，瓦斯整体缓慢向外推移，瓦斯到全风压处得到稀释。缺点：一是供风少，瓦斯向外移动慢，一条巷道几百米或上千米，排瓦斯时间过长；二是高浓度瓦斯什么时间到全风压处不易掌握，要经常检查瓦斯，人就容易接触高浓度瓦斯；三是开始排放瓦斯时，供风量不易控制，排放效果难以掌握；四是调节风量都是在局部通风机附近，噪声大，联系不便。

第四种方法的优点是用局部通风机的风量稀释瓦斯，排放时间短，瓦斯浓度易控制，人不接触高浓度瓦斯，高浓度瓦斯仅存于高瓦斯区域；缺点是需要断开风筒，然后到外边启动局部通风机，遇有突然停电，人员应立即撤出掘进巷道。该方法在出现断电停风情况时，撤人比较安全。

前三种方法缺点较多，如果全风压回风道是陡立的上山或立眼，检查瓦斯就非常困难。第四种方法适应性强，一般掘进巷道，如无特殊瓦斯涌出点，外边巷道瓦斯释放时间长，瓦斯涌出量下降，瓦斯都先从工作面逐渐向外不断延长超限区域。用断风筒法能迅速排出瓦斯，减少瓦斯积聚的时间，迅速恢复瓦斯积聚区域正常通风。

如果巷道瓦斯涌出量特别大，整个掘进巷道全部瓦斯超限，必须在全风压处控制瓦斯浓度，要在启动风机时采取特殊措施。可以用皮带或木板对风机集风器口进行遮挡，启动风机后，根据瓦斯情况，再把遮挡的皮带或木板逐渐移开。这种方法适用于全风压供风较大的掘进工作排瓦斯。

B　巷道贯通前的瓦斯预排放

a　巷道有风筒的瓦斯排放

如果是独头巷道，且巷道里留有设好的风筒，比如工作面上巷到位，工作面下巷或上山没到位，需要从工作面下巷或上山掘进与工作面上巷贯通时，如果工作面上巷停工时间不长，工作面上巷封闭区里风筒可以不撤，排瓦斯时就不需重设风筒。破拆密闭后先把风筒接到密闭外，要根据瓦斯浓度确定向工作面上巷的供风量，在全风压10m处测定瓦斯浓度如果不超过1.5%，就多对接风筒；超了就少接，如前述断风筒法一样将瓦斯排完，然后恢复工作面上巷正常通风。

b　巷道没有风筒的瓦斯排放

被贯通盲巷道没有风筒时，就要一节一节由外向里接设，每一次接风筒前风筒口要多吹一会儿，保证风筒口10m内瓦斯不超过1.5%，再把下一整节风筒铺开，也要慢对接，后方一人检查瓦斯（方法同断开风筒法）。如果巷道瓦斯浓度特别高，可准备半节（5m）长风筒，同整节10m长风筒向前倒着连接（要特别注意沿空留巷巷道排瓦斯时，因采空区瓦斯不断涌出，可能会出现每连接一节风筒，瓦斯浓度几十分钟都不能降到规定浓度以下。此时，千万不要急于接风筒，以免造成回风瓦斯超限），直到排完整个巷道瓦斯。

c　破拆密闭排瓦斯

破拆密闭时使用的工具必须是铜锤铜钎，一般由救护队施工，在破拆密闭前先检查密闭前瓦斯，如有观测孔可先打开观测孔检查瓦斯，如果不超限可直接破拆密闭。在没有观测孔不掌握密闭内瓦斯的情况下，破拆密闭前必须设局部通风机和风筒，启动局部通风机，风筒口对着密闭一边吹风，一边用铜钎破开不超直径10m的小孔，观测瓦斯情况（在破孔时如果瓦斯压力较大，不准扩孔，必须等到压力消失不再喷瓦斯时再扩孔），同时检查回风瓦斯浓度，超过1.5%停止扩孔，只有瓦斯浓度降到1%以下后才继续破拆密闭，之后用"巷道没有风筒的瓦斯排放"方法。

为安全起见，破拆密闭人员在条件允许时可把矿灯摘下，由其他人员在全风压处配合照明（一般情况下，在距密闭全风压处不超过5m），以防止瓦斯浓度达到爆炸界限时矿灯失爆引爆瓦斯。

2.6.4.2　全风压排放瓦斯

全风压排瓦斯是指利用主扇全风压排瓦斯，对已经形成风路的封闭巷道，如备用采面，或暂时闲置的巷道，在恢复正常通风前需要排出巷道中的瓦斯。

全风压排瓦斯要坚持先破拆回风侧密闭，后破拆入风侧密闭的原则。破拆密闭方法同破拆密闭排瓦斯。为了准确控制瓦斯流量，在破拆回风侧密闭时，破拆口面积可以先开大一些，暂时用木板、废旧皮带或砖等堵上，等到入风侧密闭破拆开后，再根据瓦斯情况，在回风侧逐渐打开先前暂时封堵的砖或木板，以进入回风道瓦斯浓度不超限为准，直到全部排完瓦斯。

有时还采用缓慢排放法。时间允许时，不需要立即恢复通风的巷道，提前打开入排风密闭观测孔，使瓦斯长时间缓慢释放，只要在回风侧通全风压处设好栅栏，设好专人警戒，防止人员接触高浓度瓦斯就可以了。有的密闭内瓦斯浓度较高，经几天的释放，再破密闭时瓦斯已经降到安全浓度以下。在实际生产过程中经常使用这种方法。

2.6.4.3　有关排放瓦斯参数计算

掘进巷道停风后，其内部积存的瓦斯量、瓦斯浓度、排放时最大供风量、最大排放量和最短的排放时间都很有必要在排放前制定的安全措施报告中计算出来。一方面，有利于排放瓦斯人员在实际操作时做到心中有数；另一方面，有利于妥善安排停电撤人区域内各部门的工作。由于煤矿井下条件复杂，有关计算属于估算，与实际情况未必完全相符，执行时应根据实际情况灵活调整。

A　独头巷道内积存的瓦斯量

$$V_{CH_4} = KQ_{CH_4}t \tag{2-63}$$

式中　V_{CH_4}——独头巷道内积存的瓦斯量，m^3；

$\quad\quad Q_{CH_4}$——正常时独头巷道的绝对瓦斯涌出量，m^3/min；

$\quad\quad t$——停风时间，min；

$\quad\quad K$——停风后独头巷道内绝对瓦斯涌出量与正常掘进时绝对瓦斯涌出量的比值，K值因矿井及独头巷道的具体情况，即瓦斯涌出源的构成不同而不同，但停风后由于巷道不掘进，CH_4涌出量减小，故$K<1$，一般为$0.3\sim0.7$。

B　独头巷道内积存的瓦斯浓度

$$C = V_{CH_4} \times 100/LS = KQ_{CH_4}t \times 100/LS \tag{2-64}$$

式中　C——独头巷道内CH_4平均浓度，%；

$\quad\quad L$——独头巷道长度，m；

$\quad\quad S$——独头巷道平均断面积，m^2。

当停风时间很长，即t值很大时，将会造成计算的$C \geqslant 100\%$，可能与实际情况不符，此时取$C = 100\%$，但由于独头巷道内CH_4分布是不均匀的，也会存在局部出现$C = 100\%$的情况。因此，计算值在排放瓦斯时，具有很好的参考意义。

C　最大排放量

$$M = Q_0(1.5 - C_0)/100 \tag{2-65}$$

式中　M——从独头巷道中每分钟最多允许排出的瓦斯量，m^3/min；

$\quad\quad Q_0$——全风压通风巷道中风量，m^3/min；

$\quad\quad C_0$——全风压通风巷道入风流中携带的CH_4浓度，%。

D　最大供风量

$$Q_{max} = M \times 100/C = Q_0(1.5 - C_0)/C \tag{2-66}$$

式中　Q_{max}——允许向独头巷道内进行供风的风量的最大值，m^3/min；

$\quad\quad C$——独头巷道内平均CH_4浓度，%。

E　排放时间T

由$V_{CH_4} + QK_{CH_4}T = MT$知

$$T = V_{CH_4}/(M + KQ_{CH_4}) \tag{2-67}$$

式中　T——排放独头巷道中瓦斯所需要的时间，min。

排放时间的计算，仅是为了确定大概的工作时限，而不是实际确切的排放时间。在实际工作中，排放瓦斯时间，应根据实际操作时再定。其原因之一，是由于以上计算是按最大排放量来推算的，同时，实际操作时，排放瓦斯风流同全风压混合处 CH_4 的浓度不可能恒为 1.5%。另外，还应考虑瓦斯排放完后，必须等 30min，确认井巷内瓦斯浓度无异常变化后，方可恢复正常供风与生产，故实际排放时间可参考具体矿井过去的经验值进行类比。

2.6.4.4　瓦斯排放安全管理规定

A　瓦斯排放分级管理规定

（1）临时停风时间短、瓦斯浓度低于 2% 的采掘工作面，由当班瓦斯检查员和施工队当班负责人负责按措施就地排放，并由矿通风调度人员做好记录备查。现场执行本条瓦斯排放规定时，必须符合以下要求，否则严禁执行就地排放。

1）在采掘工作面开工前编制作业规程的同时，编制该工作面瓦斯排放专项安全措施，必须由矿总工程师组织矿安检、通风、开掘等部门集体审批，并认真进行贯彻学习，签字备查。为保证参与瓦斯排放人员能够掌握排放瓦斯措施的基本内容和瓦斯排放安全措施的针对性，一要做到每月至少重新贯彻学习一次；二要做到通风系统调整或改变局部通风机安设位置时，及时修订工作面瓦斯排放安全措施，并认真贯彻学习。就地排放瓦斯措施必须在矿调度室备案，以保证调度室的正确调度指挥。

2）现场发生瓦斯超限时，瓦斯检查员必须及时给矿调度室和通风调度室汇报，矿调度室及时汇报当天值班矿领导。值班矿领导必须召集调度、安检、通风等部门，把瓦斯超限情况及时向集团公司有关部门汇报，并做好记录。

3）现场瓦斯情况符合就地瓦斯排放条件时，由矿值班矿领导或总工程师在矿调度室指挥，按工作面瓦斯排放安全措施实施瓦斯排放。

4）实施现场就地排放瓦斯由当班瓦斯检查员和现场跟班干部负责，现场指挥由地面调度室指挥的矿值班矿领导或总工程师指定一人全面负责。地面调度室指挥的第一责任者是矿当天值班矿领导或总工程师。

5）进行瓦斯排放时，必须先核准现场的瓦斯浓度是否在 2% 以下（以监测探头和人工检查的最高值为准），当瓦斯浓度达到或超过 2% 时，严禁就地排放瓦斯。

（2）当巷道瓦斯浓度达到或超过 2%，排放瓦斯风流途径路线较短，可直接进入回风系统，不会影响其他采掘工作面的排放瓦斯时，在排放瓦斯前，必须制定针对性的瓦斯排放安全措施，由矿总工程师组织有关部门共同审查，矿总工程师签字批准，矿总工程师或通风副总工程师在矿调度室指挥，由通风科（队）长现场指挥集体排放。这种情况下排放瓦斯的现场第一责任人是通风科（队）长，地面调度室指挥的第一责任者是矿总工程师或通风副总工程师。

（3）在掘进巷道瓦斯积聚浓度达到或超过 2%，排放瓦斯路线长，影响范围大，排放瓦斯风流切断采掘工作面的安全出口或贯通、启封已封闭的停风区等特殊情况下，在排放瓦斯前，必须制定针对性的瓦斯排放安全措施，由矿总工程师组织有关部门共同审查、批准，由矿总工程师指挥，通风或安全副总工程师现场指挥集体排放。这种情况下排放瓦斯的现场第一责任者是矿通风或安全副总工程师，地面调度室指挥的第一责任者是矿总工程师。

（4）加强掘进工作面生产过程中的瓦斯管理，采取行之有效的防治瓦斯超限措施。

若在生产过程中因放炮、割煤或发生瓦斯动力现象等情况而发生瓦斯超限时，必须制定措施进行控制性的排放瓦斯，确保排出瓦斯在全风压风流混合后瓦斯浓度不超过1.5%。为此，对生产过程中瓦斯超限的处理规定如下：

1）由矿总工程师组织对掘进工作面进行排查，对排查出的有瓦斯超限可能的掘进工作面，统一在矿安检、通风部门备案，由矿通风科（队）安排监测机房进行重点监测。这些工作面在放炮或割煤前，由瓦检员负责通知监测机房值班人员注意观察，一旦发现瓦斯超限，监测机房迅速通知矿调度室。对高瓦斯和低瓦斯掘进工作面，也可以在工作面放炮后由瓦检员负责进行检查，发现瓦斯超限，立即会同施工队当班负责人在瓦斯超限点以外断开风筒，然后及时汇报矿调度室和通风调度。

2）矿调度室负责及时通知超限工作面当班负责人和瓦检员，执行在瓦斯浓度达到1%的超限点以外或回风口处断开风筒，并及时汇报矿当天值班领导或总工程师，然后按规定进行瓦斯排放。为确保超限断开风筒人员的安全，根据工作面瓦斯的大小，由矿总工程师决定在必要时派遣救护队员现场值班，负责在超限时风筒的断开。对突出掘进工作面，预测为有突出危险时，应安排两名救护队员跟班，突出后超限由救护队员断开风筒。

3）现场情况符合就地排放瓦斯条件时，严格按有关要求进行排放工作。

4）现场瓦斯超限浓度高，不符合就地排放瓦斯条件时，要严格按照有关要求编制针对性的排放瓦斯措施，组织进行集体排放。

B　排放瓦斯的其他规定

（1）严格掘进通风管理，必须保证局部通风机正常运转，严禁随意停电停风造成瓦斯超限。

（2）计划内机电检修或更换局部通风机、风筒等情况，涉及掘进工作面停电停风时，必须先编制针对性的停电停风措施和排放瓦斯专项措施，经矿安全、通风等有关部门和矿总工程师审查批准后，按规定组织好排放瓦斯人员，做到发生瓦斯超限时及时按措施排放瓦斯。不论机电检修或更换风机、风筒，必须做到事先充分准备，尽可能缩短停电停风时间，达到不发生瓦斯超限或减少瓦斯超限浓度。

（3）在排放瓦斯之前，必须首先检查瓦斯，局部通风机及其开关地点附近10m以内风流中的瓦斯浓度都不超过0.5%时，方可人工开动局部通风机。凡是排放瓦斯流经的区域和被排放瓦斯风流切断安全出口的工作面，必须撤出全部人员，切断所有电源（除本安型监测设施外），并设好警戒。

（4）掘进工作面停电停风造成瓦斯超限时，瓦斯检查员负责在瓦斯浓度达到的地方以外断开风筒，然后才能恢复局部通风机通风，并按规定进行排放瓦斯工作。

（5）贯通、启封已经封闭的停风区时，在排放瓦斯前必须先派遣救护队员侦察清楚瓦斯聚积超限等情况，以制定针对性的排放瓦斯安全措施。

（6）排放瓦斯严禁"一风吹"，必须严格控制风量和排出风流的瓦斯浓度，确保进入全风压风流混合后瓦斯浓度不超过1.5%。掘进巷道刚开口，未形成风压通风的地点排放瓦斯时，全风压风流中的瓦斯浓度严格按不超过0.5%控制。

（7）高瓦斯工作面原则上不得串联通风。经过批准的串联通风工作面，因停风造成瓦斯超限需进行瓦斯排放时，必须制定排放瓦斯专项措施，并经集团公司批准后，方可进瓦斯排放。排放串联通风地区瓦斯时，必须严格遵守排放次序，首先应从进风方向第一台局部通风机开始排放，只有第一台局部通风机排放巷道瓦斯结束后，后一台局部通风机方准送电，依次类推地进行排放瓦斯。

（8）临时停风的巷道内已有风筒的，可采用在局部通风机后与盲巷口之间加装控制三通或风筒错口控制进风量，也可采用由外向里逐节错口排放；排放巷道内无风筒或排放老巷及老空等长期停风的积聚瓦斯时，要由外向里，逐节延续风筒和错口控制风量。

（9）实施集体排放瓦斯时，必须有矿安检、通风、机电和生产等部门及施工队人员参加，并派救护队员带齐装备参与全部排放瓦斯过程，确保人员安全。

（10）必须加强瓦斯超限基础资料、报表的完善管理工作，每一次瓦斯超限都要做到通风调度有完整的记录，通风部门有完整瓦斯排放措施、瓦斯超限追查记录、瓦斯超限追查处理报告、瓦斯超限管理台账和瓦斯超限月报，做到内容齐全、数据准确。

（11）任何地点发生瓦斯超限进行排放前后，都必须向集团公司安监局调度和通风调度详细汇报；计划内停电停风工作面应至少提前2h向集团公司安监局调度和通风调度汇报。

（12）安全监察部门负责监督排放瓦斯的安全措施的实施，安全措施不落实，绝对禁止排放瓦斯；若发现违章排放瓦斯，必须责成立即停止，并追查责任，严肃处理。

2.6.4.5　瓦斯排放措施的编制

无论什么原因（停电停风、掘进巷道贯通老巷或停风区、启封盲巷和采空区等）造成瓦斯积聚，需排放瓦斯时，都必须由矿总工程师组织，按有关规定要求，编制针对性的瓦斯排放安全措施。就地排放瓦斯措施由施工队负责编写，集体排放瓦斯措施由通风部门负责组织编写。排放瓦斯安全措施主要包括下列内容：

（1）采取控制排放瓦斯的措施，要计算排放瓦斯量、供风量和排放时间，制定控制排放瓦斯的方法。要在排放瓦斯与全风压风流混合处设声光瓦斯报警仪。

（2）确定排放瓦斯的流经路线和方向，风流控制实施的位置，各种电气设备的位置，通信电话位置，瓦斯探头的监测位置和设岗警戒位置等，必须做到文图齐全，并在图上注明。

（3）绘制简明供电系统示意图，明确停电撤人范围。凡是受排放瓦斯影响的硐室、巷道和被排放瓦斯风流切断安全出口的采掘工作面，必须切断电源，撤人、停止作业，指定警戒人员的位置，禁止其他人员进入。

（4）排放瓦斯流经的巷道内的电气设备，必须指定专人在采区变电所和配电点两处同时切断电源，并设警示牌和专人看管。

（5）在启封、贯通老巷和长期停风区进行瓦斯排放时，要在措施中编制巷道的顶板管理内容，防止排放瓦斯过程中顶板冒落伤人，并注意高冒处积聚瓦斯的处理。

（6）编制排放瓦斯过程中人员的自主保安措施。

（7）加强排放瓦斯的组织领导和明确排放瓦斯人员名单，落实责任。

（8）瓦斯排完后，指定专人检查瓦斯，只有排放瓦斯巷道的瓦斯浓度不超过1%，并检查有关电气设备无问题后，由地面调度室瓦斯排放指挥人员下达恢复送电命令，调度室做好记录，井下方准指定专人按要求恢复供电。

排放瓦斯的安全措施经审批后，由矿总工程师或通风安全副总工程师负责组织贯彻，责任落实到人。排放瓦斯前，参加排放瓦斯人员必须集中贯彻措施，进一步明确每个人的任务和职责，并签字备查。

2.6.4.6 突出矿井瓦斯分级管理

A 突出矿井分级管理的基本方法

突出矿井分级管理，即在确定矿井突出危险程度后，对矿井动力按其动力来源和危害程度进行分析，在组织设置、技术措施、安全装备等方面区别对待，在保证安全的前提下尽量发挥生产装备的能力，提高矿井经济效益。

各级领导要加强对瓦斯突出防治工作的领导，定期检查、布置、总结这项工作，局、矿负责防突的机构和人员负责掌握瓦斯突出动态、瓦斯突出规律，总结经验，制定防突方案。开展安全教育，组织技术培训，每个职工都要知道瓦斯突出预兆、防治瓦斯突出基础知识，特别要熟悉瓦斯突出时的避灾方法和避灾路线。

开拓新水平时要创造条件测定瓦斯参数，为确定瓦斯突出危险等级提供资料，加强瓦斯地质工作。

防治瓦斯突出措施要纳入生产计划，并作为生产过程中的重要环节严格执行。

对于严重突出危险矿井和中等危险矿井，必须按有关规定设置专门的防突机构，专职从事瓦斯突出防治工作。对机电设备都必须选用防爆型产品，特别是要设置避难所，佩戴自救器等人身防护装备。在防突技术措施方面，必须采取降低应力、减少瓦斯等区域防突技术措施和局部防突技术措施，并加强措施效果检验和人身安全防护措施。

对于较弱突出矿井，各项管理技术措施、安全装备适当放宽要求。

B 突出矿井的管理规定

（1）突出矿井的年度、季度、月份防突计划由局、矿总工程师组织编制，由局、矿审定，由局、矿副职组织实施。

（2）新水平、新采区的设计中都必须包括防突设计内容，报局总工程师批准。有突出危险的新建矿井初步设计中必须有防突设计。

（3）开拓新水平的井巷第一次接近未揭露煤层时，按照地测部门提供的资料，必须在距煤层10m处以外打钻，钻孔超前工作面不得小于5m，并经常检查工作面的瓦斯情况。出现异常必须停止工作，撤出人员，进行处理。

（4）工作面严禁只有一个安全出口。不能采用正规采煤方法的，必须采取安全技术措施并报局总工程师批准。

（5）煤巷掘进工作面严禁使用风镐和耙装机。

（6）突出煤层严禁任何两个工作面之间串联通风。

（7）井下严禁安设辅助通风机。

（8）掘进工作面应安设风-瓦斯-电闭锁装置或瓦斯断电仪。

（9）掘进通风不得采用混合式。

（10）掘进通风机应采用专用变压器、专用开关和专用线路。

（11）确切掌握突出规律后，由矿总工程师确定，报局总工程师批准，在无突出危险区域可不采取防突措施。

（12）突出危险的采掘工作面以及石门揭开突出煤层时，每班安排专人检查瓦斯状况，掌握突出预兆，发现异常时停止工作、撤出人员。无人作业的采掘工作面，每班至少检查 1 次。

（13）地测部门必须绘制突出煤层瓦斯地质图，作为突出危险性区域预测和制定防突措施的依据。

（14）采掘工作面的进风巷中必须设有通达矿调度室的电话以及供给压缩空气的避难硐室或急救袋。回风巷如有人工作时，也应安设相应设施。

（15）突出煤层放炮时，应有防止空孔内积聚瓦斯的措施。

（16）井口房和通风机房附近 20m 内不得有烟火或用火炉取暖。

（17）井下主要硐室、主要进风巷道和井口房内进行电焊、气焊和喷灯焊时，除遵守其他规定外，还必须停止可能引起突出的所有工作。

（18）专职放炮员必须固定在 1 个工作面，放炮员、班组长、瓦斯检查员必须在现场执行"一炮三检"制和"三人连锁放炮"制。

（19）新水平、新采区的开拓巷道必须设在无突出危险或危险性小的煤（岩）层中。构成通风系统的开拓巷道的回风可以引入生产水平进风流中，但必须安设瓦斯断电仪，保证回风中瓦斯和二氧化碳浓度都不超过 0.5%。构成通风系统前不得开掘其他巷道。

（20）突出煤层回采，采用下行风时必须报局总工程师批准。

（21）防治突出时应优先采取区域性措施。

（22）掘进和回采时采取的防治措施及其参数由矿总工程师批准。

2.7　矿井瓦斯抽放与管理

矿井的瓦斯涌出量一般随开采深度的增加而增加，近年来，随着矿井开采深度加深、生产规模的扩大，以及生产集中化、综合机械化程度的提高，采掘工作面的瓦斯涌出量急剧加大，单靠加大通风量来冲淡矿井瓦斯的做法，因受到巷道断面积和风速的限制，已远远不能满足现代化生产的要求，因此，必须采取专门的控制瓦斯涌出措施，将采掘工作面回风流中瓦斯浓度控制在安全限度内。国内外广泛采用的控制瓦斯涌出的措施是瓦斯抽放。即将煤层或采空区的瓦斯经由钻孔（或巷道）、管道、真空泵直接抽至地面，有效地解决回采区瓦斯浓度超限问题。

2.7.1　瓦斯抽放概况

2.7.1.1　瓦斯抽放的目的、条件及意义

矿井瓦斯抽放，是指为了减少和解除矿井瓦斯对煤矿安全生产的威胁，利用机械设备和专用管道造成的负压，将煤层中存在或释放出来的瓦斯抽出来，输送到地面或其他安全地点的方法，它对煤矿的安全生产具有重要的意义。

A　抽放瓦斯的目的

（1）预防瓦斯超限，确保矿井安全生产。矿井、采区或工作面用通风方法将瓦斯冲淡到《煤矿安全规程》规定的浓度在技术上不可能，或虽然可能但经济上不合理时，应考虑抽放瓦斯。

（2）开采保护层并具有抽放瓦斯系统的矿井，应抽放被保护层的卸压瓦斯。抽放近距离保护层的瓦斯，可减少卸压瓦斯涌入保护层工作面和采空区，保证保护层安全顺利地回采。抽放远距离被保护层的瓦斯，可以扩大保护范围与程度，并于事后在被保护层内进行掘进和回采时，显著减少瓦斯涌出量。

（3）无保护层可采的矿井，预抽瓦斯可作为区域性或局部防突措施来使用。

（4）开发利用瓦斯资源，变害为利。

B　抽放瓦斯的条件

（1）一个采煤工作面的瓦斯涌出量大于 $5m^3/min$ 或一个掘进工作面的瓦斯涌出量大于 $3m^3/min$，用通风方法解决瓦斯问题不合理的。

（2）矿井的绝对瓦斯涌出量达到以下条件的：

1）大于或等于 $40m^3/min$；

2）年产量 1.01~1.5Mt 的矿井，大于 $30m^3/min$；

3）年产量 0.6~1.0Mt 的矿井，大于 $25m^3/min$；

4）年产量 0.4~0.6Mt 的矿井，大于 $20m^3/min$；

5）年产量小于等于 0.4Mt 的矿井，大于 $15m^3/min$。

（3）开采保护层时应考虑抽放被保护层瓦斯。

（4）开采有煤与瓦斯突出危险煤层的。

C　抽放瓦斯的意义

（1）瓦斯抽放是消除煤矿重大瓦斯事故的治本措施。

（2）瓦斯抽放能够解决矿井仅靠通风难以解决的问题，降低矿井通风成本。

（3）瓦斯抽放能够利用宝贵的瓦斯资源。

2.7.1.2　瓦斯抽放的方法

经过几十年的不断发展和提高，根据不同地点、不同煤层条件及巷道布置方式，人们提出了各种瓦斯抽放方法。但是，到目前为止，还没有统一的分类方法。尽管如此，为了便于抽采瓦斯技术的发展和管理，各国均相应提出了各种各样的瓦斯抽放（采）方法，其名称大体相似，一般按不同的条件进行不同的分类，主要有：

（1）按抽放瓦斯来源分类，有本煤层瓦斯抽放、邻近层瓦斯抽放、采空区瓦斯抽放和围岩瓦斯抽放。

（2）按抽放瓦斯的煤层是否卸压分类，主要有未卸压煤层抽放瓦斯和卸压煤层抽放瓦斯。

（3）按抽放瓦斯与采掘时间关系分类，主要有煤层预抽瓦斯、边采（掘）边抽和采后抽放瓦斯。

（4）按抽放（采）工艺分类，主要有钻孔抽放（采）、巷道抽放（采）和钻孔巷道混合抽放（采）。

2.7.1.3　瓦斯抽放基本参数

A　施工参数

a　矿井瓦斯储量

矿井瓦斯储量是指矿井开采过程中能够向矿井排放的煤（岩）所储存的瓦斯量。矿井瓦斯储量可按式（2-68）计算：

$$W = W_1 + W_2 + W_3 + W_4 \qquad (2\text{-}68)$$

式中　W——矿井瓦斯储量，m^3；

　　　W_1——可采层的瓦斯储量，m^3；

　　　W_2——局部可采层的瓦斯储量，m^3；

　　　W_3——采动影响范围内邻近层的瓦斯储量，m^3；

　　　W_4——采动影响范围内围岩的瓦斯储量，m^3。

　　各煤（岩）层的瓦斯储量按式（2-69）计算：

$$W_i = A_i \times X_i \qquad (2\text{-}69)$$

式中　W_i——含瓦斯煤层（围岩）i 的瓦斯储量，m^3；

　　　A_i——含瓦斯煤层（围岩）i 的地质储量，t；

　　　X_i——煤层（围岩）的瓦斯含量，m^3/t。

　　b　可抽瓦斯量

　　可抽瓦斯量是指瓦斯储量中可能被抽放出来的瓦斯量，可按式（2-70）计算：

$$W_k = W \times d_k / 100 \qquad (2\text{-}70)$$

式中　W_k——矿井可抽瓦斯量，%；

　　　W——矿井瓦斯储量，m^3；

　　　d_k——矿井瓦斯抽放率，%。

　　c　瓦斯抽放率

　　（1）矿井瓦斯抽放率。它是指矿井的抽出瓦斯量占其风排瓦斯量与抽放瓦斯量之和的百分比，即

$$d_k = 100 Q_{kc} / (Q_{ky} + Q_{kc}) \qquad (2\text{-}71)$$

式中　d_k——矿井瓦斯抽放率，%；

　　　Q_{ky}——矿井风排瓦斯量，m^3/min；

　　　Q_{kc}——矿井抽放瓦斯量，m^3/min。

　　（2）工作面本开采层的抽放率。它是指从开采层抽出的瓦斯量占开采层涌出及其抽出瓦斯量的百分比，即

$$d_b = 100 Q_{bc} / (Q_{by} + Q_{bc}) \qquad (2\text{-}72)$$

式中　d_b——开采层的抽放率，%；

　　　Q_{by}——从开采层抽出的瓦斯量，m^3/min；

　　　Q_{bc}——开采层涌出瓦斯量，m^3/min。

　　（3）工作面邻近层的抽放率。它是指从邻近层抽出的瓦斯量占邻近层涌出及其抽出量之百分比，即

$$d_1 = 100 Q_{lc} / (Q_{ly} + Q_{lc}) \qquad (2\text{-}73)$$

式中　d_1——邻近层的抽放率，%；

　　　Q_{ly}——从邻近层抽出的瓦斯量，m^3/min；

　　　Q_{lc}——从邻近层涌出的瓦斯量，m^3/min。

　　（4）工作面总抽放率。它是指从工作面开采层与邻近层抽出的瓦斯量占其涌出量及

抽出量之和的百分比,即

$$d_g = 100(Q_{bc} + Q_{lc})/(Q_{lc} + Q_{ly} + Q_{bc} + Q_{by}) \qquad (2\text{-}74)$$

式中 d_g——工作面总抽放率,%;

其他符号意义同前。

《矿井瓦斯抽放管理规范》规定:实行开采层预抽的矿井,矿井抽放率不小于10%;采区抽放率不小于20%;抽放邻近层瓦斯的矿井,矿井抽放率不小于20%;采区抽放率不小于35%。

d 钻孔瓦斯流量衰减系数 α

钻孔瓦斯流量衰减系数 α 是表示钻孔瓦斯流量随着时间延长呈衰减变化的系数。其测算方法是选择具有代表性的地区,打直径 75mm 钻孔,先测定其初始瓦斯流量 Q_0,经过时间 t(10d)以后,再测其瓦斯流量 Q_t,因钻孔瓦斯流量按负指数规律衰减,则有

$$Q_t = Q_0 e^{-\alpha t} \qquad (2\text{-}75)$$
$$\alpha = (\ln Q_0 - \ln Q_t)/t \qquad (2\text{-}76)$$

式中 α——钻孔瓦斯流量衰减系数;

Q_0——钻孔初始瓦斯流量,m^3/min;

Q_t——经过 t 时间后的钻孔瓦斯流量,m^3/min;

t——时间,d。

e 煤层透气性系数 λ

煤层透气性系数是衡量煤层瓦斯流动与抽放瓦斯难易程度的标志之一。它是指在 $1m^3$ 煤体的两侧,瓦斯压力平方差为 $1MPa^2$ 时,通过 1m 长度的煤体,在此 $1m^2$ 煤面上每日流过的瓦斯量。测定方法是在岩石巷道中向煤层打钻孔,钻孔应尽量垂直贯穿整个煤层,然后堵孔测出煤层的真实瓦斯压力,再打开钻孔排放瓦斯,记录流量和时间。故煤层透气性系数的单位为 $m^2/(MPa^2 \cdot d)$。可用式(2-77)表示:

$$\lambda = \frac{K}{2\mu P_n} \qquad (2\text{-}77)$$

式中 λ——煤层透气性系数,$m^2/(MPa^2 \cdot d)$;

K——煤的渗透率,cm^2;

μ——瓦斯(CH_4)的绝对黏度,$1.08 \times 10^{-8} N \cdot s^2/cm^2$;

P_n——0.1013MPa(一个标准大气压)。

原煤炭工业部《矿井瓦斯抽放管理规范》将未卸压的原始煤层瓦斯抽放的难易程度划分为容易抽放、可以抽放、较难抽放三类,见表2-24。

表 2-24 瓦斯抽放的难易程度分类

类 别	钻孔流量衰减系数 α	煤层透气性系数 $\lambda/m^2 \cdot (MPa^2 \cdot d)^{-1}$
容易抽放	0.015~0.03	>10
可以抽放	0.03~0.05	0.1~10
较难抽放	>0.05	<0.1

B 监测参数

瓦斯抽放量、瓦斯浓度、压力和温度等参数的测定,可随时调阅泵站各种指标变化曲

线、数值、工作状态，以及显示、打印和编制抽放瓦斯报表。当任一参数超限时自动报警，并按设定的程序停止或启动抽放泵。

C　管理参数

地面瓦斯抽放在进出口侧设置放空管，当抽放泵因故停抽或抽放的瓦斯浓度低于规定值时，抽放管路中的瓦斯可经放空管排到大气中；当用户端的瓦斯过剩或输送发生故障时，也可由放空管排放。放空管出口至少高出地面 10m，且至少高出 20m 范围建筑物 3m 以上。放空管距泵房墙壁一般为 0.5～1.0m，最远不得超过 10m，其出口应加防护罩，放空管必须接地。放空管周围有高压线或其他易点燃瓦斯因素时，应制定专门的安全措施。

2.7.2　本煤层瓦斯抽放

本煤层瓦斯抽放，又称为开采层抽放，目的是为了减少煤层中的瓦斯含量和降低回风流中的瓦斯浓度，以确保矿井安全生产。

2.7.2.1　本煤层瓦斯抽放的原理

本煤层瓦斯抽放就是在煤层开采之前或采掘的同时，用钻孔或巷道进行该煤层的抽放工作。煤层回采前的抽放属于未卸压抽放，在受到采掘工作面影响范围内的抽放，属于卸压抽放。

2.7.2.2　本煤层瓦斯抽放的分类

本煤层瓦斯抽放（采）按抽放（采）的机理分为未卸压抽放（采）和卸压抽放（采）；按汇集瓦斯的方法分为钻孔抽放（采）、巷道抽放（采）和巷道与钻孔综合法 3 类。

A　本煤层未卸压抽放（采）

决定未卸压煤层抽放（采）效果的关键性因素是煤层的自然透气性系数。

（1）岩巷揭煤时，由岩巷向煤层施工穿层钻孔进行抽放（采）。

（2）煤巷掘进预抽时，在煤巷掘进工作面施工超前钻孔进行抽放（采）。

（3）采区大面积预抽时，由开采层机巷、风巷或煤门等施工上向、下向顺层钻孔；由石门、岩巷、邻近层煤巷等向开采层施工穿层钻孔；由地面施工穿层钻孔等进行抽放（采）。

B　本煤层卸压抽放（采）

在受回采或掘进的采动影响下，引起煤层和围岩的应力重新分布，形成卸压区和应力集中区。在卸压区内煤层膨胀变形，透气性系数增加，在这个区域内打钻抽放（采）瓦斯，可以提高抽放（采）量，并阻截瓦斯流向工作空间。本煤层卸压抽放（采）分为：

（1）由煤巷两侧或岩巷向煤层周围施工钻孔进行边掘边抽。

（2）由开采层机巷、风巷等向工作面前方卸压区施工钻孔进行边采边抽。

（3）由岩巷、煤门等向开采分层的上部或下部未采分层施工穿层或顺层钻孔进行边采边抽。

2.7.2.3 本煤层瓦斯抽放（采）的布置方式及特点

A 本煤层未卸压钻孔预抽

本煤层未卸压钻孔预抽瓦斯是钻孔打入未卸压的原始煤体进行抽放瓦斯。其抽放（采）效果与原始煤体透气性和瓦斯压力有关。煤层透气性越小，瓦斯压力越低，越难抽出瓦斯。对于透气性系数大或没有邻近卸压条件的煤层，可以预抽原始煤体瓦斯。该法按钻孔与煤层的关系分为穿层钻孔和顺层钻孔。按钻孔角度分为上向孔、下向孔和水平孔。

a 穿层钻孔抽放

穿层钻孔抽放是在开采煤层的顶底板岩石巷道（或煤巷）或邻近煤层巷道中，每隔一段距离开一长约10m的钻场，从钻场向煤层施工3~5个穿透煤层全厚的钻孔，封孔或将整个钻场封闭起来，装上抽瓦斯管并与抽放系统连接进行抽放。图2-50为抚顺龙凤矿穿层钻孔抽放瓦斯的示意图。

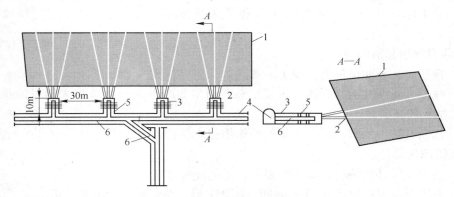

图 2-50 穿层钻孔抽放瓦斯的示意图
1—煤层；2—钻孔；3—钻场；4—运输大巷；5—封闭巷；6—瓦斯管路

此种抽放方法的特点是施工方便，可以预抽的时间长。如果是厚煤层分层开采，则第一分层回采后，还可以在卸压的条件下，抽放（采）未采分层的瓦斯。它主要适用于煤层的透气性系数较大、有较长预抽时间的近距离煤层群或厚煤层。

b 顺层钻孔抽放

顺层钻孔是在巷道进入煤层后再沿煤层所打的钻孔，可以用于石门见煤处、煤巷及回采工作面，在我国采用较多的是回采工作面，主要是在采面准备好后，于开采煤层的机巷和回风巷沿煤层的倾斜方向施工顺层倾向钻孔，或由采区上下山沿煤层走向施工水平钻孔，封孔安装上抽放管路并与抽放系统连接进行抽放，钻孔布置形式如图2-51所示。此种抽放（采）方法的特点是常受采掘接替的限制，抽放（采）时间不长，影响了抽放（采）效果。它主要适用于煤层赋存条件稳定、地质变化小的单一厚煤层。

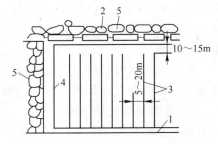

图 2-51 未卸压顺层钻孔抽放
开采煤层示意图
1—运输巷；2—回风巷；3—钻孔；
4—采煤工作面；5—采空区

B　巷道预抽本煤层瓦斯（未卸压）

巷道预抽是 20 世纪 50 年代初，我国抚顺矿区成功试验本煤层预抽瓦斯时最初采用的一种抽放瓦斯方式：就是在采区回采之前，按照采区设计的巷道布置，提前把巷道掘出来，构成系统，然后将所有入、排风口都加以密闭，同时，在各排风口密闭处插管并铺设抽放瓦斯管路，将煤层中的瓦斯预先抽放出来。经过一段时期的抽放，待瓦斯浓度降低至规定的范围后，即可回采。抽放瓦斯巷道的设计与布置除必须完全适应将来开采需要外，还要充分利用瓦斯流动的特性，既能抽放本开采段的煤层瓦斯，又能截抽下段煤层瓦斯。

a　巷道预抽瓦斯的优点

（1）可以提前将采区的准备巷道掘出来，不影响生产正常接替。

（2）煤壁暴露面积大，有利于瓦斯涌出和抽放。

（3）在掘进瓦斯巷道时，对该区的瓦斯涌出形式、地质构造等能进行进一步了解，有利于采取对策，实现安全生产。

（4）对下段（或下一个水平）采区和邻区的煤层瓦斯，可起到一定的释放和截抽作用。

b　巷道预抽瓦斯的缺点

（1）掘进时瓦斯涌出量大，施工困难。

（2）在掘进瓦斯巷道时，约有占煤层总瓦斯量 20% 的瓦斯释放出来随风流排掉，减少了可供抽放的瓦斯量。

（3）瓦斯巷道中的密闭，由于矿压的作用很难保持其气密性，空气容易进入密闭内，使抽出瓦斯浓度降低。

（4）巷道布置必须符合采煤工作要求，不能随意改变。

（5）巷道至少要被封闭 2~3 年时间，年久失修，给后期采煤维修巷道增加了工作量，也给煤层顶板管理带来了一定困难。

从技术、经济和安全等因素综合分析，虽然巷道法抽放瓦斯也具有一些优点，但存在的缺点已使其优越性显得不足了，因而随着抽放瓦斯技术的发展，其已被其他抽放瓦斯方法替代。

巷道法抽放瓦斯虽然已不再被用作主要的抽放瓦斯方法，但仍有一些矿井作为辅助方法应用。如有的矿井已经建立抽放瓦斯系统，并进行正常抽放，而部分煤巷暂时不用或有的巷道瓦斯涌出量较大，这时即可进行密闭抽放，这样既可减少矿井瓦斯涌出量，也可增加抽放瓦斯量。

在抚顺矿区曾采用过巷道-钻孔混合法，即利用采区已掘出的主要巷道，布置钻场和钻孔。然后将巷道和钻孔一起进行密闭抽放，也取得了很好的效果。

c　巷道预抽瓦斯的效果

巷道抽放瓦斯的效果，在一定的煤层条件下与煤巷暴露的煤壁面积大小有关，同时与煤层的厚度和透气性能有关。除在抚顺矿区外，在淮南潘一矿以及淮北芦岭矿等矿井进行过的巷道法预抽开采层瓦斯的效果也不错，这些矿区的煤层是中厚及厚煤层，透气性都较好。

C　本煤层卸压抽放瓦斯

在受回采或掘进的采动影响下，引起煤层和围岩的应力重新分布，形成卸压区和应力集中区。在卸压区内煤层膨胀变形，透气性系数增加，在这个区域内打钻抽放瓦斯，可以提高抽放（采）量，并阻截瓦斯流向工作空间。这类抽放方法现场称为边掘边抽和边采边抽。

a 边掘边抽

在掘进巷道的两帮，随掘进巷道的推进每隔 40~50m 施工一个钻场机窝，每个钻场机窝内沿巷道掘进方向施工 4 个 50~60m 深的抽放（采）钻孔；在掘进迎头每次施工 12~16 个、孔深 16~20m 的抽放（采）钻孔，钻孔布置形式如图 2-52 所示，掘进迎头及两帮钻场的钻孔在终孔时上排施工至煤层顶板，下排施工至煤层底板，钻孔控制范围为巷道周界外 4~5m，孔底间距为 2~3m，钻孔直径为 75mm，封孔深度为 3~5m，封孔后连接于抽放（采）系统进行抽放（采）。掘进迎头钻孔做到打一个孔、封一个孔、合一个孔、抽一个孔，待最后一个钻孔抽放（采）16h 后方可进行措施效果检验。巷道周围的卸压区一般为 5~15m，个别煤层可达 15~30m，经封孔抽放（采）后，降低了煤帮及掘进迎头的瓦斯涌出量，保证了煤巷的安全掘进。

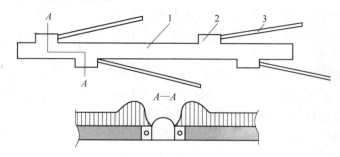

图 2-52 随掘随抽的钻孔布置
1—掘进巷道；2—钻场机窝；3—钻孔

此种抽放（采）方法经在淮南潘一矿高突掘进工作面使用情况分析，抽放（采）浓度为 6%~30%，抽放（采）流量为 $0.5~1.5m^3/min$，抽放（采）率能达到 20%~30%。它的特点是能控制掘进巷道迎头的煤层赋存状况，既保证了掘进巷道迎头的瓦斯抽放（采），又能降低巷道两帮的瓦斯涌出量，在巷道掘进期间能继续抽放（采）巷道两帮的卸压瓦斯，保证了高突煤巷的安全掘进。

b 边采边抽

在采煤工作面前方一定距离有一个应力集中带，并随工作面的向前推进而同时前移，如图 2-53 所示。在应力集中带与采煤工作面之间有一个约 10m 的卸压带，在此区域内可以抽放瓦斯。布置钻孔时，抽放孔需提前布置在煤层内，当卸压带接近前开始抽放瓦斯；当卸压带移至钻孔时瓦斯抽出量增大；之后，当工作面推进到距钻孔 1~3m 时，

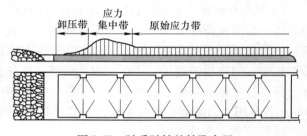

图 2-53 随采随抽的钻孔布置

钻孔处于煤面的挤压带内，大量空气开始进入孔隙，使抽出的瓦斯浓度降低。这种抽放方式，因钻孔截断了工作面前方瓦斯向采场涌出，因此能有效地降低工作面瓦斯涌出量。同

时，由于工作面不断推进，使每一个钻孔抽放卸压瓦斯的时间较短，所以抽放效率不高。

此种抽放（采）方法的特点是利用回采工作面前方卸压带透气性增大的有利条件，提高抽放（采）率。在下行分层工作面，钻孔应靠近底板，上行分层工作面靠近顶板。它主要适用于局部地区瓦斯含量高、时间紧、采用该方式解决本层瓦斯涌出量大的情况。本煤层瓦斯抽放（采）存在的问题是单孔抽放（采）流量较小，当煤层透气性差时，钻孔工程量大；在巷道掘进期间由于瓦斯涌出量大，掘进困难。

2.7.2.4　提高本煤层瓦斯抽放量的途径

我国多数煤层属低透气性煤层，对低透气性煤层进行预抽瓦斯困难较多。虽然多打钻孔、长时间进行抽放可以达到一定的目的，但是，由于打钻工作量大，长时间提前抽放与采掘工作有矛盾，因此必须采用专门措施增加瓦斯的抽放率。这些措施主要有以下几种。

A　增大钻孔直径

目前各国的抽放钻孔直径都有增大的趋势。我国阳泉矿试验表明，预抽瓦斯钻孔直径由 73mm 增至 300mm，抽出瓦斯量约增加 3 倍。日本亦平煤矿钻孔直径由 65mm 增至 120mm，抽出瓦斯量约增加 3.5 倍。德国鲁尔区煤田也得到类似效果。

B　提高抽放负压

一些矿井提高抽放负压后抽放量明显增加，如日本内和赤平煤矿抽放负压由 2kPa 提高到 47~67kPa，抽出量增加 2~3 倍。我国鹤壁抽放负压由 3.3kPa 提高到 10.6kPa，抽出瓦斯量增加 25%。其他一些矿井也测得类似的结果。但是，提高抽放负压是否能显著增加抽放量还存在着不同的看法，采用提高负压的办法增加抽出量时，应首先进行充分论证。

C　增大煤层透气性

对低透气性煤层，可提高透气性以增大瓦斯抽出量，目前主要采取的措施有以下几种。

（1）地面钻孔水力压裂。水力压裂是从地面向煤层打孔，以大于地层静水压力的液体压裂煤层，以增大煤层的透气性，提高抽放率。压裂液是清水加表面活性剂的水溶液、酸溶液，掺入增添剂。压裂钻孔间距一般为 250~300m。

实践证明，当煤层瓦斯压力大于 470~7000kPa，在有高空隙围岩时，瓦斯压力大于 980kPa，瓦斯含量高于 $10m^3/t$ 时，进行水力压裂是适宜的。

（2）水力破裂。水力破裂是在井下巷道向煤层打钻，下套管固孔，注入高压水，破裂煤体，提高瓦斯抽放率。它与水力压裂的区别在于影响范围小，工作液内不加其他增添剂。一般破裂半径可达 40~50m，因此应根据破裂半径在煤层内均匀布孔使煤层全面受到破裂影响。当煤层破裂后（有时可见附近巷道或钻孔涌出压裂水），排出破裂液，在破裂区另行打抽放钻孔与破裂孔联合抽放瓦斯，抽放率可达 50%~60%，抽放孔间距不应大于 40m。若只用水力破裂孔抽放瓦斯，抽放率仅为 10%~20%。破裂煤体后，预抽瓦斯的时间可以缩短到 4 个月之内。

（3）水力割缝。水力割缝是用高压水射流切割孔两侧煤体（即割缝），形成大致沿煤层扩张的空洞与裂缝。增加煤体的暴露面，造成割缝上下煤体的卸压，增大透气性。此法是抚顺煤科分院与鹤壁煤业集团合作进行的研究。鹤壁四矿在硬度为 0.67 的煤层内，用水压进行割缝时，在钻孔两侧形成深 0.8m、高 0.2m 的缝槽，钻孔百米瓦斯涌出量由

$0.01 \sim 0.079 m^3/min$，增加到 $0.047 \sim 0.169 m^3/min$，使原来较难抽放的煤层变成可抽放的煤层。

（4）交叉钻孔。交叉钻孔是除沿煤层打垂直于走向的平行孔外，还打与平行钻孔呈 $15° \sim 20°$ 夹角的斜向钻孔，形成互相连通的钻孔网。其实质相当于扩大了钻孔直径，同时斜向钻孔延长了钻孔在卸压带的抽放时间，也避免了钻孔坍塌而对抽放效果的影响。在焦作九里山煤矿的试验表明，这种布孔方式与常规的布孔方式相比，相同条件下提高抽放量 $0.46 \sim 1.02$ 倍。

2.7.3 邻近层瓦斯抽放（采）

邻近层瓦斯抽放技术在我国瓦斯矿井中已经得到广泛的应用，从 20 世纪 50 年代起，先后在阳泉、天府、中梁山等矿务局取得了较好的效果，但近距离的上下邻近层抽放仍沿用一般的邻近层抽放技术，不仅效果欠理想，还会给生产带来一些麻烦。"八五"时期以来，对近距离邻近层瓦斯抽放难题进行了研究，提出了不同开采技术条件下的近距离邻近层瓦斯抽放方法，取得了较好的效果。

开采煤层群时，回采煤层的顶、底板围岩将发生冒落、移动、龟裂和卸压，透气系数增加，回采煤层附近的煤层或夹层中的瓦斯就能向回采煤层的采空区转移。这类能向开采煤层采空区涌出瓦斯的煤层或夹层，称为邻近层。位于开采煤层顶板内的邻近层称为上邻近层，底板内的称为下邻近层。

2.7.3.1 邻近层瓦斯抽放原理和分类

在煤层群开采时，邻近层的瓦斯向开采层采掘空间涌出。为了防止和减少邻近层的瓦斯通过层间的裂隙大量涌向开采层，可采用抽放的方法处理这一部分瓦斯，这种抽放方法称为邻近层瓦斯抽放。目前认为，这种抽放是最有效和被广泛采用的抽放方法。

邻近层瓦斯抽放按邻近层的位置分为上邻近层（或顶板邻近层）抽放和下邻近层（或底板邻近层）抽放；按汇集瓦斯的方法分为钻孔抽放、巷道抽放和巷道与钻孔综合抽放三类。

A 上邻近层瓦斯抽放

上邻近层瓦斯抽放（采）即是邻近层位于开采层的顶板，通过巷道或钻孔来抽放（采）上邻近层的瓦斯。根据岩层的破坏程度与位移状态可把顶板划分为垮落带、断裂带和弯曲下沉带，底板划分为断裂带和变形带。垮落带高度一般为采厚的 5 倍，在距开采层较近、处于垮落带内的煤层随垮落带的垮落而冒落，瓦斯完全释放到采空区内，很难进行上邻近层抽放（采）。断裂带的高度为采厚的 $8 \sim 30$ 倍，此带因为充分卸压，瓦斯大量解吸，是抽放（采）瓦斯的最好区带，抽放（采）量大，浓度高。因此，上邻近层抽采高度一般取垮落带高度为下限距离，断裂带的高度为上限距离。上邻近层瓦斯抽放（采）分为：

（1）由开采层运输巷、回风巷或层间岩巷等向上邻近层施工钻孔进行瓦斯抽放。

（2）由开采层运输巷、回风巷等向采空区方向施工斜交钻孔进行瓦斯抽放。

（3）在上邻近层设置汇集瓦斯巷道进行抽放。

（4）从地面施工钻孔进行抽放。

B　下邻近层瓦斯抽放（采）

下邻近层瓦斯抽放（采）即是邻近层位于开采层的底板，通过巷道或钻孔来抽放（采）下邻近层的瓦斯。根据上述三带原理，由于下邻近层不存在垮落带，所以不考虑上部边界，至于下部边界，一般不超过 60~80m。下邻近层瓦斯抽放（采）可分为：

（1）由开采层运输巷、回风巷或层间岩巷等向下邻近层施工钻孔进行瓦斯抽放。

（2）由开采层运输巷、回风巷等向采空区方向施工斜交钻孔进行瓦斯抽放。

（3）在下邻近层设置汇集瓦斯巷道进行抽放。

（4）从地面施工钻孔进行抽放。

2.7.3.2　钻孔抽放

A　钻孔布置的方式

目前国内外广泛采用钻孔法，即由开采煤层进、回风巷道向邻近层打穿层钻孔抽放瓦斯，或由围岩大巷向邻近层打穿层钻孔抽放瓦斯。当采煤工作面接近或超过钻孔时，岩体卸压膨胀变形，透气系数增大，钻孔瓦斯的流量有所增加，就可开始抽放。钻孔的抽出量随工作面的推进而逐渐增大，达最大后能以稳定的抽出量维持一段时间（几十天到几个月）。由于采空区逐渐压实，透气系数逐渐恢复，抽出量也将随之减少，直到抽出量减少到失去抽放意义，便可停止抽放。采用井下钻孔抽放邻近煤层瓦斯，要考虑煤层的赋存状况和开拓方式。钻孔布置方式主要采用以下两种。

a　由开采层层内巷道打钻

其适应条件为缓倾斜或倾斜煤层的走向长壁工作面，具体又可分为以下几种。

（1）钻场设在工作面副巷内，由钻场向邻近煤层打穿层钻孔。阳泉四矿、包头五当沟矿、六枝大用矿均采用这种方式，如图 2-54~图 2-56 所示。

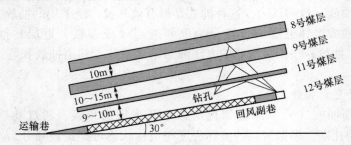

图 2-54　阳泉四矿抽放上邻近层瓦斯层内副巷布孔方式

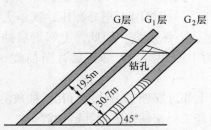

图 2-55　包头五当沟矿抽放上邻近层
瓦斯层内副巷布孔方式

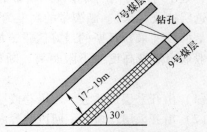

图 2-56　六枝大用矿抽放上邻近层
瓦斯层内副巷布孔方式

这种方式多用于抽放上邻近层瓦斯，它的优点是：

1）抽放负压与通风负压一致，有利于提高抽放效果，尤其是低层位的钻孔更为明显。

2）瓦斯管道设在回风巷，容易管理，有利于安全。

缺点是增加了抽放专用巷道的维护时间和工程量。

（2）钻场设在工作面进风正巷内，由钻场向邻近层打穿层钻孔。此方式多用于抽放下邻近层瓦斯。南桐矿务局鱼田堡矿开采 3 号煤层抽放 4 号煤层瓦斯时就是这种布置，如图 2-57 所示。与钻孔布置在回风水平相比，其优点是：

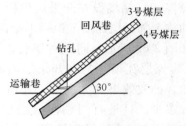

图 2-57　南桐鱼田堡矿抽放上邻近层瓦斯层内副巷布孔方式

1）运输水平一般均有供电及供水系统，打钻施工方便。

2）由于开采阶段的运输巷即是下一阶段的回风巷，因此不存在由于抽放瓦斯而增加巷道的维护时间和工程量的问题。

上述布孔方式，每个钻场内一般打 1~2 个钻孔，也有多于 2 个的，钻孔方向与工作面平行或斜向采空区。

b　在开采层层外巷道打钻

其适应条件为不同倾角的煤层和不同采煤方法的回采工作面。钻孔布置方式又分为以下几种：

（1）钻场设在开采层底板岩巷内，由钻场向邻近层打穿层钻孔，多用在抽放下邻近层瓦斯。天府磨心坡矿、淮北芦岭矿、淮南谢二矿和松藻打通一矿均是这种布置，如图 2-58~图 2-61 所示。

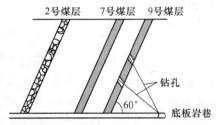

图 2-58　天府磨心坡矿抽放下邻近层瓦斯的钻孔布置示意图

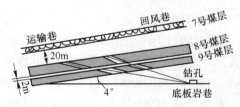

图 2-59　淮北芦岭矿抽放钻孔布置示意图

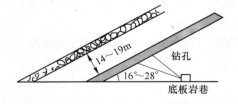

图 2-60　淮南谢二矿抽放下邻近层瓦斯的钻孔布置示意图

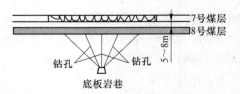

图 2-61　松藻打通一矿抽放下邻近层瓦斯的钻孔布置示意图

这种方式的优点是：

1）抽放钻孔一般服务时间较长，除抽放卸压瓦斯外，还可用作预抽和采空区抽放瓦斯，不受回采工作面开采的时间限制。

2）钻场一般处于主要岩石巷道中，相对减少了巷道维修工程量，同时对于抽放设施的施工和维护也较方便。

（2）钻场设在开采层顶板岩巷。多用于抽放上邻近层瓦斯。根据中梁山煤矿的应用，如图 2-62 所示，同样是开采 2 号煤层时抽放 1 号煤层瓦斯，与在开采层内布孔的方式相比，抽放效果大大提高，巷道工程量并不增加多少，只是石门稍向煤层顶板延伸即可，由于石门之间有相当间距，因而要使钻孔有效抽放两个石门间的瓦斯，每一钻场的钻孔应采用多排扇形布置。

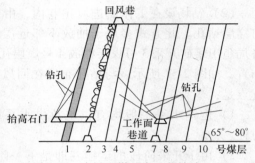

图 2-62　中梁山煤矿南矿井抽放上下邻近层瓦斯的钻孔布置

上述各种布孔方式都是只针对一个采面考虑，并且基本均是打仰角孔，这是受原有的试验和应用条件所限，本书认为：一是抽放钻孔的有效抽放范围不是太大；二是俯角孔易积水而影响抽放瓦斯效果。

近些年来，国内部分矿井在钻孔抽放邻近层瓦斯方面取得了一些新的成效，对钻孔布置有所改进。例如鸡西矿务局城子河矿西斜井进行了用钻孔集中抽放多区段邻近层瓦斯的试验，较好地解决了工作面回采过程中的瓦斯问题。松藻矿务局打通一矿为提高下邻近层瓦斯的抽放效果，除继续采用开采煤层外巷道上向孔抽放下邻近层瓦斯外，又进行煤层层内巷道下向孔抽放下邻近层瓦斯的试验，使采面的下邻近层瓦斯抽放率由 72% 提高到 92.5%，达到近距离下邻近层瓦斯抽放率的高水平。通过鸡西城子河矿、松藻矿务局打通一矿的试验和实践，为我国提供了一种抽放邻近层瓦斯的新方法。

B　钻孔布置的主要参数

a　钻孔间距

确定钻孔间距的原则是工程量少，抽出瓦斯多，不干扰生产。阳泉一矿以采煤工作面的瓦斯不超限，钻孔瓦斯流量在 $0.005m^3/min$ 左右、抽出瓦斯中甲烷浓度为 35% 以上作为确定钻孔距离的原则。煤层的具体条件不同，钻孔的距离也不同，有的在 30~40m 之间，有的可达 100m 以上。应该通过试抽，然后确定合理的距离。一般说来，上邻近层抽放钻孔距离大些，下邻近层抽放的钻孔距离应小些，近距离邻近层钻孔距离小些，远距离的大些。通常采用钻孔距离为 1~2 倍的层间距。根据国内外抽放情况，钻场间距多为30~60m，见表 2-25。一个钻场可布置 1 个或多个钻孔。

此外，如果一排钻孔不能达到抽放要求，则应在运输巷和回风巷同时打钻抽放，在较长的工作面内还可由中间平巷打钻。

b　钻孔角度

钻孔角度是指它的倾角（钻孔与水平线的夹角）和偏角（钻孔水平投影线和煤层走向或倾向的夹角）。钻孔角度对抽放效果影响很大。抽放上邻近层时的仰角，应使钻孔通过顶板岩石的断裂带进入邻近层充分卸压区，仰角太大，进不到充分卸压区，抽出的瓦斯

表 2-25　钻孔间距经验值

层间距/m		有效抽放距离/m	可抽距离/m	合理孔距/m
上邻近层	10	30~50	10~20	16~24
	20	40~60	15~25	20~28
	30	50~70	20~30	27~36
	40	60~80	25~35	32~41
	60	80~100	35~45	42~50
	80	100~120	45~55	50~60
下邻近层	10	25~45	10~15	12~24
	20	35~55	15~20	18~32
	30	45~60	20~25	23~41
	40	70~90	30~35	36~50
	80	110~130	50~60	54~63

浓度虽然高，但流量小；仰角太小，钻孔中段将通过垮落带，钻孔与采空区沟通，必将抽吸进大量空气，也会大大降低抽放效果。如图 2-63 所示，下邻近层抽放时的钻孔角度没有严格要求，因为钻孔中段受开采影响而破坏的可能性较小。

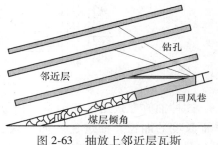

图 2-63　抽放上邻近层瓦斯
回风巷钻孔布置图

　　c　钻孔直径

抽放邻近煤层瓦斯的钻孔的作用主要是作引导卸压瓦斯的通道。由于抽放的层位不同，钻孔长度不等，短的只有十多米，长的数十米，而一般钻孔瓦斯抽放量只是 $1~2\mathrm{m}^3/\mathrm{min}$ 左右，少数达到 $4~5\mathrm{m}^3/\mathrm{min}$，因此，孔径对瓦斯抽出量影响不大，无需很大的孔径，即可满足抽放的要求（表 2-25）。

目前，国内外抽放邻近层瓦斯钻孔直径一般都采用 75mm 左右。

　　d　钻孔抽放负压

开采层的采动使上下邻近层得到卸压，卸压瓦斯将沿层间裂隙向开采层采空区涌出。在布置有抽放钻孔时，抽放钻孔与层间裂隙形成网状并联的通道，在自然涌出的状态下，卸压瓦斯将分别向钻孔及裂隙网涌出，若对钻孔施以一定负压进行抽放，则有助于改变瓦斯流动的方向，使瓦斯更多地流入钻孔。如阳泉二矿东四号井抽放负压由 4.2kPa 提高到 9.4kPa 时，瓦斯抽放量由 $20.61\mathrm{m}^3/\mathrm{min}$ 提高到 $27.9\mathrm{m}^3/\mathrm{min}$，当负压提高到 15.4kPa 时，抽放量达 $31.1\ \mathrm{m}^3/\mathrm{min}$；由于该井基本上都是邻近层瓦斯抽放，因此可以看出，提高抽放负压对提高邻近层瓦斯抽放的作用效果还是明显的。实际抽放中，应针对各矿的具体条件，在保证一定的抽出瓦斯浓度条件下，适当地提高抽放负压。一般孔口负压应保持在 6.7~13.3kPa 以上；国外多为 13.3~26.6kPa。

2.7.3.3　巷道抽放

巷道抽放主要是指在开采层的顶部处于采动形成的断裂带内，挖掘专用的抽瓦斯巷道

（高抽巷）用以抽放上邻近层的卸压瓦斯。巷道可以布置在邻近煤层或岩层内。抽瓦斯巷道分走向抽放巷和倾斜抽放巷两种，如图 2-64～图 2-66 所示。图 2-65 中沿走向间隔230～240m 布置了多条高抽巷，走向高抽巷中间布置两个直径 200mm 的大直径钻孔。

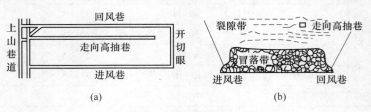

图 2-64　走向高抽巷布置图

（a）平面；（b）剖面

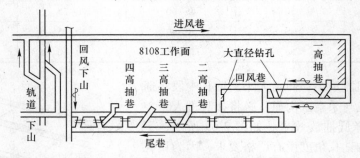

图 2-65　阳泉五矿 8018 综放面平面布置图

这种抽放方式是在我国采煤机械化的发展、采煤工作面长度的加长、推进速度的加快、开采强度的加大、以及回采过程中瓦斯涌出量骤增、原有的钻孔抽放邻近层瓦斯方式已不能完全解决问题的情况下，开始试验和应用的，并取得了较好效果，它具有抽放量大、抽放率高等特点，目前已在不少矿区扩大试验和推广应用。

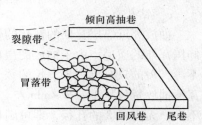

图 2-66　倾向高抽巷剖面布置图

A　走向高位抽放巷抽放上邻近层瓦斯

抽放邻近层瓦斯效果的好坏，高位抽放巷（简称高抽巷）的层位选择非常重要，首先应考虑的因素是应处于邻近层密集区（或邻近层瓦斯涌出密集区），且该区位煤岩体裂隙发育，在抽放起作用时间内不易被岩层垮落所破坏。一般来讲，如果走向顶板岩石高抽巷布置太低，处于垮落带（或称冒落带）范围内，在综放工作面推进后很快即能抽出瓦斯，但也很快被岩石垮落所破坏与采空区沟通，抽放瓦斯为低浓度采空区瓦斯；如果布置层位太高，则工作面采过后，顶板卸压瓦斯大量涌向采场空间，高抽巷截流效果差，抽放不及时，即使能够抽出大量较高浓度的瓦斯，也对解决工作面瓦斯涌出超限问题效果较差，不能保证工作面生产安全。因此走向高抽巷既保证能大量抽出瓦斯，又能在工作面推进过后保持相当一段距离不被破坏，从而保证尽最大能力抽出邻近层瓦斯。

B　倾斜高抽巷抽放上邻近层瓦斯

倾斜式顶板岩石抽放巷道是与工作面推进方向平行，在尾巷沿工作面倾斜方向向工作面上方爬坡至抽放层后，再打一段平巷抽放上邻近层瓦斯。倾斜高抽巷抽放上邻近层瓦斯

+工作面一般应采用 U+L 形通风方式。倾斜高抽巷抽放瓦斯的巷道数量可根据抽放巷道有效抽放距离和工作面开采走向长度确定，以适应工作面上邻近抽放层地质条件的变化。倾斜高抽巷抽放上邻近层瓦斯方法与钻孔法相比，在抽放效果上有如下特点：

（1）巷道开凿时可以避免因顶冒落而出现的岩层破坏带，可以以曲线方式进入抽放层，能减少空气的漏入，防止被错动岩层切断而堵塞，从而达到连续抽放瓦斯的目的。

（2）巷道是开在邻近层内的，比钻孔穿过煤层揭露面积大，有利于引导煤层卸压瓦斯进入抽放系统。

（3）巷道比钻孔的通道面积大，可以减少阻力，便于瓦斯流动。

C 顶板抽放巷道的主要参数

影响顶板巷道抽放瓦斯效果的因素是多方面的，关键是巷道在空间上的位置。原则上讲，合理的巷道位置应处在开采形成的充分卸压区和垮落带以上的断裂带内，同时要结合邻近层的赋存和层间岩性情况、通风方式和采场空气流动方向以及巷道的有效抽放距离、布置方式等综合考虑。

a 巷道离开采层的垂距

根据国内部分试验和应用矿井的一些经验参数，我国考虑顶板巷道位置的原则是，要布置在垮落带之上的断裂带内，并尽可能设在上邻近层内，这样既有利于抽放邻近层卸压瓦斯，也可降低掘进费用。为此，各矿都应确切掌握不同开采煤层的垮落带和断裂带的范围，通过实际考察和测算取得；若无实测资料时，可参考我国部分矿井的煤层开采后上覆岩层的破坏带高度，见表 2-26。

表 2-26 我国部分矿井上覆岩层的破坏带的高度

煤层倾角	岩性	冒落高度与煤层采高比值	裂隙高度与煤层采高比值
缓倾斜	坚硬	5~6	18~28
	中硬	3~4	12~16
	软	1~2	9~12
倾 斜	坚硬	6~8	20~30

注：冒落高度和断裂带高度均从煤层顶板算起。

b 巷道在工作面倾斜方向的投影距离

国外都是对走向顶板抽放巷而言的，国内采用的方式除走向顶板巷外，还有倾向顶板巷，后者就要考虑巷道伸入工作面的距离，两种方式的顶板巷道都是靠近工作面回风侧的，这主要是考虑了采场通风的空气流动。任何一种采场通风方式都会有一部分空气流经采空区而再经回风巷排出，而沿着空气流动的方向，在采空区内瓦斯浓度将逐渐增高。我国目前采面的通风方式多数是 U 形通风方式的一进一回，或再加上一条尾巷的一进二回方式，这样靠近回风巷的采空区内容易积聚高浓度的瓦斯。顶板巷道处在开采层上部的断裂带内，随着采动的作用，巷道周围的裂隙不断扩展，会与邻近煤层和采空区连通，所以顶板巷道抽放时，除主要截抽上邻近层卸压瓦斯外，也还可能抽出一部分采空区瓦斯，尤其是低层位的巷道。若巷道靠近进风侧，则抽进的基本上是漏入空气，势必降低抽放效果；相反，巷道靠近回风侧，则对抽放瓦斯有利。

目前国内走向顶板巷基本都是处于工作面回风侧的 1/3 或更近。倾向顶板巷主要在阳泉采用，巷道伸入工作面的距离一般为 40~50m，还不到工作面长度的 1/3。

　　因此，顶板巷道沿倾向的位置可取靠近回风侧为工作面长度的 1/3 为上限，其下限应按卸压角划定的界线再适当地向工作面以里延伸一点。

　　c　巷道离工作面开切眼的距离

　　采面回采后顶板不会沿切眼垂直往上冒落，而是有一个塌陷角。在塌陷角以外的区域属未卸压区，因此，顶板巷道应位于塌陷角以内，这样才能有效地抽放卸压瓦斯。走向顶板巷的终端和第一倾向顶板巷的位置应按此确定。阳泉矿务局按式（2-78）计算：

$$s = h/\tan\gamma \tag{2-78}$$

式中　s——顶板巷距工作面开切眼的距离，m；

　　　　h——顶板巷离开采层的垂距，m；

　　　　γ——塌陷卸压角，(°)。

　　阳泉一矿 s 值取 35~40m。

　　d　顶板巷道的有效抽放距离

　　在我国采用走向顶板巷抽放瓦斯的矿井都是只布置一条，对巷道的有效抽放距离虽未作专门考察，但从对邻近层瓦斯抽放率看都是较高的。阳泉五矿在采面长 150~180m 的条件下，抽放率可达 90% 以上，说明巷道抽放的有效距离至少在 100m 以上。再从倾向顶板巷看，在阳泉开采 15 号煤层时可达 280m 以上。阳泉矿务局不同煤层开采时的倾向顶板巷的间距见表 2-27。

表 2-27　倾向顶板巷的间距

矿井和煤层	倾向顶板巷间距/m
一矿 3 号煤层	200~250
一矿 12 号煤层	150~170
五矿 15 号煤层	230~240

　　e　巷道规格

　　我国多数矿井的顶板抽瓦斯巷道断面取 $4m^2$，基本满足了掘进时的通风、行人、运料和打钻的要求，有的矿井对巷道也进行了简易的支护，对巷道口的密闭都采取了强化措施，包括密闭墙四周深掏槽、两道墙间黄土填实和墙喷浆封闭等。

2.7.4　采空区瓦斯抽放

　　采空区瓦斯的涌出，在矿井瓦斯来源中占有相当的比例，这是由于在瓦斯矿井采煤时，尤其是开采煤层群和厚煤层条件下，邻近煤层、未采分层、围岩、煤柱和工作面丢煤中都会向采空区涌出瓦斯，不仅在工作面开采过程中涌出，并且工作面采完密闭后也仍有瓦斯继续涌出。一般新建矿井投产初期采空区瓦斯在矿井瓦斯涌出总量中所占比例不大，随着开采范围的不断扩大，相应地采空区瓦斯的比例也逐渐增大，特别是一些开采年限久的老矿井，采空区瓦斯多数可达 25%~30%，少数矿井达 40%~50%，甚至更大。对这一部分瓦斯如果只靠通风的办法解决，显然是增加了通风的负担，而且又不经济。通过国内外的实践，对采空区瓦斯进行抽放不仅可行，而且也是有效的。

　　目前采空区瓦斯抽放已成为几种主要方法之一，特别是国外，都非常重视这类瓦斯的抽放，抽出的瓦斯量在总抽放量中占有较大的比重，如德国及日本均达 30% 左右。目前，我国开始注意采空区瓦斯的抽放，逐步将其纳入矿井综合抽放瓦斯的一个方面加以考虑。

2.7.4.1 抽放方法

采空区瓦斯抽放方式（法）是多种多样的，其划分方法如下：按开采过程，可分为回采过程中的采空区抽放和采后密闭采空区抽放；按采空区状态，可分为半封闭采空区抽放和全封闭采空区抽放；按采空区瓦斯抽放方式，分为钻孔抽放法和巷道抽放法。

A 钻孔抽放法

（1）利用在开采层顶板中掘出的巷道向采空区顶部施工钻孔进行抽放，终孔高度不小于 4~5 倍采高。

（2）回风巷或上阶段运输巷一段距离（20~30m）向采空区垮落拱顶部施工钻孔进行瓦斯抽放。

（3）回风巷向工作面顶板开凿专门钻场，迎着工作面的方向向垮落带上方施工顶板走向钻进行抽放（采），钻孔平行煤层走向或与走向间有一个不大的夹角。

（4）采空区距地表不深时，也可以从地表向采空区打钻孔进行抽放。

B 巷道抽放法

（1）利用上阶段回风水平密闭连接瓦斯管路进行抽放。

（2）专门掘出瓦斯尾巷或高抽巷，通过瓦斯尾巷或高抽巷连接瓦斯管路进行抽放。

2.7.4.2 采空区瓦斯抽放的布置形式及特点

A 开采煤层顶板走向钻孔瓦斯抽放（采）

通过施工顶板走向钻孔进行瓦斯抽放，切断了上邻近层瓦斯涌向工作面的通道，同时对采空区下部赋存的瓦斯起到拉动作用，改变了采煤工作面上隅角瓦斯积聚区的流场分布，在采空区流场上部增加汇点，使瓦斯通过汇点流出。

a 钻场的施工

在开采煤层工作面上回风巷每隔 100m 左右施工 1 个钻场，为了使钻孔开孔能够布置在岩层相对稳定的层位中，钻场在上回风巷下帮开口，按 30°向上施工，距开采煤层顶板 5m 后变平，再施工 4m 平台。钻场巷道的底板为开采煤层的顶板，为钻孔提供相对稳定的开孔位置。

b 钻孔的施工

为了使钻孔能够布置在相对稳定的层位中，并能在切顶线前方不出现钻孔严重变形和垮孔现象，根据垮落带、断裂带的发育高度，决定钻孔的终孔布置在断裂带的下部、垮落带的上部。钻孔深度为 130~150m，钻孔终孔高度位于煤层顶板向上 15~20m 左右，倾斜方向在工作面上出口向下 3~30m 左右。钻孔布置如图 2-67 所示。

此种抽放（采）方法尚需解决以下问题：一是顶板走向钻孔过地质破碎带时的施工问题；二是采煤工作面在钻场接替期间由于瓦斯抽放量降低，从而造成回风流瓦斯超限问题。

B 高抽巷瓦斯抽放

在开采煤层采煤工作面阶段上山沿走向方向先施工一段高抽巷平巷，与工作面回风水

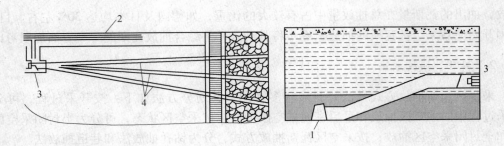

图 2-67　开采煤层顶板走向钻孔布置
1—回风巷；2—抽放管；3—钻场；4—钻孔

平距离内错 15~20m，然后开口起坡施工至距开采煤层顶板 15~20m 处变平，再施工至工作面走向边界。通过在高抽巷外口打密闭墙并设置穿管抽放采空区积存的瓦斯。高抽巷的布置如图 2-68 所示。

图 2-68　高抽巷瓦斯抽放示意图

　　高抽巷施工时应注意以下问题：一是高抽巷的层位要处于采空区断裂带内，此处透气性好，又处于瓦斯富集区，能抽到高浓度瓦斯；二是高抽巷的水平投影距回风巷的水平投影距离要控制在 15~20m 封闭墙范围内，距离过近，巷道漏气严重；距离过远，抽放巷道端头不处在瓦斯富集区，抽放效果不好；三是高抽巷要封闭严实，保证不漏气，施工时要做到封闭墙周边掏槽，见硬帮、硬底，并要施工双层封闭，双层封闭之间距离大于 0.5m，并注浆充填；四是抽放（采）口位置距离封闭墙墙面要大于 2m，高度应大于巷道高度的 2/3，抽放（采）口应设有不能进入杂物的保护设施。高抽巷抽放解决了顶板走向钻孔抽放（采）方法中钻场接替期间抽放效果较差的难题，是解决采空区瓦斯涌出的有效途径。它主要适用于无煤层自燃发火或发火期较长的回采工作面。

　　C　后退式采空区埋管瓦斯抽放

　　后退式采空区埋管瓦斯抽放将抽放瓦斯管路通过上回风巷预先埋在紧靠上风侧的采空区里，当抽放管埋入工作面采空区 20m 时，将新埋的管路与抽放系统连接。通过抽放（采）使积聚在采空区上隅角的瓦斯在没有进入回风流前被抽出。

　　采煤工作面采用后退式采空区埋管方法进行抽放瓦斯，瓦斯抽放浓度为 8%~30%，瓦斯抽放混合流量为 20~40m³/min，取得了较好的效果。

　　D　尾抽巷瓦斯抽放（采）

　　根据回采工作面巷道布置状况，在工作面回采初期利用尾抽巷来抽放瓦斯。在尾抽巷预设瓦斯抽放（采）管路，当工作面开始回采前在尾抽巷构筑封闭墙，墙上要留管子孔。封闭墙要严密不漏风。当工作面开始回采时，即可利用预设的抽放管路连接瓦斯抽放系统进行抽放。

E 利用贯通上阶段开切眼与下阶段上回风巷进行瓦斯抽放

当工作面推进至上阶段工作面开采切眼 30m 时，在工作面上风巷施工一条煤巷与上阶段工作面开采切眼进行贯通。当工作面推进至该巷道位置时，利用上阶段上回风巷封闭墙处预埋的瓦斯管路进行抽放（采）。通过采用该方法能有效地解决工作面上隅角的瓦斯问题。

向冒落带上方打钻，抽放钻孔孔底应处在初始冒落带的上方，以捕集处于冒落破坏带中的上部卸压层和未开的煤分层，或下部卸压层涌向采空区的瓦斯，如图 2-69 所示。

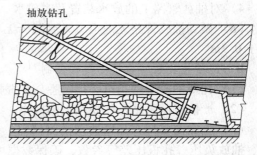

图 2-69 向冒落带上方打钻孔抽放
采空区的瓦斯示意图

这种抽放方式，有的可以抽出较高浓度的瓦斯，钻孔的单孔瓦斯流量可达 $2 \sim 4m^3/$min 左右，可使采区瓦斯涌出量降低 $20\% \sim 35\%$。

F 地面钻孔抽放法

地面钻孔抽放采空区瓦斯，国外应用的多些，这种抽放瓦斯的钻孔布置方式在国内部分矿井试验和应用过，抽放的效果还是好的。就发展趋势而言，地面钻孔抽放（采）瓦斯必将成为抽放（采）瓦斯技术的发展方向。随着采煤工作面高产高效的需求，采煤工作面走向增大至 $2000 \sim 3000m$，而与之对应的专用抽放（采）瓦斯巷道由于单进低，不可能做到与采煤工作面回采巷道同时竣工，严重制约了生产力的发展，因此，采用地面钻孔替代专用抽放（采）瓦斯巷道将是行之有效的途径。同时，地面钻孔较专用抽放（采）瓦斯巷道有施工速度快、成本低的优点。

2.7.4.3 采空区抽放注意事项

（1）采空区抽放前应加固密闭墙、减少漏风。

（2）抽放时要及时检查抽放负压、流量、抽放瓦斯成分与浓度，发现问题及时调整。

（3）发现一氧化碳浓度有异常变化时，说明有自然发火倾向，应立即停止抽放，采取防范措施。

2.7.5 矿井瓦斯抽放管理

2.7.5.1 瓦斯抽放工安全责任制

A 瓦斯抽排管路检查工（测量工）安全责任制

（1）管路检查工每天要检查一次抽放系统，保证所到之处抽放系统完好、管路畅通。当发现管路故障时，要立即处理并汇报。

（2）管路检查工要及时回收各处所有材料，做到不乱丢乱放。

（3）管路检查工如需进入栅栏内工作，必须携带便携式甲烷报警仪，两人前后同行，并随时检查巷道内瓦斯等气体，气体超过规定时，应停止进入。

（4）防止瓦斯抽采综合检测仪受潮，在井下打开瓦斯抽采综合检测仪进行检查修理。

（5）经常清理和润滑抽放瓦斯管路的阀门，以确保阀门使用灵活。

（6）未经批准，不得任意调整主干管路的抽放负压。

（7）抽放系统的检查与维护的主要工作有：

1）检查抽放泵的运转情况，及时处理存在问题。

2）检查抽放管路有无漏气。

3）检测各抽放地点的抽放参数。

4）对抽放管路上的放水装置及时放水。

（8）做到抽放管路无破损、无泄漏、无积水，抽放管路要吊高或垫高，离地高度不小于0.3m。

B　瓦斯抽放泵站司机安全责任制

（1）瓦斯抽放泵站司机必须熟悉、掌握抽放设计要求及抽放设备、管路情况。

（2）严格按照泵站操作规程上岗操作。

（3）上岗前要带齐瓦斯抽采检测仪器、记录本等工器具，并每小班记录一次抽放浓度、抽放负压、孔板压差等参数，确保数据可靠。

（4）认真做好运转设备的循环检查工作，及时排放放水器内的积水，保证管路畅通，发现问题及时汇报处理。

（5）负责保管泵站内的所有仪器仪表，做到现场交接班。

（6）瓦斯泵启动前，必须认真检查电动机与泵体之间的对轮是否有阻力现象，只有无明显阻力时，方可做启动准备。

（7）启动前，必须先打开进气端管路的控制阀门。

（8）打开供水闸阀，观察泵体两端有无滴水现象，以成滴为度。

（9）当泵体内的水量达到轴线高度时，方可送电启动。

（10）调节供水阀门，使供水量接近或满足要求。

（11）瓦斯泵电动机发热时，严禁用水对其进行冷却。

（12）瓦斯泵运转时，不得用手、脚触摸泵体旋转部位，或坐、靠在旋转部位。

（13）测量时，不得用嘴吸出测气胶管内的积水，当胶管内的积水较大时，采取措施进行处理后方可测量。

（14）当瓦斯浓度测量完毕后，要将测气胶管放置正确、不漏气。

（15）防止瓦斯抽采综合检测仪受潮，在井下打开瓦斯抽采综合检测仪进行检查修理。

（16）泵站放水器内的积水经疏放后，要关紧放水器的控制闸阀。

（17）气水分离器端的放水管要放在水池（水沟）处，不得随便挪移。

（18）停泵时，必须先停泵，后停水，再关闭进出气端的闸阀。

（19）长期停泵时，必须将泵体内的积水放尽。

C　钻机工安全责任制

（1）施工前，要将钻机摆放平稳，打牢压车柱。

（2）施工过程中，钻杆前后不准站人，不准用手托、扶钻杆。

（3）施工过程中，人员工作服要穿戴整齐，戴好安全帽，系好矿灯，严禁卧躺，不准赤脚或穿拖鞋工作。

（4）施工过程中能够正确使用便携式甲烷报警仪，严禁瓦斯超限作业。

（5）钻机操作应由熟练钻工或带班班长操作，不准坐在电动机上或钻机任一部位操作钻机，操作时，袖口要束紧或卷起，不准用脚制动运转皮带。

（6）操作人员要熟知各种钻机的结构、性能及使用方法，不得任意调节钻机的液压控制系统，钻机在出现故障时，不许带病运转。

（7）松紧立轴卡瓦时，应待立轴停止运转后再进行处理。

（8）钻机不得在无人看管的情况下运转。

（9）在钻机正常运行时，不得任意拨动各种联动手柄，必须在停车后进行变速、换向。

（10）人工取下钻杆和装卸水龙头时，钻机的控制开关必须处在停止位置。

（11）钻机未停稳时，人员不得靠近钻杆或跨越钻杆。

（12）禁止在运转的皮带附近更换工作服或做其他工作。

（13）禁止立轴回转时丈量机上残尺或进尺长度。

（14）钻机回次进尺不得超过岩芯管的有效长度。

（15）无岩芯钻进时，发现钻头糊钻、憋泵、转速显著下降时应立即提钻，不得随意加大压力强行钻进。

（16）钻进岩石孔时，发现孔口不返水，应立即提出钻具检查，见煤时要采取压风排渣措施。

（17）钻进煤孔时，要采取压风排渣和除尘措施。

（18）当发生埋钻事故时，在钻机无法安全固定运行的情况下，不准用钻机强行起拔钻具。

（19）孔内下套管遇阻时，严禁用钻机硬性冲击。

（20）严禁用钻头扫出孔内丢失钻具。

（21）所有人员不准用眼睛在孔口附近观看孔内情况，当钻孔仰角超过 $25°$ 时，不准正对钻机操作。

（22）钻进过程中工作人员要精力集中，注意观察钻进情况，严格控制钻进速度，随时注意电动机的负荷情况，不得超载；当发生火花、冒烟或转数急剧降低和发热等情况时，立即断开电路进行检查调整。

D　瓦斯抽放日常管理制度

（1）抽放矿井必须建立、完善瓦斯抽放管理制度和各部门责任制。矿长对矿井瓦斯抽放管理工作负全面责任。矿总工程师对矿井瓦斯抽放工作负全面技术责任，应定期检查、平衡瓦斯抽放工作，解决所需设备、器材和资金，负责组织编制、审批、实施、检查抽放瓦斯工作规划、计划和安全技术措施，保证抽放地点正常衔接和实现"抽、掘、采"平衡。矿各职能部门负责人对本职范围内的瓦斯抽放工作负责。

（2）抽放矿井必须设有专门的抽放队伍，负责打钻、检测、安装等瓦斯抽放工作。

（3）抽放矿井必须把年度瓦斯计划指标列入矿年度生产、经营指标中进行考核。

（4）矿井采区、采掘工作面设计中必须有瓦斯抽放专门设计，投产验收时同时验收瓦斯抽放工程，瓦斯抽放工程不合格的不得投产。

（5）瓦斯抽放系统必须完善、可靠，并逐步形成以地面抽放系统为主、井下移动抽放系统为辅的格局。

（6）抽放系统能力应满足矿井最大抽放量需要，抽放管径应按最大抽放流量分段选配。地面抽放泵应有备用，其备用量可按正常工作数量的60%考虑。

（7）抽放管路应具有良好的气密性、足够的机械强度，并应满足防冻、防腐蚀、阻燃、抗静电的要求；抽放管路不得与电缆同侧敷设，并要吊高或垫高，离地高度不小于300mm。

（8）抽放管路分岔处应设置控制阀门，在管路的适当部位设置除渣装置，在管路的低洼、钻场等处要设置放水装置，在干管和支管上要安装计量装置（孔板计量应设旁通装置）。

（9）井下移动抽放泵站应安装在抽放瓦斯地点附近的新鲜风流中，当抽出的瓦斯排至回风道时，在抽放管路排出口必须采取设置栅栏、悬挂警戒牌、安设瓦斯传感器等安全措施。

（10）抽放泵站必须有直通矿井调度室的电话，必须安设瓦斯传感器。

（11）抽放泵站内必须配置计量装置。

（12）坚持预抽、边掘边抽、随采随抽并重原则。

（13）煤巷掘进工作面，对预测突出指标超限，或炮后瓦斯经常超限，或瓦斯绝对涌出量大于$3m^3/min$的，必须采用迎头浅孔抽放、巷帮钻场深孔连续抽放等方法。

（14）采煤工作面瓦斯绝对涌出量大于$30m^3/min$的，必须采用以高抽巷抽放、顶板走向钻孔抽放等为主的综合抽放方法。

（15）采煤工作面瓦斯绝对涌出量大于$30m^3/min$的，瓦斯抽放率应达到60%以上；瓦斯绝对涌出量达到$20\sim30m^3/min$的，瓦斯抽放率应达到50%以上，其他应抽放（采）煤工作面，瓦斯抽放率应达到40%以上。

（16）尽量提高抽放负压，孔口负压不小于13kPa。

（17）必须定期检查抽放管路质量状况，做到抽放管路无破损、无泄漏，并按时放水和除渣，各放水点实行挂牌管理，放水时间和放水人员姓名必须填写在牌板上。

（18）抽放泵站司机要持证上岗，按时检测、记录抽放参数和抽放泵运行状况。

（19）加强瓦斯抽放基础资料管理。抽放基础资料包括抽放台账、班报、日报、旬报、月报、季度分解计划、钻孔施工设计与计划、钻孔施工记录与台账等。

（20）抽放矿井必须按月编制分解瓦斯抽放实施计划（包括瓦斯抽放系统图）。

（21）抽放矿井每月由矿总工程师牵头组织安监和相关部门参加，检查验收瓦斯抽放量（抽放率）和抽放钻孔量。

2.7.5.2　钻孔施工参数与瓦斯抽放参数的管理

A　钻孔施工参数的管理

（1）钻孔施工人员必须严格按钻机操作规程及钻孔施工参数精心施工，保证施工的钻孔符合设计要求，确保钻孔施工质量。

（2）钻孔施工人员当班必须携带皮尺、坡度规、线绳等量具。

（3）钻孔施工前，钻孔施工人员必须按设计参数要求在现场标定钻孔施工位置，并悬挂好钻孔施工图板。

（4）钻孔必须在标定位置施工，钻孔角、方位、孔深符合设计参数要求，做到定位置、定方向、定深度。钻孔施工时，孔位允许误差±50mm，倾角、方位允许误差±1°；煤层钻孔施工时，中排钻孔孔深允许误差100mm，上排、下排钻孔分别施工至本煤层顶、底板方可终孔，并不得比设计孔深少2m。

（5）钻孔施工人员必须认真填写好当班的施工记录，记录内容包括孔号、孔深、倾角、钻杆数量及钻孔施工情况等。

（6）加强钻孔施工验收制度，顶板走向钻孔或底板穿层钻孔终孔时，必须要有验收人员现场跟班验收。

（7）抽放钻孔必须要有施工和验收原始记录可查。

（8）钻孔布置应均匀、合理。从岩石面开孔，开孔间距应大于300mm；从煤层面开孔，开孔间距应大于400mm；岩石孔封孔长度不小于4m，煤层孔封孔长度不小于6m；当采用穿层孔抽放时，钻孔的见煤点间距不应超过8m；当采用顺层孔抽放时，钻孔的终孔间距不超过10m。

B 瓦斯抽放参数的管理

（1）每个抽放系统必须每天测定一次抽放参数，数据要准确，做到及时填、报、送有关数据，测定时仪器携带齐全，并熟知仪器性能及使用方法。

（2）当采煤工作面距抽放钻场30m时，要每天观测一次钻场距工作面的距离，并保证系统完好。

（3）使用U形压力计观测数据时，必须保持U形压力计内的液体清洁、无杂物。

（4）观看压力计时，要将压力计垂直放置，使两柱液面水平。

（5）安装压力计时，应按规定将压力计的胶管与管道上的压力连接孔连接，并使其稳定1~2min，然后读取压力值。

（6）在测定流量或负压时，如U形压力计内的液面跳动不止，应检查积水情况，并采取放水措施。

（7）每次观测后，应将有关参数填写在记录牌上并保证牌板、记录和报表三对应。

（8）抽放钻场（钻孔）必须实行挂牌管理。牌板内容为钻场编号，设计钻孔孔号及其参数（角度、深度），实际施工钻孔参数（角度、深度），各钻孔抽放浓度，钻场总抽放浓度、负压、流量等。

（9）泵站必须逐步推广自动检测计量系统，井下移动泵站暂不安设自动检测计量系统的，必须安设管道高浓度瓦斯传感器和抽放泵开停传感器。人工检测时，泵站每小时检测1次，井下干管、支管、钻场每天检测1次。

（10）抽放量的计算要统一用大气压为101.325kPa、温度为20℃标准状态下的数值。自动计量的，通过监控系统打印抽放日报；孔板计量的，每班应计算抽放总量，再根据3班抽放量等情况编报抽放日报。

（11）抽放台账、班报必由队长审签；抽放日报由区长、通风副总审签；抽放旬报、月报由总工程师、矿长审签。

2.7.6　瓦斯的综合利用

瓦斯是一种优质和清洁能源，其主要成分是甲烷，不同浓度甲烷的发热量见表 2-28。从表中可以看到，$1m^3$ 的甲烷的发热量相当于 $1\sim2kg$ 煤的发热量。我国国有煤矿每天涌出的瓦斯高达 $10Mm^3$，如能完全得到利用，相当于年产煤 $3.7\sim7.3Mt$；同时，瓦斯还是一种强烈的温室效应气体，在过去 20 年中其强度比 CO_2 高 6.3 倍。瓦斯综合利用能减少排向大气的瓦斯量，起到减少环境污染、减缓地球变暖的重要作用。因此，抽放瓦斯并加以综合利用将可以得到保证矿井安全生产、开发清洁能源和减少环境污染的三重效果。

表 2-28　不同浓度甲烷的发热量

甲烷浓度/%	30	40	50	60	70	80	90	100
发热量/MJ·m^{-3}	10.47	14.23	17.79	21.35	24.91	28.47	31.82	35.19

抽采的瓦斯除了可以作为民用燃料之外，在工业上还有广泛的应用。

2.7.6.1　工业燃料

工业用瓦斯作燃料主要是烧锅炉。锅炉的热水和蒸汽可供建筑物取暖、冬季井口进风预热、洗浴等用途，也可以用蒸汽驱动设备。燃气锅炉的瓦斯消耗量应按其耗气定额确定。

2.7.6.2　生产炭黑

炭黑是瓦斯在高温下燃烧和热分解反应的产物，它是橡胶、涂料等的添加剂。瓦斯浓度为 40%～90% 均可生产炭黑，瓦斯浓度越高，炭黑的产率越高，质量越好。实践证明，$1m^3$ 纯瓦斯可以生产炭黑 $0.12\sim0.15kg$。我国曾经使用炉法、槽法和混合气法适用矿井瓦斯生产炭黑，其中炉法适用较为普遍。

2.7.6.3　生产甲醛

甲醛广泛用于合成树脂、纤维以及医药等部门。用瓦斯制取甲醛可用一步法和二步法两种。一步法是将瓦斯直接氧化成甲醛，二步法是先将瓦斯制成甲醇，在氧化生成甲醛。

2.7.6.4　煤层气发电

煤层气发电是一项多效益型瓦斯利用项目，它能有效地将矿区采抽的煤层气变成电能，可以方便地输送到各地。不同型号的煤层气发电设备可以利用不同浓度的煤层气。井下抽放煤层气不需要提纯或浓缩可直接作为发电厂燃料，对于降低发电成本、就地解决矿井煤层气是非常重要的。

煤层气发电可以使用直接燃用煤层气的往复式发动机、燃气轮机，也可以使用煤层气锅炉，利用蒸汽透平发电。新的发展趋势是建立联合循环系统，有效利用发电余热。煤层气发电与其他火电相比，具有明显优点：

（1）对环境的污染小。煤层气由于经过了净化处理，含硫量极低，每亿千瓦时电能排放的二氧化硫为 2t，是普通燃煤电厂的 1‰。耗水量小，只有燃煤发电厂的 1/3，因而废水排放量减少到最低程度；同时无灰渣排放。

（2）热效率高。普通燃煤蒸汽电厂热效率高限为40%，而燃气-蒸汽联合循环电厂的热效率目前已经达到56%，还有继续提高的可能。

（3）占地少、定员少。燃气-蒸汽联合循环电厂占地只有燃煤蒸汽电厂的1/4，同时由于电厂布置紧凑，自动化程度高，因而用人少。

（4）投资省。单机容量大型化，辅助设备少，燃气-蒸汽联合循环电厂投资不断下降。据美国壳牌公司称，国外联合循环电厂每千瓦投资在400美元左右，而燃煤带脱硫装置的电厂每千瓦投资为800~850美元。

2.7.6.5 汽车燃料

以压缩天然气作汽车燃料的车辆，称为 CNG 汽车，将汽油车改装，在保留原车供油系统的前提下，增加一套专用压缩天然气装置，制成 CNG 汽车。CNG 汽车开发于20世纪30年代的意大利，至今已有近70年的历史。天然气汽车在环境保护、高效节能、使用安全等方面有显著优点，同时它使用灵活，可以切换使用汽油，发展迅速。由于煤层气成分与天然气基本相同，杂质含量甚至更低，因此完全可以作为汽车燃料。

根据政府权威部门提供的数据，以天然气代替汽油作为汽车燃料有明显优点：

（1）清洁环保。与燃油汽车相比，天然气汽车排放的尾气中一氧化碳减少97%，碳氢化合物减少72%，氮氧化物减少39%。

（2）技术成熟。天然气汽车技术包括气体净化处理、汽车改装、加气站、天然气储存、汽车检测，国内外完善配套。

（3）安全可靠。天然气储气瓶技术是保障天然气汽车安全可靠的关键，在生产过程经过水压爆破、枪击、爆炸、撞击等多项特殊试验，其管阀安全系数都在4左右。

（4）经济效益显著。与燃油汽车相比，天然气汽车可以节约燃料费用30%~50%，还可以降低30%~50%的维修费用。

2.8 本 章 小 结

本章介绍了瓦斯的成因、基本性质和地质情况对瓦斯的影响关系，明确了瓦斯防治方面的基本概念；阐述了瓦斯灾害的危害机理和预防技术及方法；明确了瓦斯防治方面的主要安全技术措施。

复习思考题

2-1 分别用直接法和间接法测定煤层瓦斯含量时各有什么优点和缺点？

2-2 什么是瓦斯风化带，如何确定瓦斯风化带的下部边界深度，确定瓦斯风化带深度有什么实际意义？

2-3 测定煤层瓦斯压力的封孔方法有哪些，各有何优缺点，封孔测压技术的效果受哪些因素的影响？

2-4 影响采落煤炭时放散瓦斯的因素有哪些？

2-5 什么是瓦斯涌出不均系数？

2-6 矿山统计法预测矿井瓦斯涌出量的实质是什么？

2-7　某矿井的月产量为 8500t，月工作日为 30 天，测得该矿井的总回风量为 450m³/min，总回风道瓦斯浓度为 0.32%。试求该矿井的绝对瓦斯涌出量和相对瓦斯涌出量。

2-8　甲烷的引火延迟性对煤矿的安全生产的意义是什么？

2-9　采掘工作面防止瓦斯积聚的措施有哪些？

2-10　简述排放停风盲巷积聚瓦斯的方法。

2-11　防止采煤工作面上隅角瓦斯积聚的方法有哪些？

2-12　简述光学甲烷检测仪和热导式甲烷检测仪的工作原理及使用方法。

2-13　简述防治瓦斯喷出的主要技术措施与内容。

2-14　试述开采保护层的作用机理与原理。

2-15　掘进工作面边掘边抽钻孔如何布置，它的特点是什么？

2-16　简述邻近层瓦斯抽放的含义及其分类。

2-17　瓦斯抽放钻孔的施工参数有哪几种？

2-18　什么是钻孔的有效排放半径，钻孔的有效排放半径如何确定？

2-19　瓦斯抽放管路系统的铺设有哪些要求？

3 矿尘防治

近年来，随着矿井开采强度的不断加大，煤矿井下的采煤、掘进、运输等各项生产过程中粉尘产生量也急剧增加，特别是呼吸性粉尘浓度呈大幅上升趋势。统计结果表明，井下 70%~80% 的粉尘来自采、掘工作面，这是尘肺病发病率较高的作业场所，也是发生煤尘爆炸事故较多的作业场所。因此，最大限度地降低采掘工作面及其他作业场所的粉尘浓度，特别是呼吸性粉尘浓度，是保障全矿井下工人的身心健康和矿井安全生产的重要保证。

3.1 矿尘及其性质

3.1.1 矿尘的产生及分类

矿尘是指矿山生产过程中产生的并能长时间悬浮于空气中的矿石与岩石的细微颗粒，也称为粉尘。

在矿井生产的过程中，如采掘机作业、钻眼作业、炸药爆破、顶板管理、煤岩的装载及运输等各个环节都会产生大量的矿尘。不同的矿井由于煤、岩地质条件和物理性质的不同，采掘方法、作业方式、通风状况和机械化程度的不同，矿尘的生成量有很大的差异，即使在同一矿井中，矿尘生产量的多少也因地因时发生着变化。在现有防尘技术措施的条件下，各生产环节产生的浮尘比例大致为：采煤工作面产尘量占 45%~80%；掘进工作面产尘量占 20%~38%；锚喷作业点产尘量占 10%~15%；运输、通风巷道产尘量占 5%~10%；其他作业点占 2%~5%。各作业点随着机械化程度的提高，矿尘的产生量也不断增大，因此防尘工作也就更加重要。

矿尘除按其成分可分为岩尘、煤尘、烟尘、水泥尘等多种有机、无机粉尘外，尚有多种不同的分类方法，下面介绍几种常用的分类方法。

A 按矿尘粒径划分

(1) 粗尘：粒径大于 40μm，相当于一般筛分的最小颗粒，在空气中极易沉降。

(2) 细尘：粒径为 10~40μm，肉眼可见，在静止空气中作加速沉降。

(3) 微尘：粒径为 0.25~10μm，用光学显微镜可以观察到，在静止空气中作等速沉降。

(4) 超微尘：粒径小于 0.25μm，要用电子显微镜才能观察到，在空气中作扩散运动。

B 按矿尘的存在状态划分

(1) 浮游矿尘：悬浮于矿内空气中的矿尘，简称浮尘。

(2) 沉积矿尘：从矿内空气中沉降下的矿尘，简称积尘。

浮尘在空气中飞扬的时间不仅与尘粒的大小、质量、形式等有关，还与空气的湿度、风速有密切关系，对矿井安全生产与井下工作人员的健康有直接的影响。因此，浮尘是矿井防尘的主要对象。积尘是产生矿井连续爆炸的最大隐患。随着外界条件的改变，浮尘和积尘可以相互转化。

　　C　按矿尘对人体的危害程度划分

　　（1）呼吸性粉尘：主要指粒径在 $5\mu m$ 以下的微细尘粒，它能通过人体上呼吸道进入肺区，是导致尘肺病的病因，对人体危害甚大。

　　（2）非呼吸性粉尘：呼吸性粉尘和非呼吸性粉尘之和就称全尘（各种粒径的矿尘之和）。对于煤尘，常指粒径为 $1\mu m$ 以下的尘粒。

3.1.2　矿尘的危害

矿尘具有很大的危害性，表现在以下几个方面。

（1）污染工作场所，危害人体健康，引起职业病。在煤矿井下粉尘污染的作业场所工作，工人长期吸入大量的矿尘后，轻者会患呼吸道炎症、皮肤病，重者会患尘肺病，而由尘肺病引发的矿工致残和死亡人数在国内外都十分惊人。我国煤炭工业的粉尘职业危害十分严重，居各大行业之首。

（2）某些矿尘（如煤尘、硫化尘）在一定条件下会发生爆炸。煤尘能够在完全没有瓦斯存在的情况下爆炸，对于瓦斯矿井，煤尘则有可能参与瓦斯同时爆炸。煤尘或瓦斯煤尘爆炸都将给矿山造成灾难性后果，对井下作业人员的人身安全造成严重威胁，并可瞬间摧毁工作面及生产设备，酿成严重灾害。我国本溪煤矿 1942 年发生了世界历史上最大的一次煤尘爆炸事故，死亡 1549 人，伤残 246 人。

（3）加速机械磨损，缩短精密仪器使用寿命。随着矿山机械化、电气化、自动化程度的提高，矿尘对设备性能及其使用寿命的影响将会越来越突出，应引起高度的重视。

（4）降低工作场所能见度，增加工伤事故的发生。在某些综采煤工作面采煤机割煤时，工作面煤尘浓度高达 $4000\sim8000mg/m^3$，有的甚至更高，这种情况下，工作面能见度极低，往往会导致误操作，造成人员的意外伤亡。

此外，煤矿向大气排放的粉尘对矿区周围的生态环境也会产生很大的影响，对生活环境、植物生长环境可能造成严重破坏。

3.1.3　含尘量的计量指标

3.1.3.1　矿尘浓度

单位体积矿井空气中所含浮尘的数量称为矿尘浓度，其表示方法有两种：

（1）质量法。每立方米空气中所含浮尘的毫克数，单位为 mg/m^3。

（2）计数法。每立方厘米空气中所含浮尘的颗粒数，单位为 粒/cm^3。

国内外早期都是用计数法，后因认识到计数法不能很好地反映矿尘的危害性，从 20世纪 50 年代末起，国内外广泛采用质量法来计量矿尘浓度。矿尘浓度的大小直接影响着矿尘危害的严重程度，是衡量作业环境的劳动卫生状况和评价防尘技术效果的重要指标。

我国规定采用质量法来计量矿尘浓度。《规程》对井下有人工作的地点和人行道的空气中的粉尘（总粉尘、呼吸性粉尘）浓度标准作了明确规定，见表 3-1，同时还规定作业地点的粉尘浓度井下每月测定 2 次，井上每月测定 1 次。

表 3-1 煤矿井下作业场所空气中粉尘浓度标准

粉尘中游离 SiO_2 含量/%	最高允许浓度/mg・g^{-3}	
	总粉尘	呼吸性粉尘
<5	20.0	6.0
5~<10	10.0	3.5
10~<25	6.0	2.5
25~<50	4.0	1.5
≥50	2.0	1.0
<10 的水泥粉尘	6	

3.1.3.2 矿尘的分散度

分散度是指矿尘整体组成中各种粒级尘粒所占的百分比。分散度有两种表示方法：

(1) 质量百分比。各粒级尘粒的质量占总质量的百分比称为质量分散度。

(2) 数量百分比。各粒级尘粒的颗粒数占总颗粒数的百分比称为数量分散度。

同一矿尘组成，用不同方法表示的分散度，在数值上相差很大，必须说明。矿山多用数量分散度。粒级的划分是根据粒度大小和测试目的确定的。我国工矿企业将矿尘粒级划分为 4 级：小于 $2\mu m$、$2~5\mu m$、$5~10\mu m$ 和大于 $10\mu m$。矿山实行湿式作业情况下，矿尘分散度（数量）大致是：小于 $2\mu m$ 占 46.5 %~60%；$2~5\mu m$ 占 25.5 %~35%；$5~10\mu m$ 占 4%~11.5%；大于 $10\mu m$ 占 2.5 %~7%。一般情况下，$5\mu m$ 以下的尘粒占 90%以上，说明矿尘危害性很大，也难以沉降和捕获。

矿尘分散度是衡量矿尘颗粒大小构成的一个重要指标，是研究矿尘性质与危害的一个重要参数。矿尘总量中微细颗粒多，所占比例大时，称为高分散度矿尘；反之，如果矿尘中粗大颗粒多，所占比例大，就称为低分散度矿尘。矿尘的分散度越高，危害性越大。

3.1.3.3 产尘强度

产尘强度是指生产过程中，采落煤中所含的粉尘量，常用的单位为 g/t。煤矿井下工作面的产尘强度见表 3-2。

表 3-2 工作面的产尘强度

下风侧距采煤机的距离/m	工作面的产尘量/g・min^{-1}		
	总　量	靠近煤壁的方向	靠近采空区的方向
0	183	177	6
5	180	145	35
10	178	123	55
15	164	109	55
30	132	84	48
60	85	55	30

3.1.3.4　相对产尘强度

相对产尘强度是指每采掘 1t 或 $1m^3$ 矿岩所产生的矿尘量，常用的单位为 mg/t 或 mg/m^3。凿岩或井巷掘进工作面的相对产尘强度可按每钻进钻孔或掘进巷道来计算。相对产尘强度使产尘量与生产强度联系起来，便于比较不同生产情况下的产尘量。

3.1.3.5　矿尘的密度

由于粉尘的产生或实验条件不同，其获得的密度值亦不相同。因此，一般将粉尘的密度分为真密度和堆积密度，见表 3-3。

表 3-3　粉尘密度的定义

真密度	不包括粉尘之间的空隙时，单位体积粉尘的质量称为粉尘的真密度，用 ρ_p 表示	$\rho_p = \dfrac{粉尘的质量}{粉尘的体积}$，$kg/m^3$ 或 g/cm^3
堆积密度	粉尘呈自然扩散状态时，单位容积粉尘的质量称为粉尘的堆积密度，用 ρ_b 表示	$\rho_b = \dfrac{粉尘的质量}{粉尘占据的容积}$，$kg/m^3$ 或 g/cm^3

一般情况下，粉尘的真密度与组成此种粉尘的物质的密度是不同的，通常粉尘的物质密度比其真密度大 20% ~ 50%。只有表面光滑而又密实的粉尘的真密度才与其物质密度相同。

3.1.3.6　矿尘沉积量

矿尘沉积量是单位时间在巷道表面单位面积上所沉积的矿尘量，单位为 $g/(m^2 \cdot d)$。这一指标用来表示巷道中沉积粉尘的强度，是确定岩粉撒布周期的重要依据。

3.1.4　矿尘性质

了解矿尘的性质是做好防尘工作的基础。矿尘的性质取决于构成的成分和存在的状态，矿尘与形成它的矿物在性质上有很大的差异，这些差异隐藏着巨大的危害，同时也决定着矿井防尘技术的选择。

3.1.4.1　矿尘中游离 SiO_2 的含量

矿岩被粉碎后，其微小颗粒会形成矿尘，但其化学成分与母岩的性状一致。其中 SiO_2 为地球主要的造岩矿物化学成分，在不同类型的矿床中均能见到 SiO_2 的成分，因此，在矿尘中常常以游离状态的 SiO_2 出现。如煤矿上常见的页岩、砂岩、砾岩和石灰岩等中游离 SiO_2 的含量通常在 20% ~ 50%，煤尘中的含量一般不超过 5%，半煤岩中的含量在 20%左右。

从工业卫生角度来说，各种粉尘对人体都是有害的，粉尘的化学组成及其在空气中的浓度，直接决定对人体的危害程度。粉尘中的游离 SiO_2 是引起尘肺病并促进其病程发展的主要因素，其含量越高，危害越严重。

3.1.4.2　矿尘的粒度

矿尘粒度是指矿尘颗粒的平均直径，单位为 mm。

表 3-4 给出了一些常规浮尘的典型粒度范围。通常来说，在各自粒度范围内的粒子大小呈对数正态曲线分布。小颗粒呼吸性粉尘的沉降率很低，实际上，它可以随时悬浮在空气中，这对人的健康是极为不利的。然而，矿井中浓度较大的可见粉尘中也肯定伴随着大量的呼吸性粉尘。

表 3-4 常规浮尘的粒度范围

悬浮颗粒类型	大小范围/mm		悬浮颗粒类型	大小范围/mm	
	下限	上限		下限	上限
呼吸性粉尘	—	7	烟草烟气	0.01	1
煤尘及其他岩尘	0.1	100	引起过敏的花粉	18	60
正常空气灰尘	0.001	20	尘 雾	5	50
柴油烟气	0.05	1	薄 雾	50	100
病 毒	0.003	0.05	细 雨	100	400
细 菌	0.15	30			

3.1.4.3 矿尘的比表面积

矿尘的比表面积是指单位质量矿尘的总表面积，单位为 m^2/m^2 或 m^2/t。矿尘的比表面积与粒度成反比，粒度越小，比表面积越大，因而这两个指标都可以用来衡量矿尘颗粒的大小。

煤岩破碎成微细的尘粒后，首先，其比表面积增加，因而化学活性、溶解性和吸附能力明显增加；其次，更容易悬浮于空气中，表 3-5 所列为在静止空气中不同粒度的尘粒从高处降落到底板所需的时间；最后，粒度减小容易使其进入人体呼吸系统，据研究，只有 $5\mu m$ 以下粒径的矿尘才能进入人的肺内，是矿井防尘的重点对象。

表 3-5 尘粒沉降时间

粒度/μm	100	10	1	0.5	0.2
沉降时间/min	0.043	4.0	420	1320	5520

尘粒被湿润后，尘粒间相互凝聚，尘粒逐渐增大、增重，其沉降速度加速，矿尘能从气流中分离出来，可达到除尘目的。

3.1.4.4 矿尘的电荷性

矿尘是一种微小粒子，因空气的电离以及尘粒之间的碰撞、摩擦等作用，使尘粒带有电荷，可能是正电荷，也可是负电荷。带有相同电荷的尘粒互相排斥，不易凝聚沉降；带有相异电荷的空粒相互吸引，加速沉降。因此，有效利用矿尘的这种荷电性，也是降低矿尘浓度、减少矿尘危害的方法之一。

3.1.4.5 矿尘的光学特性

矿尘的光学特性包括矿尘对光的反射、吸收和透光强度等性能。在测尘技术中，常常用到这一特性。

（1）尘粒对光的反射能力。光通过含尘气流的强弱程度与尘粒的透明度、形状、大小及气流含尘浓度有关，主要取决于气流含尘浓度和尘粒大小。当粒径大于 $1\mu m$ 时，光线由于被直接反射而损失；当气流含尘浓度相同时，光的反射值随粒径减小而增加。

（2）光强衰减程度。当光线通过含尘气流时，由于尘粒对光的吸收和散射等作用，会使光强减弱。

（3）尘粒的透光性。含尘气流对光线的透明程度取决于气流含尘浓度的高低。随着浓度的增加，其透明度将大为减弱。

3.1.4.6 矿尘的爆炸性

煤尘和有些矿尘（如硫化矿尘）在空气中达到一定浓度并在外界高温热源作用下能发生爆炸，称为爆炸性矿尘。矿尘爆炸时产生高温、高压，同时产生大量有毒有害气体，对安全生产有极大的危害，防止煤尘的爆炸是具有煤尘爆炸危险性矿井的主要安全工作之一。

3.1.5 影响矿尘产生量的因素

A 自然因素

（1）地质构造。地质构造破坏严重的地区，断层、褶曲比较发育，煤岩较为破碎，矿尘的产生量大。

（2）煤层赋存条件。同样技术条件下，开采厚煤层比开采薄煤层的产尘量大；开采急倾斜煤层比开采缓倾斜煤层的产尘量多。

（3）煤岩的物理性质。节理发育、结构疏松、水分低、脆性大的煤岩，开采时产尘量较大；反之则小。

B 生产技术因素

（1）采煤方法。不同的采煤方法，产生量也不一样。如急倾斜煤层采用台阶采煤法比水平分层采煤法产尘量要大得多；全部冒落法管理顶板比充填法管理顶板产尘量要大。

（2）机械化程度。机械化程度越高，煤岩破碎程度越严重，产尘量就越大。

（3）开采强度。随着开采强度的加大，采掘推进速度加快，产量增加，产尘量将显著加大。

（4）开采深度。随着开采深度的增加，地温增高，煤（岩）体内原始水分降低，煤（岩）干燥，开采时产尘量就大。

（5）通风状况。风速太小，不能将浮尘带出矿井；风速过大，又会将积尘扬起。单从降尘角度考虑，工作面风速以 $1.2\sim1.6m/s$ 较好，产尘量最少。

3.2 矿山尘肺病

3.2.1 尘肺病及其发病机理

尘肺病是工人在生产中长期吸入大量微细粉尘而引起的以纤维组织增生为主要特征的肺部疾病。它是一种严重的矿工职业病，一旦患病，目前还很难治愈。因其发病缓慢，病程较长，且有一定的潜伏期，不同于瓦斯、煤尘爆炸和冒顶等工伤事故那么触目惊心，因此往往不被人们所重视。而实际上由尘肺病引发的矿工致残和死亡人数，在国内外都远远高于各类工伤事故的总和。

3.2.1.1 尘肺病的分类

煤矿尘肺病按吸入矿尘的成分不同，可分为三类：

（1）硅肺病（矽肺病）：由于吸入含游离 SiO_2 含量较高的矿尘而引的尘肺病称为硅肺病。患者多为长期从事岩巷掘进的矿工。

（2）煤硅肺病：由于同时吸入煤尘和含游离 SiO_2 的矿尘所引起的尘肺病称为煤硅肺病。患者多为岩巷掘进和采煤的混合工种矿工。

（3）煤肺病：由于大量吸入煤尘而引起的尘肺病多属煤肺病。患者多为长期单一的在煤层中从事采掘工作的矿工。

上述三种尘肺病中最危险的是硅肺病。其发病工龄最短（一般在 10 年左右），病情发展快，危害严重。煤肺病的发病工龄一般为 20~30 年，煤硅肺病介于两者之间但接近后者。

由于我国煤矿工人工种变动较大，长期固定从事单一工种的很少，因此煤矿尘肺病中以煤硅肺病比重最大，约占 80% 左右，见表 3-6。

表 3-6 各种尘肺比重统计

单 位	病例数	不同尘肺所占的比重/%		
		硅 肺	煤 肺	煤硅肺
鹤 岗	105	11.4		87.6
石嘴山	50	14	1.0	78.0
淮 南	325	21	8.0	79

3.2.1.2 尘肺病的发病机理

肺部是人体吸入氧气进行新陈代谢行为的器官。通过反复吸入和呼出空气，使空气靠近血液，两片肺叶被厚约 $0.5\mu m$ 的极薄的隔膜分开。氧气通过隔膜从空气中扩散到血液里，同时二氧化碳通过相反的方向扩散。两种气体各自的交换由隔膜两侧的浓度差驱动。

呼吸系统自身的防御机制可以抵御那些吸入空气中存在的气态或者悬浮的污染气体。然而，这种体系不能抵抗有毒或者致癌物的入侵。另外，长期暴露在超高浓度的粉尘里，肺部防御体系超负荷工作，不但使气体交换效率降低，而且容易引起支气管感染和其他疾病。

尘肺病的发病机理至今尚未完全研究清楚。关于尘肺病的形成有多种论点和学说。图 3-1 是人体呼吸系统的说明简图。进入人体呼吸系统的粉尘大

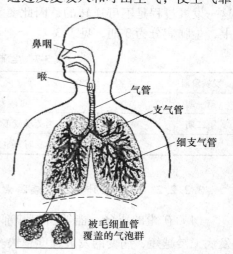

图 3-1 人体呼吸系统

体经历以下 4 个过程:

(1) 在上呼吸道的咽喉、气管内,含尘气流由于沿程的惯性碰撞作用使大于 $10\mu m$ 的尘粒首先沉降在其内,经过鼻腔和气管黏膜分泌物黏结后形成痰排出体外。

(2) 在上呼吸道的较大支气管内,通过惯性碰撞及少量的重力沉降作用,使 $5 \sim 10\mu m$ 的尘粒沉积下来,经气管、支气管上皮的纤毛运动,随痰咳嗽排出体外。因此,真空进入下呼吸道的粉尘,其粒度均小于 $5\mu m$,目前比较统一的看法是:空气中 $5\mu m$ 以下的矿尘是引起尘肺病的有害部分。

(3) 在下呼吸道的细小支气管内,由于支气管分支增多,气流速度减慢,使部分 $2 \sim 5\mu m$ 的尘粒依靠重力沉降作用沉积下来,通过纤毛运动逐级排出体外。

(4) 粒度为 $2\mu m$ 左右的粉尘进入呼吸性支气管和肺内后,一部分可随呼气排出体外;另一部分沉积在肺泡壁上或进入肺内,残留在肺内的粉尘仅占总吸入量的 $1\% \sim 2\%$ 以下。残留在肺内的尘粒可杀死肺泡,使肺泡组织形成纤维病变出现网眼,逐步失去弹性而硬化,无法担负呼吸作用,使肺功能受到损害,降低人体抵抗能力,并容易诱发其他疾病,如肺结核、肺心病等。在发病过程中,由于游离的 SiO_2 表面活性很强,加速了肺泡组织的死亡。

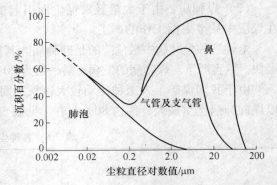

图 3-2　尘粒达到人体各部位百分比

尘粒到达以上各部位的百分比如图 3-2 所示。

3.2.2　尘肺病的发病症状及影响因素

3.2.2.1　尘肺病的发病症状

尘肺病的发展有一定的过程,轻者影响劳动能力,严重时丧失劳动能力,甚至死亡。这一发展过程是不可逆转的,因此要及早发现,及时治疗,以防病情严重。从自觉症状上,尘肺病分为 3 期,见表 3-7。

表 3-7　尘肺病的发病阶段和相应的症状

发病阶段	相 应 症 状
第一期	重体力劳动时,呼吸困难、胸痛、轻度干咳
第二期	中等体力劳动或正常工作时,感觉呼吸困难,胸痛、干咳或带痰咳嗽
第三期	做一般工作甚至休息时,也感到呼吸困难、胸痛、连续带痰咳嗽,甚至咳血和行动困难

3.2.2.2　影响尘肺病的发病因素

(1) 矿尘的成分。能够引起肺部纤维病变的矿尘通常含有游离 SiO_2,其含量越高,发病工龄越短,病变的发展程度越快。对于煤尘,引起煤肺病的主要是其挥发分含量。据试验,煤化作用程度越低,危害越大。

（2）矿尘粒度及分散度。尘肺病变主要发生在肺脏的最基本单元即肺泡内。矿尘的粒度不同，对人体的危害性也不同。$5\mu m$ 以上的矿尘对尘肺病的发生影响不大；$5\mu m$ 以下的矿尘可以进入下呼吸道并沉积在肺泡中，最危险的粒度是 $2\mu m$ 左右的矿尘。由此可见，矿尘的粒度越小，分散度越高，对人体的危害就越大。

（3）矿尘浓度。尘肺病的发生和进入肺部的矿尘量有直接的关系，也就是说，尘肺的发病工龄和作业场所的矿尘浓度成反比。国外的统计资料表明，在高矿尘浓度的场所工作时，平均 $5 \sim 10$ 年就有可能导致硅肺病，如果矿尘中的游离 SiO_2 含量达 $80\% \sim 90\%$，甚至 $1.5 \sim 2$ 年即可发病。空气中的矿尘浓度降低到《规程》规定的标准以下，工作几十年，肺部吸入的矿尘总量仍不足以达到致病的程度。

《煤矿安全规程》第 739 条规定作业场所空气中粉尘（总粉尘、呼吸性粉尘）浓度应符合表 3-8 的要求。

表 3-8　作业场所空气中粉尘浓度标准

粉尘中游离 SiO_2 含量/%	最高允许浓度/$mg \cdot m^{-3}$	
	总粉尘	呼吸性粉尘
<10	10	5
$10 \sim <50$	2	1
$50 \sim <80$	2	0.5
$\geqslant 80$	2	0.3

（4）个体方面的因素：矿尘引起尘肺病是通过人体进行的，所以人的机体条件，如年龄、营养、健康状况、生活习性、卫生条件等，对尘肺的发生、发展有一定的影响。

尘肺病在目前的技术水平下尽管很难完全治愈，但它是可以预防的。只要积极推广综合防尘技术，就可以达到降低尘肺病的发病率及死亡率的目的。

3.3　煤尘爆炸及预防

3.3.1　煤尘爆炸的机理及特征

3.3.1.1　煤尘爆炸的机理

煤尘爆炸是在高温或一定点火能的热源作用下，空气中氧气与煤尘急剧氧化的反应过程，是一种非常复杂的链式反应（图 3-3）。一般认为其爆炸机理及过程主要表现在以下方面：

（1）煤本身是可燃物质，当它以粉末状态存在时，总表面积显著增加，吸氧和被氧化的能力大大增强，一旦遇见火源，氧化过程迅速展开。

（2）当温度达到 $300 \sim 400$℃时，煤的干馏现象急剧增强，放出大量的可燃性气体，主要成分为甲烷、乙烷、丙烷、丁烷、氢和 1% 左右的其他碳氢化合物。

（3）形成的可燃气体与空气混合在高温作用下吸收能量，在尘粒周围形成气体外壳，即活化中心，当活化中心的能量达到一定程度后，链式反应过程开始，游离基迅速增加，

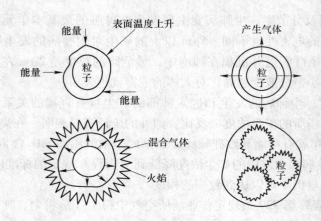

图 3-3　煤尘爆炸的链式反应过程

发生了尘粒的闪燃。

（4）闪燃所形成的热量传递给周围的尘粒，并使之参与链式反应，导致燃烧过程急剧地循环进行，当燃烧不断加剧使火焰速度达到每秒数百米后，煤尘的燃烧便在一定临界条件下跳跃式地转变为爆炸。

3.3.1.2　煤尘爆炸的特征

煤尘的燃烧和爆炸实际上是煤尘及其释放的可燃性气体的燃烧和爆炸，它的氧化反应主要是在气相内进行的。因此煤尘爆炸与瓦斯爆炸具有相似之处。但因在固体煤粒表面也有氧化燃烧作用发生，所以煤尘爆炸又有其独特之处。

（1）形成高温、高压、冲击波。煤尘爆炸火焰温度为 1600~900℃，爆源的温度达到 2000℃以上，这是煤尘爆炸得以自动传播的条件之一。

在矿井条件下煤尘爆炸的平均理论压力为 736kPa，但爆炸压力随着离开爆源距离的延长而跳跃式增大。爆炸过程中如遇障碍物压力将进一步增加，尤其是连续爆炸时，后一次爆炸的理论压力将是前一次的 5~7 倍。煤尘爆炸产生的火焰速度可达 1120m/s，冲击波速度为 2340m/s。

（2）煤尘爆炸具有连续性。一般来说，爆炸开始于局部，产生的冲击波较小，但却可扰动周围沉降堆积的煤尘并使之飞扬，由于光和热的传递和辐射，进而发生再次爆炸，这就是所谓的二次爆炸。反复循环，形成连续爆炸。其爆炸的火焰及冲击波的传播速度一次比一次加快，爆炸压力也一次比一次增高，呈跳跃式发展。在煤矿井下，这种爆炸有时可沿巷道传播数千米以外，而且距爆源点越远其破坏性越严重。因此，煤尘爆炸具有易产生连续爆炸、受灾范围广、灾害程度严重等重要特点。

（3）煤尘爆炸的感应期。煤尘爆炸也有一个感应期，即煤尘受热分解产生足够数量的可燃气体形成爆炸所需的时间。根据试验，煤尘爆炸的感应期主要取决于煤的挥发分含量，一般为 40~280ms。煤的挥发分越高，其爆炸的感应期越短。

（4）挥发分减少或形成"黏焦"。煤尘爆炸时，参与反应的挥发分约占煤尘挥发分含量的 40%~70%，致使煤尘挥发分减少，根据这一特征，可以判断煤尘是否参与了井下的爆炸。

煤尘爆炸时，对于结焦性煤尘（气煤、肥煤及焦煤的煤尘）会产生焦炭皮渣与黏块黏附在支架、巷道壁或煤壁等上面。根据这些爆炸产物，可以判断发生的爆炸事故是属于瓦斯爆炸还是煤尘爆炸；同时还可以根据煤尘爆炸产生的皮渣与黏块黏附在支柱上的位置直观判断煤尘爆炸的强度。

（5）产生大量的有毒有害气体。煤尘爆炸时，要产生比瓦斯爆炸生成量多的有毒有害气体（表 3-9），其生成量与煤质和爆炸的强度等有关。煤尘爆炸时产生的 CO 在灾区气体中的浓度可达 2%~3%，甚至高达 8% 左右。爆炸事故中受害者的大多数（70%~80%）是由于 CO 中毒造成的。

表 3-9 煤尘爆炸后的气体组成

气体名称	CO	CO_2	CH_4等	N_2	H_2	O_2
浓度/%	8.15	11.25	2.95	73.75	2.75	1.15

3.3.2 煤尘爆炸的条件

煤尘爆炸必须同时具备 3 个条件：煤尘本身具有爆炸性；煤尘必须悬浮于空气中，并达到一定的浓度；存在能引燃煤尘爆炸的高温热源。

3.3.2.1 煤尘的爆炸性

煤尘具有爆炸性是煤尘爆炸的必要条件。《煤矿安全规程》规定，煤尘有无爆炸危险，必须经过煤尘爆炸性试验鉴定。

变质程度越低，挥发分含量越高，爆炸的危险性越大；高变质程度的煤如贫煤、无烟煤等挥发分含量很低，其煤尘基本上无爆炸危险。

3.3.2.2 悬浮煤尘的浓度

井下空气中只有悬浮的煤尘达到一定浓度时，才可能引起爆炸，单位体积中能够发生煤尘爆炸的最低和最高煤尘量称为下限和上限浓度。低于下限浓度或高于上限浓度的煤尘都不会发生爆炸。煤尘爆炸的浓度范围与煤的成分、粒度、引火源的种类和温度及试验条件等有关。一般来说，煤尘爆炸的下限浓度为 $30 \sim 50 g/m^3$，上限浓度为 $1000 \sim 2000 g/m^3$。其中爆炸力最强的浓度范围为 $300 \sim 500 g/m^3$。各国对下限浓度研究较多，其目的在于把井下空气中的煤尘浓度控制在下限浓度以下时，就能够避免发生煤尘爆炸事故。表 3-10 所列为各国家测定的煤尘爆炸下限值。

表 3-10 部分国家发表的煤尘爆炸下限值

国 别	爆炸下限值/$g \cdot m^{-3}$	备 注
中 国	45	褐煤（试验室测得），挥发分 54.7%
法 国	112	挥发分 30%，灰分 6%~12%
德 国	70	瓦斯爆炸点火，挥发分 28%，灰分 12%
美 国	80	试验巷道中测得，百炮黑火药点火
日 本	35.6	试验巷道中测得，电火花点火，挥发分 44%
波 兰	70	大型试验巷道中测得
澳大利亚	129	挥发分 20%，灰分 13%

3.3.2.3　引燃煤尘爆炸的高温热源

煤尘的引燃温度变化范围较大，它随着煤尘性质、浓度及试验条件的不同而变化。我国煤尘爆炸的引燃温度在 610~1050℃ 之间，一般为 700~800℃。煤尘爆炸的最小点火能为 4.5~40MJ。这样的温度条件，几乎一切火源均可达到。如电器火花、摩擦火花、爆破火焰、瓦斯燃烧或爆炸、井下火灾等。

除此之外，煤尘引燃爆炸将释放大量热量，依靠这种反应热量，可使气体产物加热到 2300~2500℃，这也是促使煤尘爆炸自发传播的一个主要因素。

3.3.3　影响煤尘爆炸的主要因素

A　煤尘的挥发分

一般来说，煤尘的可燃挥发分含量越高，其爆炸性越强，即煤化作用程度低的煤，其煤尘的爆炸性强。煤尘的爆炸性随煤化作用程度的增高而减弱。

我国对全国煤矿的煤尘可燃挥发分含量与其爆炸性进行试验的结果见表 3-11。

表 3-11　我国煤尘可燃挥发分含量与其爆炸性的关系

可燃挥发分含量/%	< 10	10~15	15~28	>28
爆炸性	除个别外，基本无爆炸性	爆炸性弱	爆炸性较强	爆炸性很强

B　煤的灰分和水分

煤的灰分是不燃性物质，能够吸收能量，阻挡热辐射，破坏链式反应，降低煤尘的爆炸性。煤的灰分对爆炸性的影响还与挥发分含量的多少有关，挥发分小于 15% 的煤尘，灰分的影响比较显著；大于 15% 时，天然灰分对煤尘的爆炸几乎没有影响。

水分能降低煤尘的爆炸性，因为水的吸热能力大，能促使细微尘粒聚结为较大的颗粒，减少尘粒的总表面积，同时还能降低落尘的飞扬能力。

C　煤尘粒度

煤尘的粒度对爆炸性的影响极大。1mm 以下的煤尘粒子都可能参与爆炸，而且爆炸的危险性随粒度的减小而迅速增加，以下的煤尘特别是 30~75μm 的煤尘爆炸性最强。粒径小于 10μm 后，煤尘爆炸性增强的趋势变得平缓。

煤炭科学总院重庆研究院的试验结果表明：同一煤种在不同粒度条件下，爆炸压力随粒度的减小而增高，爆炸范围也随之扩大，即爆炸性增强。粒度不同的煤尘引燃温度也不相同。煤尘粒度越小，所需引燃温度越低，且火焰传播速度也越快。

D　空气中的瓦斯浓度

瓦斯参与使煤尘爆炸下限降低。瓦斯浓度低于 4% 时，煤尘的爆炸下限可用式（3-1）计算：

$$\delta_m = k\delta \tag{3-1}$$

式中　δ_m——空气中有瓦斯时的煤尘爆炸下限，g/m^3；

　　　δ——煤尘的爆炸下限，g/m^3；

　　　k——系数，见表 3-12。

表 3-12　瓦斯浓度对煤尘爆炸下限的影响系数

空气中的瓦斯浓度/%	0	0.50	0.75	1.0	1.50	2.0	3.0	4.0
k	1	0.75	0.60	0.50	0.35	0.25	0.1	0.05

随着瓦斯浓度的增高，煤尘爆炸浓度下限急剧下降，这一点在有瓦斯煤尘爆炸危险的矿井应引起高度重视。一方面，煤尘爆炸往往是由瓦斯爆炸引起的；另一方面，有煤尘参与时，小规模的瓦斯爆炸可能演变为大规模的煤尘瓦斯爆炸事故，造成严重的后果。

E　空气中氧的含量

空气中氧的含量高时，点燃煤尘的温度可以降低；氧的含量低时，点燃煤尘云困难，当氧含量低于17%时，煤尘就不再爆炸。煤尘的爆炸压力也随空气中含氧的多少而不同。含氧高，爆炸压力高；含氧低，爆炸压力低。

F　引爆热源

点燃煤尘云造成煤尘爆炸，就必须有一个达到或超过最低点燃温度和能量的引爆热源。引爆热源的温度越高，能量越大，越容易点燃煤尘云，而且煤尘初爆的强度也越大；反之温度越低，能量越小，越难以点燃煤尘云，即使能引起爆炸，初始爆炸的强度也小。

3.3.4　煤尘爆炸性鉴定

《煤矿安全规程》规定：新矿井的地质精查报告中必须有所有煤层的煤尘爆炸性鉴定材料。生产矿井每延深一个新水平，由煤矿组织一次煤尘爆炸性试验工作。

煤尘爆炸性的鉴定方法有两种：一种是在大型煤尘爆炸试验巷道中进行，这种方法比较准确可靠，但工作繁重复杂，所以一般作为标准鉴定用；另一种是在实验室内使用大管状煤尘爆炸性鉴定仪进行，方法简便，目前多采用这种方法。

煤尘爆炸性鉴定仪如图 3-4 所示。该试验的程序是：首先，将粉碎后全部通过 $75\mu m$ 筛孔的煤样在 105℃时烘干 2h，称量 1g 煤尘样放在试料管中；然后，接通加热器电源，调节可变电阻 R 将加热器的温度升至（100±5）℃；最后，按压电磁气筒开关 K_2，煤尘试样呈雾状喷入燃烧管，同时观察燃烧管内煤尘燃烧状态，最后开动小风机排出烟尘。

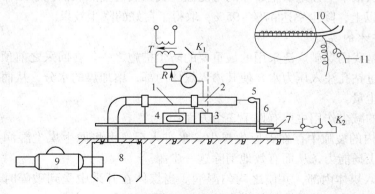

图 3-4　煤尘爆炸性鉴定仪示意图

1—燃烧管；2—铂丝加热器；3—冷瓶；4—高温计；5—试料管；6—导管；7—电磁气筒；
8—排尘箱；9—小风机；10—铂铑热电偶；11—铂丝

煤尘通过燃烧管内的加热器时，可能出现下列现象：

（1）只出现稀少的火星或根本没有火星。

（2）火焰向加热器两侧以连续或不连续的形式在尘雾中缓慢地蔓延。

（3）火焰极快地蔓延，甚至冲出燃烧管外，有时还会听到爆炸声。

同一试样应重复进行 5 次试验，其中只要有一次出现燃烧火焰，就定为爆炸危险煤尘。在 5 次试验中都没有出现火焰或只出现稀少火星，必须重做 5 次试验，如果仍然如此，定为无爆炸危险煤尘，在重做的试验中只要有一次出现燃烧火焰，仍应定为爆炸危险煤尘。

对于有爆炸危险的煤尘，可利用该试验进行预防煤尘爆炸所需岩粉量的测定。具体做法是：

将岩粉按比例和煤尘混合，用上述方法测定混合粉尘的爆炸性，直到混合粉尘由出现火焰转入不再出现火焰，此时的岩粉比例，就是最低岩粉用量的百分比（表 3-13）。

表 3-13　煤尘爆炸指数与煤尘爆炸性

煤尘爆炸指数/%	煤尘爆炸性	煤尘爆炸指数/%	煤尘爆炸性
<10	一般不爆炸	15~28	较强
10~15	较弱	>28	强烈

另外，用工业分析法计算可燃挥发分值也可大致判定煤尘的爆炸危险性。

矿井中只要有一个煤层的煤尘有爆炸危险，该矿井就应定为有爆炸危险的矿井。根据煤尘爆炸性试验，我国约有 80% 的煤矿属于有煤尘爆炸危险煤层的矿井。

3.3.5　预防煤尘爆炸的技术措施

预防煤尘爆炸的技术措施主要包括除尘、降尘措施、防止煤尘引燃措施及限制煤尘爆炸范围扩大三个方面。

3.3.5.1　减、降尘措施

减、降尘措施是指在煤矿井下生产过程中，通过减少煤尘产生量或降低空气中悬浮煤尘含量以达到从根本上杜绝煤尘爆炸的可能性。我国国有重点煤矿注水工作面占总采煤工作面数的 40% 以上，降尘率达 47%~95%，取得了良好的降尘效果。

　A　煤层注水的实质

煤层注水是我国煤矿广泛采用的最重要的防尘措施之一。在回采之前预先在煤层中打若干钻孔，通过钻孔注入压力水，使其渗入煤体内部，增加煤的水分，从而减少煤层开采过程煤尘的产尘量。

煤层注水的减尘作用主要有以下 3 个方面：

（1）煤体内的裂隙中存在着原生煤尘，水进入后，可将原生煤尘湿润并黏结，使其在破碎时失去飞扬能力，从而有效地消除这一尘源。

（2）水进入煤体内部，并使之均匀湿润。当煤体在开采中受到破碎时，绝大多数破碎面均有水存在，从而消除了细粒煤尘的飞扬，预防了浮尘的产生。

（3）水进入煤体后使其塑性增强，脆性减弱，改变了煤的物理力学性质，当煤体因开采而破碎时，脆性破碎变为塑性变形，因而减少了煤尘的产生量。

B 影响煤层注水效果的因素

（1）煤的裂隙和孔隙的发育程度。煤体的裂隙越发育则越易注水，可采用低压注水（根据抚顺煤研所的建议：低压小于 2943kPa，中压为 2943~9810kPa，高压大于 9810kPa），否则需采用高压注水才能取得预期效果，但是当出现一些较大的裂隙（如断层、破裂面等），注水易散失于远处或煤体之外，对预湿煤体不利。

（2）上覆岩层压力及支撑压力。地压的集中程度与煤层的埋藏深度有关，煤层埋藏越深则地层压力越大，而裂隙和孔隙变得更小，导致透水性能降低，因而随着矿井开采深度的增加，要取得良好的煤体湿润效果，需要提高注水压力。

（3）液体性质的影响。煤是极性小的物质，水是极性大的物质，两者之间极性差越小，越易湿润。为了降低水的表面张力，减小水的极性，提高对煤的湿润效果，可以在水中添加表面活性剂。如阳泉一矿在注水时加入 0.5% 浓度的洗衣粉，注水速度比原来提高 24%。

（4）煤层内的瓦斯压力。煤层内的瓦斯压力是注水的附加阻力。水压克服瓦斯压力后才是注水的有效压力，所以在瓦斯压力大的煤层中注水时，往往要提高注水压力，以保证湿润效果。

（5）注水参数的影响。煤层注水参数是指注水压力、注水速度、注水量和注水时间。注水量或煤的水分增量是煤层注水效果的标志，也是决定煤层注水除尘率高低的重要因素。

C 煤层注水方式

注水方式是指钻孔的位置、长度和方向。按国内外注水状况，有以下 4 种方式：

（1）短孔注水，是在回采工作面垂直煤壁或与煤壁斜交打钻孔注水，注水孔长度一般为 2~3.5m，如图 3-5 中所示的 a。

（2）深孔注水，是在回采工作面垂直煤壁打钻孔注水，孔长一般为 5~25m，如图 3-5 中所示的 b。

（3）长孔注水，是从回采工作面的运输巷或回风巷沿煤层倾斜方向平行于工作面打上向孔或下向孔注水（图 3-6），孔长 30~100m；当工作面长度超过 120m 而单向孔达不到设计深度或煤层倾角有变化时，可采用上向、下向钻孔联合布置钻孔注水（图 3-7）。

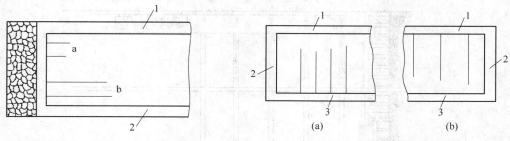

图 3-5 短孔、深孔注水示意图
1—回风巷；2—运输巷；
a—短孔；b—深孔

图 3-6 单向长钻孔注水方式示意图
（a）上向孔；（b）下向孔
1—回风巷；2—开切眼；3—运输巷

（4）巷道钻孔注水，即由上邻近煤层的巷道向下煤层打钻注水或由底板巷道向煤层打钻注水，巷道钻孔注水采用小流量、长时间的注水方法，湿润效果良好；但打岩石钻孔不经济，而且受条件限制，所以极少采用（图 3-8）。

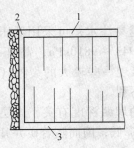
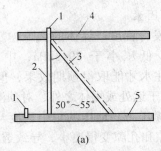
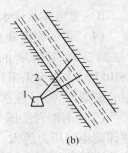

图 3-7　双向长钻孔注水方式示意图

1—回风巷；2—工作面；3—运输巷

图 3-8　巷道钻孔注水方式示意图

（a）上煤层巷道向下层煤打眼注水；（b）底板巷道向煤层注水

1—巷道；2，3—钻孔；4—上层煤；5—下层煤

D　注水系统

注水系统分为静压注水系统和动压注水系统。

利用管网将地面或上水平的水通过自然静压差导入钻孔的注水方式称为静压注水。静压注水是采用橡胶管将每个钻孔中的注水管与供水干管连接起来，其间安装有水表和截止阀，干管上安装压力表，然后通过供水管路与地表或上水平水源相连。静压注水系统如图 3-9 所示。

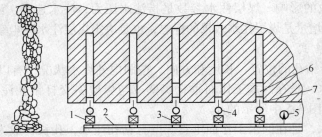

图 3-9　煤层静压注水系统

1—三通；2—水管；3—截止阀；4—水表；5—压力表；6—封孔器；7—注水管

利用水泵或风包加压将水压入钻孔的注水方式称为动压注水。水泵可以设在地面集中加压，也可直接设在注水地点进行加压。常见的井下加压动压注水系统布置如图 3-10 所示。

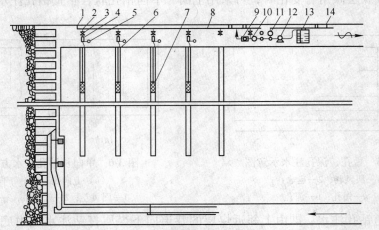

图 3-10　煤层动压注水系统

1—堵头；2—三通；3—高压阀门；4—分流器；5—压力表；6—注水管；7—封孔器；8—高压水管；9—单向阀；
10—高压水表；11—注水压力控制阀；12—注水泵；13—水桶；14—供水管

通常，静压注水时间较长，一般为数月，少则数天；动压注水时间较短，一般为几天，短的仅为几十小时。

E 注水设备

煤层注水所使用的设备主要包括钻机、水泵、封孔器、分流器及水表等。

（1）钻机。我国煤矿注水常用的钻机见表3-14。

表 3-14 常用煤层注水钻机一览表

钻 机 名 称	功率/kW	最大钻孔深度/m
KHYD40KBA 型钻机	2	80
TXU-75 型油压钻机	4	75
ZMD-100 型钻机	4	100

（2）煤层注水泵。我国煤矿注水常用的注水泵技术特征见表3-15。

表 3-15 煤层注水型号及其主要技术特征

项 目	单位	型 号							
		5BD2.5/4.5	5BZ1.5/80	5D2/150	5BG2/160	7BZ3/100	7BG3/100	7BG4.5/100	KBZ100/150
工作压力	MPa								
额定流量	m³/h	4.5	80	15	16	10	16	16	15
柱塞直径	mm	2.5	1.5	2	2	3	3.6	4.5	6
缸 数	个	5	5	5	5	7	7	7	—
吸水管直径	mm	32	25	27	25	45	32	45	38
排水管螺纹	mm	24×1.5	27×1.5	27×2	27×1.5	24×1.5	33×1.5	—	—
电动机功率	kW	5.5	6.3	13	13	13	22	30	30
整机质量	kg	80	230	350	350	194	440	260	—
外形尺寸	mm	20×260×310	1100×320×550	1400×400×600	1370×380×640	660×330×400	1500×400×650	680×360×460	1600×760×775
生产厂家		四川煤机厂	奉化煤机厂	四川、奉化煤机厂	奉化煤机厂	四川煤机厂	奉化煤机厂	四川煤机厂	石家庄煤机厂

（3）封孔器。我国煤矿长钻孔注水大多采用 YPA 型水力膨胀式封孔器和 MF 型摩擦式封孔器。

（4）分流器。它是动压多孔注水不可缺少的器件，它可以保证各孔的注水流量恒定。煤科总院重庆分院研制的 DF-1 型分流器，压力范围为 0.49 ~ 14.7MPa，节流范围为 0.5m³/h、0.7m³/h、1.0m³/h。

（5）水表及压力表：当注水压力大于1MPa时，可采用 DC-4.5/200 型注水水表，耐压 20MPa，流量 4.5m/h；注水压力小于1MPa时，可采用普通自来水水表。

F 注水参数

（1）注水压力。注水压力的高低取决于煤层透水性的强弱和钻孔的注水速度。通常，透水性强的煤层采用低压（小于3MPa）注水，透水性较弱的煤层采用中压（3~10MPa）注水，必要时可采用高压注水（大于10MPa）。适宜的注水压力是，通过调节注水流量使其不超过地层压力而高于煤层的瓦斯压力。

（2）注水速度（注水流量）：指单位时间内的注水量。为了便于对各钻孔注水流量进行比较，通常以单位时间内每米钻孔的注水量来表示。注水速度是影响煤体湿润效果及决定注水时间的主要因素。

一般来说，小流量注水对煤层湿润效果最好，只要时间允许，就应采用小流量注水。静压注水速度一般为 $0.001 \sim 0.027 m^3/(h \cdot m)$，动压注水速度一般为 $0.002 \sim 0.24 m^3/(h \cdot m)$，若静压注水速度太低，可在注水前进行孔内爆破，提高钻孔的透水能力，然后再进行注水。

（3）注水量：注水量是影响煤体湿润程度和降尘效果的主要因素。它与工作面尺寸、煤厚、钻孔间距、煤的孔隙率、含水率等多种因素有关，确定注水量首先要确定吨煤注水量，各矿应根据煤层的具体特征综合考察。一般来说，中厚煤层的吨煤注水量为 $0.015 \sim 0.03 m^3/t$；厚煤层为 $0.025 \sim 0.04 m^3/t$。

（4）注水时间：每个钻孔的注水时间与钻孔注水量成正比，与注水速度成反比。在实际注水中，常把在预定的湿润范围内的煤壁出现均匀"出汗"（渗出水珠）的现象，作为判断煤体是否全面湿润的辅助方法。"出汗"后或再延迟一段时间便可结束注水。

3.3.5.2　防止煤尘引燃的措施

防止煤尘引燃的措施与防止瓦斯引燃的措施大致相同，可参看矿井瓦斯爆炸防治的相关内容。同时特别要注意的是，瓦斯爆炸往往会引起煤尘爆炸。此外，煤尘在特别干燥的条件下可产生静电，放电时产生的火花也能自身引爆。

3.3.5.3　限制煤尘爆炸范围扩大的措施

防止煤尘爆炸危害，除采取防尘措施外，还应采取降低爆炸威力、限制爆炸范围扩大的措施。

（1）清除落尘。定期清除落尘，防止沉积煤尘参与爆炸可以有效地降低爆炸威力，使爆炸由于得不到煤尘补充而逐渐熄灭。

（2）撒布岩粉。定期在井下某些巷道中撒布惰性岩粉，增加沉积煤尘的灰分，抑制煤尘爆炸的传播。

惰性岩粉一般为石灰岩粉和泥岩粉。对惰性岩粉的要求是：

1）可燃物含量不超过 5%，游离 SiO_2 含量不超过 10%；

2）不含有害有毒物质，吸湿性差；

3）粒度应全部通过 50 号筛孔（即为粒径全部小于 0.3mm），且其中至少有 70% 能通过 200 号筛孔（即为粒径小于 0.075mm）。

撒布岩粉时要求把巷道的顶、帮、底及背板后侧暴露处都用岩粉覆盖；岩粉的最低撒布量在作煤尘爆炸鉴定的同时确定，但煤尘和岩粉的混合煤尘，不燃物含量不得低于80%；撒布岩粉的巷道长度不小于 300m，如果巷道长度小于 300m 时，全部巷道都应撒布岩粉。对巷道中的煤尘和岩粉的混合粉尘，每 3 个月至少应化验一次，如果可燃物含量超过规定含量时，应重新撒布。

（3）设置水棚（图 3-11）：包括水槽棚和水袋棚两种，设置应符合以下基本要求：

1）主要隔爆棚应采用水槽棚，水袋棚只能作为辅助隔爆棚。

2）水棚组应设置在巷道的直线部分，且主要水棚的用水量不小于 400L/m²，辅助水棚不小于 200L/m²。

3）相邻水棚中心距为 0.5～1.0m，主要水棚总长度不小于 30m，辅助水棚不小于 20m。

4）首列水棚距工作面的距离，必须保持 60～200m。

5）水槽或水袋距顶板、两帮距离不小于 0.1m，其底部距轨面不小于 1.8m。

6）水内如混入煤尘量超过 5%时，应立即换水。

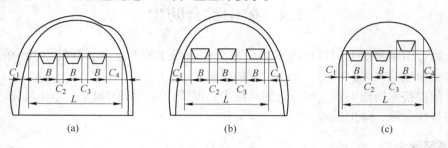

图 3-11　水棚设置

（a）悬挂式；（b）放置式；（c）混合式

（4）设置岩粉棚（图 3-12）：岩粉棚分轻型和重型两类。它是由安装在巷道中靠近顶板处的若干块岩粉台板组成，台板的间距稍大于板宽，每块台板上放置一定数量的惰性岩粉，当发生煤尘爆炸事故时，火焰前的冲击波将台板震倒，岩粉即弥漫于巷道中，火焰到达时，岩粉从燃烧的煤尘中吸收热量，使火焰传播速度迅速下降，直至熄灭。

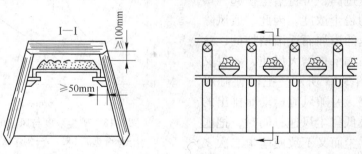

图 3-12　岩粉棚设置

岩粉棚的设置应遵守以下规定：

1）按巷道断面积计算，主要岩粉棚的岩粉量不得少于 400kg/m²，辅助岩粉棚不得少于 200kg/m²。

2）轻型岩粉棚的排间距 1.0～2.0m，重型为 1.2～3.0m。

3）岩粉棚的平台与侧帮立柱（或侧帮）的空隙不小于 50mm，岩粉表面与顶梁（顶板）的空隙不小于 100mm，岩粉板距轨面不小于 1.8m。

4）岩粉棚距可能发生煤尘爆炸的地点不得小于 60m，也不得大于 300m。

5）岩粉板与台板及支撑板之间严禁用钉固定，以利于煤尘爆炸时岩粉板有效地翻落。

6）岩粉棚上的岩粉每月至少检查和分析一次，当岩粉受潮变硬或可燃物含量超过20%时，应立即更换，岩粉量减少时应立即补充。

（5）设置自动隔爆棚：自动隔爆棚是利用各种传感器，将瞬间测量的煤尘爆炸时的各种物理参量迅速转换成电信号，指令机构的演算器根据这些信号准确计算出火焰传播速度后选择恰当时机发出动作信号，让抑制装置强制喷撒固体或液体等消火剂，从而可靠地扑灭爆炸火焰，阻止煤尘爆炸蔓延。

3.4　矿山综合防尘

矿山综合防尘是指采用各种技术手段减少矿山粉尘的产生量、降低空气中的粉尘浓度，以防止粉尘对人体、矿山等产生危害的措施。

综合防尘技术措施大体上可分为通风除尘、湿式作业、密闭抽尘、净化风流、个体防护及一些特殊的除、降尘措施。

3.4.1　通风除尘

通风除尘是指通过风流的流动将井下作业点的悬浮矿尘带出，降低作业场所的矿尘浓度，因此搞好矿井通风工作能有效地稀释和及时地排出矿尘。

决定通风除尘效果的主要因素是风速及矿尘密度、粒度、形状、湿润程度等。风速过低，粗粒矿尘将与空气分离下沉，不易排出；风速过高，可将落尘扬起，增大矿内空气中的粉尘浓度。因此，通风除尘效果是随风速的增加而逐渐增加的，达到最佳效果后，如果再增大风速，效果又开始下降，如图 3-13 所示。把能使呼吸性粉尘保持悬浮，并随风流运动而排出的最低风速称为最低排尘风速；同时，把能最大限度排除浮尘而又不致使落尘二次飞扬的风速称为最优排尘风速。

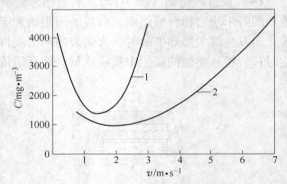

图 3-13　矿尘浓度与风速的关系
1—联合机工作时；2—刨煤机工作时

一般来说，掘进工作面的最优风速为 0.4~0.7m/s，机械化采煤工作面为 1.5~2.5m/s。

《煤矿安全规程》规定的采掘工作面最高容许风速为 4m/s，不仅考虑了工作面供风量的要求，同时也充分考虑到煤、岩尘的二次飞扬问题。

3.4.2　湿式作业

湿式作业是利用水或其他液体，使之与尘粒相接触而捕集粉尘的方法，它是矿井综合防尘的主要技术措施之一，具有所需设备简单、使用方便、费用较低和除尘效果较好等优点。缺点是增加了工作场所的湿度，恶化了工作环境，能影响煤矿产品的质量，除缺水和严寒地区外，一般煤矿应用较为广泛。我国煤矿较成熟的经验是采取以湿式凿岩为主，配合喷雾洒水、水封爆破和水炮泥以及煤层注水等防尘技术措施。

3.4.2.1 湿式凿岩、钻眼

该方法的实质是指在凿岩和打钻过程中，将压力水通过凿岩机、钻杆送入并充满孔底，以湿润、冲洗和排出产生的矿尘。

3.4.2.2 洒水及喷雾洒水

洒水降尘是用水湿润沉积于煤堆、岩堆、巷道周壁、支架等处的矿尘。当矿尘被水湿润后，尘粒间会互相附着凝集成较大的颗粒，附着性增强，矿尘就不易飞扬。在炮采炮掘工作面放炮前后洒水，不仅有降尘作用，还能消除炮烟、缩短通风时间。煤矿井下洒水，可采用人工洒水或喷雾器洒水。对于生产强度高、产尘量大的设备和地点，还可设自动洒水装置。

喷雾洒水是将压力水通过喷雾器（又称喷嘴），在旋转或冲击的作用下，使水流雾化成细微的水滴喷射于空气中（图3-14）。它的捕尘作用有：

（1）在雾体作用范围内，高速流动的水滴与浮尘碰撞接触后，尘粒被湿润，在重力作用下下沉。

（2）高速流动的雾体将其周围的含尘空气吸引到雾体内湿润下沉。

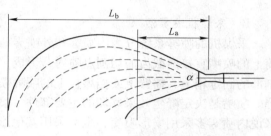

图3-14 雾体结构图

L_a—射程；L_b—作用长度；α—扩张角

（3）将已沉落的尘粒湿润黏结，使之不易飞扬。前苏联的研究表明，在掘进机上采用低压洒水，降尘率为43%~78%，而采用高压喷雾时达到75%~95%；炮掘工作面采用低压洒水，降尘率为51%，高压喷雾达72%，且对微细粉尘有明显的抑制效果。

A 掘进机喷雾洒水

掘进机喷雾分内外两种。外喷雾多用于捕集空气中悬浮的矿尘，内喷雾则通过掘进机切割机构上的喷嘴向割落的煤岩处直接喷雾，在矿尘生成的瞬间将其抑制。较好的内外喷雾系统可使空气中含尘量减小85%~95%。掘进机的外喷雾降尘如图3-15所示。

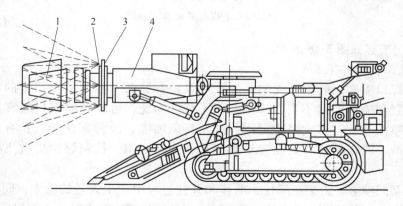

图3-15 掘进机的外喷雾降尘系统示意图

1—截割头；2—朝外喷雾喷嘴；3—圆环形喷雾架；4—悬臂

铲斗装岩机自动喷雾如图 3-16 所示。

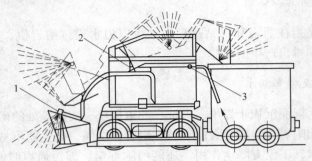

图 3-16　铲斗装岩机喷雾洒水
1—喷雾器；2—控制阀；3—水量调节阀

B　采煤机喷雾洒水

采煤机的喷雾系统分为内喷雾和外喷雾两种方式。采用内喷雾时，水由安装在截割滚筒上的喷嘴直接向截齿的切割点喷射，形成"湿式截割"；采用外喷雾时，水由安装在截割部的固定箱上、摇臂上或挡煤板上的喷嘴喷出，形成水雾覆盖尘源，从而使粉尘湿润沉降。喷嘴是决定降尘效果好坏的主要部件，喷嘴的形式有锥形、伞形、扇形、束形，一般来说内喷雾多采用扇形喷嘴，也可采用其他形式；外喷雾多采用扇形和伞形喷嘴，也可采用锥形喷嘴。

采煤机外喷雾如图 3-17 所示。

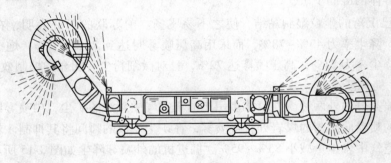

图 3-17　采煤机外喷雾示意图

采煤机内喷雾如图 3-18 所示。

C　综放工作面喷雾洒水

（1）放煤口喷雾。放顶煤支架一般在放煤口都装备有控制放煤产尘的喷雾器，但由于喷嘴布置和喷雾形式不当，降尘效果不佳。为此，可改进放煤口喷雾器结构，布置为双向多喷头喷嘴，扩大降尘范围；选用新型喷嘴，改善雾化参数；有条件时，水中添加湿润剂，或在放煤口处设置半遮蔽式软质密封罩，控制煤尘扩散飞扬，提高水雾捕尘效果。

（2）支架间喷雾。支架在降柱、前移和升柱过程中产生大量的粉尘，同时由于通风断面小、风速大，来自采空区的矿尘量大增，因此采用喷雾降尘时，必须根据支架的架型和移架产尘的特点，合理确定喷嘴的布置方式和喷嘴型号，如图 3-19 所示。

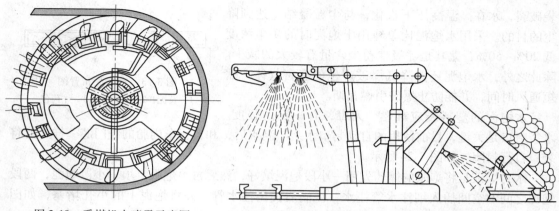

图 3-18 采煤机内喷雾示意图　　图 3-19 液压支架自动喷雾喷嘴布置示意图

（3）转载点喷雾。转载点降尘的有效方法是封闭加喷雾。通常在转载点（即回采工作面输送机与顺槽输送机连接处）加设半密封罩，罩内安装喷嘴，以消除飞扬的浮尘，降低进入回采工作面的风流含尘量。为了保证密封效果，密封罩进、出煤口安装半遮式软风帘，软风帘可用风筒布制作。运输转载点喷嘴安装方式如图 3-20 所示。

（4）其他地点喷雾。由于综放面放下的顶煤块度大、数量多、破碎量增大，因此，必须在破碎机的出口处进行喷雾降尘。煤仓封闭喷雾如图 3-21 所示。翻笼喷雾降尘如图 3-22 所示。

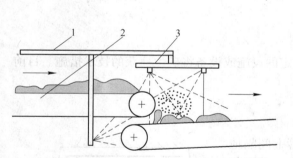

图 3-20　运输转载点喷嘴安装方式

1—供水管；2—输送带；3—喷嘴

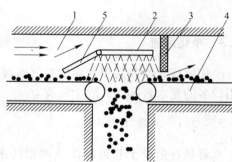

图 3-21　煤仓封闭喷雾

1—新鲜风流；2—环形喷雾环；3—隔离滤网；

4—输送带；5—迎风挡板

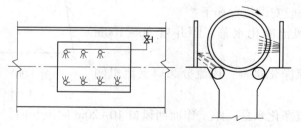

图 3-22　翻笼喷雾降尘示意图

3.4.2.3　水炮泥和水封爆破

水炮泥就是用装水的塑料袋代替一部分炮泥填于炮眼内，如图 3-23 所示。爆破时水袋破裂，水在高温高压下汽化，与尘粒凝结，达到降尘的目的。采用水炮泥比单纯用土炮泥时的矿尘浓度低 20%～50%，尤其是呼吸性粉尘含量有较大的减少。除此之外，水炮泥还能降低爆破产生的有害气体，缩短通风时间，并能防止爆破引燃瓦斯。

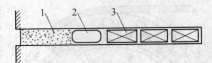

图 3-23　水炮泥布置图
1—黄泥；2—水炮泥；3—炸药包

水炮泥的塑料袋应难燃、无毒，有一定的强度。水袋封口是关键，目前使用的自动封口水袋装满水后，和自行车内胎的气门芯一样，能将袋口自行封闭，如图 3-24 所示。

水封爆破是将炮眼的爆药先用一小段炮泥填好，然后再给炮眼口填一小段炮泥，两段炮泥之间的空间插入细注水管注水，注满后抽出注水管，并将炮泥上的小孔堵塞，如图 3-25 所示。

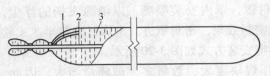

图 3-24　自动封口水炮泥
1—逆止阀注水后位置；2—逆止阀注水前位置；3—水

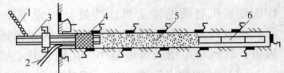

图 3-25　水封爆破示意图
1—安全链；2—雷管脚线；3—注水器；
4—胶圈；5—水；6—炸药

3.4.3　净化风流

净化风流是使井巷中含尘的空气通过一定的设施或设备将矿尘捕获的技术措施。目前使用较多的是水幕和湿式除尘装置。

3.4.3.1　水幕净化风流

水幕是在敷设于巷道顶部或两帮的水管上间隔地安上数个喷雾器喷雾形成的，如图 3-26 所示。喷雾器的布置应以水幕布满巷道断面尽可能靠近尘源为原则。

净化水幕应安设在支护完好、壁面平整、无断裂破碎的巷道段内。一般安设位置如下：

（1）矿井总入风流净化水幕：距井口 20～100m 巷道内。

（2）采区入风流净化水幕：风流分叉口支流里侧 20～50m 巷道内。

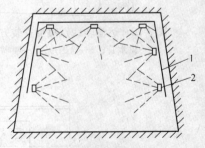

图 3-26　巷道水幕示意图
1—水管；2—喷雾器

（3）采煤回风流净化水幕：距工作面回风口 10～20m 回风巷内。

（4）掘进回风流净化水幕：距工作面 30～50m 巷道内。

（5）巷道中产尘源净化水幕：尘源下风侧 5～10m 巷道内。

水幕的控制方式可根据巷道条件，选用光电式、触控式或各种机械传动的控制方式。选用的原则是既经济合理又安全可靠。

3.4.3.2 湿式除尘装置

除尘装置（或除尘器）是指把气流或空气中含有的固体粒子分离并捕集起来的装置，又称集尘器或捕尘器。根据是否利用水或其他液体，除尘装置可分为干式和湿式（图3-27）两大类。

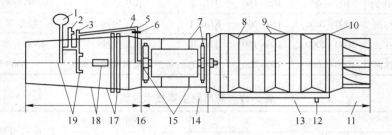

图 3-27　湿式旋流除尘风机

1—压力表；2—总入水管；3—水阀门；4—冲突网；5—发雾盘水管；6—节流管接头；7—电动机挡水套；
8—脱水器筒体；9—集水环；10—后导流器导流片；11—后导流器；12—泄水管；13—储水箱；
14—局部通风机；15—发雾盘；16—冲突网框；17—观察门；18—湿润凝聚筒；19—喷雾器

目前常用的除尘器有 SCF 系列除尘风机、KGC 系列掘进机除尘器、TC 系列掘进机除尘器、MAD 系列风流净化器（图 3-28）及奥地利 AM-50 型掘进机除尘设备、德国 SRM-330 掘进除尘设备等。图 3-29 为降尘风机安装布置图。根据井下不同条件，可以参照表 3-16 选用不同型号的掘进机除尘器。表 3-17 所列为部分除尘设备的技术性能。

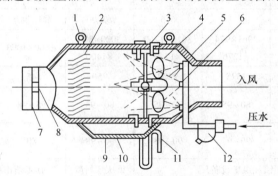

图 3-28　MAD-Ⅱ型风流净化器

1—吊挂环；2—流线型百叶板；3—支撑架；4—带轴承的叶轮；5—喷嘴；6—喷嘴给水环；7—风筒卡；
8—卡紧板螺栓；9—回收尘泥孔板；10—集水箱；11—回水 N 形管；12—滤流器

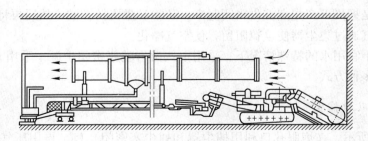

图 3-29　PSCF-A6 型水射流除尘风机安装布置图

表 3-16　掘进机除尘器适用条件

作业条件	粉尘浓度 /mg·m⁻³	处理风量 /m³·min⁻¹	选用型号	通风方式	配套设备
锚喷巷道风流净化及爆破掘岩巷工作面	100~600	100~150	SCF-6	长抽短压	φ600 伸缩风筒长 800~1000m
岩巷打眼爆破工作面	100~600	100~150	JTC-Ⅱ	长压短抽	φ500 伸缩风筒长 150m
3~14m² 机掘工作面	1000~2000	150~200	KGC-Ⅰ	长压短抽	吸尘罩, 伸缩风筒
8m² 以下掘进工作面	1000~2000	100~150	JTC-Ⅱ	长压短抽	φ500 伸缩风筒长 100m
8~14m² 机掘工作面	1000~2000	150~200	JTC-Ⅰ	短距离抽出或长抽短压	φ600 伸缩风筒

表 3-17　常用除尘器技术性能

技术指标	系列除尘风机			风流净化设备		KGC-Ⅱ型掘进机除尘器	AM-50型掘进机除尘器
	SCF-5 型	SCF-6 型	SCF-7 型	TC-Ⅰ型掘进机除尘器	MAD-Ⅱ型掘进机除尘器		
处理风量 /m³·s⁻¹	2.83	3.75	6.8	2.5~3.33	2.5~5.0	2.5~3.0	3.0
风压/kPa	21.73	29.33	40.8			40.0	137.3
阻力/kPa				1.47	0.29~0.49	1.76	6.86
吸风口直径/mm	460	610	760	600	380~480	600	600~800
主机功率/kW	11	18.5	37	18.5	11kW 局部通风机	18.5	111
泵功率/kW	1.5	2.2	5.5	2.0	静压供水	4.0	
外形尺寸/mm	205×960 ×690	2961×974 ×1276	3615×1260 ×1740	3000×800 ×1400	φ600×1000	2664×780 ×1075	9400×1200 ×1400
质量/kg	690	1575	2200	250	45	1200	7800
除尘效果 (全尘)/%	80~95	80~95	80~95	80~95	95~98	80~96	95
除尘效果 (呼尘)/%	90~98	90~97	90~98	90~98	80	85~90	98
生产厂	镇江煤矿设备厂			重庆煤科院	佳木斯市矿山配件厂		奥地利

3.4.4　密闭抽尘

　　密闭抽尘是把局部产尘点首先密闭起来, 防治矿尘飞扬扩散, 然后再将矿尘抽到集尘器内, 含尘空气通过集尘器使尘粒阻留, 使空气净化。

　　在缺水或不宜用水的特殊情况下, 采用干式凿岩就要密闭尘源, 采用干式捕尘措施, 干式捕尘有很多种方式。

3.4.4.1　孔口捕尘

　　如图 3-30 所示, 在炮眼孔口利用捕尘罩和捕尘塞密闭孔口, 再用压气引射器产生的负压将凿岩时产生的矿尘吸进捕尘罩、捕尘塞, 经吸尘管至滤尘筒。矿尘经过两级过滤,第一级是滤尘筒，第二级是滤尘袋。含尘空气在负压吸引下进入滤尘筒，沿筒壁旋转，由于离心力的作用，大于10μm的尘粒落入筒内，而经过滤尘筒排出的含尘空气再进入滤尘袋，在压气的推动下，经滤尘袋过滤，小于10μm的尘粒绝大部分被阻留在滤尘袋内。

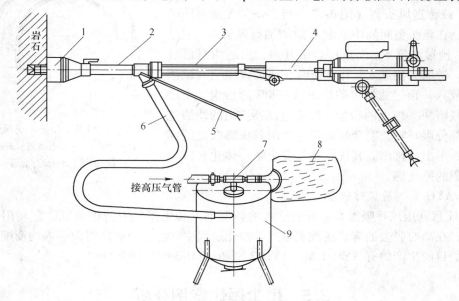

图 3-30　孔口捕尘装置示意图

1—捕尘罩；2—回尘连接管；3—钻杆；4—凿岩机；5—气压平衡进气管；
6—吸尘管；7—负压引射器；8—滤尘袋；9—滤尘筒

捕尘器使用效果良好。实测数据表明，不用捕尘器干打眼时，矿尘浓度为509.0mg/m³，使用捕尘器后则降到25.2mg/m³，捕尘率达到95.0%，缺点是引射器耗风量较大。

3.4.4.2　孔底捕尘

利用抽尘净化设备，将孔底产生的矿尘经钎杆中心孔抽出净化。凿岩机有中心抽尘和旁侧抽尘两种形式。图3-31是中心抽尘净化系统示意图。该系统是借压气引射器作用将孔底矿尘经钎杆中心孔、导尘管吸到除尘器内，经净化后排出。

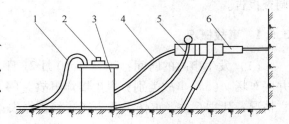

图 3-31　中心抽尘净化系统示意图

1—压气管；2—引射器；3—除尘筒；
4—导尘胶管；5—压气管；6—凿岩机

3.4.5　个体防护

个体防护是指通过佩戴各种防护面具以减少吸入人体粉尘的一项补救措施。

个体防护的用具主要有防尘口罩、防尘风罩、防尘帽、防尘呼吸器等，其目的是使佩戴者能呼吸净化后的清洁空气而不影响正常工作。

A　防尘口罩

要求所有接触粉尘作业人员必须佩戴防尘口罩，对防尘口罩的基本要求是：阻尘率高，呼吸阻力和有害空间小，佩戴舒适，不妨碍视野，普通纱布口罩阻尘率低，呼吸阻力大，潮湿后有不舒适的感觉，应避免使用。

B　防尘安全帽（头盔）

煤科总院重庆分院研制出 AFM-1 型防尘安全帽
（头盔）或称送风头盔（图 3-32）与 LKS-7.5 型两用矿
灯匹配。在该头盔间隔中安装有微型轴流风机 1、主过
滤器 2、预过滤器 5，面罩可自由开启，由透明有机玻
璃制成。送风头盔进入工作状态时，环境含尘空气被微
型风机吸入，预过滤器可截留 80%～90% 的粉尘，主过
滤器可截留 99% 以上的粉尘。经主过滤器排出的清洁空
气，一部分供呼吸，剩余气流带走使用者头部散发的部
分热量，由出口排出。其优点是与安全帽一体化，减少
佩戴口罩的憋气感。

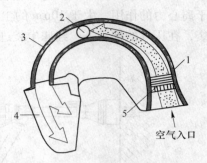

图 3-32　AFM-1 型防尘送风头盔
1—轴流风机；2—主过滤器；3—头盔；
4—面罩；5—预过滤器

C　AYH 系列压风呼吸器

AYH 系列压风呼吸器是一种隔绝式的新型个人和集体呼吸防护装置。它利用矿井压
缩空气，在离心脱去油雾、活性炭吸附等净化过程中，经减压阀同时向多人均衡配气，以
供呼吸。目前生产的有 AYH-1 型、AYH-2 型和 AYH-3 型 3 种型号。

3.5　煤尘爆炸案例分析

2003 年 10 月 21 日，乌海市海勃湾区骆驼山煤矿发生一起煤尘爆炸事故，接到事故
报告后，乌海煤矿安全监察办事处立即赶赴事故现场，并会同乌海市监察局、总工会、公
安局、煤管局成立了由乌海煤矿安全监察办事处书记任组长的事故调查组，调查组调查工
作历时 30 天，共提交取证笔录 13 份，于 2003 年 12 月 10 日召开事故分析会并形成事故
调查报告。

3.5.1　事故概况

（1）发生事故的时间：2003 年 10 月 21 日 10 时 40 分。（2）发生事故的地点：竖井
井底车场。（3）事故类别：煤尘爆炸事故。（4）事故性质：重大责任事故。（5）事故伤
亡情况：死亡 6 人，重伤 1 人。（6）经济损失：估计直接经济损失 80 万元。

3.5.2　矿井基本概况

乌海市海勃湾区骆驼山煤矿，企业性质股份制，位于桌子山煤田滴沥帮乌素矿区，矿
井始建于 1993 年。井田内可采煤层有 9 号、10 号、16 号，现主采 16 号煤层，16 号煤层
平均煤厚 4.7m，煤层倾角在 8°～10° 之间。该矿井田面积 0.936km²。矿井开拓方式为 2 个
斜井、1 个竖井，其中一个斜井回风，另一个斜井和竖井为出煤井兼做进风井，竖井井深
180m，斜井长度均在 1000m 左右。该矿属于瓦斯矿井，16 号煤层的挥发分为 28%～30%，
全硫 1.5%～1.8%，胶质层厚度为 24mm，煤尘极具爆炸性。该矿井下采掘方式为非正规
采煤法，分东西 2 个采区出煤，东采区斜井出煤，西采区竖井出煤。井下采用畜力车和机
动三轮车运输，将工作面的落煤运至竖井和斜井的井底煤仓内，然后由绞车提升至地面。

由于井下工作面多（通常井下有 7 个工作面同时作业），畜力车和机动三轮车运输繁忙，井下煤尘很大，特别是在竖井井底车场内的煤尘更大（事故发生后，测得车场内的煤尘厚度在 0.1m 以上）。矿井没有完善的洒水灭尘系统。

该矿竖井井底车场内溜煤眼放煤口附近有一段巷道使用棚架支护（四架棚），事故发生在该处。

3.5.3 事故经过与抢险救灾过程

2003 年 10 月 21 日早班（发生事故的前一个班），竖井采区井下运输过程中，一台运煤的机动三轮车将车场内溜煤眼放煤口附近一架木棚的其中一条棚腿撞倒，当时没有发生冒顶，工人在运输中听到顶板裂隙有响声和离层、掉渣现象，当班班长兼安检员宋某某决定下班，工人提前升井，升井后宋某某将井下情况报告了矿长黄某某。9 时许，黄某某未向该矿的法人代表和技术员告知井下情况，便带领副矿长郝某某和三名放炮工及两名安检员（其中有宋某某）共 7 人入井重新维护竖井井底车场内的支护。为了崩倒已损坏的支架和崩碎大块的顶板岩石，约 10 时 40 分，他们连续采用放明炮（共放了 3 炮）的办法进行处理，随即引起煤尘爆炸，在地面的人员当时在听到一声巨大的爆炸声的同时，看到 3 个井口都冒出大量的烟尘。意识到井下发生了事故，该矿技术员刘某某立即给董事长杨某某打了电话，杨某某随后向海勃湾矿业公司救护队报告了事故并请求救援。至此，井下有 7 名矿工生死不明。

海勃湾矿业公司救护队于 11 时 35 分接到报告，并于 12 时 25 分到达事故现场。乌海煤矿安全监察办事处于 11 时 50 分接到事故报告并于 12 时 20 分到达事故现场，市煤管局有关领导也及时到达事故现场，立即组织有关部门成立了事故抢险领导小组并展开工作。救护队于 12 时 50 分左右第一次入井，于 14 时 30 分升井，当时在距井底车场冒顶处 20m 的巷道内找到 5 名工人，其中有 3 人仍有呼吸，另外 2 名已死亡，其余 2 名工人未找到。约 16 时 30 分开始，3 名幸存人员被先后救出并送往医院抢救，其中有 2 人经抢救无效死亡。另外 2 名遇难人员分别于 18 时 30 分和 23 时 50 分先后在距车场不远处的其他巷道内被找到并运出地面，均已死亡，至此，抢险工作结束。

3.5.4 事故原因分析

（1）直接原因分析：该矿在维护竖井井底车场内溜煤眼放煤口附近的支护过程中，在未采取任何安全措施的情况下，违章放明炮（间断放了 3 炮），因该处煤尘较大，放炮前未进行洒水灭尘，放炮造成煤尘飞扬，明炮火焰导致煤尘爆炸。

（2）间接原因分析：

1）该矿矿长、副矿长违章指挥、违章带领工人作业，在未制定和采取任何安全技术措施的情况下，违章在井底车场内连续放明炮处理顶板。

2）该矿井下采用多头掘进、多工作面作业，运煤采用畜力车和机动三轮车运输，发生事故的地点又处在溜煤眼放煤口附近，造成井底车场内煤尘大，而在井底车场内未敷设防尘供水管路，也没有采取有效的洒水灭尘措施。

3）该矿矿长、副矿长及特种作业人员安全操作知识缺乏、安全意识淡薄，自我防范意识差，对井下顶板的维护处理缺乏足够的经验和措施，盲目、冒险蛮干。

4）该矿使用未经培训的无证特种作业人员上岗作业。

5）该矿对有关部门检查中下达的指令意见落实不到位，解决不彻底。没有严格按指令要求完善矿井的防尘供水系统。

6）乌海市煤管局海勃湾分局对该矿的监督检查不力，对存在的隐患落实不到位，对该矿存在的井下工作面多头作业，使用非防爆机动三轮车运输，井下煤尘大、无洒水灭尘系统等问题在检查中虽已经发现，但没有督促该矿彻底解决。

7）各级培训机构对矿长及特种作业人员的取证培训把关不严，使部分文化素质低、不具备基本安全素质的人员担任矿长及在特种作业的岗位上工作，给事故埋下隐患。

3.5.5　事故教训及防范措施

该起事故是由于矿井安全生产管理人员素质低，安全意识差，违章指挥、违章作业等原因造成的。事故造成矿主要安全管理人员全部遇难，教训非常深刻。提出防范措施如下：

（1）进一步加强对煤矿的安全监督检查和安全管理，认真落实检查中发现的问题。坚决制止煤矿破坏通风系统，采用多头掘进、多工作面作业，井下使用畜力车和非防爆机动三轮车运输等违法行为。彻底解决煤矿的非正规采煤方法，取缔机动三轮车和畜力运输。

（2）每个矿井都要装备完善的洒水灭尘管路和系统，建立严格的洒水灭尘制度并定期指定专人洒水灭尘。

（3）加强对矿长及特种作业人员培训教育，要限制文化素质低、安全意识差的人员从事矿长及特种作业。对已持证的矿长及特种作业人员要重新评价认定或核发证件，建立定期复训制度，不断提高从业人员的安全意识和安全操作技术。

3.6　本 章 小 结

本章主要介绍了矿尘的产生、分类及危害等基本概念，矿山尘肺病的发病机理和影响因素，以及煤尘爆炸的条件、爆炸性质鉴定和预防措施等，重点讲述了矿山综合防尘的技术措施等。

复习思考题

3-1　矿尘是如何产生的？

3-2　矿尘的主要危害有哪些？

3-3　矿山尘肺病分为哪几类，影响其发病的因素有哪些？

3-4　煤尘的爆炸是如何产生的，其预防措施主要有哪些？

3-5　影响煤尘爆炸的因素有哪些，其爆炸条件是什么？

3-6　矿井一般采用哪些防、降尘措施？

3-7　试述矿井综合防尘措施。

4 矿井水灾防治

矿井水灾是煤矿的"五大灾害"之一，凡影响生产、威胁采掘工作面或矿井安全、增加吨煤成本和使矿井局部或全部被淹没的矿井涌水事故，都称为矿井水灾（也称为矿井水害）。矿井水灾会造成煤矿巨大的财产损失和人员伤亡；在巷道和采掘工作面出现淋水时，会使空气湿度增大，恶化劳动条件，影响劳动生产率和职工身体健康；矿井水对各种金属设备、支架、轨道等均有腐蚀作用，会缩短其使用寿命。但水灾的发生必须具备两个条件，其一是有足量的水源，其二是有涌水通道。根据《煤矿防治水规定》中第3条规定：煤矿防治水工作应坚持"预测预报，有疑必探，先探后掘，先治后采"的原则，落实"防、堵、疏、排、截"综合治理措施。

4.1 矿井水灾发生的途径和原因

4.1.1 矿井水灾水源

煤矿常见水源如图4-1所示。

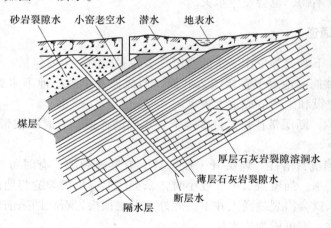

图 4-1 煤矿常见水源

（1）地下水。它是矿井水最主要的来源。一般存在于含煤地层中各种不同岩层的孔隙或溶洞里，这些含有地下水的岩层，如石灰岩层、砾岩层等，统称为含水层。当井下巷道或采面穿越这些含水层时，地下水就会涌入矿井。如果含水层内水量较大，导水性能良好，就有发生水灾的可能。

（2）大气降水。从天空降到地面的雨和雪、冰、雹等溶化的水称为大气降水。大气降水，一部分再蒸发上升到天空；另一部分流入地下，形成地下水；剩下的部分留在地面，即为地表水。大气降水、地表水、地下水实为互相补充，互为来源。形成自然界中水的循环，如图 4-2 所示。

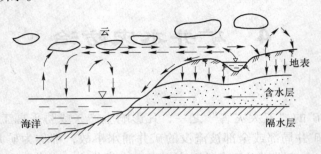

图 4-2 自然界中水的循环

（3）地表水。地表水是指地面河流、湖泊、水库、池塘等储存的水，在井下掘进巷道或回采过程中，覆盖在煤层上面的岩层受采动的影响，就会下沉，产生断裂和缝隙。如果矿井处在地表水体的影响范围之内，这些地表水就会沿着裂隙渗入矿井，开采煤层距离地表水越近，地表水的影响就越大。

（4）老空积水。对于煤矿井下的采空区和废弃的旧巷道，由于长期停止排水而积存的地下水，称为老空积水。若巷道接近或遇到老空区，里面的积水就会涌出。当水突然涌出时，由于水中携带着煤岩碎块，有时还会有有害气体，而且来势凶猛，会造成水灾，危害极大。

（5）生产用水。煤矿生产过程中需要用水进行防火、防尘及采煤，如若管理不善或设备故障致使排水不畅，也会发生水灾。

4.1.2 矿井水灾通道

水源与煤矿井下巷道等工作场所的通道是多种多样的，主要包括：

（1）煤矿的井筒。地表水直接流入井筒，造成淹井事故。地下水穿透井巷壁进入井下，也能给煤矿建设和生产造成重大灾害。

（2）断层裂隙。断层带往往是许多地下含水层的通道，有时断层带也与地表水相通，将地表水引入井下。

（3）采后塌陷坑冒落柱。煤层开采后，其上方形成裂隙，有时可与含水层或地表水沟通，造成矿井透水。当覆盖层厚度较小时，采空区上方形成裂缝与地面相通，如果不及时处理，雨季洪水就会沿裂缝涌入井下。此外，煤层顶板岩石在回采前为隔水层，但在开采后产生塌陷裂隙，则可成为透水层。

（4）含水层的露头区。含水层在地表的露头区起着沟通地表水和地下水的作用，成为含水层充水的咽喉与通道。含水层露出的面积越大，接受大气降水的补给量就越多。

（5）石灰岩溶洞陷落柱。石灰岩溶洞顶部岩石破碎垮落，往往形成竖直的通道，当采掘工作接近到此处时，常发生突水事故，造成重大损失。开滦范各庄矿特大透水事故就是此类通道所致。

（6）封堵不严的钻孔。在煤矿勘探和生产过程中，井田内要打许多钻孔，虽然钻孔的深度不同，但有部分钻孔会打穿含水层，于是，钻孔就成为沟通含水层及地表水的人为通道。由于对其封闭不良,在开采揭露时就会将煤层上方或下部含水层及地表水引入矿井,造成涌水甚至透水事故。

4.1.3 造成矿井水灾的原因

造成矿井水灾的原因如下:

(1) 地面防洪、防水设施不当。

(2) 缺乏调查研究,水文地质情况不清,对老空水、陷落柱、钻孔等没搞清楚,在施工中造成水害事故。

(3) 没有执行"有疑必探,先探后掘"的探放水原则,或者探放水措施不严密,盲目施工造成突水淹井事故。

(4) 乱采乱挖破坏了防水煤柱或岩柱造成透水。

(5) 出现透水征兆未被察觉,或未被重视,或处理方法不当造成透水。

(6) 测量工作有失误,导致巷道穿透积水区而造成透水。

(7) 在水文地质条件复杂,有突水淹井危险的矿井需要安设防水闸门,由于未安设防水闸门或防水闸门安设不合格以及年久失修关闭不严造成淹井。

(8) 排水设备失修,水仓不按时清理,突水时,排水设备失效而淹井。

(9) 钻孔封闭不合格或没有封孔,成为各水体之间的垂直联络通道。当采掘工作面和这些钻孔相遇时,便发生透水事故。

4.2 地面防治水

地面防治水是防止或减少地表水流入矿井的重要措施,是防止矿井水灾的第一道防线。特别是对以大气降水和地表水为主要水源的矿井,更有重要意义。地面防治水工作,首先要有齐全、详细的矿区水文地质资料,要搞清矿区地貌、地质构造、地面水情况、降雨量、融雪量及山洪分流分布和最高洪水位等,并标在地形地质图上。然后,根据掌握的资料,有针对性地采取措施,主要有慎重选择井口位置;修筑防洪堤和挖防洪沟;河流改道,铺设人工河床;填堵漏水区,修筑防水沟及排涝等。

《煤矿防治水规定》第42条规定:煤矿井口附近或塌陷区内外的地表水体可能溃入井下时,必须采取措施,并遵守下列规定:

(1) 严禁开采煤层露头的防隔水煤(岩)柱。

(2) 地表容易积水的地点应修筑沟渠,排泄积水。修筑沟渠时,应避开露头、裂隙和导水岩层。特别低洼地点不能修筑沟渠排水时,应填平压实;如果低洼地带范围太大无法填平时,应用水泵或建排洪站排水,防止低洼地带积水渗入井下。

(3) 煤矿受到河流、山洪威胁时,必须修筑堤坝和汇洪渠,防止洪水侵入。

(4) 排到地面的矿井水必须妥善处理,避免再渗入井下。

(5) 对漏水的沟渠(包括农田水利的灌溉沟渠)和河床,应及时堵漏或改道。地面裂缝和塌陷地点必须填塞,填塞工作必须有安全措施,防止人员陷入塌陷坑内。

(6) 在有滑坡危险的地段,可能威胁煤矿安全时,必须采取防止滑坡措施。

4.2.1　慎重选择井口位置

在设计中选择井口和工业广场标高时，应按《煤矿安全规程》规定，高于当地历年最高洪水位，保证在任何情况下不至于被洪水淹没。井口与主要建筑物安全超高见表4-1。

表 4-1　井口与主要建筑物安全超高

防 护 类 型		安全超高/m
煤矿井口	平原地区	0.5
	丘陵、山区	1.0
工业广场及居民区		0.5

4.2.2　修筑排洪渠

位于山麓或山前平原地区的矿井，由于多雨季节山洪暴发，会有大量洪水流入矿区，积水下渗，造成井下大量涌水，就需要修筑地面引洪渠网，防止洪水进入煤层开采段或矿区内。一般可在矿区上方山坡处，垂直于来水方向修建排洪渠，拦截洪水，排洪渠可大致沿地形等高线布置，并保持适当的坡度，而后根据地形特点将洪水引出矿区。

4.2.3　河床铺底与填堵陷坑

A　河床铺底

当河槽底下局部地段出露有透水很好的充水层或塌陷区时，为了减少地表水及第四系潜水对矿井充水层的补给，可在漏水地段铺筑不透水的人工河床，如图4-3所示。不少煤矿采用这种措施后井下涌水量显著减少。

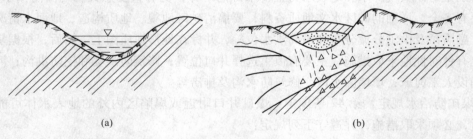

(a)　　　　　　　　　　　　　　　　(b)

图 4-3　人工河床
（a）河流铺底；（b）填塞陷坑

B　填堵陷坑

矿区的岩溶洞穴、塌陷裂缝和废弃的小煤窑等，都可能在地面形成塌陷和较大的缝隙，它们极易成为雨水或地表水流入井下的通道。因此，必须采取防治措施，一方面要防止地面积水，另一方面对于面积不大的塌陷裂缝和塌陷坑要及时填堵。每年雨季之前，要进行全面检查，然后采取填堵措施，其主要方法如下：

（1）填塞塌陷裂缝。可沿缝沟，深度为0.1~0.8m，裂缝边缘两侧各宽0.3~0.5m，缝内填入石块或片石，上部用3:7的灰土填塞夯实。

（2）填堵塌陷坑。有的塌陷坑漏水十分严重，对生产影响极大。如湖南省涟源市斗笠山镇斗笠山煤业公司香花台井，每逢洪水季节，山洪水直接从地面塌陷区渗入地下，涌入矿井，使矿井涌水量急剧增加。一次暴雨后曾使矿井涌水量猛增到 $2692m^3/h$（旱季为 $865m^3/h$），严重威胁矿井安全生产。当该矿在地面采取了回填塌陷坑、疏通河道、修筑排水沟及拦洪坝等综合防水措施后，取得了显著效果。

4.2.4　修筑防洪堤隔绝水源

当矿区含煤地层中的可采煤层距离冲积层水及地表水很近，而且在潜水含水层下部具有稳定隔水层的情况下，地表水与冲积层水随时都有灌入矿井的危险，如图 4-4 所示。为了有效地防止地表水涌入矿井，河南宜洛矿区修筑了规模较大的防水堤，该防水堤用水泥及黏土筑成，其下部在冲积层底部隔水层上，有效地隔绝了地表水与冲积层水对矿井的灌入，效果极好。

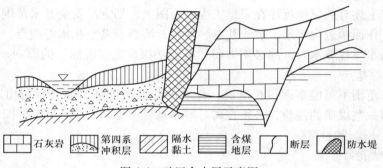

石灰岩　　第四系冲积层　　隔水黏土　　含煤地层　　断层　　防水堤

图 4-4　矿区含水层示意图

4.2.5　注浆截流堵水

富有含水层与地表水保持经常性水力联系的矿区，在井巷施工中，有的地段涌水量很大，对安全生产、施工条件和设备的维护等都非常不利。为了防止地表水的渗透补给，可采用注浆手段截流堵水。

4.2.6　河水改道和取直

当矿区地面河流水渗漏范围很大，利用上述堵水方法难以奏效时，则可考虑将河水改道。可选取合适的地点（最好是在隔水层上），修筑水坝将原河道截断，人工挖掘新河道将河水引出远离矿区以外，如图 4-5 所示。如果地形条件不允许，可将井田范围内的河道取直，以减少渗透水的面积和开采时的煤柱损失。

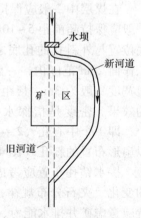

图 4-5　河水改道

防治矿区地表水是一项比较复杂的工作，必须根据当地地形、地质、水文地质和气象等条件，因地制宜地选择防治措施，综合治理。事实说明，片面采取单一措施不可能收到理想的防治效果；只有从实际情况出发，采取多种措施构成完整的地表水防治系统，才能受益。

4.3　井下防治水

井下防治水工作是一项十分艰巨细致的工作，在开采的各个环节都要防治井下水。井下防治水的主要措施为："查、探、放、排、截、堵"，即做好矿井水文观测与水文地质工作；探水前进，超前钻孔；有计划地将威胁性水源全部或部分地疏放；利用矿井排水系统进行排水；利用水闸墙、水闸门和防水煤（岩）柱等物体，临时或永久地截住涌水；注浆堵水。

4.3.1　探放水

水文地质资料是制定防水措施的依据。因此，必须掌握井田范围内冲积层的含水透水情况，含水层和老空水的情况，可能出水的断层和裂隙分布位置，采动后顶板破碎及地表陷落情况。将上述有关资料标注在采掘工程平面图上，划定出安全开采范围。

当采掘工作面接近含水层、被淹井巷、断层、溶洞、老空积水等地点，或遇到可疑水源以及打开隔水煤柱放水时，都必须贯彻"有疑必探，先探后掘"的原则。

A　探水的起点

由于积水范围不可能掌握得很准确，探水的起点至可疑水源必须留出适当的安全距离。根据我国一些煤矿的经验，必须在离可疑水源 75~150m 以外开始打探水钻，有时甚至在 200m 以外就开始打钻。

B　探水钻孔的布置

采用边探边掘时，总是钻孔钻进一定距离后，才掘进巷道，且钻孔的终止位置对巷道的终止位置始终保持一段超前距离，这样就留有相当厚的矿柱，可以确保掘进工作的安全。

在煤层中一般应保持超前距 20m ；在岩层中一般应保持超前距 5~10m。帮距是指中心孔的孔底位置与外斜孔的孔底之间的距离。在超前掘进工作面 20m 范围内，一般为 3m 。因为采空区巷道宽度一般为 3m，帮距不大于 3m，能保证探水的效果。密度是指探水孔的个数，一般为 3~5个，即 1 个中心孔，2~4 个与中心孔成一定角度以扇形布置的斜孔（图 4-6）。

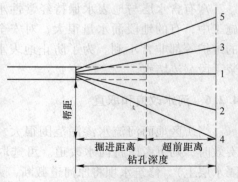

图 4-6　超前探水钻孔布置示意图
1—中心孔；2，3—内斜孔；4，5—外斜孔

探水钻孔布置应考虑地质条件，如煤层走向的变化及夹石分布规律，以免判断错误。钻孔布置应考虑矿井排水能力、巷道坡度及断面等因素。探水孔的直径应根据水量大小而定，一般为 75mm。若水量很大，需放水时间很长，可以适当加大孔径或增加孔数。

C　探水时注意事项

（1）探水地点要与相邻地区的工作地点保持联系，一旦出水要马上通知受水害威胁地区的工作人员撤到安全地点。若不能保证相邻地区工作人员的安全，可以暂时停止受威胁地区的工作。

（2）打钻探水时，要时刻观察钻孔情况，发现煤层疏松，钻杆推进突然感到轻松，或顺着钻杆有水流出来（超过供水量），都要特别注意。这些都是接近或钻入积水地点的征兆。遇到这种情况要立即停止钻进，进行检查并由有经验的同志监视钻孔和水情变化。这时不要随意移动或拔出钻杆，因为移动钻杆，高压水可能把钻杆顶出来，碰伤人员；拔出钻杆，钻孔即为积水流出的通道，钻孔会越冲越大，造成透水事故。如果水量水压较大，喷射较远，必须马上固定钻杆，背紧工作面，加固煤壁及顶底板。

（3）当在钻孔内发现有害气体放出时，要停止钻进，切断电源，撤出人员，采取通风措施冲淡有害气体。

D　放水时注意事项

（1）放水前必须估计积水量，并要根据矿井排水能力和水仓容量控制放水眼数量及放水眼的流量。

（2）放水时要经常观测钻孔中水量变化情况，特别是放老空积水，当水量变小或无水时，应反复多次下钻至原孔孔底或超过孔底，以防钻孔被堵塞，造成放干积水的假象，避免掘进时发生事故。

（3）放水过程中应经常检查孔内放出的瓦斯及其他有害气体的含量，以便采取措施。

4.3.2　合理进行开拓与开采防突水

在矿井设计工作中，要充分考虑矿区具体水文地质条件，合理划分井田，结合煤层埋藏情况，合理开拓，选择合适的开采方法，能够减少流入矿井的涌水量，为煤层开采时创造安全有利的条件。在矿井布局以及开拓、开采时，应注意采用以下措施。

A　联合布局整体防水

对位于同一区域、互有水力联系的矿区，应该同时布置多井开采，进行统一疏干，整体防水，以便形成大范围的水位降的"降落漏斗"。这样不仅可以加快疏干速度，而且还能集中排水，从而相应减少每一单井的涌水量。

B　慎重选择井筒位置预防突水

井筒和井底车场是由地面到井下的通道与枢纽，在选择井筒位置时，除了考虑各种因素外，水文地质条件更是不可忽视的因素。因为井筒和井底车场要安装防排水及其他重要设备，又是矿井首先开拓的部位，所以，必须选择不会发生突水的安全位置，要力求避免穿过强含水层和大型断裂破碎带，距离高压含水层要有足够的安全厚度，否则极易造成淹井事故。

C　加大开采强度，用多水平开采

在提高机械化程度的基础上，从防水的角度来说，采用多水平开采比较优越。如徐州贾汪矿区的实际资料表明，一个水平的涌水量和多水平的涌水量基本一致，一般矿井开采初期最大含水系数可达192.6，而加大开采强度后，含水系数迅速降至12.89，年平均含水系数只有8.17，大大降低了原煤成本。

D　使用合理的采煤方法，加强顶板管理

不同的采煤方法和顶板管理方式，决定了采空区上方岩层破坏程度的不同，在水文地质条件相同的情况下，采用不同的开采方法，其涌水量会出现不同的结果。特别是在地表水体或富水含水层下开层，对于确定安全开采深度更具有重要意义。安全开采深度是指在水体下某一最小深度开采时，采空区上方岩层冒落断裂带不波及水体，水或泥沙不致涌入矿井。

　　E　留设防水煤柱

　　凡是煤层与含水层或含水带的接触地段，应预留一定宽度的煤层不采，使工作面与地下水源或通道保持一定距离，以防止地下水流入工作面，留下不采的煤层称为防水隔离煤柱。《煤矿防治水规定》第50条规定：相邻矿井的分界处，必须留设防隔水煤（岩）柱。矿井以断层分界时，必须在断层两侧留有防隔水煤（岩）柱。防水隔离煤柱的种类有井田边界防水隔离煤柱，以及预防断层、被淹井巷、充水含水层、陷落柱的防水煤柱等。

　　受水害威胁的煤矿，属下列情况之一的，必须留设防隔水煤（岩）柱。

　　(1) 煤层露头风化带。

　　(2) 在地表水体、含水冲积层下和水淹区临近地带。

　　(3) 与强含水层间存在水力联系的断层、断裂带或强导水断层接触的煤层。

　　(4) 有大量积水的老窑和采空区。

　　(5) 导水、充水的陷落柱与岩溶洞穴。

　　(6) 分区隔离开采边界。

　　(7) 受保护的观测孔、注浆孔和电缆孔等。

　　总之，凡是影响矿井安全的水源都需要留防水煤柱，防止水流入井下造成水灾事故。

4.3.3　利用钻孔疏干排水

4.3.3.1　地面深孔疏排地下水

　　当矿井充水含水层埋藏深度大、透水性好时，除了采用地面防治水一系列措施外，还应考虑打大口径的疏干钻孔，配备专门深井泵或潜水泵，排出深部地下水，进行疏放降压，这对深部煤层开采具有重要意义。以前，由于水泵扬程能力较低，只能疏排埋深为100m 左右的地下水，所以，这种措施多用于露天矿的预先疏干排水，地下开采的矿井使用较少；但随着深井泵、潜水泵的技术性能不断改进，扬程不断增大，深井疏水钻孔的作用也就越来越大，应用范围已经扩大到井下采前的预先疏干。在国外，如德、英和苏联等国的一些矿区，采用深井泵大面积疏干日益增多，使矿区地下水位幅度下降，使大水矿井摆脱了被淹的困境。因而，它与井下疏干排水相比，具有施工快、疏排能力强、见效快而又安全的优越性。

　　目前，大扬程深井泵日益增多，这为深孔预先疏干地下水提供了有利条件。

4.3.3.2　井下钻孔疏放地下水

　　在井下利用钻孔疏放排水是煤矿防治水的一种基本措施，矿井排水对所有煤矿来说都是必要的，但是，一般所说的疏放排水同矿井排水却有着不同的含意。所谓疏放排水是指在井下布置专门的放水或吸水钻孔，或专门的疏水巷道，有计划有步骤地降低含水层的水位与水压，使地下水局部疏干，为煤层开采创造必要的安全条件；后者则是指通过排水设备将流入矿井水仓（排水硐室）中的水直接排至地表。因此，疏放排水在有计划、有步骤地均衡矿井涌水量，改善井下作业条件，保证采掘工作安全和降低排水费用等方面，可以起到矿井排水所不能起到的作用。

A 疏放煤层顶板水

我国不少煤矿的煤层上部为砂岩裂隙含水层，其中的裂隙水常沿裂隙进入采掘工作面，造成顶板滴水和淋水，影响采掘作业，甚至在矿山压力作用下，伴随着回采放顶，导致大量的水涌入井下，造成垮面停产和人身事故。在我国华北地区的一些矿井中，容易发生这种水害。如某矿井一个回采工作面含水砂岩位于煤层顶板以上 17m 处，回采前几乎无水，回采后也只见淋水，涌水量只有 3.12m³/h，但顶板冒落后涌水量骤增至 70m³/min，冲垮工作面，堵死出口，造成事故。

如果煤层直接顶板为水量不大的含水层，利用采区和采面的准备巷道预先疏放顶板水，是一种经济有效的方法。它是距煤层上部 15~20m 的含水层，其水量和水压较大时，为了避免回采后顶板突水，在巷道内布置钻孔，预先疏放顶板水，并降低水头压力，为采掘工作创造安全条件。其疏散方法有：

（1）用打入式过滤器疏放距离巷道顶部不远的（15~20m）含水砂岩或承压含水层，如图 4-7 所示。即在巷道中每隔一定距离向顶板上打钻孔，终孔时立即将打入式过滤器的滤管沿钻孔压进含水层，使顶板水泄入巷道通过排水沟向外排出。

（2）用直通式钻孔疏放顶板水，如图 4-8 所示。当含水层距煤层较远（大于 30m），其水量和水压较大时，为了消除顶板对采掘工作的威胁，可由地面打钻孔，向下穿过含水层并与井下疏干巷道或排水硐室相通，在钻孔末端装有套管和放水阀门，将顶板含水层水有节制地泄入井下巷道或硐室，然后将水排出地面。

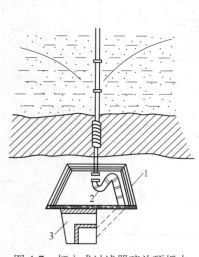

图 4-7 打入式过滤器疏放顶板水
1—巷道；2—水管；3—排水沟

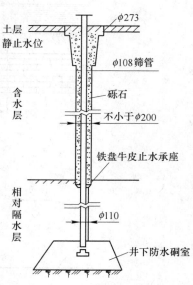

图 4-8 直通式钻孔疏放顶板水

（3）在巷道中群孔放水。为了防止井下突然涌水，创造良好的作业条件，须对煤层顶板水进行大面积疏干。除了采用上述方法外，还可在巷道内布置一系列钻孔，在大范围内利用群孔排地下水。这种方法已在许多矿井取得了良好的效果。如河北峰峰的一些生产矿井，即按开采水平用群孔疏干，在开采上一水平时，就为下一水平进行疏干，将地下水位都降到生产水平以下，保障了矿井安全，提高了生产效率。

　　B　疏放煤层底板水

　　在煤矿采掘工作中，煤层底板是否突水，主要取决于水压的大小与底板岩层抗张能力，而岩层的抗张能力又和底板岩层厚度、抗张强度及容重有关，凡是水压大于底板抗张能力的，都要考虑采取措施防止突水。

　　预防底板突水的途径：一是加强底板岩层抵抗破坏的能力，其具体措施有注浆堵水、留设防水煤柱及保护煤柱等，用以增加底板隔水层的抗张强度；二是设法降低地下水的破坏能力，其措施是在井下设置钻孔、疏水降压。

　　对于底板水的疏放降压，在方法上与疏放顶板水基本相同，即在预疏水降压的地段，在巷道中以一定间距向下打疏干钻孔，从钻孔中抽出底板含水层水，使之形成"降落漏斗"，逐步降低承压含水层的静止水位。从安全角度来说，只要将底板的静止水位降至安全水位以下，即可达到防治底板水的目的。可见，安全水位是衡量疏水效果的标准，安全水位是用安全水头高度来表示的，如图4-9所示。

　　如在我国北方的一些矿井中，为了疏放煤层底板太原群灰岩水，常常采用疏干巷道与疏放降低钻孔相结合的方法，如图4-10所示。在此基础上，还发展到分水平逐步疏放底板水的方法，也取得了良好的防治效果，为煤层开采和矿井延深提供了安全有利的条件。

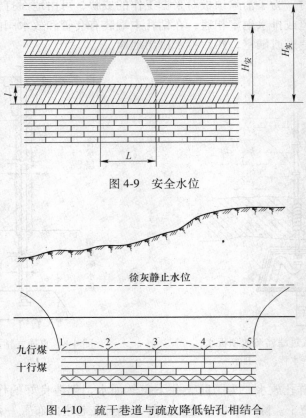

图4-9　安全水位

图4-10　疏干巷道与疏放降低钻孔相结合
1~5—疏水孔

4.3.4　利用巷道疏排地下水

4.3.4.1　疏干立井

疏干立井是指专门为疏排矿井水而开凿的排水井筒，这种井筒断面小专供排水使用。井筒位置多设在井田范围以内，根据不同条件也可设在井田边界以外。疏干立井随着开采深度不断加大，立井随之加深，具体深度主要取决于井下疏干巷道的标高。疏干立井除了它本身所揭露的地下水外，主要是疏排从不同开采水平疏干巷道中汇集而来的地下水。地下水汇集到井下水仓中，由此集中排出井外。这种立井主要用于水文地质条件比较复杂的矿井。

4.3.4.2　水平疏干巷道

当煤层直接顶板为含水层时，常将采区巷道或回采工作面的准备巷道提前开拓出来。利用"采准"巷道预先疏放顶板含水层水。如山东某矿太原群的第21层煤，其直接顶板为第12层灰岩，为了疏干顶板灰岩水，就充分利用21层煤的"采准"巷道进行疏放，如图4-11所示；到煤层开采时，采区涌水量减少了70%~80%。这是一种经济有效的方法，既不需要专门的设备和额外的巷道工程，又能保证疏放水的效果。在有利的地形条件下，即开采侵蚀基准面以上的煤层时，还可以自行排水。不过，利用采准巷道疏放顶板水时，应注意下面的问题：

（1）采准巷道提前掘进的时间，应根据疏放水量和速度而定，超过时间过长会影响采掘计划平衡，造成巷道长期闲置，有时会增加维修工作量，如超前时间太短又会影响疏放效果。

（2）当疏放强含水层顶板时，应视水量大小考虑是否要扩大水仓容量和增加排水设备。

（3）当煤层的直接底板是强含水层时，可考虑将巷道布置在底板中，利用巷道直接疏放。如湖南煤炭坝某矿开采龙潭组的下层煤，底板为茅口灰岩，它和煤层之间夹有很薄的隔水层，开始时将运输巷道布置在煤层中，水大水压也大，巷道难以维持；后来将运输巷道直接布置在底板茅口灰岩的岩溶发育带中（图4-12），这样，既收到了很好的疏放效果，也解决了巷道布置在煤层中经常被压垮的问题。然而，这种方法只有在矿井具有足够的排水能力时才能使用，在强含水层小掘进巷道不能使用。

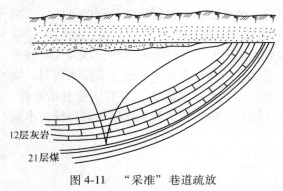

图4-11　"采准"巷道疏放

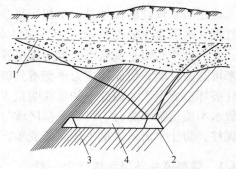

图4-12　运输巷道布置位置

1—灰岩原始水位；2—岩层运输巷道；3—底板；4—石门

4.3.5　堵截井下涌水

为预防采掘过程中突然涌水而造成波及全矿的淹井事故，通常在巷道穿过有足够强度的隔水层的适当地段上设置防水闸门和水闸墙。

（1）防水闸门。防水闸门一般设置在可能发生涌水，需要堵截，而平时仍需运输和行人的巷道内。例如在井底车场、井下水泵房和变电所的出入口以及有涌水互相影响的区之间，都必须设置防水闸门。一旦发生水患，立即关闭闸门，将水堵截，把水患限制在局部地区。

（2）水闸墙。在需要永久截水而平时无运输、行人的地点设置水闸墙。水闸墙有临时和永久两种。临时水闸墙一般用木料或砖料砌筑；永久性水闸墙通常采用混凝土或钢筋混凝土浇灌。

构筑水闸墙地点应选在坚硬岩石处和断面小的巷道中，水闸墙的截槽只能用风镐或手镐挖掘。修筑水闸墙时要预留灌浆孔，建成后向四壁灌入水泥浆，使水闸墙与岩壁结成一体，以防漏水；水闸墙下都要安设放水管。

4.3.6　治理地下暗河

被水溶蚀的石灰岩层可形成很深的洞穴或忽隐忽现的地下暗河，地质学上称此现象为喀斯特地形。我国西南地区多见，在雨季充水，对矿井是一个很大的威胁。地下暗河的治理，首先是查明分布，然后针对实际情况采取有效措施，一般采取以下措施：

（1）堵塞暗河突水孔。在采掘工作中，遇到暗河突水孔，当孔不大时，设法用麻袋装快干水泥等物堵孔，然后砌实，堵塞暗河突水孔。

（2）绕过暗河。在掘进工作中如果遇到许多充满河砂无水溶洞，可能有暗河；掘进头炮眼往外喷水，水中夹杂着河砂及小卵石，可以基本肯定前方有暗河，要测水压、范围。若封堵有困难，可以设法绕过暗河，保证掘进工作的安全进行。

（3）截断暗河。弄清暗河位置，可以将暗河截流，把暗河水引走，通常可以采用开凿泄水巷道的办法引流。

（4）断绝暗河水源。若暗河水源为地面水体或其他水体，可以将其水源断绝。

4.4　防水煤柱的留设

确定防水煤柱的尺寸是一个相当复杂的问题，至今还没有比较完善合理的办法。影响煤柱尺寸的因素主要与静水压力、煤层本身的强度和水源的具体位置有关，煤层未采动时，它们处于暂时平衡状态，但当煤层开采以后，煤层要承受巨大的水压，压力大时每平方米可达数百吨，使原始应力平衡遭到破坏，若煤柱所能承受的水压低于实际水压时，则煤柱破坏造成突水。因此，如果探明积水区的水压很高、水量很大，并有大量补给水源，探放水不能消除水患时，可将采掘区域与积水区隔开，在采掘区和积水区中间留设防水隔离煤柱，防止水流入采掘工作面造成水灾。

4.4.1　煤层露头防隔水煤（岩）柱

煤层露头防隔水煤（岩）柱的留设按以下公式计算。

（1）煤层露头无覆盖或被黏土类微透水松散层覆盖时：

$$H_{防} = H_{冒} + H_{保} \tag{4-1}$$

（2）煤层露头被松散富含水层覆盖时（图4-13）：

$$H_{防} = H_{裂} + H_{保} \tag{4-2}$$

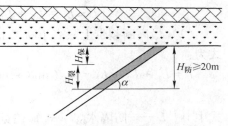

式中　$H_{防}$——防隔水煤（岩）柱高度，m；

　　　$H_{冒}$——采后冒落带高度，m；

　　　$H_{裂}$——垂直煤层的导水断裂带最大高度，m；

　　　$H_{保}$——保护层厚度，m。

根据式（4-1）及式（4-2）计算的值，不得

小于20m。式中采后冒落带高度（$H_{冒}$）、垂直煤

层的导水断裂带最大高度（$H_{裂}$）的计算参照

图4-13　煤层露头防隔水煤（岩）柱

α—煤层倾角

《建筑物、水体、铁路及主要井巷煤柱留设与压煤开采规程》的相关规定。

4.4.2　含水或导水断层防隔水煤柱的留设

含水或导水断层防隔水煤柱（图4-14）的留设可参照以下经验公式计算：

$$L = 0.5KM \sqrt{\frac{3P}{K_{\mathrm{P}}}} \geqslant 20 \tag{4-3}$$

式中　L——煤柱留设的宽度，m；

　　　K——安全系数，一般取2~5；

　　　M——煤层厚度或采高，m；

　　　P——水头压力，$\mathrm{kgf/cm^2}$（$1\mathrm{kgf/cm^2} = 0.1\mathrm{MPa}$）；

　　　K_{P}——煤的抗张强度，$\mathrm{kgf/cm^2}$。

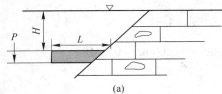 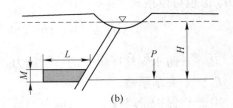

(a)　　　　　　　　　　　　　　　　　　(b)

图4-14　含水或导水断层防隔水煤柱

4.4.3　煤层与强含水层或导水断层接触时煤柱的留设

煤层与强含水层或导水断层接触，并局部被覆盖时（图4-15），防水煤柱的留设按以

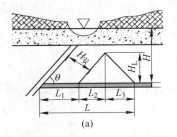 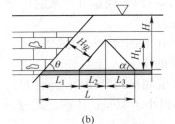 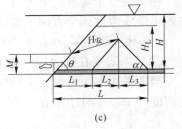

(a)　　　　　　　　　　　　(b)　　　　　　　　　　　　(c)

图4-15　煤层与强含水层或导水断层接触防水煤柱

下公式：

（1）当含水层顶面高于最高导水断裂带上限时，防水煤柱可按图 4-15（a）、（b）留设。计算公式为：

$$L = L_1 + L_2 + L_3 = H_{安}\cos\theta + H_{裂}\cot\theta + H_{裂}\cot\alpha \tag{4-4}$$

（2）最高断裂带上限高于断层上盘含水层时，防水煤柱按图 4-15（c）留设。计算公式为：

$$L = L_1 + L_2 + L_3 = H_{安}(\sin\alpha - \cos\alpha\cot\theta) + (H_{安}\cos\alpha + M)(\cot\theta + \cot\alpha) \geqslant 20\text{m} \tag{4-5}$$

式中　　L——防隔水煤（岩）柱宽度，m；

L_1，L_2，L_3——分段宽度，m；

$H_{裂}$——最大导水断裂带高度，m；

$H_{安}$——导水断裂带至含水层间防水岩柱的厚度，m；

θ——断层倾角，（°）；

α——岩层塌陷角，（°）；

M——断层上盘含水层层面高出下盘煤层底板的高度，m。

$H_{安}$值应根据矿井实际观测资料来确定，即通过总结本矿区在断层附近开采时发生突水和安全开采的地质、水文地质资料，计算其水压（MPa）与防隔水煤（岩）柱厚度（m）的比值（$T_s = P/M$），并将各点之值标到以 $T_s = P/M$ 为横轴，以埋藏深度 H_0（m）为纵轴的坐标纸上，找出 T_s 值的安全临界线（图 4-16）。

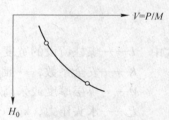

图 4-16　安全临界线

$H_{安}$值也可以按式（4-6）计算：

$$H_{安} = \frac{P}{T_s} + 10 \tag{4-6}$$

式中　　P——防水煤柱所承受的静水压力，kgf/cm^2（$1\text{kgf/cm}^2 = 0.1\text{MPa}$）；

T_s——突水系数；

10——保护带厚度，一般取 10m。

如果本矿区无实际突水系数，可参考其他矿区资料，但选用时必须综合考虑隔水层的岩性、物理力学性质、巷道跨度或工作面的空顶距、采煤方法和顶板管理方法等一系列因素。

4.4.4　在煤层位于含水层上方防水煤柱的留设

在煤层位于含水层上方（图 4-17），断层又导水的情况下，防隔水煤（岩）柱的留设原则主要应考虑两个方向上的压力：

（1）煤层底部隔水层能否抗住下部含水层水的压力。

（2）断层水在顺煤层方向上的压力。

当考虑底部压力时，应使煤层底板到断层面之间的最小距离（垂距）大于安全煤柱的高度（$H_{安}$）的计算值，并不得小于 20m。计算公式为：

$$L = \frac{H_{安}}{\sin\alpha} \geqslant 20\text{m} \tag{4-7}$$

式中　α——断层倾角，（°）；

　　其余符号同前。

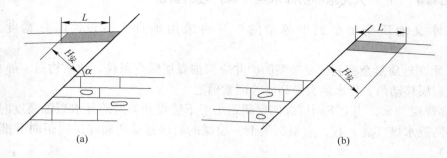

图 4-17　煤层位于含水层上方防水煤柱

当考虑断层水在顺煤层方向上的压力时，按 4.4.2 节计算煤柱宽度。

根据以上两种方法计算的结果，取用较大的数值，但仍不得小于 20m。

如果断层不导水，防水煤柱的留设使（在垂直于断层走向的剖面上）含水层顶面与断层面交点至煤层底板间的最小距离，大于安全煤柱的高度 $H_{安}$ 时即可（图 4-18），但仍不得小于 20m。

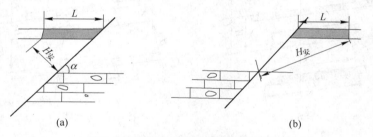

图 4-18　断层不导水时防水煤柱留设

4.4.5　在水淹区或老窑积水区下采掘隔水煤（岩）柱的留设

在水淹区或老窑积水区下采掘时，隔水煤（岩）柱的留设：

（1）巷道在水淹区下或老窑积水区下掘进时，巷道与水体之间的最小距离不得小于巷道高度的 10 倍。

（2）在水淹区下或老窑积水区下同一煤层中进行开采时，若水淹区或老窑积水区的界线已基本查明，防隔水煤（岩）柱的尺寸应按 4.4.2 节的规定留设。

（3）在水淹区下或老窑积水区下的煤层中进行回采时，防隔水煤（岩）柱的尺寸不得小于导水断裂带最大高度与保护带高度之和。

4.4.6　保护地表水体防隔水煤（岩）柱的留设

可参照《建筑物、水体、铁路及主要井巷煤柱留设与压煤开采规程》执行。

4.4.7　保护通水钻孔防隔水煤（岩）柱的留设

根据钻孔测斜资料换算钻孔见煤点坐标，按 4.4.2 节的办法留设。如无测斜资料，必须考虑钻孔可能偏斜的误差。

4.4.8 相邻矿（井）人为边界防隔水煤（岩）柱的留设

（1）水文地质简单型到中等型的矿井可采用垂直法留设，但总宽度不得小于40m。

（2）水文地质复杂型到极复杂型的矿井应根据煤层赋存条件、地质构造、静水压力、开采上覆岩层移动角、导水断裂带高度等因素确定。

1）多煤层开采，当上下两层煤的层间距小于下层煤开采后的导水裂隙高度时，下层煤的边界防隔水煤（岩）柱，应根据最上一层煤的岩层移动角和煤层间距向下推算（图4-19（a））。

2）当上下两层煤之间的垂距大于下煤层开采后的导水断裂带高度时，上下煤层的防隔水煤（岩）柱可分别留设（图4-19（b））。

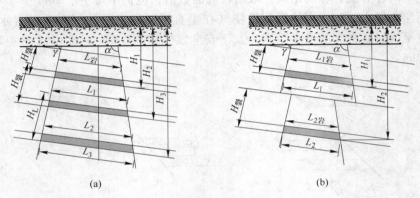

(a)   (b)

图 4-19　多煤层开采防水煤柱留设

$H_裂$—导水断裂带上限；H_1，H_2—上、下煤层底板以上的静水位高度；γ—上山岩层移动角；

β—下山岩层移动角；$L_{1岩}$，$L_{2岩}$—导水断裂带上、下限岩柱宽度；

L_1，L_2—上、下煤层的煤柱宽度

导水断裂带上限岩柱宽度 $L_岩$ 的计算，可采用以下公式：

$$L_岩 = \frac{H - H_裂}{10} \times \frac{1}{V} \geqslant 20m \qquad (4-8)$$

式中　V——水压与岩柱宽度的比值，可取1。

4.4.9　以断层为界的井田隔水岩柱留设

以断层为界的井田隔水岩柱，其边界防隔水岩柱可参照断层煤柱留设，但必须考虑井田另一侧煤层的情况，以不破坏另一侧所留煤（岩）柱为原则（除参照断层煤柱的留设外，尚可参考图4-20所示的例图）。

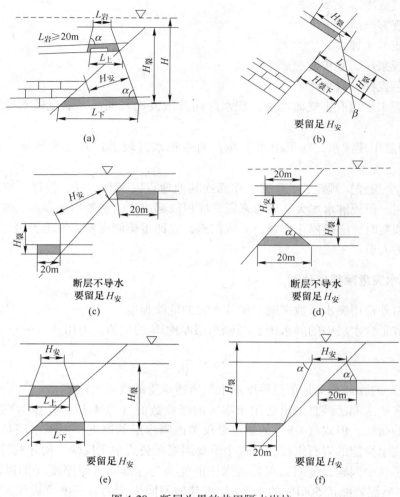

图 4-20　断层为界的井田隔水岩柱

4.5　矿井透水事故的预防

4.5.1　矿井透水前的征兆

一般说来，矿井透水前主要有以下 10 种预兆：

（1）挂汗。积水区的水在自身压力作用下，通过煤岩裂隙在采掘工作面的煤岩壁上聚结成许多水珠的现象叫挂汗。

（2）挂红。矿井水中含有铁的氧化物，在它通过煤岩裂隙渗透到采掘工作面的煤岩体表面时，会呈现暗红色水锈，这种现象叫挂红。挂红是一种出水信号。

（3）水叫。含水层或积水区内的高压水向煤壁裂隙挤压时，与两壁摩擦会发出"嘶嘶"叫声，这就说明采掘工作面距积水区或其他水源已经很近了，若是煤巷掘进，则透水即将发生，这时必须立即发出警报，撤出所有受水威胁的人员。

（4）空气变冷。

（5）出现雾气。

（6）顶板淋水加大。

（7）顶板来压，底板鼓起。

（8）水色发浑，有臭味。

（9）采掘工作面有害气体增加，积水区向外散发出瓦斯、二氧化碳和硫化氢等有害气体。

（10）裂隙出现渗水，如果出水清净，则距积水区较远；若出水浑浊，则距积水区已近。

《煤矿安全规程》规定："采掘工作面或其他地点发现有挂红、挂汗、空气变冷、出现雾气、水叫、顶板淋水加大、顶板来压、底板鼓起或产生裂隙出现渗水、水色发浑、有臭味等突水预兆时，必须停止作业，采取措施，立即报矿调度室，发出警报，撤出所有受水威胁地点的人员。"

4.5.2　矿井水灾危险程度预测

目前国内外常用突水系数来确定矿井水灾的危险程度。

突水系数是含水层中的静水压 P 与隔水层厚度 M 的比值，可用式（4-9）表示：

$$K_水 = \frac{P}{M} \tag{4-9}$$

式（4-9）的物理意义是单位厚度隔水层所能承受的极限水压值。

我国许多矿区都已经总结出运用于本区的经验数值（表 4-2），并作为判断采掘中底板可能突水的指标。但式（4-9）的缺点是仅考虑隔水层的厚度，而隔水层是由各种不同强度和不同抗水性能的岩石组成，对这个重要因素在公式中无反映。匈牙利等国在利用隔水层时注意了这个因素，他们以泥岩抗水压的能力为标准隔水层厚度（即以泥岩作为 1；相当 1m 厚完整泥岩能抗 50kPa 的水压），将其他不同岩性的岩石换算成泥岩厚度，称换算后岩层厚度为等值（或等效）厚度，换算值列于表 4-3 中。这样换算后的 M 值不仅有厚度，而且含有强度概念。西安煤矿研究所是以砂岩为单位，即砂岩的每米厚度的其他岩石强度，如砂岩为 $9.8 \times 10^5 Pa$，则对于每米厚度的其他岩性强度，如砂质页岩为 $6.86 \times 10^5 Pa$，其比值为 0.7；铝土页岩为 $4.9 \times 10^5 Pa$，其比值为 0.5；断层带岩石为 $3.43 \times 10^5 Pa$，其比值为 0.35。用此系数换算为等效厚度的各种岩石。

表 4-2　某些矿区突水系数

矿　区	突水系数/kPa·m^{-1}
峰　峰	64.7~74.6
焦　作	58.9~98.1
淄　博	58.9~137.3
井　陉	58.9~147.2

表 4-3 岩石等效系数

岩 石 名 称	质量等值系数
泥岩、钙质泥岩、泥灰岩、铝土、黏土、断层泥	1.0
未岩溶化的淡水灰岩、灰岩	1.3
砂页岩	0.8
褐煤（多洛格和道道巴尼亚的煤）	0.7
砂岩（渐新世）	0.4
砂砾岩、岩溶化石灰岩、泥沙、开采区松动带	0.6

近年来，西安煤研所和峰峰、邯郸等矿务局，依据峰峰、邯郸局试验观测资料，以及峰峰、邯郸、淄博、井陉等矿区突水的实际资料，又提出新的突水系数经验公式：

$$T_水 = \frac{P}{M - C_p} \tag{4-10}$$

式中 $T_水$——突水系数，kPa/m；

C_p——采煤造成底板破坏导水厚度，m；

其他符号同前。

很明显，式（4-10）除考虑原有各因素外，还考虑了矿山压力对底板的破坏作用。据几个矿区统计的资料，突水系数临界值在 64.68~70.56 之间。

4.5.3 矿井透水时的措施

当井下某一地点发生突然透水事故时，现场工作人员除立即报告矿井调度室外，如果情况紧急，水势很猛，应采取以下应急措施。

4.5.3.1 在场人员的行动原则

发生透水事故时，在场人员应尽量了解或判断事故的地点或灾害程度，在保证人员安全的条件下，迅速组织抢救，尽可能就地取材，加固工作面，设法堵住出水点，以防止事故的继续扩大。如果无法抢险，应根据当时当地的实际情况，有组织地沿着规定的避灾线路，避开压力水头，迅速撤退到涌水地点的上部水平或地面，而不能进入出水点附近的独头巷道内。如果独头上山下部的唯一出口已被淹没无法撤退时，则可在独头工作面躲避，以免受涌水伤害。这是因为独头上山附近空气因水位上升逐渐压缩，能保持一定的空间和一定的空气量。井下人员万一来不及全部撤至安全地点，而被堵在其他巷道内，应保持镇静，避免体力的过度消耗，坚信组织上的全力营救。

4.5.3.2 透水事故的抢救措施

（1）各级领导应准确地检查井下人员，如果发现尚有人员被堵于井下，应首先制定营救措施。为此，要判断人员可能的躲避地点，根据涌水量和排水能力，估计排除积水的时间。当判断有人被堵于独头上山时，必要时可从地面钻孔向井下输送食物等。一些事例说明，只要判断正确，抢救及时，就可以避免或减少人员的伤亡。

（2）立即通知泵房人员，要将水仓水位降到最低程度，以争取较长的缓冲时间。

（3）水文地质人员应分析判断突水来源和最大突水量，测量涌水量大小及其变化，察看水井及地表水体的水位变化，判断突出量的发展趋势，采取必要的措施，防止淹没整个矿井。

（4）检查维护所有排水设施和输电线路，了解水仓现有容量，如果水中携带大量泥沙和浮煤时，应在水仓进口处的大巷内分段建筑临时挡墙，使其沉淀，减少水仓淤塞。在水泵龙头被堵塞时，应组织会水的人员消除笼头上的杂物。

（5）检查防水闸门是否灵活、严密，并派专人看守，清理淤渣，拆除短节轨道等，做好准备，待命关闭。在关闭水闸门时，必须查清人员是否已全部撤出。

（6）采取上述应急措施仍不能阻挡淹井时，井下人员应向高处撤退，迅速向安全出口转移，安全上井。

4.5.4　被淹井巷的恢复

4.5.4.1　工作方法

（1）直接排干。当井下局部被淹，水量不大或补给水源有限时，可采用直接排干的方法，这种方法是增加排水能力，直接将涌入井巷的全部积水（包括静储量与动储量）加以排干，逐步恢复正常生产。

（2）先堵后排。当井下涌水量（动储量）特别大，用强大排水不可能排干时，则必须先堵住涌水通道，截住补给水源，然后才能排干矿井内的积水。

在整个恢复工作期间，必须注意通风工作。因在被淹井巷内积存着大量有害气体（CO_2、H_2S、CH_4 等），随着水位不断下降，各种有害气体即可大量排出。因此，应事先准备好局部通风机，随着排水工作的进行，逐段排除有害气体。

4.5.4.2　恢复淹井的安全措施

（1）经常检查瓦斯含量。当井筒空气中瓦斯含量达到 0.75% 时，应停止向井筒输电和排水，并加强通风。对井下气体应定期进行取样分析，排水时每班取样一次，当水位接近井底时，每 2h 取样一次。

（2）严禁在井筒内或井口附近使用明火灯或有其他火源，以防止井下瓦斯突然大量涌出时引起爆炸。

（3）在井巷内安装排水管或进行工作的人员，都必须佩戴安全带与自救器。

（4）在修复井巷时，应特别注意防止冒顶与坠井事故的发生。

4.5.5　典型矿井水灾事故案例分析

2004 年 4 月 30 日，乌海市海南区鑫源煤矿发生一起特大透水事故，造成 13 人死亡，2 人失踪，直接经济损失 287.5 万元。

4.5.5.1　矿井概况

A　矿井由来与企业性质

乌海市海南区鑫源煤矿原名宁夏大学煤矿，位于乌海市桌子山煤田公乌素矿区，矿井始建于 1993 年，1994 年建成投产，原企业性质为集体企业。1996 年 1 月 30 日，该矿名称变更为宁夏大学服务总公司公乌素联营煤矿。2000 年，在换发全国统一《采矿许可证》

期间，该矿又更名为乌海市海南区鑫源煤矿，煤矿负责人为冯某。2002年6月，冯某将该矿转让给张某。2003年8月，张某又将该矿出让，魏某、刘某某、王某某、张某某4人共同出资（魏某占40%的股份，刘某某、王某某、张某某各占20%的股份）将鑫源煤矿整体购买，并组成董事会，魏某任董事长，其他3人为董事，煤矿名称仍为乌海市海南区鑫源煤矿，企业经济性质实为股份制。2003年12月29日，鑫源煤矿在工商管理部门登记注册了《个人独资企业营业执照》，注册的投资人为刘某某，经济类型为个人独资企业。该矿持有《采矿许可证》《煤炭生产许可证》《营业执照》，矿长刘某某经培训持有《安全资格证书》，为"四证"齐全矿井。

B　矿井基本情况

鑫源煤矿实为股份制企业，组织结构为董事会领导下的矿长负责制模式。但在实际操作过程中，由于王某某、张某某二位股东不懂煤矿生产管理，所以煤矿一些重大安全生产事项都由董事长魏某和矿长刘某某商定，具体的安全管理由矿长刘某某负责。2004年2月9日，魏某、刘某某等人将鑫源煤矿生产承包给杨某某和孔某某，签订了生产承包合同（但该合同未经公证部门公证），按照合同规定，承包方每出1t煤，矿方支付其28元，设备投入、维修，以及伤亡事故等费用均由承包方自己负责。煤矿的销售、财务、对外联系等均由矿方负责，孔某某和何某某等人对井下生产及安全进行管理。实际上井下带班队长由杨某某雇用的何某某两人承担。井下开采的地点、方式以及安全生产管理仍由矿方刘某某负责，带班队长负责组织工人具体执行。该矿有职工100名，其中，井下作业人员90名，管理人员2名，其他人员8名。分2班作业，每班工作时间12h。

该矿井田面积为0.144km²，煤种为肥焦煤，矿井主采煤层是16号层，可采储量105.66万吨，煤层平均厚度8m，倾角9°~11°。矿井最大涌水量80m³/h，平均涌水量30m³/h。经2003年度瓦斯等级鉴定为低瓦斯矿井。煤的自燃发火期6~12个月。

该矿设计生产能力为3万吨/年，矿井采用斜井开拓，井下采用非正规方式采煤，放炮落煤，人工和装载机装煤，机动三轮车运煤至地面。通风方式为抽出式，主要通风机采用BK54-4NO9型11kW轴流式风机，备用通风机为5.5kW轴流式通风机，井下使用2台5.5kW局部通风机为掘进工作面供风。矿井采用二级排水，总水仓使用2台22kW的水泵向地面排水，事故发生前，矿井昼夜排水量约2000m³。

C　矿井安全现状

鑫源煤矿在2003年煤矿安全程度评价中，因不具备安全生产条件被评为D类煤矿后，有关部门给该矿下达了停产整顿指令。事故发生前，该矿未执行有关部门下达的停产指令，违法组织生产长达4个多月。

D　地方政府及煤矿监察、管理部门对该矿的监察和管理情况

乌海市国土资源局下设3个分局负责海南区、乌达区和海勃湾区的煤矿划界及资源管理工作，该矿属海南分局管辖。

乌海市煤炭局下设3个分局负责海南区、乌达区和海勃湾区的煤矿管理工作，该矿属海南分局管辖。

2003年4月，乌海市国土资源局对该矿井下巷道进行了实测，发现该矿南部巷道越界160m，当时，矿方对越界提出质疑。

2003年9月，乌海市国土资源局再次对鑫源煤矿井下巷道进行实测，确定该矿越界

属实，越界长度 165m。2003 年 10 月，该矿自己对井下巷道进行了实测，图上标明巷道越界 220m。

2003 年 9 月 26 日，该矿经安全程度评价被评为 D 类煤矿后，乌海煤矿安全监察办事处及乌海市煤炭局责令该矿停产整顿。

2003 年 11 月，乌海煤矿安全监察办事处下发了《关于煤矿安全程度评价情况的通报》，要求包括鑫源煤矿在内的 C、D 类煤矿停产整顿，经复评达到 B 类煤矿标准后，方可恢复生产。

2004 年 4 月 28 日，乌海市煤炭局海南分局又给该矿下达了停产指令书。

4.5.5.2 事故经过和抢险救灾过程

2004 年 4 月 30 日早班，带班班长何某某带领 31 名工人（安全工 1 名，炮工 2 名，三轮车司机 16 名，装车工 12 名）入井作业，分布在 8 个工作面出煤，约 9 时 20 分，炮工刘某和梁某某在西巷工作面放炮时，发生透水事故。在距透水点 30m 处躲炮的三轮车司机黄某某和在附近工作面作业的工人，在听到放炮声的同时发现有水涌入他们的工作面，他们立即向地面逃生，17 名矿工跑出地面，并向该矿负责人报告了事故。至此，井下其余 15 名矿工被困。

事故发生后，乌海市及时成立了事故抢险救灾指挥部，制定了具体抢险救灾方案，立即展开抢险工作。同时，指挥部根据事故现场的实际，成立了事故抢险救灾专家组，在专家组的指导下，不断调整救灾方案，从神华海勃湾矿业公司抽调专业技术人员负责井下排水；调动大功率水泵投入排水，加大排水量；为了防止排出地面的水再次渗漏到井下，组织人员在地面开挖防渗漏导流渠 5km；抽调 108 地质队 20 名工程技术人员和兰州军区及内蒙古军区给水团 51 名官兵，负责从地面向井下积水区打 3 个排水钻孔，安设深井水泵，以加快排水进度。经多方努力，至 2004 年 6 月 8 日，抢险工作进行了 38 天，找到了 13 名遇难矿工，其余 2 名遇难矿工下落不明。2004 年 6 月 8 日上午，事故抢险指挥部组织有关部门人员再次下井对其余 2 名遇难矿工进行现场搜寻，但仍未找到。抢险指挥部研究决定，抢险工作可以结束，认定 2 名遇难矿工下落不明。已找到的 13 名遇难矿工和 2 名下落不明矿工的善后事宜均已妥善处理完毕。

乌海市各级党政机关和领导、工会组织认真处理善后，保证了遇难矿工家属情绪稳定，生还矿工情绪稳定，矿区社会秩序稳定。

4.5.5.3 事故发生时间、地点、类别及直接经济损失

（1）事故发生时间：根据对从灾区脱险人员和矿长的调查，认定事故发生时间是 2004 年 4 月 30 日 9 时 20 分。

（2）事故发生地点：根据对事故现场的勘察和调查取证，确定事故发生地点为井下西巷掘进工作面。

（3）事故类别：根据事故现场勘察和取证，并经技术分析，认定这起事故是井下掘进工作面与邻矿的积水采空区打透而导致的特大水害事故。

（4）直接经济损失：经调查取证并按有关规定核实，这起事故造成直接经济损失 287.5 万元。

4.5.5.4 事故原因分析

（1）直接原因分析：

1）该矿越界进入季节性河槽下开采，自然涌水量大，矿井南部有多处原公乌素煤矿二号井 16 号煤层积水老空区。

2）该矿矿长违章指挥工人越界开采，巷道越界 248m，冒险进入积水老空区下作业。

3）在未采取有效探放水技术措施的情况下，工人在掘进工作面放炮时与积水老空区打透，导致透水事故发生。

（2）间接原因分析：

1）鑫源煤矿 2003 年安全评价为 D 类煤矿后，有关部门给该矿下达了停产整顿指令，该矿在不具备安全生产条件下，拒不执行有关部门下达的停产整顿指令，擅自恢复生产，违章冒险作业。

2）鑫源煤矿安全管理机构不健全，没有专管安全的副矿长，井下作业以包带管，没有专职技术人员，没有制定符合实际的规章制度、作业规程、灾害预防计划，没有采取有效的井下探放水安全技术措施。

3）矿井采用非正规采煤方法生产，超能力多点出煤，对矿井存在的重大透水事故隐患重视不够，防范措施不落实。

4）矿长及井下作业人员安全意识淡薄，工人安全技术素质差。

5）乌海市国土资源局及其海南分局对已发现的越界开采违法行为，没有采取有效措施加以制止，致使鑫源煤矿越界巷道长达 248m。

6）乌海市煤炭局及其海南分局虽然下达了停产指令，但没有认真检查并严格按照有关规定采取有效措施监督管理，特别是对 2004 年 2 月 9 日以后，鑫源煤矿长达 2 个多月的违法生产行为，没有及时发现并采取果断措施进行制止。

7）乌海市海南区政府对行政区域内停产整顿的煤矿，没有组织有关职能部门进行监督检查。

4.5.5.5 事故性质

经调查取证和分析论证，认定这起事故是因鑫源煤矿拒不执行有关部门下达的停产指令，违法组织生产，越界开采，违章指挥、冒险作业造成的一起重大责任事故。

4.5.5.6 事故教训

这起事故是因鑫源煤矿拒不执行有关部门下达的停产指令，违法组织生产，违章指挥、冒险作业造成的一起重大责任事故。乌海市煤炭行业管理部门和国土资源管理部门虽然下达了停产指令，但没有认真检查并严格按照有关规定采取有效措施进行监督落实，特别是对 2004 年 2 月 9 日以后鑫源煤矿长达 2 个多月的越界开采违法生产行为，没有及时发现并采取果断措施进行制止，这是各级政府和各有关部门应该吸取的沉痛教训。

4.5.5.7 防范措施

（1）乌海市各级政府及其有关部门一定要牢固树立以人为本的安全生产理念，坚持求真务实的工作作风，切实将安全生产工作落到实处，加强管理，防止各类重特大事故的发生。

（2）乌海市政府要尽快落实乌海市煤矿重大事故应急救援预案，进一步建立和完善市、区两级政府及其有关职能部门的安全生产责任制，特别是要明确海南区政府和乌海市驻海南区单位在煤矿安全生产监督管理中各自的职责，做到职责明确，协调配合。

（3）乌海市应认真开展煤矿安全大检查，对安全评价为 C、D 类的煤矿一律停产整顿，经停产整顿仍达不到安全生产条件的 C、D 类煤矿，坚决予以关闭。

（4）乌海市国土资源主管部门要加强矿产资源管理，对全市所有煤矿要进行井下实测，发现超层越界开采的违法行为，必须采取有效措施加以制止和纠正，严禁超层越界开采。

（5）乌海市煤炭管理部门要加大监督管理力度，对不具备安全生产条件违法生产的矿井，要采取切实有效的措施加以制止。对存在瓦斯、水、火及其他重大安全隐患的煤矿，认真进行排查，指导、督促煤矿企业制定有针对性的防范措施，并严格贯彻执行。

（6）煤矿企业必须建立和完善安全生产技术管理制度，对于周边有水害威胁的矿井，必须严格按照"有疑必探，先探后掘"的原则，制定相应的探放水安全技术措施后，方可进行作业。

（7）有关部门要加大对煤矿作业人员的安全培训力度，对煤矿企业的用工制度、职工安全培训教育情况进行有效的监督。

（8）鉴于乌海地区乡镇煤矿"三下"采煤技术条件不够成熟，严禁在河床下采煤。

4.6　本　章　小　结

本章主要介绍了矿井水灾的概念，矿井水灾的水源、通道和发生原因，以及矿井透水事故的征兆、危险程度预测、被淹矿井的恢复等，结合《煤矿防治水规定》重点讲述了地面和井下防治水措施，防水煤柱的留设方法、计算公式。

 复习思考题

4-1　什么是矿井水灾？

4-2　地面防治水灾的措施有哪些？

4-3　如何防治井下水灾？

4-4　透水前有哪些预兆？

5 矿井火灾防治

5.1 矿井火灾概述

矿井火灾是煤矿的主要灾害之一。据统计全国统配和重点煤矿中，有自燃发火危险的矿井约占47%，矿井火灾与煤尘瓦斯爆炸的发生率常是互为因果关系，相互扩大灾害的程度与范围，是酿成煤矿重大事故的原因之一。为了防治矿井火灾，保证煤矿安全生产，还需要改善生产技术管理，充实防灭火组织机构，完善防火基础装备，大力开展防灭火的科学研究工作。

凡是发生在井下巷道、工作面、采空区等地点的火灾，以及发生在井口附近的地面火灾所产生火焰或气体随同风流进入井下而威胁到矿井安全生产和井下工人安全，均称为矿井火灾。

火灾的危害人人皆知，但井下火灾比地面火灾危害更大，其原因有4点：

（1）井下空间有限，人员躲避较为困难，物资设备也不易移动。

（2）井下空气供应有限，因而常因空气供应不足使火灾产生的有毒、有害气体的浓度不易冲淡而成害。如前所述的一氧化碳、二氧化碳等气体浓度过大，对人的生命危害是很严重的。因火灾造成的高温气流随风流经过的巷道中的人员必将受其害。

（3）发火地点很难接近。有时火灾地点隐蔽，不易发现，其燃烧过程又较为缓慢，难于扑灭，常延续很长时间，有的达几个月甚至几年之久。不但影响生产，而且使大量煤炭资源遭到损失。

（4）在有沼气、煤尘爆炸危险的矿井中，井下火灾还会引起沼气、煤尘爆炸事故，其危害更为严重。

因此，矿井火灾是煤矿生产主要灾害之一。为确保安全生产，必须做好防火和灭火工作。

5.1.1 矿井火灾的构成要素

燃烧的三要素（基本条件）有引火源、可燃物、氧气（图5-1），三个条件缺一不可。

（1）引火源。要具有一定的温度和足够热量的热源方能引起火灾。在煤矿，煤炭的氧化生成热、爆破火源、机械摩擦热、电流短路和过载、吸烟、电气焊等都可成为燃烧的引火源。

（2）可燃物。它是物质燃烧的基础。煤矿中的煤炭、坑木、炸药、各种电器设备、非阻燃橡胶、塑料制品等都是可燃物。

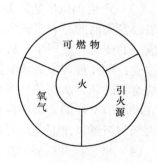

图5-1 发火三要素示意图

（3）氧气。空气中含有一定的氧气，能满足氧化反应的需要。当空气中的氧气降低到 5% 以下时，就不能维持氧化反应的要求。

5.1.2　矿井火灾的分类

矿井火灾按其发生的原因可分为两类。

（1）外因火灾：就是某种外在高温热源引起可燃物着火的火灾。煤矿井下如使用明火照明、电焊、气焊、火炉、电炉等，以及沼气煤尘爆炸、爆破违反规程、电气设备安装错误和运转不良，如电动机、电煤钻损坏或过负荷，变压器油着火，电缆的"鸡爪子"、"羊尾巴"、明接头、明刀闸，等等，都可能引起外因火灾。这种火灾的发生一般都比较突然。

（2）内因火灾（也叫自燃火灾）：是煤炭或其他可燃物自身受到某些作用发生化学和物理变化而引起的火灾。这种火灾大都发生于以下几处：

1）采空区，特别是大量丢失浮煤和煤柱未及时封闭或封闭不严的采空区；

2）巷道两侧受地压破坏而出现裂缝的煤柱内；

3）巷道堆积的浮煤或局部冒顶片帮处；

4）与地面老窑、古井连通处。

5.1.3　矿井火灾的危害

（1）产生大量高温火烟。矿井火灾发生后，随着火灾的发展而产生高温和大量火烟。火源附近高温往往超过 1000℃ 以上，而高温的烟流即使是在离火源很远的地点，也达 100℃ 以上；同时，在这些高温火烟中含有大量的有毒和窒息性气体（如 CO、CO_2 等），这些有毒有害气体随风扩散，有时可能波及相当大的区域，甚至全矿，从而伤害井下人员。据国外统计，在矿井火灾事故中遇难的人员 95% 以上是烟雾中毒死亡，国内情况亦如此。

（2）引起瓦斯、煤尘爆炸。在有瓦斯、煤尘爆炸危险的矿井内发生火灾，其危害性更大。火灾可能引起瓦斯、煤尘爆炸，甚至出现连续爆炸，从而扩大灾害范围。

另外，发生火灾后，由于火区温度升高，使接近火区的煤层干馏，产生一些可爆气体，如甲烷（CH_4）、乙烯（C_2H_4）、乙炔（C_2H_2）和氢等。因此，在无瓦斯矿井，或在发火前从未放出过瓦斯的矿井，火灾时也有发生瓦斯爆炸的危险。

引燃瓦斯及煤尘爆炸，是矿井火灾发生后在救灾过程中常常碰到的危险现象。

（3）产生火风压造成井下风流逆转。矿井火灾发生的最初阶段，井下风流及火烟都是沿着发火前的原有风流方向流动的。但是，随着火灾的发展，由于矿内空气温度的升高及成分的变化，便产生一种自然风压，常称之为火风压。火风压可以使矿内风流的方向发生改变，称此种现象为风流逆转。发生火灾后，一旦出现风流逆转现象，会使原来的通风系统遭到破坏，从而使井下那些原来似乎是安全的地点也会突然出现火烟，使远离火源在独立风流里工作的人员中毒和窒息，扩大灾害范围；而且风流逆转可能使含有可燃性气体的火烟与新鲜风流混合后再与明火接触，或是返回火区与火源接触，引起爆炸。

（4）破坏矿井的正常生产秩序。矿内火灾可使煤炭燃损和火区内防火煤柱损失，缩短矿井服务年限。同时可采煤量长期封闭在火灾隔绝区中不能开采，有的火灾可延续几个月、几年、十几年甚至几十年之久，从而使矿井正常生产秩序遭到破坏，矿井生产受到影响，或造成采掘衔接的紧张。

5.2 煤炭自燃及影响因素

5.2.1 煤炭自燃学说

为什么煤炭会发生自燃？从 17 世纪以来一直有人想回答这一问题，不少学者对此问题进行了不懈的努力和探索，提出的假说不下数十种，知名的有以下 7 种：

（1）自燃发火黄铁矿导因学说；

（2）自燃发火细菌导因学说；

（3）自激发火磺化导因学说；

（4）自燃发火酚的导因学说；

（5）自燃发火活性煤质黏土岩导因学说；

（6）自燃发火过氧化物催化导因学说；

（7）煤-氧复合物导因学说。

通过长期的实验与实践，有的学说被否定，有的还不能圆满地解释煤炭自燃中的所有现象。例如黄铁矿作用学说是试图解开煤炭自燃之谜的最早尝试，也曾经一度得到了人们的公认。然而后来发现许多完全不含黄铁矿的煤层也发生了自燃，所以生产实践否定了这一学说的可信性。为了考查细菌导因学说的可信性，有的学者曾将具有强自燃性的煤炭置于温度为 100℃ 的真空环境里长达 20h，任何细菌都已死亡，然而煤的自燃倾向性并未减弱。目前比较为人们所认可的煤炭自燃学说是煤-氧复合物导因学说，即认为煤与空气接触时，常温下就能吸收空气中的氧发生氧化作用。开始时是在煤的表面生成不稳定的初级氧化物，先是氢气氧化生成 OH，其次是碳素氧化生成 COOH，然后再生成 CO，在此过程中随时发出少量的热。随着热量逐渐积聚，煤与氧之间的相互作用也加速。当原子侵入煤分子的深部后即生成较为复杂的碳氧化合物。先前生成的不稳定化合物即行分裂，生成 H_2O、CO_2 及 CO，等等。在后一过程中，同时生成大量的热（占氧化作用中全部热量的 60%~70%）。热量的积聚使煤的自燃作用加速了，当温度达到煤的着火温度时，便由于自热作用转入自燃。

原苏联维肖洛夫斯基教授应用数学分矿方法对煤的自燃进行研究。他认为煤的自燃发火的过程，是发生在多相系统内的一种不绝热的、自动加速的和不稳定的过程。低温氧化同时发生自热现象，当产生的热量大于放失的热量时，才能实现由低温氧化向自燃发火过渡。该项研究认为：

（1）煤的破碎增加了单位体积内煤的外在表面积，从而直接提高了氧化程度。

（2）随着渗透速度的提高，积聚在煤内的氧的浓度也开始较快增加，热源产生的热量也随着成正比例增加，并且比空气带出的热量大，加速了自燃进程。

（3）温度的影响很大，也很复杂，其影响过程也遵循不同规律，既可能因为产生的热量大于放失的热量使升温较快而发火；也可能因为散失的热量大于产生的热量而停止升温。

维肖洛夫斯基的研究不仅考虑到煤的自燃发火的内在因素，即煤的自燃性；又注意到影响自燃发火的外界条件中诸因素的相互间的关系。他的研究与我国各生产矿实践所总结出来的结论是趋于一致的。

5.2.2　煤炭自燃一般规律

煤的自燃过程是极其复杂的，此过程的发生、发展与化学热力学（表面现象、热效应、相平衡等）、化学动力学（反应速度与反应机理）、物质结构（内部结构及其性质和变化）等理论有关，至今对煤在低温时的氧化机理还没有统一的认识，人们目前仅是从温度变化、气体成分变化方面进行研究。据此，煤炭自燃过程大体上可以划分为 3 个主要阶段，如图 5-2 所示。

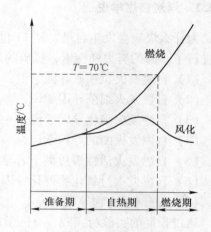

图 5-2　煤自燃过程示意图

　　A　准备期

准备期又称潜伏期，是指有自燃倾向性的煤炭与空气接触后，吸附空气中的氧而形成不稳定的氧化物，初期看不出其温度上升和周围环境温度上升的现象。此过程的氧化比较平缓，煤的重量略有增加，着火温度降低，化学活性增强。

　　B　自热期

在准备期之后，煤氧化的速度加快，不稳定的氧化物开始分解成 H_2O、CO_2 和 CO。这时若产生的热量不能散发或传导不出去，则积聚起来的热量便会使煤体逐渐升温，达到某一临界值（一般认为是 $60 \sim 80℃$），此时开始出现煤的干馏，生成芳香族的碳氢化合物（C_mH_n）、氢（H_2）及 CO 等可燃气体。这个阶段，煤的热反应比较明显，使用常规的检测仪表就能测量出来，甚至于能被人的感官感觉到。此阶段通常称为煤的自热期，其对于自燃火灾的防治是极为重要的阶段。在此阶段可以检测到各种自燃产生的化学反应物质，人也有一定的感觉和生理反应，如头痛、恶心、四肢无力等，因而可以有针对性地采取各种措施，使在准备期产生的热量能够充分地释放出来，有效地遏制煤由自热期向燃烧期的过渡。

　　C　燃烧期

当煤温达到着火温度（无烟煤大于 400℃、烟煤 320 ~ 380℃、褐煤小于 300℃）后就着火燃烧。煤进入燃烧期就出现了一般的着火现象：明火、烟雾以及各种可燃气体，火源中心处的煤温可高达 1000 ~ 2000℃。

如果在达到临界温度前，改变其供氧和散热条件，煤的增温过程就会自行放慢进入冷却阶段，煤逐渐冷却并继续缓慢氧化甚至惰化至风化状态。已经风化了的煤炭就不能自燃了。

5.2.3　影响煤炭自燃的因素

（1）煤的碳化程度越低，挥发分越高，自燃性就越强。褐煤最容易自燃，烟煤次之，无烟煤一般不易自燃。在烟煤中又以变质程度最低的长烟煤与气煤较易自燃，变质程度较高的贫煤不易自燃。但在同一牌号的煤中自燃性也不一样。这说明碳化程度不是影响煤炭自燃的唯一因素。

（2）黄铁矿的含量。当黄铁矿以较为细碎的状态大量存在于煤体中时，容易使煤炭自燃。这是因为黄铁矿本身的自热过程比煤快，自燃性也比煤强，起着加速和诱导煤自热和自燃的作用。另外，黄铁矿氧化时体积膨大，挤碎煤体，增大了与氧接触的面积，使之更易氧化。

（3）脆性越大的煤越易自燃。在变质程度相同的煤中，脆性大小对煤的自燃性影响特别明显。

（4）煤岩成分。含丝煤多并与镜煤混杂的煤体很容易自燃。丝煤在常温下吸氧能力强，着火点低，起"引火物"作用；而镜煤在高温（100℃）时吸氧能力最强，所以二者混合很容易自燃。

（5）煤层地质条件。煤层越厚，倾角越大，则开采时易使围岩及煤柱的稳定性遭到破坏，形成大量碎煤和裂隙，易引起自燃。地质破坏带煤层松软粉碎，因而也易自燃。

（6）开采技术因素。开拓、开采方法选择不当，造成系统复杂，煤柱多，丢煤多，推进度慢；采空区封闭不严，漏风严重，都给煤炭自燃造成良好条件，增加自燃可能性。

（7）其他如温度、湿度与时间等也都是影响因素。如果将煤炭完全浸入水中，则不自燃，可以长期保存，这是长期大量储煤的方法（日本大量在海底储煤）。然而经水浸的煤暴露于空气中干燥后，其自燃性会很强。

温度达到一定界限后，煤会加速氧化，随之温度也将迅速增高，很快导致自燃。淮南的煤变质程度低，40℃是自燃发火的界限；其他煤变质程度高的，自燃发火温度界限为80℃，所以夏季储煤需要注意。

（8）时间因素。煤层回采后，留下的浮煤及煤柱在没有密闭和其他防火措施下，经过一段时间的氧化就会自燃。这一段时间称为自燃发火期。不同的矿、不同品种的煤层自燃发火期有所不同。所以各矿应当根据本矿煤层的自燃发火期，采取防止自燃发火的措施。

5.2.4　煤炭自燃预测和预报

准确地发现煤炭自燃初始阶段的特征，对防止煤炭自燃十分重要，人们利用这些特征可以早期发现和预报煤炭自燃火灾。其方法为人体的直接感觉、隐蔽火源探测技术等。

5.2.4.1　人体直接感觉

人们应用自己的感觉器官（眼睛、鼻子、皮肤等）察觉煤炭自燃初期的特征，能够早期发现煤炭自燃。

（1）煤炭氧化初期生成水，往往使巷道内湿度增加，出现雾气或在巷道壁出现水珠；浅部开采时，冬季在地面钻孔或塌陷区能发现冒出水蒸气或冰雪融化现象。当然，井下两股温度不同的风流汇合处也可能出现雾气。因此，发现有雾气或水珠时，要结合当地的条件具体分析。

（2）煤在自热到自燃的过程中，氧化产物中有各种碳氢化合物，并放出煤油味、汽油味、松节油味或焦油味等。当嗅到焦油味时，说明自燃已经发展到一定的程度了。

（3）从煤炭自热或自燃处流出的水或空气其温度较正常时高，人的皮肤能直接感觉到。

（4）由于煤炭从自热到自燃阶段要放出二氧化碳和一氧化碳等有害气体，故能使人头痛、闷热、精神不振和有其他不舒适感。

上述征兆发展到较明显的程度时，人的感官是可以感觉到的。但是人的感觉总带有相当大的主观性，同时与人的健康状况和精神状态也有关系。因此，人的直接感觉不是早期发现煤炭自燃的可靠方法，还要借助于仪器来早期发现煤炭自燃。

5.2.4.2　隐蔽火源探测技术

煤炭自燃是煤接触空气氧化自热到出现明火氧化燃烧的整个过程，隐蔽火源包括高于一定温度（70℃左右）的热源点。煤接触空气早期氧化时间较长，在不同的氧化温度下，将从煤中裂解出一氧化碳、二氧化碳和烷烃、烯烃及炔烃等类有机气体成分，并辐射热量，使人感觉闷热、头痛（一氧化碳中毒症状），并有焦油气味。同时，还出现煤壁挂汗、空气中出现水雾等现象。由于井下条件复杂，自燃的早期显现易被人们忽视。

ASZ-Ⅱ型矿井火灾预报监测系统通过束管取样分析矿井采空区、密闭区和巷道中气体组分（CO、CO_2、O_2、CH_4 等）浓度，可对煤炭自燃火灾进行早期预报。监测系统以计算机为核心，能自动采集气样，分析结果，并进行数据处理和储存，应用格氏火灾系数 $R(R = \dfrac{\Delta CO}{-\Delta O_2}$ ）预报自燃火灾，并具备显示、打印数据及趋势曲线等功能。为了准确探测隐蔽火源位置，应将监测点（采样点）布置在易发生自燃的地方，如各种煤柱、采空区浮煤处、分层工作面、采掘面的升温地段以及密闭火区内等。必须做好束管的"三防"（防堵、防漏、防冻）工作，确保监测系统正常工作，并注意排除炮烟的干扰。

众所周知，采空区内部漏风与煤炭自燃有着密切的关系，因此确定采空区漏风源、漏风汇及漏风风速，对确定隐蔽火源点和防治自燃火灾都具有重要的意义。目前，漏风测定方法普遍采用释放 SF_6 气体的示踪技术，中国矿业大学通风实验室成功地研制了 SF_6 连续定量释放装置，用于综放面的漏风源、漏风汇及漏风风量检测。

对于回采巷道可采用红外测温仪探测煤壁辐射温度，及时有效地确定隐蔽火源点及温度。

国外在此方面的高新技术也得到应用。例如，印度采用多光谱红外扫描探测扎里亚煤田部分煤矿井下火灾的深度及范围，为其他地区处理类似火灾的监测提供了良好的经验。英国和美国也进行了分布式纤维光缆温度探头系统监测井下火灾的实验工作。

5.3　矿井内因火灾防灭火技术

5.3.1　开采技术措施

5.3.1.1　正确地选择开拓、开采方法

开采有自燃危险的煤层（特别是厚煤层）时，开拓、开采方法选择得是否合理，将直接影响煤炭自燃火灾的发生与发展情况。例如窑街煤矿 2 号、3 号井在开采的初期，区

段集中运煤巷与回风巷都布置在煤层内，采煤方法为高落式和煤皮假顶倾斜分层，采区采出率仅为30%~50%，投产以后的3~4年间曾发生多次自燃火灾，使生产处于产产停停的被动局面。后来改变了开拓、开采方法，采用集中岩巷，不留煤柱，金属网假顶多层次铺网采煤法，并对老空区进行复采和黄泥灌浆。从而使采出率提高到83.93%~86.69%，自燃火灾次数显著减少，产量逐年增加，成本下降。

从防止煤炭自燃火灾的观点看，对于开拓开采方法的要求是：少留煤柱少切割煤层，回采率高，回采速度快，采空区易于封闭隔绝。

A 采用集中岩巷和减少采区的切割量

据统计资料表明，有些矿井60%~70%的自燃火灾是发生在受压破裂的煤柱或煤壁内。因此，当开采有自燃发火危险的单一煤层或煤层群时，集中运输大巷和总回风道都要布置在岩层内或无自燃发火的煤层内。如果布置在自燃发火煤层内，必须砌碹或锚喷。碹后的空隙和冒落处，必须用不燃性材料充填密实，不得漏风，采区内尽量少开辅助性巷道。采区内煤巷间的相互位置应避免支承压力影响，煤柱的尺寸和巷道支护安全合理等。

B 选择合理的采煤方法

根据煤层赋存条件的不同，正确地选择采煤方法，可减少或消除采空区的煤炭自燃火灾的发生。如高落式、房柱式等采煤方法采出率低，采空区遗留大量而集中的碎煤，且掘进巷道多、漏风大，难以隔绝，因此开采有自燃危害的煤层时，选用这种方法是非常不利于防止自燃火灾的；反之，壁式采煤法采出率高，巷道布置较简单，且便于机械化装备与加快回采进度，有较大的防火安全性。实践证明，在薄煤层中采用这种采煤方法，很少发生煤炭自燃火灾。

回采中厚煤层、初厚煤层现有的采煤方法都有发生煤炭自燃火灾的可能性。苏联的库兹巴斯煤田广泛应用掩护支架采煤法，引起大量的自燃火灾。1963年波兰10个矿井用分层采煤法的自燃火灾高达623次。但是，根据我国的经验，如开滦、阜新、淮南和辽源等矿，采用倾斜分层和水平分层人工顶板采煤法，辅以预防黄泥灌浆，只要靠搞好组织管理工作，保证灌浆质量，是能够做到防止自燃火灾的。

水力采煤效率高、速度快，采完一个采区后能及时隔绝封闭，有利于防止自燃火灾。如淮南煤矿采用水力采煤的采区，极少发生自燃火灾。但是目前由于水力采煤的采出率低，采空区大量丢煤，有些矿井还利用采空区通风，这就增加了发生自燃火灾的危险性，提高水力采煤回收率和改进通风是水力采煤法急需解决的问题。

顶板管理方法对煤柱、煤壁的完整性和采空区的漏风会有很大的影响，所以开采有自燃危险的煤层要慎重选择顶板的管理方法。采用全部陷落法管理顶板，一般易于发生采空区自燃。但是如果顶板松散，容易冒落，且冒落后很快压实，则空气难以进入采空区，其自燃危险性就小。采用全部充填法控顶时可以减少或消除自燃火灾。如阜新王龙煤矿1957~1972年间采用人工顶板全部陷落法控顶的工作面有32%发生自燃火灾，而水沙充填工作面仅为6.7%。但是，值得注意的是，根据广泛用水沙充填采煤法的波兰所公布的资料，波兰在1950年采用全部陷落法控顶采煤，产煤百万吨的火灾次数是4次，而用水沙充填是8.2次，这应该说是一种反常现象。说明用水砂充填采煤法，如果不做好管理工作采空区充填不实、不满，在充填沙层上面的顶板悬空可增加采空区上下两端煤柱的压力，就容易在柱内和工作面上隅角处发生煤炭自燃火灾。这种情况在阜新、辽源和抚顺等煤矿也都曾经发生过。合理的技术措施一定要与良好的管理工作相结合才能收到好效果。

5.3.1.2　选择合理的开采程序

开采煤层群时，在开采程序上应该遵守先采上层再采下层的原则，否则先采下层煤容易使上层煤破坏而发生自燃。在采自燃性较强的煤层时，回采方面应采用由井田边界向井筒方向推进的后退式，它比前进式开采可减少采空区漏风，有利于防止煤炭发火。

5.3.1.3　合理布置采空区

在开采有自燃危险的煤层时，采区的布置最好做到回采工作终了时可以立刻给予封闭和隔绝。在布置采空区时，应根据各个煤层自燃发火期的长短和回采速度确定合理的采区尺寸，以保证在没到达自燃发火期前结束采区的回采工作，及时封闭采区，这对于防止自燃火灾是很重要的。

在布置采空区时应尽量少开不必要的巷道，减少煤层的切割；避免岩石压力集中，以便保持煤层及煤柱的完整。

煤柱的锐角部分易于受压而碎裂，是经常出现自燃火源的地方，因此，煤巷交角小于60°时应将其切割成钝角的形状。

5.3.1.4　提高采出率，加快回采速度

提高采出率，加快回采速度，不仅是提高煤产量、完成生产任务的关键，而且可以在空间和时间上减少煤炭的氧化自燃作用，对于防止自燃火灾具有决定性作用。实践证明，在一个采区之内，如果做到迅速回采，及时放顶或充填，采空区不留或少留碎煤，并在采完之后立即封闭，则自燃火灾可以大为减少，以至杜绝。这里回采速度有极大影响，回采速度愈慢，则愈延长采区的结束日期，且空气进入采空区和煤炭氧化作用的时间愈长，而增加了自燃发火的危险性；反之，由于漏风地点的迅速移动，可使自燃发火的危险性减少。

5.3.2　预防性灌浆

预防性灌浆是我国自 1945 年以来广泛采用的预防矿内自燃火灾的有效措施，即将黄土、砂子、水等按一定比例配合制成泥浆，利用高度差或泥浆泵通过输浆管路将其送到采空区等可能发生自燃火灾的地点，以防止自燃火灾的发生。泥浆预防自燃的作用是：

(1) 将残留碎煤包裹起来，隔绝了煤与空气的接触

(2) 增加了采空区的密闭性。

(3) 对于已经自燃热的煤炭有冷却散热作用。

灌浆的防火效果及其经济特性在很大程度上取决于泥浆材料的选择、制备、输送和灌浆方法。

5.3.2.1　泥浆中固体材料的选择

用于制备泥浆的固体材料应满足下列要求：

(1) 加入少量的水就能制成泥浆。

(2) 渗入性强。能充填碎煤块的微小空隙并能很好地包裹煤块阻止氧化。

（3）易于脱水。泥浆材料易于脱水，则泥浆的排出流畅，就不至于在灌浆区内积存泥浆水而发生泥浆溃决事故。同时从灌浆区内排出浆水含泥量小，不至于在巷道内淤积，管理方便。

（4）尽可能小的收缩量。

（5）不含可燃物和催化剂。

因此，最好选用含砂量不超过30%的砂质黏土或者取用脱水性好的砂子与渗入性强的黏土混合制成泥浆，其中砂子的含量按体积不得超过10%，而粒度小于2mm。

在选择泥浆材料时还应注意就地取材，例如矿区地表天然的杂质黏土和井下储水仓的淤泥在掺入一定量的砂子后都是经济又方便的灌浆材料。

5.3.2.2 泥浆制备与运送

A 采用机械设备制作泥浆

用机械设备制作泥浆效率高、产量大、泥浆浓度易控制。当矿区内没有适宜的泥浆材料，而需从较远的地点取土，用矿车运送或灌注的泥浆量大时，可建立利用机械制浆的地面浆站。图5-3所示为淮南大通煤矿的地面灌浆站布置图。灌浆站设在工业广场附近，水源为矿井排出的废水，取土场位于工业广场外表土层较厚的地方，并有专用轨道通往土场。

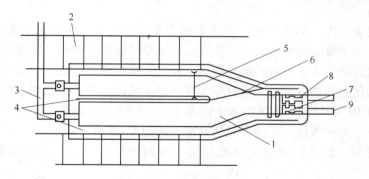

图5-3 淮南煤矿地面灌浆站布置图

1—泥浆搅拌池；2—运土轨道；3—供水管；4—搅拌机轨道；5—闸板；

6—搅拌机道岔；7—筛；8—管头筛；9—输浆管

泥浆被分成两个隔间，当一个池子进行搅拌时，另一个池子存土浸泡。池子的长度根据矿井最大注浆量和取土能力确定。大通矿选定的池子为长20m，宽1m，深1m。池子用料石、水泥砂浆砌筑。浆池出口设有两层孔径分别为15mm、10mm的过滤筛，以便除去草根及石块等杂物，使过滤后的泥浆流入输浆管送到井下。

取土场的表土用打眼放炮崩落后，装车运送到灌浆站，倒入浆池浸泡以备搅拌。浸泡的时间长短根据土质的黏结性、季节气候影响（如夏季土质干硬、冬季冰冻）确定，浸泡时间一般为1~3h，待土质松散即可搅拌。搅拌时取下泥浆池出口搅泥板，将搅拌机开入池内，然后再把挡泥板插好，以便阻挡泥块不致流入浆池头部，同时在搅拌时起蓄水作用，利于搅拌。搅拌机开动前，把池中水蓄满，并用水管的控制阀门调节好水量，以保证一定的泥浆浓度。搅拌机开动以后，要经常检查负荷情况，如电流增大说明叶轮陷入土块，超负荷时应将开关反方向运转，使搅拌机退回一段距离，然后再向前搅拌，搅拌一池黄土，搅拌机来回运行搅拌两趟。

  B　用水枪冲刷地面表土制成泥浆

  利用高压水枪在地面直接冲刷表土制成泥浆，沿一定坡度（2%～3%）的泥浆沟自流到泥浆池，用泥浆泵输浆管路送往井下各灌浆地区，或由泥浆沟直流入灌浆钻孔或输浆管。泥浆浓度通过水枪距采土工作面的距离来调节。此方法设备简单，在我国表土层较厚的矿区应用较多，但泥浆的浓度不易控制，影响防火效果。

  我国北方地区，冬季寒冷表土冻结，取土制浆比较困难，可在冻土层下掘专用巷道取土或在地面取土场加盖防寒暖棚。

  如果需要的泥浆量小而无法经钻孔输送时，可将固体材料运往井下，在使用地点用小型搅拌器制成泥浆。

  为了解决山区缺乏黄土的困难，重庆煤研所和芙蓉矿务局共同进行了用页岩代替黄土制作泥浆的研究工作，并在芙蓉矿务局杉木树煤矿作了工业性试验，取得了较好的防火效果。

  经一些工艺过程制出的泥浆粒度分别为：大于 10mm 的占 4.8%，10.0～0.077mm 的占 24.6%，小于 0.077mm 的占 70.6%，土水比（泥浆中固体材料的体积与水的体积之比）为 1∶2.5，待注浆时再调到需要的浓度。这种制浆法为缺少黄土的矿区选择制浆材料找到一条新路。

  灌浆时，泥浆浓度（即土水比）的确定相当重要。泥浆浓度愈大，黏度、稳定性与致密性也愈大，包围煤块隔绝氧的效果愈好。但浓度过高输送困难，浓度过低则防火效果不好。通常根据泥浆的运送距离、煤层倾角、灌浆方法与季节确定泥浆浓度。一般是运输距离近，煤层倾角大和在夏季时，浆浓度大些，即土水比大些；反之则小些。例如辽源煤矿当煤层倾角为 10°～25°时，泥浆的水土比为 1∶5～1∶6；倾角在 25°～40°以上时水土比为 1∶3～1∶5。窑街矿务局二矿随采随灌时水土比为 1∶3～1∶4。

  预防性灌浆时，泥浆的输送大多数是铺设专门输浆管路，从地面灌浆站直到灌浆地点。

  利用地面钻孔直接往采空区灌浆的方法，大多数是浅部煤层灭火时用。

5.3.2.3　预防性灌浆的方法

  我国目前常用的预防性灌浆方法有两种，即随采随灌法和采后灌浆法。按其具体作法不同，又分为以下三种。

  A　钻孔灌浆

  在开采煤层附近已有的巷道或专门开凿的灌浆巷道内，每隔 10～15m 向采空区打一钻孔进行灌浆，如图 5-4 所示。钻孔直径为 75mm。为了减少钻孔长度，可以沿灌浆道每隔 20～30m 开一小平巷，在此巷内向采空区打钻灌浆，如图 5-5 所示。

  打钻时应十分注意钻孔的位置和钻进方向，灌浆钻孔必须打到采空区的空顶内。因此，在确定钻孔角度与位置时，应考虑灌浆道和采空区上部回风巷之间的标高差，水平距离和顶板岩石冒落高度的因素。钻孔应深入采区 5～6m，并在打完钻孔立即下套管，使泥浆能顺利地、不间断地流入采空区内。钻孔间的距离根据采空区岩石冒落后的压实程度而定，一般为 15～20m。如顶板冒落后时间不长，采空区没有压实，孔距可以大些。

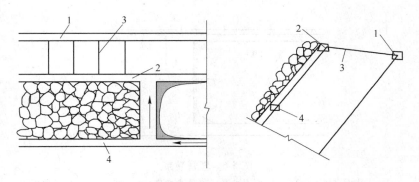

图 5-4 灌浆巷道打钻灌浆
1—底板巷道；2—回风道；3—钻孔；4—进风道

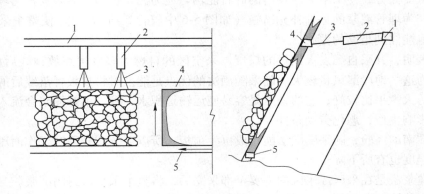

图 5-5 小平巷打钻灌浆
1—底板道；2—平巷；3—钻孔；4—回风道；5—进风道

如阶段标高差太大，泥浆不能充填到采空区的下部，则可利用阶段中间平巷打钻孔，分两段灌浆。

为了防止堵管子及扩大泥浆渗透范围，在灌浆之前，应先用清水冲洗管路及采空区，然后再开始灌浆。

B 埋管灌浆

在放顶前将工作面上部回风道的泥浆管预先铺设到采空区，放顶后立即开始灌浆。为了防止泥浆流入工作面，灌浆出口应深入采空区 8～10m，如图 5-6 所示，这段巷道可用木棚维护。为了扩大泥浆流动面积，最好将灌浆管口插到冒落物上方。灌浆完毕即将铁管撤出。

谢二矿应用的埋管灌浆法是：在放顶前预先将 $\phi50$ 铁管放在工作面底部（垂直工作面）并接在回风道的泥浆管上；放顶后（铁管被埋）立即灌浆。每根铁管有效灌浆距离约为 50m 左右，所以沿工作面倾斜全长每隔 50m 埋设一根铁管，压管长 4～5m 左右，灌浆后用回柱绞车撤出铁管，极其方便。

C 洒浆

从工作面上部回风巷中的灌浆管接出一段胶管，沿倾斜方向向采空区均匀地洒一层泥

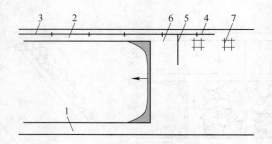

图 5-6　埋管灌浆

1—工作面进风道；2—工作面回风道；3—灌浆管路；4—埋入采空区的灌浆管；

5—胶管；6—上隅角；7—木垛

浆。洒浆量要充分，使采空区新冒落的矸石能均匀地为泥浆包围。洒浆通常与埋管灌浆同时应用，作为埋管灌浆的一种补充措施（如图 5-6 中胶管 5 所示），可使整个采空区特别是下半段也能注到足够的泥浆。

统计表明，开采自燃发火期短的煤层，采空区的自燃大多发生在放顶线后面约 100m 范围，因为这一地段漏风量较大。随采随洒法的优点是能及时将顶板冒落线后的采空区灌足泥浆，防火效果比较好；它的缺点是容易使运输道积水，管理不好泥浆会流入回采工作面，从而影响生产，恶化劳动条件。

根据淮南的经验，随采随灌法能生成再生顶板，所以下分层开采时工作面压力比不灌浆时小，温度也有所下降。

采后灌浆法是在采区或采区的一翼全部采完后，将整个采空区封闭灌浆。

采后灌浆法可在相邻的下煤层内开凿煤巷布置钻孔，向采空区灌浆；也可利用同一煤层的下分层巷道向采空区上中下三部分灌浆，在采空区周围形成一个泥浆防护带。泥浆在采空区内的流动距离取决于煤层的倾角、顶板岩性、冒落时间与泥浆浓度。如顶板为砂岩或砂页岩，泥浆流动距离可达 60m 以上，如为泥质页岩一般只有 30m 左右。

在开始注浆之前，要用清水冲洗采空区（如大通矿冲洗 20min 左右），这样既可以防止堵管子，又可使采空区在泥浆到达之前有一个畅通的流动线路，扩大泥浆流动范围。采后灌浆只适用于发火期较长的煤层。它的优点是灌浆工作在时间上和空间上不受回采工作的限制。

对于某些煤矿浅部有老窑，开采易自燃的煤层时，在工作面顺槽开掘以前，在页岩回风巷和运输巷中，以一定间距向煤层顶板老空区内打钻灌浆，称此为采前灌浆。图 5-7 所示为窑街煤矿用采前灌浆法时钻孔的布置形式。该矿钻孔间距离一般控制在 30m 左右，钻孔倾角 45° 左右。采用单斜、外八字、放射状三种方式向煤层顶板老空区打钻，打到顶板以后停钻，孔内再下套管，封闭好，即可向老窑空区灌浆。向钻孔灌浆前，先用清水冲洗管路及老空区约 1h，使之畅通，以

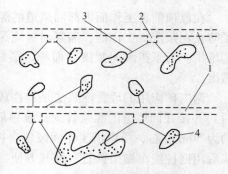

图 5-7　采前灌浆

1—岩巷；2—钻场；3—钻孔；4—老窑空区

增大泥浆扩散半径。最好一次灌满，如中间停止灌浆后再灌时，也要用清水冲 30min，以利于下次灌浆时扩大泥浆渗透范围。

经过采前灌浆的工作面，经 7~15 天后，即可开始掘进准备巷道和工作面开切眼。

5.3.2.4　溃浆事故及其预防

在灌浆区如果泥浆水不能及时排出，而在采空区内积存大量浆水时，因煤柱强度不够或受采动影响可致大量浆水突然涌出，所造成的事故称为溃浆事故。发生的原因如下：

（1）泥浆中固体材料的脱水性不好，不能及时在采空区沉淀下来。

（2）滤浆密闭没有及时构筑或质量规格不符合要求，泥浆水不能由采空区排出。

（3）经地表塌陷处向灌浆区漏水，未及时采取防水措施。

由于上述原因，使采空区积存大量半流体状态的泥浆。为预防溃浆事故的发生可采取的措施有：

（1）经常观测水情。灌浆时必须经常观测水量的变化，灌浆区灌入水量与排出水量均应详细记录，如排出的水中含泥量增大，说明采空区内可能形成泥浆通路，使泥浆不能均匀地充满并留在煤岩间的空隙内，而且流到采空区下部排出，这时应在泥浆中加入砂子或石灰填塞这种通路。

（2）设置滤浆密闭。在灌浆区下部巷道内必须用滤浆密闭将灌浆区和工作区隔开。滤浆密闭可用秫秸、草帘或笆片等制成，再用支柱加固以防水压过大时压坏。煤柱和防火墙都要有足够的强度。建立防火墙时要在一定高处放入一段旧铁管做放水用。

（3）在浅部煤层洒浆时要及时充填地表塌陷处及钻孔以防地表水流入。

此外，对于用采后灌浆的采空区，下阶段的开采工作应在注浆后间隔一定时间再进行，让泥浆有一段充足的沉淀和脱水时间，如大通矿的间隔时间为 1.5~2 个月。并且在回采工作进行前，应向注浆的采空区打探、放水钻，把积水放净，避免溃浆事故。

5.3.3　阻化剂防灭火

利用阻化剂防止井下煤炭自燃火灾，是目前国内外正在实验和应用的一种新技术。我国抚顺煤炭研究所在平庄、沈阳两矿区井下进行了巷道局部地区阻化剂防火试验和采煤工作面阻化剂防火工业性试验，取得了较好的效果。1977 年以来，抚顺矿区、新疆乌鲁木齐矿区利用阻化剂防止煤炭自燃发火，也取得了较好的效果。甘肃阿干镇矿区、陕西铜川矿区、湖南杨梅山矿区属于易发火的高硫煤矿也正在试验和应用。

阻化剂防火是采用一种或几种物质的溶液或乳浊溶液灌注到采空区、煤柱裂隙等易于自燃的地点，降低煤的氧化能力，阻止煤的氧化进程。此种防火方法对缺土、缺水矿区的防火具有重要的现实意义。

阻化剂防火原理如下：

（1）降低煤在低温时的氧化活性。在煤的氧化过程中，氧化反应进行的难易和快慢主要取决于反应物之间的活性能的大小和反应物活性分子间的有效碰撞。用阻化剂处理的煤能抑制煤的氧化，主要是由于阻化剂提高了煤中活性物质与氧化合的活性能，即降低了煤低温时的氧化活性，从而减少了煤的活性物质与氧的有效碰撞机会，大大降低了煤在低温时与氧化合的反应速度，起到了阻化作用。

（2）阻化剂吸附于煤的表面，形成稳定的抗氧化物保护膜，降低了煤的吸氧能力。

（3）某些阻化剂（如消石灰）与煤内一些易自燃的成分（如腐核酸）化合，生成不易自燃的物质。

（4）包裹隔绝作用，切断氧与煤炭的接触机会。

（5）溶液蒸发有吸热降温的作用。

选作阻化剂的物质应无毒、廉价、易于制备，及加少量于水中就能有效。试验证明，同一阻化剂对不同的煤其阻化效果不同；同一种煤质应用不同的阻化剂其阻化效果亦不同。因此，为了提高阻化防火的效果，应根据不同煤质选用适当的阻化剂。

为寻找抑制煤炭氧化的阻化剂，比较它们的阻化效果，可用"阻化率"作为判断阻化效果好坏的指标。其含义可用式（5-1）表示：

$$E = \frac{A - B}{A} \times 100\% \tag{5-1}$$

式中　E——阻化率，%；

　　　A——原煤样在 100℃ 放出的一氧化碳数，$\times 10^{-6}$；

　　　B——阻化样（即用阻化剂处理的煤样）在 100℃ 放出的一氧化碳数，$\times 10^{-6}$。

高硫煤的阻化率为：

$$E_1 = \frac{A_1 - B_1}{A_1} \times 100\% \tag{5-2}$$

式中　E_1——高硫煤阻化率，%；

　　　A_1——原煤样在 100℃ 时放出的 SO_2 数，mg；

　　　B_1——阻化样在 100℃ 时放出的 SO_2 数，mg。

阻化率愈高，阻化效果愈好。从试验得知，化学元素周期表碱土金属中的铍（Be）、镁（Mg）、锌（Zn）、锶（Sr）、铬（Cd）、钡（Ba）等的氯化物盐类对易发火的褐煤、长焰煤、气煤均有良好的阻化性能。其中氯化锌阻化效果最好，其阻化率可达到 80%~93.7%。

从萍乡、杨梅山矿区高硫煤阻化剂试验得知，阻化剂玻璃和氯化钙阻化效果最好。氢氧化钙 20% 浓度时对杨梅山矿的高硫煤是阻化剂，当 10% 浓度时则为催化剂。

现在认为煤矿中比较有效的阻化剂有消石灰、氯化钙、食盐与水玻璃等。抚顺煤炭研究所与重庆煤炭研究所分别研究水玻璃和消石灰防止自燃火灾。原捷克斯洛伐克用氯化钙和黏土的混合液经钻孔注入煤柱预防煤的自燃，使井下火灾减少了 70%。某些工业废料如纸浆废液、石油副产品的碱乳浊液经试验室试验证明也可以作为阻化剂。

抚顺煤炭研究所根据对辽宁省 9 个矿区 24 种煤样进行的阻化效果考察试验，推荐各矿用于防止井下煤炭自燃发火的阻化率，见表 5-1。

阻化剂可单独使用，也可加入泥浆内提高泥浆的防火效果。单独使用时最好加入少量的湿润剂，注入煤柱内或喷洒在采空区内可提高煤的湿润能力。有些湿润剂本身就有阻化作用，如脂肪氨基磺酸氨在井下使用时，可获得较好的阻化效果。

用喷枪在煤层暴露面上喷敷一层薄的氯化钙、水玻璃或橡胶乳液以防止煤的自燃，是近几年开始使用的一种新方法。

表 5-1　辽宁省各矿使用的阻化剂及其阻化率　　　　　　（%）

矿　区		卤块（20%）	工业氯化钙（20%）	沈阳氯化镁废液	南票煤矸石综合利用厂三氯化铝
抚　顺	老虎台	46.2~52.6		64.2~70.2	
阜　新	新　邱	72.4	68.8	71.2	
	五　龙	60.2	65.6	72.7	
	东　梁	77.8	70.7	94.9	
沈　阳	蒲　河	70.3	78.7	93.0	
	清　水	81.0	87.2	97.8	
	213矿	80.8	85.4	87.8	
北　票	台　吉		46.2	77.3	
	三　宝			42.8	
南　票	邱皮沟	56.5~65.3	69.4~81.0	95.7~99.3	74.8
铁　法	大　隆		43.9	53.5	
平　庄	五　寨	69.2	75.8	91.0	
八道壕	八道壕	78.7~85.6	82.5~86.0	89.8~96.5	
本　溪	牛心台			27.2	

5.3.4　凝胶防灭火

凝胶防灭火就是用基料和促凝剂按一定比例混合配成水溶液后，发生化学反应，破坏煤炭着火的一个或几个条件，以达到防灭火的目的。

A　凝胶防灭火的原理

（1）吸热降温。凝胶生成过程是一种水解反应，反应过程吸收大量的热能。

（2）阻化作用。成胶过程生成的物质本身具有阻化作用。

（3）渗透性好。凝胶剂在成胶前是近似水的溶液，流动较容易，能渗透到散煤中，并将散煤黏结成整体。

（4）堵漏风。由于凝胶剂有很好的渗透性，成胶前注入煤体缝隙中，在成胶后使煤体黏结成一个整体，封闭了煤的孔隙；而且本身具有良好的稳定性，使空气不能进入，故可长期隔绝氧气。

（5）良好的稳定性。成胶前注入煤体内凝胶，由于空气的湿度较高，且不直接暴露于空气中，可长时间保持无变化。

B　应用范围

（1）采空区灭火。

（2）预防巷道高冒煤炭自燃。

（3）压注破碎煤柱封堵漏风。

（4）提高通风设施质量。

C　井下用胶体压注设备（泵）

（1）开泵前应检查注浆设备及管路，设备运转必须正常，管路闸门应灵活，管路接头连接牢固，发现问题要及时处理。

（2）连接好胶体压注设备与注浆管路的接头，并将胶体压注设备的出口处的闸门关闭，将所需注胶体泥浆的管路连接好。如果是用钻孔注浆，则每次连孔不得少于 3 个。

（3）注浆前，应先与制浆站联系放清水 20min，以便冲洗管路和钻孔，然后再与制浆站联系放浆。

（4）在注浆过程中，胶体压注设备的操作按使用说明书进行操作。向料箱内注入清水，待浆到后，启动压注泵，打开出口处闸门，随后根据成胶状况确定胶体浆最佳配比和促凝剂添加速度，按要求向促凝剂料箱内添加促凝剂及清水。促凝剂若结块时，需在料箱内捣碎。

（5）注浆时添加促凝剂应均匀，注浆注水工应密切注意胶体的凝固速度，随时调整压注促凝剂的速度，以防堵塞管路及钻孔，同时要采取防止胶体溅入眼内的措施。

（6）注浆时，注浆注水工应注意观察，当发现堵孔、管路或密闭漏浆等情况时，应首先通知注浆站停止进浆，并同时关闭闸门，然后进行处理。处理时，人员应站在孔口两侧，禁止面对封口。

（7）注浆结束时应先关闭压注设备出口处的闸门，并同时关闭压注设备的电源。通知制浆站放清水，以便冲洗管路及钻孔。停机前必须用清水清理压注泵及料箱。

以上方法同样可以用于粉煤灰、阻化剂等材料。

5.3.5　均压防灭火（也称调节风压法）

均压防灭火技术在我国应用较早，20 世纪 70 年代淮南局就进行过试验，之后在枣庄、六枝等局推广应用，但未形成技术体系；80 年代初通过与波兰的科技合作，在大同局开展了大规模的应用现代技术手段的试验，取得了极其丰富的经验。目前我国已有近 327 个工作面实施了均压技术措施，取得了显著的技术、经济效益，已成为矿井防灭火的常规技术之一。

（1）均压法的实质。设法改变通风系统内的风压分布，以降低漏风通道两端的风压差，使漏风量减少或趋近于零，达到抑制自燃的目的。

图 5-8 是一个封闭的采空区，由于漏风严重，采空区内有自燃发火的趋势。为了预防火灾的发生，必须减少向采空区的漏风量。据通风阻力定律可知，采空区的漏风量的大小取决于漏风风路两端的风压差和风阻值。当风压差趋于零或风阻值无穷大（即是密闭非常严密）时，漏风量均趋近于零。因此，有两种手段可以使采空区漏风量减少。但是，严实的密闭也有漏风，因此，调节风压法减少漏风量就显得更重要了。

（2）均压法的形式。目前主要有安设调节风门，设置带有风门的调压风机，改变风门和风墙的设置地点及局部风流短路等。总括起来，其形式可分为封闭式和敞开式。

封闭式调风压是使已封闭的采空区进、回风两端的密闭处风压差趋于零，封闭区内风流停止流动，从而预防火灾的发生。图 5-9 是封闭式调压的一种

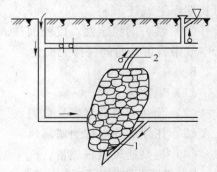

图 5-8　采空区漏风示意图
1—进风端；2—回风端

方式，它是利用局部通风机与风窗相结合的方法，提高封闭区回风端的风压，使封闭区进、回风端的风压平衡，减少向封闭区的漏风，从而达到预防火灾的目的。

敞开式调节风压是当正在回采的工作面采空区出现自燃现象，火灾气体涌入工作面影响生产时，通过提高工作面的风压，减少向采空区漏风，抑制自燃的发展，使火灾气体不涌入工作面，从而保证工作面安全生产的。这种不封闭工作面的调压方式称为敞开式调压。

图 5-10 是一种敞开式调压方式，它是利用带风门的局部通风机和风窗来提高工作面的风压，抑制自燃发生、发展，使火灾气体不漏入工作面，来实现工作面快速回采。淮南大通煤矿最早使用这种调压方式，安全回采了十几个工作面。

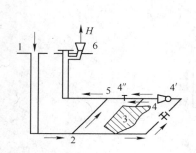 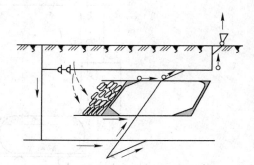

图 5-9　封闭式调节风压法示意图　　　　　图 5-10　敞开式调节风压法示意图

1—进风井；2—进风端；3—采空区；4—密闭；
4′—局部通风机；4″—风窗；5—回风端；6—回风井

为了使调节风压法能有效地防止和控制煤炭自燃发火，必须对全矿井与采区的通风系统及漏风风路有清楚的了解，并且经常进行必要的空气成分和通风阻力的测定。否则调压不当时能造成假象，使火灾气体向其他不易发现的地点流动，甚至促进氧化过程的发展，加速火灾的形成。

5.3.6　氮气灭火

近年来，由于高压液化空气制氧技术发展很快，其副产品液化氮（沸点为 -196℃）也越来越多，促进了液氮的工业应用，因此采用液氮扑灭井下火灾也日益增多。以德国而言，从 1974 年底到 1979 年底，5 年之内利用液体氮成功扑灭煤矿井下火灾 41 次。

液氮灭火的优点：

（1）液氮沸点低（-196℃）。将液氮送入井下火区，蒸发气化要吸收大量热，因而使井下火区温度降低。

（2）液氮不能被煤层岩石吸收。不像 CO_2 在高温（火区）有转化成 CO 的危险，液氮比 CO_2 具有更优的惰性。

（3）火区经液氮惰化后，抑制燃烧、瓦斯煤尘爆炸。

（4）液氮工业成本低于 CO_2，因此用液氮灭火经济费用低。

现将波兰液氮灭火法简介如下。

A　液氮直接扑灭井下火区

由地面工厂运来的 30t 液氮槽车，利用氮气瓶压力将其排入井下用的 $1m^3$ 液氮槽车中，一组 12 辆液氮车，装满液氮后再运至火区密闭前，以氮气钢瓶压力（使压力为 0.4MPa 左右）顺着镍合金钢管流动，沿耐低温支管外径为 75mm 喷嘴向火区喷放。–196℃的液氮雾滴沿火区巷道移动，雾滴蒸发气化后，吸收了大量热量，使火区温度下降，扑灭火灾。这种方法已被应用于波兰扎布热矿的火灾，取得较好效果。

　　B　液氮气化灭火

　　在波兰用液氮扑灭火灾的另一种办法是将液氮通过气化器加热，气化成氮气，其温度为 10℃左右，再送入井下火区，使火区全部充满氮气而惰化，以窒息火灾。这种办法是气化器要有外来热源，使液氮从 –196℃升温到 10℃再送入井下灭火，如图 5-11 所示。

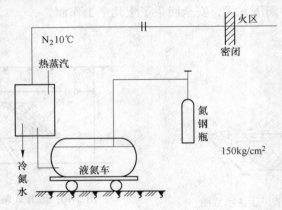

图 5-11　液氮灭火

　　波兰的液氮槽车有两种，一种是能够装 30t 液氮的大型槽车，从液氮工厂沿铁路运送到矿区；第二种是矿用的井下液氮车，能够装液氮 1m³，12 辆组成一列车，两种槽车均是 4mm 钢板焊接而成，车厢外表涂一层厚为 50~100mm 的泡沫塑料隔热保护层。槽车装有压力表和安全阀门和排液阀门，据统计此种槽车每 8h 要向大气中渗漏 12kg 液氮。

　　我国有许多制氧厂和制氧车间，在制氧时可以产生氮气，由于各种原因，现在有的将大量氮气放空，这也是一种能源的浪费。据估算，在生产氧气的同时生产氮气，则每立方米氮气成本只需 0.2 元。而且，液氮还可以用于冻结打井和高温井的地下降温等。如果布局合适，制取运输以及储存的费用再降低，并使设备可靠，技术适用，液氮在我国煤矿中用于预防、治理煤炭自燃，也是有前途的。

5.4　矿井外因火灾预防及预警技术

5.4.1　矿井外因火灾成因

　　外因火灾的发生是由火源引燃可燃物造成的。主要引火源有：

　　（1）明火。吸烟、电焊、喷火焊、电炉及灯泡取暖等。

　　（2）电火。主要由于机电设备性能不好、管理不善，如电钻、电动机、变压器、开关、插销、接线三通、电铃、打点器、电缆等损坏，过负荷、短路等引起的电火花。

　　（3）爆破起火。由于不按爆破规定和爆破说明书爆破，如放明炮、糊炮、空心炮，以及用动力电源放炮、不装水炮泥、炮眼深度或最小抵抗线不合规定等出现炮火。

（4）瓦斯、煤尘爆炸引起火灾。

（5）机械摩擦起火。近年来，矿井外因火灾事故多数是由于矿井使用胶带，因摩擦引起的火灾。

5.4.2 矿井外因火灾预防

A　加强火源管理，严格用火制度

这是积极主动的防火策略，也是"安全第一，预防为主"在防火方面的具体贯彻。

（1）井下严禁使用灯泡取暖和使用电炉。

（2）井口房和通风机房附近 20m 范围内，不得有烟火或用火炉取暖。

（3）对井下的电焊、气焊作业一定要制定安全措施，布置安全检查。

（4）采用滚筒驱动带式输送机运输时，必须使用阻燃输送带；巷道要有充分的照明；必须装设自动洒水装置和防跑偏装置；液力耦合器不准使用可燃性介质。

B　不燃对策

（1）在井下和井口房严禁采用可燃材料搭设临时操作间、休息间。

（2）井下变电所、配电室、材料库要使用不燃材料砌筑。

C　消防对策

矿井必须设地面消防水池和井下消防管路系统。井下消防管路系统应每隔 100m 设置支管和阀门，在带式输送机巷道每隔 50m 设置支管和阀门。地面的消防水池必须经常保持不少于 200m³ 的水量。

D　加强易燃品的管理

（1）对于井下使用的润滑油、棉纱、布头和纸等，必须存放在盖严的铁桶内。用过的棉纱、布头和纸也必须放在盖严的铁桶内并由专人定期送到地面处理，不得乱放乱扔。

（2）严禁将剩油、废油泼洒在井巷或硐室内。

E　安设防火门，防止火灾蔓延

在进风井口和进风平硐口都要装有防火铁门，进风井筒和各水平的井底车场连接处要设 2 道防火门，在井下火药库和机电硐室出入口也要安设防火门。

5.5　矿井火灾处理与控制

5.5.1　直接灭火

直接灭火一般是在火灾初期，火势范围不大，瓦斯、煤尘等其他新发事故危险性不高的情况下，且具备条件（如有水、砂子或岩粉、化学灭火器等），在火源附近直接扑灭火灾或挖出火源的方法。

5.5.1.1　用水灭火

水是煤矿中最方便、经济的灭火材料，煤矿供水系统及设备完善，使用时具有方便、迅速的特点，是煤矿常用的灭火方法之一。

A　水的灭火原理

（1）强大的水流能压灭燃烧的火焰。

（2）水的吸热能力强，能够降低火区的温度。

（3）水遇高温后，产生大量的水蒸气，使火区含氧量相对减少，对火源起息灭作用。

（4）浸湿火源附近的燃烧物，阻止火区范围的扩大。

B　用水灭火的适用条件

用水灭火除火灾不可控制、用水灌井灭火外，它的适用条件有：

（1）火灾初期，火热范围不大，不影响其他区域。

（2）有充足的水源。

（3）灭火地点顶板完整坚固。

（4）通风系统正常且瓦斯浓度不高。

C　用水灭火的注意事项

（1）不能用水扑灭油料火灾，也不能用水灭带电的电器火灾，灭火现场必须断电。

（2）灭火用水不能间断，水量充足。

（3）灭火时，灭火人员要站在上风头，由火源的边缘逐渐推向火源中心，以防止产生过量的水煤气爆炸伤人。

（4）要保持足够的风量和风道畅通，以避免高温水蒸气和烟流逆转伤人。

（5）火区的回风侧严禁有人从事灭火工作。

5.5.1.2　化学灭火器灭火

常用的灭火器有干粉灭火器、化学泡沫灭火器两类。

A　干粉灭火原理

干粉灭火剂是一种固态物质，是工矿企业消防必备用品，它具有轻便、易于保存、易于更新、便于携带、操作方便、灭火迅速和灭火适用范围大（如木材、油类、电器设备等）等优点。干粉灭火综合了药剂的物理化学性质和机械的双重作用。

（1）干粉灭火剂灭火时，以雾状形态喷出后，遇到火焰后产生化学反应，吸收火焰热量，降低火区温度，同时产生不助燃物质和水，降低火区空气中的含氧量，起到息灭火区的作用。

（2）干粉灭火时发生化学反应，生成糨糊状物质，覆盖在燃烧物上，并渗透其中，胶凝成壳，使燃烧物与空气隔绝，起到灭火作用。

（3）干粉灭火器种类多，其中灭火手雷灭火时还有较大的冲击波，可抑制火焰的燃烧。

B　二氧化碳灭火原理

（1）二氧化碳是一种无色无味略有酸味的气体，不自燃、不助燃，进入火区后可使火区含氧量相对降低，抑制燃烧。

（2）二氧化碳浓度达到一定程度，瓦斯就因缺氧而失去爆炸性，为井下安全灭火创造了条件。

5.5.1.3　高倍数泡沫灭火

高倍数泡沫灭火是用专用通风机，将空气鼓入含有泡沫剂的水溶液而产生大量泡沫来灭火。它具有灭火成本低、水量损失小、速度快、效果明显，可在远离火场的安全地点进行灭火的特点。

A　高倍数泡沫灭火的原理

（1）产生的大量泡沫，阻断空气来源，覆盖燃烧物，隔离火源。

（2）泡沫受热产生水蒸气吸收热量，稀释空气中的氧含量，并降低火区温度。

（3）大量的泡沫阻挡了火区，防止火势的蔓延和发展。

B　高倍数泡沫灭火的适用范围

（1）主要用于火源集中、泡沫易堆积的场合，如工业广场、仓库、井下巷道等。

（2）能扑灭固体和油类火灾，在断电的情况下，能扑灭电器火灾。

（3）在盲巷或掘进工作面，可利用风筒输送泡沫。

C　注意事项

（1）因泡沫的发送减少了巷道的风量，在瓦斯矿井中采用时，由于风量的减小，可能造成瓦斯增高而有爆炸的危险。因此，要特别慎重地计算及处理工作时的瓦斯情况。

（2）泡沫灭火有时不能完全扑灭火灾，但它能降温、抑制燃烧、稀释氧气浓度、控制和缩小火区范围，能使救灾人员接近火区直接灭火或清除可燃物。

（3）使用该方法时，应首先在火区上风侧的巷道内砌筑密闭墙，墙上安设发泡口，发泡后形成一个泡沫团在风压的作用下涌向火源。

D　高倍数空气机械泡沫灭火

高倍数空气机械泡沫是用高倍数泡沫剂和压力水混合，在强力气流的推动下形成的。它的形成借助于一套发射装置，其工艺系统如图5-12所示。

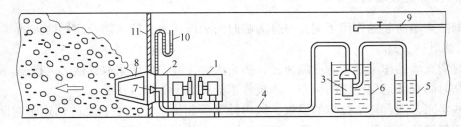

图5-12　高倍数泡沫灭火装置

1—风机；2—泡沫发射器；3—潜水泵；4—管路；5—泡沫剂；6—水桶；
7—喷嘴；8—棉线网；9—水管；10—水柱计；11—密闭

泡沫剂经过引射泵被吸入高压水管与水充分混合形成均匀泡沫溶液，然后通过喷射器喷在锥形棉线发泡网上，经风机强力吹风，则连续产生大量泡沫，这就是空气机械泡沫。井下巷道很容易被大量泡沫所充满，形成泡沫塞推向火源，进行灭火。

高倍数空气泡沫灭火的作用是：泡沫与火焰接触时，水分迅速蒸发吸热，使火源温度急骤下降；生成的大量水蒸气使火源附近的空气中含氧量相对降低，当氧的含量低于16%，水蒸气含量上升到35%以上时便能够使火源熄灭；另外泡沫是一种很好的隔热物质，有很高的稳定性，所以它能阻止火区的热传导、对流和辐射等；泡沫能覆盖燃烧物，起到封闭火源的作用。

高倍泡沫发生装置有GBP-200型和GBP-500型。高倍空气机械泡沫灭火速度快、效果好，可以实现较远距离灭火，而且火区恢复生产容易。扑灭井下各类巷道与硐室内的较大规模火灾均可采用；但对消灭采空区和煤壁深处的火源有一定困难，不便采用。

5.5.1.4 沙子及岩粉灭火

沙子及岩粉灭火主要用于火灾初期人员可接近的各类火灾，特别是对扑灭电器火灾和油类火灾十分安全有效，如用于在机电硐室，井上下变电所灭火等。

5.5.1.5 挖除火源

挖除火源就是将已经发热或燃烧的可燃物挖出、清除、运出井外，达到直接灭火的目的。

5.5.2 隔绝灭火

5.5.2.1 隔绝灭火法及其要求

隔绝灭火法是在直接灭火法无效时采用的灭火方法，它是在通往火区的所有巷道中构筑防火密闭墙，阻止空气进入火区，从而使火逐渐熄灭。隔绝灭火法是处理大面积火区，特别是控制火势发展的有效方法。

隔绝灭火法主要是构筑防火墙。对防火墙的要求是：构筑要快，封闭要严，防火墙要少，封闭范围要小等。

5.5.2.2 防火墙的类型

根据防火墙所起的作用不同，可分为临时防火墙、永久防火墙及耐爆防火墙等。

A 临时防火墙

临时防火墙的作用是暂时遮断风流，防止火势发展，以便采取其他灭火措施。目前现场使用临时防火墙是用浸湿的帆布、木板或木板夹黄土等构筑而成。

近些年来，随着科学技术的发展，国内外又研制推广了一些新型的快速临时防火墙。如泡沫塑料快速临时防火墙、气囊快速临时防火墙及石膏防爆防火墙等。

泡沫塑料快速临时防火墙是以聚醚树脂和多异氰酸酯为基料，另加几种辅助剂，分成甲、乙两组按一定的配比组合，经强力搅拌，由喷枪喷涂在防火墙衬底上，几秒钟内即发泡成型并硬化为泡沫塑料层，如此连续喷涂便可迅速形成严密的防火墙。

泡沫塑料具有质轻防潮、抗腐蚀、耐燃及成型快等特点，一般用它做临时防火墙或是做永久防火墙涂料。

气囊快速临时防火墙，又称充气密闭。它是一个由柔性材料（塑料、尼龙等）制成并充满压气（惰性气体或空气）的柔性容器。将它设置在巷道中，堵塞巷道具有其他密闭的同样作用。由于充气密闭的安设和拆除仅是充气和放气，因此，操作简单、速度快、能够重复使用；如果气囊材料具有足够强度，还能承受一定的爆炸冲击波。我国冶金系统研制的球型充气密闭防火墙取得了较好的密闭效果。

石膏防爆防火墙是以石膏为基料，另加一些助凝剂，在喷射机内搅拌喷灌成型的一种防火墙。喷灌后半小时即可凝固承压，其厚度一般为 0.5~1.0m，构筑后 1~2h 即可起到防爆作用。近年来，国外将它与惰性气体灭火配套使用。

B 永久防火墙

永久防火墙的作用在于长期严密地隔绝火区、阻止空气进入。因此要求坚固、密实。根据使用材料不同可分为木段防火墙、料石或砖防火墙及混凝土防火墙等。

（1）木段防火墙是用短木（0.7~1.5m）和黏土堆砌而成，适用于地压比较大而且不稳定的巷道内。

（2）料石或砖防火墙是用料石或砖及水泥砂浆等砌筑而成，它适用于顶板稳定地压不大的巷道内。为了增加耐压性，可以在料石或砖中加木块。

（3）混凝土和钢筋混凝土防火墙。当对隔绝密闭防火墙的不透气性、不透水性、耐热性及矿山压力稳定提出更高要求时，就要砌筑混凝土或钢筋混凝土防火墙。混凝土防火墙抗压性好；钢筋混凝土防火墙不但抗压性好，而且抗拉性也强。

砌筑永久性防火墙时，要在墙周围巷道壁上挖 0.5~1m 深的槽。为增加密闭的严密性，可在防火墙外侧与槽的四周抹一层黏土、砂浆或水玻璃、橡胶乳液等。巷道壁上的裂隙要用黏土封堵。防火墙内外 5~6m 内应加强支护。在墙上、中、下三个部位插入直径为35~50mm 的铁管，作为采取气样、检查温度及放出积水之用。铁管外口要严密封堵，以防止漏风。

C 耐爆防火墙

在瓦斯矿井封闭火区时，为了防止瓦斯爆炸伤人，可以首先构筑耐爆防火墙。耐爆防火墙是由砂袋或土袋堆砌而成；在水砂充填矿井也可以用水砂充填代替砂袋构筑水砂充填耐爆防火墙（图5-13）。

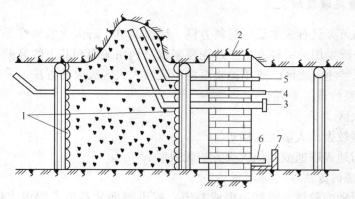

图 5-13 水砂充填耐爆防火墙
1—秫秸帘子；2—砖墙；3—充填管；4—观测孔；
5—注浆管；6—放水管；7—返水池

耐爆防火墙构筑长度不得小于 5~6m。在耐爆防火墙掩护下再构筑永久性防火墙。

5.5.2.3 建立防火墙的顺序

在火区无瓦斯爆炸危险的情况下，应先在进风侧新鲜风流中迅速砌筑密闭，遮断风流，控制和减弱火势，然后再封闭回风侧，在临时密闭的掩护下构筑永久防火墙。

在火区有瓦斯爆炸危险的情况下，应首先考虑瓦斯涌出量、封闭区的容积及火区内瓦斯达到爆炸浓度的时间等，慎重考虑封闭顺序和防火墙的位置。通常在进、回风侧同时构筑防火墙以封闭火区。

5.5.2.4　建立防火墙注意事项

对封闭有瓦斯爆炸危险的火区，构筑防火墙时注意下列事项：

（1）火区内不能存在风流逆转的条件，否则可能发生瓦斯爆炸。

（2）火源前方不能有瓦斯源存在（老空区、工作面等），否则也可能发生瓦斯爆炸。

（3）要采取防爆措施，如构筑耐爆墙、装防爆门及撤人等措施。

隔绝灭火法是以严密的防火墙遮断空气进入火区而灭火的。但是不漏风的墙是没有的，因此，将火区封闭后，放在一边不再进行处理是不行的，往往会造成火灾长期不灭，成为矿井的"心腹之患"。所以，在隔绝火区之后，还要采取其他措施，促使火灾早日熄灭。

5.5.3　综合防灭火法

所谓综合防灭火是指在现场灭火过程中直接灭火无效时采用隔绝灭火，但隔绝封闭火区达不到灭火的目的，进而综合运用直接灭火和隔绝灭火，就叫综合灭火法。综合灭火方法不但可以运用到矿井火灾的扑灭上，而且还可以有针对性地预防采空区等有自燃发火危险和受火区威胁的地段。

5.5.3.1　黄泥灌浆防灭火

黄泥灌浆防灭火具有成本低、材料方便、操作简单、防灭火效果好等特点，是在我国防灭火工作中广泛采用的一种方法。黄泥灌浆就是利用地面和井下的高差产生的压力，把事先搅拌好的泥浆注入火区，或用泥浆泵将泥浆注入火区灭火的方法。

A　黄泥灌浆的适用条件

（1）隔绝火区。

（2）老空区较大，人员无法接近。

（3）火区与地表联通或其他灭火方法无效时。

B　黄泥灌浆的方法

（1）火源距地面较浅，可利用现成巷道，或再掘部分巷道，形成火区包围圈，灌入泥浆，阻止火区的蔓延，进而消灭火源。

（2）老空区面积大，人员无法接近时，采用地面打钻孔，从地面钻孔直接注浆。

（3）将通往火区的巷道封闭，用泥浆泵将泥浆灌入火区，进行灭火或将火区隔离。

5.5.3.2　火区或采空区钻孔注浆操作

（1）首先应由瓦斯检查工检查工作地点有毒有害气体的浓度，不超过《煤矿安全规程》规定的最高允许浓度时，方可进入工作地点，根据区队值班人员安排的注浆孔号及每个钻孔应灌注的浆量进行作业。

（2）注浆前，应先进行冲孔，水量应逐渐加大，每孔冲水时间一般不少于 20min。进水畅通后，方可接上注浆管，然后向注浆站要浆。

（3）注浆期间，注浆工应密切注意管路及各处阀门的情况，发现堵孔或管路漏浆时，应首先通知注浆站停止送浆，同时派人关闭上一级阀门，然后进行处理；正在注浆的钻孔，如发现注浆不正常，应暂停注浆，进行注水冲孔处理。

（4）班中换孔时，必须先打开改注钻孔的阀门，然后关闭需停注钻孔的阀门；人员应站在孔口两侧，禁止面对孔口。

（5）注浆时，应将高压胶管用铁丝固定在牢靠的支撑物上，并应避免在高压胶管附近停留，以防止胶管崩坏伤人。

（6）尽量在无浆水的情况下拆管子，特殊情况需在有浆水的情况下拆管子时，平接的先松下方的螺丝，吊挂的管子先松靠帮的螺丝，并用胶皮等盖住管路接头，防止喷水伤人。

（7）注浆的钻孔，无阀门控制时要用闸板（盖子）或木楔将孔口堵好。

（8）注浆过程中要检查泄水处出水的大小、水温的高低、有害气体等，并做记录；检查泄水闸门完好情况。

（9）每班下班前，必须先通知制浆站停止下浆，然后将管内存浆全部注入钻孔内；钻孔停止注浆时应用水冲孔，冲孔时间一般不少于 20min，冲孔后将各处管路、阀门等关闭。

（10）在回风巷道注浆时，必须随身携带便携式甲烷检测仪或瓦斯检定器，应连续检查工作区域内瓦斯情况，随时检查二氧化碳情况。

5.5.4　火区管理与启封

5.5.4.1　火区的管理

火区的管理工作就是及时了解和掌握火区的变化情况，并据此分析和找出影响火区熄灭的问题，提出解决办法，加速火区熄灭的全过程。具体工作如下。

A　建立火区档案

火区档案的内容包括：

（1）建立火区卡片，详细记录发火日期、发火原因、火区位置、火区范围。

（2）处理火灾时的领导机构人员名单。

（3）灭火过程及采取的措施。

（4）发火地点的煤层厚度、煤质、顶底板岩性、瓦斯涌出量、火区封闭煤量等。

（5）生产情况，如采区范围、采出率、采煤方法、回采时间。

（6）发火前后气体分析情况和温度变化情况。

（7）发火前后的通风情况（风量、风速、风向）。

（8）绘制矿井火区示意图。以往所有火区及发火地点都必须注明图上，并按时间顺序编号。

（9）永久密闭的位置，建造时间、材料及厚度等。

B　密闭及防火墙的管理

（1）每个密闭及防火墙都要进行统一编号，建立卡片（卡片注明建造密闭时间、材料、厚度等）。

（2）每个密闭及防火墙附近必须设置栅栏、警示牌，禁止人员入内；悬挂管理牌板，记明防火墙内外的气体成分、温度、空气压差、测定日期及测定人员姓名。

（3）防火墙的观测孔一般设在密闭的中部，直径 50~75mm 管口应有阀门，以便观测后及时关闭，防止空气进入火区；如巷道中有水时要留水道和返水池。

（4）经常进行漏风检查，如有漏风或火区内有异常必须采取措施及时处理。

C　建立火区监测制度及气体分析制度

（1）检查内容包括 O_2、CO、CO_2、CH_4 等气体浓度及温度。

（2）检查地点在回风侧防火墙。

（3）检查时间为每班一次，异常情况除外。

（4）检查人员必须进行培训，合格后上岗；下井必须携带自救器，由两人组成。

（5）检查结果报矿长、通风科长审阅，每 10 天进行气体汇总分析一次，如有异常立即查明原因，进行处理。

（6）火区监测记录必须长期保存，直到火区注销为止。

5.5.4.2　火灾的熄灭与火区的启封

A　火灾熄灭的条件及其不确定因素

a　火灾熄灭的条件

《煤矿安全规程》规定：火区同时具备下列条件时方可认为火已熄灭。

（1）火区内空气温度下降到 30℃ 以下，或与火灾发生前该区的日常空气温度相同。

（2）火区内空气中的氧气浓度下降到 5.0% 以下。

（3）火区内空气中不含有乙烯、乙炔，一氧化碳浓度在封闭期间内逐渐下降，并稳定在 0.001% 以下。

（4）火区的出水温度低于 25℃，或与火灾发生前该区的日常出水温度相同。

（5）上述 4 项指标持续稳定的时间在 1 个月以上。

b　火灾熄灭条件的不确定因素

由于条件限制，测量火区温度、氧气含量、一氧化碳浓度时大都在火区边缘，且火区情况复杂，所以判断火灾熄灭条件仍有不确定因素。

（1）由于多种原因，如火区内煤层瓦斯涌出量大，焦炭对一氧化碳的吸附作用等会造成火区 O_2、CO 气体成分下降。

（2）检测地点距火区火源点有一定距离，导致检测温度，氧气、一氧化碳含量失真。

（3）火区空气温度与岩体温度或煤体引燃温度差异较大，导致温度检测"失真"。

（4）如密闭情况良好，灭火后一氧化碳不能散失，可能长期存在。

B　火区的启封

经观测，达到火灾熄灭的条件，确认火源已经熄灭后，制定启封安全措施，经有关部门批准后，可以启封火区。启封火区工作一般由救护队完成。

a　启封火区的准备工作

（1）要有完善的安全措施。

（2）对参加启封人员进行专项培训。

（3）制定启封失败后的应对措施，准备重新封闭火区的材料和工具。

（4）制定打开密闭的程序。

b　启封火区的方法

（1）通风启封火区法。一般在火区面积不大、复燃可能性较小时采用。顺序如下：

1）使用局部通风机风筒、风障对防火墙进行通风。

2）确定有害气体排放路线，撤出此路线上及邻近区的人员，并切断路线上的电源。

3）打开一个出风侧密闭，打开方法是，应先打一个小孔，无危险后逐渐扩大，严禁一次全部拆除密闭。

4）观察一段时间，无异常现象且稳定后，从进风侧小断面打开密闭（如有问题时，立即重新封闭）。

5）当火区瓦斯排放一定时间后，相继打开其他进回风密闭。

注意事项：①开启密闭时，应估计到有火区瓦斯、二氧化碳等有害气体涌出；②打开进、回风侧密闭后短期内要采取强力通风以迅速降低火区内的瓦斯浓度，预防瓦斯爆炸，应把人员撤到安全地点，至少等1h，再进入火区工作；③排放火区内的瓦斯，应控制在《规程》允许浓度以内。

（2）锁风启封火区法。锁风启封火区就是在保持火区密闭的情况下，由外向里、向火源逐段移动密闭位置缩小火区，进入火源，实现火区全部启封的过程。锁风启封法具有防止火区复燃条件，一般在高瓦斯矿井，火区范围很大，并封闭有大量可燃气体，火源是否熄灭难以确定时采用。

锁风方法：从入风侧在原有的火区密闭外5~6m的地方构筑一道带门的密闭，救护队员佩带仪器进入，风门关闭，形成一个封闭的空间，再将原来的密闭打开。救护队员进入火区侦察火情后，根据火区实际情况，再选择适当地点重新建立带风门的密闭后，才能打开第一个密闭风门。恢复通风后，观测火区无异常，然后逐段进行，逼近发火地点。火区要求始终处于封闭、隔绝状态。

注意事项：1）锁风工作必须在无爆炸危险的条件下进行；2）锁风作业时，要有专人对封闭区内的情况进行监测，发生异常情况，如密闭处风流方向有变化，烟雾增大等，应立即停止作业，撤出人员，进行观察，无危险后方可重新进入火区。

5.5.5　典型矿井火灾事故案例分析

2004年7月3日8时50分，云南省兴云煤矿庆云井发生一起重大火灾事故，造成7人死亡，15人受伤，直接经济损失87万元。

5.5.5.1　矿井概况

云南省兴云煤矿庆云井位于富源县后所镇庆云村，距富源县城27km，属省属国有煤矿，原隶属云南省煤矿基本建设公司。2003年10月，根据省政府对云南煤矿的整合要求，由云南东源煤业集团纳入九加一的整合方案。现属云南东源煤业集团所属云南省后所煤矿。矿井各种证照齐全，有从业人员1179人，其中，生产管理人员125人，矿井生产实行三班八小时工作制。

兴云煤矿于1997年建成投产，采用一对斜井开拓，主井为皮带运输。副井为绞车提升。矿井设计生产能力为 60 万吨/年，2003 年实际生产原煤 22.44 万吨。2004 年 6 月底前生产原煤 18.80 万吨。现主要开采兴云矿区一、三井田的 C_1、C_{2+1}、C_7、C_9、C_{17}、C_{18} 共 6 个煤层，主要生产采区为九采区，其中有 1 个高档普采工作面、2 个炮采工作面和 4 个掘进工作面。一采区正在实施开拓，有 2 个掘进工作面。

矿井通风系统为分区抽出式通风，安装有主要通风机 2 台，其型号为 4-72-11No20B 离心式风机，电机功率为 132kW，风井排风量为 2510m³/min。2004 年 9 月瓦斯等级鉴定的结果为低瓦斯矿井，煤尘爆炸指数为 34.29%~36.39%，煤尘具有强爆炸危险性，煤层无自燃发火现象。矿井于 2002 年建成 KJ-90 瓦斯监测系统一套，配有甲烷、风压、风速、烟雾和开停传感器，对矿井通风参数进行实时监测。

地面建有 250m³ 的静压水池向各作业地点实施洒水降尘和净化风流。

矿井供电系统采用 6000V 高压供入井下变电所，由井下变电所向各作业点供入 660V 电源。井下主要运输大巷采用 7t 架线机车牵引 1t 固定矿车运输。主排水仓位于主副井之间的 1900m 水平，主排水泵为 MD-155 型耐磨多级离心泵，有 3 台，电机功率为 110kW，流量为 155m³/h。开采范围内受上部小窑水患威胁，配有 TXU-75 探水钻 3 台。

9173 采煤工作面位于九采区东翼，于 2004 年 3 月 27 日开始初采，其走向长度 270m，倾向长度 120m，平均倾角为 23°，采用走向长壁式采煤方法，打眼放炮落煤，单体液压支柱配金属铰接顶梁支护顶板。该工作面运输机巷 60% 以上是木棚支护。回风巷全部是用木棚支护。回采以前，由机电队于 3 月 21 日在工作面回风巷安设了一趟长约 500m 的 3×4+1×4 的矿用电缆和 1 台 QS81-40 型手动控制开关作为工作面煤电钻的供电之用，并于 3 月 23 日在现场移交给采煤二队管理和使用。2004 年 4~5 月，由于该工作面在回采过程中瓦斯涌出量增大，上隅角瓦斯经常越限，煤矿召开专题会议研究，采取了多种安全措施治理，并于 5 月 6 日由通风队安设了 1 台 FSWZ-11B 型矿用塑料外电机抽出式轴流局部通风机，专门抽放上隅角瓦斯。该风机安装好后，有专职的瓦斯检查员负责风机的瓦斯管理，回风巷的电缆随工作面的推进搬迁移动。事故发生前约 10 天，采煤二队电工白某某和黄某某将 9173 回风巷的 3×4+1×4 电缆盘成圈挂放在手动开关前 10m 的巷道帮上。

正在掘进的 9183 回风巷口距 9173 回风巷口 87m，设计全长 280m，于 2004 年 6 月开始施工，该巷沿煤层掘进，采用风钻打眼爆破作业，耙斗装岩机装煤岩，木棚支护，在 1940 石门至 1947 石门之间的联络巷中安设了 1 台 JBT52-2 局部通风机作压入式供风。至事故发生时，该巷道已掘进了 70 余米。

5.5.5.2 事故发生及抢险救援经过

A 事故发生经过及初期抢救经过（图 5-14）

2004 年 7 月 3 日早班，兴云煤矿掘进一队安排一部分人员在 9183 材料上山掘进施工作业，另一部分人员在 9183 回风巷搬移耙斗装岩机，然后掘进巷道。7 时 40 分，早班瓦斯检查员尹某某在井下九采区交接班，之后便先到 9183 回风巷掘进头检查瓦斯，8 时 50 分左右，到 9173 采煤面回风口处闻到一股焦皮味。就立即跑进去，进去约 70m，发现回风巷电缆冒烟，就跑到 1947 石门口把控制开关电源切断，并打电话向通风队副队长李某某报告，然后又返回到 1947 石门口，看到 9173 回风巷烟雾很大，人无法进入。上午 8 时，采煤二队早班 47 人在值班副队长陈某某、班长徐某某和安全员支某的带领下入井，8

时40分,到达9173工作面。在上工作面进行安全检查时,徐某某等人发现9173回风巷距工作面上出口50m左右的地点,盘在巷道帮上的电缆已经着火,有明显火焰,木支架也已燃着。9时13分,当尹某某又折返回到9173运输巷口时,遇见副矿长蔡某某、通风安全科科长王某某和采煤二队队长李某某,将发现的火情进行了汇报。9时16分,蔡某某立即安排李某某向矿调度室汇报,要求调度室通知井下各作业地点和硐室人员全部撤出,安排地面组织灭火器下井灭火,同时报告救护队。随后组织该工作面部分职工21人,王某某、李某某带领接通乳化液泵管灭火。在灭火过程中,安排尹某某对瓦斯情况随时进行监测。9时30分,驻某某煤矿救护小分队接到事故报告,于9时32分出动,10时04分到达九采区煤仓口,由于已无法进入9183回风巷营救被困人员,10时24分到达9173工作面参加灭火。10时50分在扑灭火区15m左右时,由于回风巷瓦斯浓度高达1.7%,且该回风巷的木支架烧毁,巷道垮落严重,考虑到灭火人员的安全,即通知现场人员撤离火灾现场。大约11时,井下人员陆续撤到斯大巷口处,通过初步清查,9183回风巷掘进头有4人被困。根据救护队对1947后石门的侦察和对下井人员的清查,下午13时10分,确定9183回风巷被困人员7人。其中掘进头当班职工4人,机关地测人员到9183回风巷察看断层的工程技术人员2人,瓦斯检查员1人。

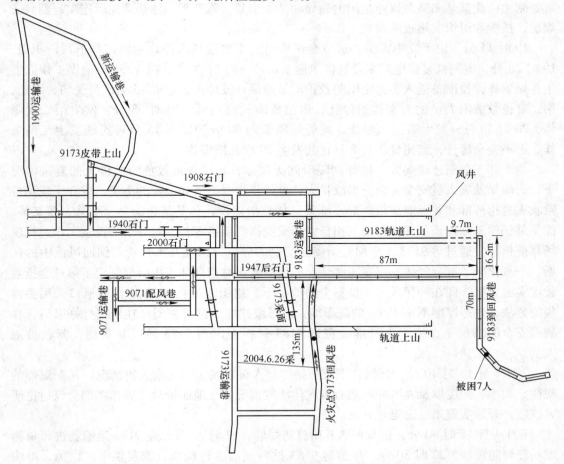

图5-14 云南省兴云煤矿庆云井"7·3"重大火灾事故示意图

B　抢险救援经过

兴云煤矿调度室接到井下火灾情况报告后，立即通知在地面的副矿长陈某某、李某某和救护队。李某某立即调集灭火器等救灾物资，随后到达九采区风井。陈某某在调度室通知井下人员撤离并及时向后所煤矿汇报。接到火灾情况汇报后，后所煤矿副矿长、兴云煤矿矿长李某、后所煤矿安全副总工程师韩某某和后所煤矿救护队队长黄某某先期赴到兴云煤矿，随后后所煤矿副矿长车某某、党委书记蔡某某、矿长沈某、副书记沈某某、总工程师罗某某先后赶到兴云煤矿，指挥现场抢险救灾工作。

7月3日11时5分，成立了以李某任指挥长，沈某、蔡某某任副指挥长的救火指挥部。指挥部通过对井下火情的分析，确定了从9183回风巷进去营救被困人员的第一套抢救方案。但由于1947后石门火势大、温度高，救护队员无法进入9183回风巷抢救被困人员，第一抢救方案无法实施。抢险救灾指挥部又通过分析，而后及时采取了第二抢救方案，并调整了施救措施，即组织施工力量从9183材料上山向9183回风巷打掘进巷道，贯通9183回风巷（两巷相差12m贯通），实施对9183回风巷被困人员的抢救。

接到事故报告后，云南东源煤业集团有限公司立即抽调羊场煤矿、恩洪煤矿、田坝煤矿的矿山救护队赶赴兴云煤矿参加抢险救灾。云南煤矿安全监察局副局长蒋某某、曲靖办事处副主任沈某某和陈源煤业集团的领导和某、李某、陈某某、孙某某先后连夜赶到兴云煤矿，指挥和组织实施抢险救灾工作。

19时15分，由于发生雷击，造成全矿停电，主要通风机停止运转，井下瓦斯积聚。19时20分，电网恢复供电后主要通风机启动运转。19时30分，井下9173采煤工作面发生瓦斯爆炸，使准备进入实施密闭的救护队员被爆炸波冲击，造成15名队员受伤，因此，第二套抢救被困人员的方案被迫停止，撤出抢险救灾人员。20时05分，发生第二次爆炸，20时30分，发生第三次爆炸，此后间隔长则30分钟短则15分钟连续发生瓦斯爆炸，据不完全统计，监测到7月8日止共发生29次瓦斯爆炸。

由于井下瓦斯连续爆炸，爆炸间隔时间无规律，在这种抢救危险性极大的复杂情况下，为确保救灾人员安全，防止事故扩大，进一步加强指挥和抢险的力量，成立了现场抢险救灾总指挥部和井下前线指挥部，陈某某任总指挥长，孙某某、沈某、李某、蔡某某、沈某某任副总指挥长。并由孙某某担任井下前线指挥部指挥长，对井下的抢险工作进行现场靠前指挥。通过对9173工作面瓦斯爆炸情况的分析，以及九风井观测到回风流中的瓦斯、一氧化碳、混合气体、温度实测情况，抢险救灾总指挥部连夜研究制定了第三套抢险救灾实施方案，即在确保入井人员安全的前提下，组织人员在9173运输顺槽口采用丢沙袋的方法，建造厚度不小于4m的防爆墙，防爆墙建好后再打密闭。在密闭打好以后，在确保安全的情况下，组织人员继续掘进9183材料上山与9183回风巷贯通，营救被困人员。

7月4日13时10分，根据井下抢救指挥部人员现场实际观察火灾情况、瓦斯爆炸的规律、频率、强度以及九风井观测有害气体浓度情况，经地面抢险救灾指挥部会议讨论研究决定，开始实施第三套抢救方案。

7月4日15时40分，由救护队开始打防爆墙。17时30分，在9173运输巷进风口侧成功建好防爆墙，22时30分，开始对9183材料上山进行检查，恢复供电、供风，组织施工队伍对9183材料上山掘进，同时由救护队对瓦斯爆炸情况实施监测。到7月5日14

时 11 分，9183 掘进头探眼打通对面的 9183 回风巷，贯通点相距长度为 3.1m。

根据指挥部的决定，7 月 5 日 15 时 09 分，加强了下井实施营救被困人员的井下掘进队伍和救护队人员。据井下监测和井下指挥部所做工作的汇报，19 时 09 分，井下抢险人员全部撤到安全地点，抢险救灾指挥部下达了放炮指令实施贯通作业。贯通后经过按预定方案监测，21 时 18 分救护队员进入现场对被困人员地点实施侦察，21 时 37 分，通过侦查，7 名被困人员全部围坐在 9183 回风巷道内耙斗装岩机背后的压风管口，均已遇难，无一人幸存，巷道内用风帘布挂起了简易的挡风帘，表明现场人员在遇难前采取了积极的自救措施。21 时 40 分，指挥部决定将 7 名遇难人员搬运出井，23 时 06 分，7 名遇难者的遗体全部搬运到指定地点。7 月 6 日 0 时 25 分，7 名遇难人员提升至井口地面，于 2 时 44 分运送至曲靖市公安部门进行尸检和善后处理。0 时 31 分，所有井下施救人员全部升井。整个营救遇难人员的工作基本结束。

7 月 6 日 8 时，抢险救火指挥部召开了对火区封闭处理的会议，11 时 30 分，救护队对 1947 后石门进行侦察，通过侦察，1947 后石门回风为 300m³/min 左右，温度 35℃，CO 达 1428×10⁻⁶，判断火势较大，人员无法进入。17 时 25 分，通过对 1947 正石门以下侦察情况检查，没有明火。火势没有蔓延到 1947 正石门以下区域，因此，指挥部决定：由救护队按 5m 厚度的要求施工防爆墙，防爆墙打好后，用砖打密闭，首先隔断火区的进风。19 时 30 分，救护队下井在 1908 后石门打防爆墙和密闭，隔断 9173 工作面的进风。22 时 31 分，防爆墙打好，开始打密闭墙，7 月 7 日凌晨 1 时，密闭墙打好，1 时 57 分，救护队员全部撤出井口。

7 月 8 日 13 时 38 分，开始采取从九风井地面静压防尘水池利用压风管向 9183 掘进工作面和井下灾区实施控制性灌水，以加快火区的熄灭速度。

7 月 10 日 16 时 50 分，救护队按照抢险救灾指挥部的部署。实施对火区回风口（1947 后石门）的密闭，19 时 02 分，密闭按要求打好，19 时 16 分，施工密闭的全部人员撤出井口。

1947 后石门回风口的成功密闭表明抢险救灾工作已告一段落。抢险救灾指挥部于 7 月 12 日零时撤销，同时成立恢复生产领导小组，具体负责恢复生产的工作。

5.5.5.3 事故原因

A 直接原因

（1）敷设在 9173 回风巷中的 3×4+1×4 型电缆不符合供电设计要求（该电缆供 1 台 11kW 局部通风机和 1 台煤电钻），在事故前，该电缆有约 300m 被盘成圈悬挂在 9173 回风巷的巷道帮上，盘成圈的电缆在供电时产生涡流导致电缆发热，电缆局部绝缘损伤导致电缆短路，加之井下供电"三大保护"没有动作，引起该电缆燃烧，造成火灾。

（2）在 9183 回风巷掘进头的陈某某、王某某、范某某、敖某某、孔某某、谭某某、陈某某 7 人，在火灾初期未能及时接到灾情通知，同时由于没有随身携带自救器，当发现险情时不能有效实施自救和互救，因此不能及时安全撤离危险区域，由火灾和火灾引发的瓦斯爆炸产生的一氧化碳中毒致死。

B 间接原因

（1）煤矿安全投入不足。安全设施不完善，矿井瓦斯监测监控系统只监不控，不能发挥应有的功能；矿井没有配备自救器，入井人员没有随身携带自救器。

（2）煤矿现场安全管理不到位。连队值班人员不能有效跟班指挥生产和处理重大险情。没有严格执行瓦斯检查制度和《云南省兴云煤矿 9173 工作面上隅角瓦斯治理的安全技术措施》。

（3）煤矿对井下从业人员安全基础知识培训教育不够，职工安全素质差，安全意识不强，发现险情时不能有效实施自救和互救。

（4）煤矿机电设备管理责任制没有落实，机电设备管理差。对机电设备的安全检查也不严格，致使煤矿井下存在的机电设备重大安全隐患得不到及时整改。

5.5.5.4　事故性质、责任及处理意见

这是一起责任事故。对事故相关的 23 名责任者及单位处理如下：

移交司法机关追究刑事责任 7 人。在事故中已死亡，不再追究。解除劳动合同 2 人；行政记大过 5 人；行政撤职 3 人；党内警告 2 人；行政记过 3 人；吊销电工操作资格证 1 人；对兴云煤矿处 7.7 万元罚款。

5.5.5.5　防范措施

（1）牢固树立"安全第一、预防为主"、"以人为本"的思想和安全发展观，深入贯彻落实《国务院关于进一步加强安全生产工作的决定》（国发〔2004〕2 号），充分认识加强安全生产工作的重要意义和现实紧迫性，认真落实各级、各部门安全生产责任制，把安全工作落到实处。

（2）切实加强对"一通三防"工作的管理。在矿井采掘布置和安全管理工作中，必须把"一通三防"作为重中之重狠抓落实，严格贯彻瓦斯治理的十二字方针，即"先抽后采，监测监控，以风定产"，认真落实"一通三防"管理制度，完善通风安全设施和矿井安全监测监控系统，完善井下综合防尘设施，充分发挥井下通风、防瓦斯、防尘等安全设施的作用，坚决杜绝"一通三防"事故。

（3）强化机电运输设备管理。一是加强机电设备的管理和检查维护，井下所有的防爆电气设备必须要有"两证一标志"，杜绝不合格的电气设备入井；在使用过程中严禁电气设备失爆。二是完善井下供电的"三大保护"，对供电线路定期进行检查和维护，保证"三大保护"灵敏可靠，确保供电安全。三是严格电气设备的使用、操作和管理，定期对机电设备及其防护装置进行检查、维修并建立技术档案。

（4）强化职工安全培训教育工作。按照"强制培训、广泛宣传，经常教育"的要求，做好井下从业人员和特种作业人员的安全培训教育工作，特种作业人员必须经培训考核，100%合格的持证上岗。对职工开展经常性的安全教育，认真开展好安全学习日活动和班前会，不断提高井下作业人员的安全技术素质和安全防范意识。

（5）加强现场安全管理和安全监督检查工作。坚持矿井行之有效的安全管理制度，严格现场跟班值班制度，加强现场的安全巡回检查，及时发现和解决生产过程中出现的问题，及时整改存在的安全隐患，狠反"三违"，确保安全生产。

（6）认真开展安全质量标准化活动，落实各项安全防范措施，加大安全生产投入，按要求配齐所需自救器，提高矿井抗灾能力。

5.6 本 章 小 结

本章主要介绍了矿井火灾的概念、分类和危害，阐述了煤炭自燃的假说，解释了煤炭自燃的一般规律和影响因素，重点讲述了矿井内外因防灭火技术和矿井火灾处理与控制的基本方法。

复习思考题

5-1 矿井发生火灾的 3 个条件是什么？

5-2 外因火灾与内因火灾各有何特点？

5-3 煤炭自燃的条件是什么，煤炭自燃的征兆有哪些？

5-4 用水灭火应注意什么？

5-5 火区启封方法有哪几种，应注意什么问题？

5-6 什么叫隔绝灭火法，对防火墙有何要求，如何封闭火区？

5-7 均压法灭火的原理是什么？

6 矿井顶板事故防治

煤层赋存于沉积岩系事故中,不仅煤层本身强度软弱,且煤层顶、底板强度较低,由此造成煤矿顶板事故频发,其次数排在煤矿安全生产事故之首,严重威胁到煤矿职工的安全。因此,有必要加强对顶板事故发生的原因、防治措施、安全检查等顶板管理方面的学习。

6.1 矿井顶板事故分类及其危害

在地下煤层中采煤时,煤层上面的岩层称为顶板,顶板分为伪顶、直接顶和基本顶(也称老顶)。直接顶就是直接在煤层上面,有一定强度,并会随回柱放顶而冒落的岩层,常见的有页岩、砂页岩等;在直接顶上面,强度比较大,厚度在 1.5m 以上,大面积暴露后才冒落的岩层称为基本顶,常见的有砂岩、砂砾岩、石灰岩等;有时在煤层和直接顶(或基本顶)之间,存在一层厚度小于 0.5m、随采随冒的软弱岩层称为伪顶,常见的伪顶有炭质页岩、泥质页岩等。顶板管理重点是管好直接顶和基本顶。

6.1.1 矿井顶板事故分类

顶板事故是指在地下采掘过程中,顶板意外冒落造成人员伤亡、设备损坏、生产终止等的事故。随着液压支架的使用及顶板事故的研究和预防技术的逐步完善,顶板事故有所下降,但仍然是煤矿生产的主要灾害之一。

A 顶板事故的类型

(1)煤矿顶板事故按地点可以分为采煤工作面(采场)顶板事故和巷道顶板事故两类。

(2)按冒顶范围可将顶板事故分为局部冒顶和大型冒顶两类。

(3)按发生冒顶事故的力学原因,可将顶板事故分为压垮型冒顶、推垮型冒顶和漏垮型冒顶三类。

B 顶板事故的危害

(1)局部冒顶是指范围不大,伤亡人数不多(1~2 人)的冒顶。煤矿生产中,局部冒顶事故的次数远多于大型冒顶事故,约占采场冒顶事故的 70%,总的危害比较大。

(2)大型冒顶是指范围较大、伤亡人数较多(每次死亡 3 人以上)的冒顶。采煤工作面大型冒顶包括基本顶来压时的压垮型冒顶、厚层难冒顶板大面积冒顶、直接顶导致的压垮型冒顶、大面积漏垮型冒顶、复合顶板推垮型冒顶、金属网下推垮型冒顶、大块游离顶板旋转推垮型冒顶、采空区矸石冲入采场的推垮型冒顶及冲击推垮型冒顶。巷道大型顶板事故多发生在局部冒顶附近及地质破坏带附近。

6.1.2 矿井顶板事故危害

矿井顶板灾害的危害有以下几个方面:

（1）无论是局部冒顶还是大型冒顶，事故发生后，造成停电、停风，给安全管理带来困难，对安全生产不利。

（2）如果是地质构造带附近的冒顶事故，不仅给生产造成困难，有时会引起透水事故的发生。

（3）在有瓦斯涌出区附近发生顶板事故将伴有瓦斯的突出，易造成瓦斯事故。

（4）如果是采、掘工作面发生顶板事故，一旦人员被堵或被埋，将造成人员伤亡。

6.2 采煤工作面顶板事故的预防及安全检查重点

6.2.1 采煤工作面局部冒顶事故的预兆及防治

采掘工作面或井下其他工作地点的冒顶事故大多数属于局部冒顶事故。工作面发生局部冒顶的原因主要有两个：一是直接顶被破坏后，由于失去有效的支护而造成局部冒顶；二是基本顶下沉压迫直接顶破坏工作面支架造成局部冒顶。

6.2.1.1 工作面局部冒顶事故的预兆及冒顶危险试探方法

A 预兆

（1）响声。岩层下沉断裂、顶板压力急剧加大时，木支架就会发出劈裂声，紧接着出现折梁断柱现象；可缩性金属支柱的活柱急速下缩，也发出很大声响，有时也能听到采空区内顶板发生断裂的闷雷声。

（2）掉渣。顶板严重破裂时，折梁断柱就要增加，随后就出现顶板掉渣现象。掉渣越多，说明顶板压力越大。在人工顶板下，掉下的碎矸石和煤渣更多，工人称其为"煤雨"，是发生冒顶的危险信号。

（3）片帮。冒顶前煤壁所受压力增加，变得松软，片帮的煤比平时多。

（4）裂缝。顶板的裂缝有两类，一种是地质构造产生的自然裂隙，另一种是由于采空区顶板下沉引起的采动裂隙。老工人的经验是："流水的裂隙有危险，因为缝深；缝里有煤泥、水锈的不危险，因为是老缝；茬口新的有危险，因为它是新生的。"如果这种裂缝加深加宽，说明顶板继续恶化。

（5）离层。顶板快要冒落的时候，往往出现离层现象。

（6）漏顶。破碎的伪顶或直接顶在大面积冒顶以前，有时因为背顶不严和支架不牢出现漏顶现象。漏顶如不及时处理，会使棚顶托空、支架松动，顶板岩石继续冒落，就会造成没有声响的大冒顶。

（7）瓦斯涌出量突然增大。

（8）顶板的淋水明显增加。

B 试探冒顶危险的方法

试探有没有冒顶危险的方法主要有：

（1）观察预兆法。顶板来压预兆主要有声响、掉渣、片帮、出现裂缝、漏顶、离层等现象。可由有经验的老工人认真观察工作面围岩及支护的变异情况，直观判断有无冒顶的危险。

（2）木楔探测法。在工作面顶板（围岩）的裂缝中打入小木楔，过一段时间进行一次检查，如发现木楔松动或者掉渣，说明围岩（顶板）裂缝受矿压影响在逐渐增大，预示有冒顶险情。

（3）敲帮问顶法。这是最常用的方法，其中又分锤击声判断法和震动探测法两种。锤击声判断法是用铁镐或铁棍轻轻敲击顶板和帮壁，若发出的是"当当"的清脆声，则表明围岩完好，暂无冒落危险；若发出"噗噗"的沉闷声，表明顶板已发生剥离或断裂，是冒顶或片帮的危险征兆。震动探测法是对断裂岩块体积较大或松软岩石（或煤层），用声判法难以判别时进行探测的方法，具体做法是：用一只手的手指贴在顶板下面，另一只手用铁镐、大锤或铁棍敲打顶板，如果手指感觉到顶板发生轻微震动，则表明此处顶板已经离层或断裂。这种操作方式人应站在支护完好的安全地点进行。

6.2.1.2　采煤工作面局部冒顶事故的易发地点及预防冒顶措施

采煤工作面顶板事故常发生在靠近两线（煤壁线、放顶线）、两口（采场两端）及地质破坏带附近。

A　靠煤壁附近的局部冒顶

煤层的直接顶中存在多组相交裂隙时，这些相交的裂隙容易将直接顶分割成游离岩块，极易发生脱落。在采煤机割煤或爆破落煤后，如果支护不及时，这类游离岩块可能突然冒落砸伤人，造成局部冒顶事故，如图6-1所示。

游离岩块

图 6-1　顶板中的游离岩块

（1）单体支柱工作面预防靠近煤壁附近局部冒顶的措施：

1）采用能及时支护暴露顶板的支架及支架布置方式，如正悬臂交错顶梁支架、正倒悬臂错梁直线柱支架等，如图6-2（a）所示；提高支柱的初撑力，在金属网下，可以采用长钢梁对棚迈步支架，如图6-2（b）所示。

2）炮采时，炮眼布置及装药量应合理，尽量避免崩倒支架。

3）尽量使工作面与煤层的主要节理方向垂直或斜交，避免煤层片帮。煤层一旦片帮应及时掏梁窝，进行超前支护，防止冒顶。

（2）综采工作面的局部冒顶主要是发生在靠近煤壁附近的漏冒型冒顶，其预防措施如下：

1）支架设计上，采用长侧护板、整体顶梁、内伸缩式前探梁，增大支架向煤壁方向的水平推力，提高支架的初撑力。

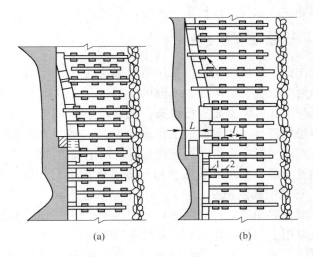

图 6-2 支架类型

（a）正悬臂交错顶梁支架；（b）正倒悬臂错梁直线柱支架
1—临时柱；2—正式柱；L—截深；l—排距

2）工艺操作上，采煤机过后，及时伸出伸缩梁，及时擦顶带压移架，顶梁的俯视角不超过 7°。

3）当碎顶范围较大时（比如过断层破碎带等），则应对破碎直接顶注入树脂类黏结剂使其固化，以防止冒顶。

B 放顶线附近的局部冒顶及预防

放顶线附近的局部冒顶主要发生在使用单体支柱的工作面。放顶线上支柱受力是不均匀的，当人工回拆"吃劲"的柱子时，往往柱子刚倒下顶板就冒落，如果回柱工来不及退到安全地点，就可能被砸着而造成顶板事故。

当顶板中存在被断层、裂隙、层理等切割而形成的大块游离岩块时，回柱后游离岩块就会旋转，可能推倒采场支架导致发生局部冒顶，如图 6-3 所示。

在金属网假顶下回柱放顶时，由于网上有大块游离岩块，也可能会发生上述因游离岩块旋转而推倒支架的局部冒顶现象。

放顶线附近的局部冒顶预防措施：

（1）加强地质及观察工作，记载大岩块的位置及尺寸。

（2）在大岩块范围内用木垛等加强支护。

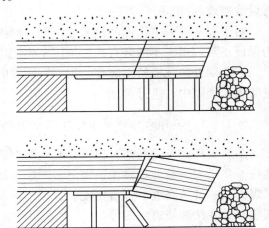

图 6-3 顶板中游离岩块旋转推倒支架

（3）当大岩块沿工作面推进方向的长度超过一次放顶步距离时，在大岩块的范围内要延长控顶距。

（4）如果工作面用的是单体金属支柱，在大岩块范围内要用木支架替换金属支架。

待大岩块全部都处在放顶线以外的采空区时，再用绞车回木支柱。

6.2.1.3　采场两端的局部冒顶及预防

对于单体支柱工作面，采场两端包括工作面两端的机头、机尾附近，以及与工作面相连的巷道。在工作面两端机头、机尾处，暴露的空间大，支承压力集中，巷道提前掘进，引发巷道周边的变形与破坏，经常要进行机头、机尾的移置工作。拆除老支柱架设新支柱时，碎顶可能进一步松动冒落。随着回采工作面的推进，要拆掉原巷道支架的一个棚腿，换用抬棚支撑棚梁，在这一拆一支之间，碎顶也可能发生冒落。

为预防采场两端发生漏冒，可在机头、机尾处各应用4对一梁三柱的钢梁抬棚支护（即四对八梁支护），每对抬棚随机头、机尾的推移迈步前移或在机头机尾处采用双楔铰接顶梁支护。在工作面巷道相连处，宜用一对抬棚迈步前移，托住原巷道支架的棚梁。此外，在采场两端还可以用十字铰接顶梁支护系统来预防漏冒。

在超前工作面10m以内，巷道支架应加双中心柱；超前工作面10~20m，巷道支架应加单中心柱以预防冒顶。

综采时，如果工作面两端没有应用端头支架，则在工作面与巷道相连处，需设置一对迈步抬棚。此外，超前工作面20m内的巷道支架也应以中心柱加强。

6.2.1.4　地质破坏带附近的局部冒顶及预防

地质破坏带及附近的顶板裂隙发育、破碎，断层面间多充以粉状或泥状物，断层面都比较光滑，使断层上下盘之间的岩石几乎无黏结力，尤其是断层面成为导水裂隙时，更是彼此分离。

单体支柱工作面如果遇到垂直于工作面或斜交于工作面的断层时，在顶板活动过程中，断层附近破断岩块可能顺断层面下滑，从而推倒工作面支架，造成局部冒顶。

为预防这类顶板事故，应在断层两侧加设木垛加强维护，并迎着岩块可能滑下的方向支设戗棚或戗柱。

对于有些综采工作面和机采工作面，回采过程中，煤壁的前方顶板和煤层特别破碎，为保证正常割煤，不漏矸石，可采用全楔式木锚杆。

当断层处的顶板特别破碎、用锚杆锚固的效果不佳时，可采用注入法，将树脂注入大量的煤岩裂隙中，进行预加固。

6.2.1.5　工作面局部冒顶的处理方法

采煤工作面发生局部冒顶后，要立即查清情况及时处理，否则延误时间，冒顶范围可能进一步扩大，给处理冒顶带来更多困难。处理采煤工作面冒顶的方法，应根据工作面的采煤方法、冒落高度、冒落块度、冒顶位置和影响范围的大小来决定，主要有探板法、撞楔法、小巷法和绕道法四种。

A　探板法

当采煤工作面发生局部冒顶的范围小，顶板没有冒严，顶板岩层冒落已暂时停止时，应采取掏梁窝、探大板木梁或挂金属顶梁的措施，即用探板法来处理。具体处理步骤为：处理冒顶前先观察顶板状况，在冒顶区周围加固支架，控制冒顶范围扩大；然后掏梁窝、探大板梁，板梁上的空隙要用木料架设小木垛接到顶部；架设小木垛前应先挑落浮矸，小木垛必须插紧背实，接着清理冒落矸石，及时打好贴帮柱，支柱打板的另一端加固支架；并要根据煤帮情况，采取防片帮措施。

B　撞楔法

当顶板冒落矸石块度小，冒顶区顶板碎矸停止下落或一动就下落时，要采取撞楔法来处理，如图6-4所示。具体操作是：处理冒顶时先在冒顶区选择或架设撞楔棚子，棚子方向应与撞楔方向垂直；把撞楔放在棚架上，尖端指向顶板冒落处，末端垫一方木块；然后用大锤击打撞楔末端，使它逐渐深入冒顶区将碎矸石托住，使顶板碎矸不再下落，之后立即在接楔保

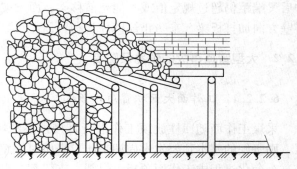

图6-4　撞楔法处理工作面冒顶

护下架设支架，撞楔的材料可以是木料、荆笆条、钢轨等。

C　小巷法

如果局部冒顶区已将工作面冒严堵死，但冒顶范围不超过15m，垮落矸石块度不大且可以搬运时，可以从工作面冒顶区由外向里，从下而上，在保证支架可靠及后路畅通情况下，采用人字形掩护支架沿煤壁机道整理出一条小巷道。小巷道整通后，开动输送机，再放矸，按原来的采高架棚。

D　绕道法

当冒顶范围较大，顶板冒严，工作面堵死，用以上三种方法处理均有困难时，可沿煤壁重新开切眼或部分开切眼，绕过冒顶区。

6.2.1.6　煤壁片帮的防治

采煤工作面的煤壁在矿山压力作用下发生自然塌落的现象叫片帮，也叫滚帮或塌帮等。片帮发生的条件主要有：工作面采高越大越发育就越容易片帮；工作面来压越严重，顶板越破碎，片帮越严重。因此，在采高大、煤质松软、顶板破碎、矿山压力大的工作面容易发生片帮；薄煤层和煤质坚硬的工作面一般不容易发生片帮现象。

片帮的危害主要有：工作面煤壁片帮后，使顶板的悬露面积突然增大，顶板会随之大量下沉，容易引起冒顶事故；同时，片帮时下落的大块煤炭也容易砸伤工作面的作业人员，造成人身伤亡事故。

预防煤壁片帮的安全措施主要有：

（1）使用爆破落煤的工作面要合理布置炮眼，打眼时严格控制炮眼角度，顶眼距顶板不要太近，炮眼装药量要适当。

（2）工作面煤壁要采直采齐，对有片帮危险的煤壁应及时打好贴帮柱，减少顶板对煤壁的压力。

（3）采高大于2m，煤质松软时，除了及时打好贴帮支柱外，还应在煤壁与贴帮柱间加横撑。

（4）在片帮严重的地点，煤壁上方垮落，应在贴帮支柱上加托梁或超前挂金属铰接顶梁。

（5）工作面落煤后要及时挑梁刷帮，使煤壁不留伞檐活矸。

（6）综采工作面顶板破碎或支架梁端距较大时，可采取及时支护的方法。若及时支护后梁端距仍超过规定值或不能超前移架，而梁端距超过规定值时，可在支架顶梁上垂直煤壁方向加打板梁，来防止煤壁片帮和冒顶。

6.2.2　大型冒顶事故的预兆及防治

6.2.2.1　工作面大面积冒顶的预兆

采煤工作面随回柱放顶工作进行直接顶逐渐垮落，如果直接顶垮落后未能充满采空区，则坚硬的基本顶要发生周期来压。来压时煤壁受压发生变化，造成工作面压力集中，在这个变化过程中工作面顶板、煤帮、支架都会出现基本顶来压前的各种预兆。

（1）顶板的预兆。顶板连续发出断裂声，这是由于直接顶和基本顶发生离层，或顶板切断而发出的声音。有时采空区顶板发出像闷雷的声音，这是基本顶和上方岩层产生离层或断裂的声音。顶板岩层破碎下落，称为掉渣。这种掉渣一般由少逐渐增多，由稀而变密。顶板的裂缝增加或裂隙张开，并产生大量的下沉。

（2）煤帮的预兆。由于冒顶前压力增大，煤壁受压后煤质变软变酥、片帮增多。使用煤电钻打眼时，钻眼省力。

（3）支架的预兆。使用木支架，支架大量被压弯或折断，并发出响声。使用金属支柱时，耳朵贴在柱体上，可听见支柱受压后发出的声音，支柱"破顶"、"钻底"。当顶板压力继续增加时，活柱迅速下缩，连续发出"咯咯"的声音，或工作面支柱整体向一侧倾斜。工作面使用铰接顶梁时，在顶板冲击压力的作用下，顶梁楔子有时弹出或挤出。

（4）瓦斯和水的预兆。含瓦斯煤层，瓦斯涌出量突然增加；有淋水的顶板，淋水增加。

6.2.2.2　采煤工作面大面积冒顶的原因

按顶板垮落类型可把采煤工作面大面积冒顶分为压垮型、推垮型、漏垮型三种。

（1）压垮型冒顶事故是由于坚硬直接顶或基本顶下沉时，受垂直于顶板方向的压力作用，使工作阻力不够，可缩量不足的支架被压断、压弯，或使支柱压入抗压强度低的底板，造成大面积切顶垮面事故。

（2）推垮型冒顶事故是由直接顶和基本顶大面积运动造成的，因此，发生的时间和地点有一定的规律性，多数情况下，冒顶前采煤工作面直接顶已沿煤壁附近断裂；冒顶后支柱没有折损只是向采空区倾倒，或向煤帮倾倒，但多数是沿煤层倾向倾倒。

（3）漏垮型冒顶的原因如下：由于煤层倾角较大，直接顶又异常破碎，采煤工作面支护系统中如果某个地点开始沿工作面往上全部漏空，会造成支架失稳，导致漏垮型事故发生。

6.2.2.3　采煤工作面中容易发生大冒顶的地点

（1）开切眼附近。在这个区域顶板上部硬岩基本顶两边都受煤柱支承不容易下沉，这就给下部软岩层直接顶的下沉离层创造了有利条件。

（2）地质破坏带（断层、褶曲）附近。在这些地点顶板下部直接顶岩层破断后易形成大块岩体并下滑。

（3）老巷附近。由于老巷顶板破坏，直接顶易破断。

（4）倾角大的地段。这些地段由于重力作用而岩石倾斜下滑加大。

（5）顶板岩层含水地段。这些地段摩擦系数降低，岩块间的摩擦阻力大为减少。

（6）局部冒顶区附近也有可能导致大面积冒顶。

近几年来，在采煤工作面大面积冒顶事故中，"复合顶板"下推垮型事故比较多，伤亡也较大。所谓复合顶板总的概念是：煤层顶板由下软上硬不同岩性的岩层所组成，软硬岩层间夹有煤线或薄层软弱岩层，下部软岩层的厚度一般大于 0.5m，而且不大于煤层采高。

6.2.2.4　采煤工作面大面积冒顶的一般预防措施

（1）提高单体支柱的初撑力和刚度。地方小煤矿由于使用的木支柱和摩擦金属支柱初撑力小、刚度差，易导致煤层复合顶板离层，使采煤工作面支架不稳定，所以采煤工作面必须使用单体液压支柱。

（2）提高支架的稳定性。煤层倾角大或在工作面仰斜推进时，为防止顶板沿倾斜方向滑动推倒支架，应采用斜撑、抬棚、木垛等特种支架来增加支架的稳定性。在单体液压支柱和金属铰接顶梁采面中，用拉钩式连接器把每排支柱从工作面上端头至下端头连接起来，形成稳定的"整体支架"。

（3）严格控制采高。开采厚煤层第一分层要控制采高，使直接顶冒落后破碎膨胀能充满采空区。这种措施的目的在于堵住冒落大块岩石的滑动。

（4）采煤工作面初采时不要反向开采。有的矿为了提高采出率，在初采时向相反方向采几排煤柱，如果是复合顶板，开切眼处顶板暴露日久已离层断裂，当在反向推进范围内初次放顶时，很容易在原开切眼处诱发推垮型冒顶事故。

（5）掘进回风、运输巷时不得破坏复合顶板。挑顶掘进回风、运输巷，就破坏了复合顶板的完整性，易造成推垮冒顶事故。

（6）高压注水和强制放顶。对于坚硬难冒顶板可以用微震仪、地音仪和超声波地层应力仪等进行监测，做好来压预报，避免造成灾害。具体可以采用顶板高压注水和强制放顶等措施来改变岩体的物理力学性质，以减小顶板悬露及冒落面积。

（7）加强矿井生产地质工作，加强矿压的预测预报。

此外，还可以改变工作面推进方向，如采用伪俯斜开采，防止推垮型大冒顶。

6.2.2.5　工作面大面积冒顶的处理措施

对于缓倾斜薄煤层和中厚煤层工作面，处理大面积冒顶的方法基本上有两种，一种是恢复冒顶区工作面的方法，另一种是另掘开切眼或局部另掘开切眼绕过冒顶区的方法。当冒顶影响的范围不大，冒落下来的岩石块度不大，用人工或采取一定措施后能够搬得动时，一般采取恢复工作面的方法处理冒顶。若冒顶的影响范围较大，不宜采用恢复工作面的方法时，则采用另开切眼绕过冒顶区的方法。

A　恢复冒顶区工作面的方法

（1）从冒顶地点的两端由外向里进行，先用双腿套棚维护好顶板，保护退路畅通，棚梁上用小木板刹紧背严，防止顶板继续错动、垮落；梁上如有空顶，要用小木垛接顶。

（2）边清理冒落岩石边架设工作面支架，把冒落的岩石清理倒入采空区，每清理一架棚的距离，在工作面支设一架木棚。若顶板压力大，可在冒顶区两头用木垛维护顶板。

（3）清理过程中遇到大块岩石不易破碎时，可用电钻（如有压风，最好用风钻）打眼放小炮的办法进行破碎。钻眼数量和每个炮眼装药量应根据岩块大小与岩石性质来决定。

（4）如顶板冒落的岩石很破碎，一次整理巷道不易通过时，可先沿煤壁输送机道整修一条小巷。

B　另开巷道绕过冒顶区

当冒顶范围大，不易采用恢复冒顶区工作面的方法处理时，可采用另开巷道绕过冒顶区的方法，也就是重新掘开切眼的方法。根据冒顶区发生在工作面的不同位置，一般分以下三种情况来处理：

（1）冒顶区发生在工作面机尾处。沿工作面煤壁从回风巷重开一条巷绕过冒顶区，将输送机机尾缩至工作面内支架完整处，工作面继续掘进。新掘巷的支架多采用一梁两柱或一梁三柱的棚子。当工作面与新掘巷采成直线时，再将刮板输送机机尾延长至回风巷，恢复正常回采。当冒顶区面积较大、矸石堵塞巷道，造成采空区、回风上隅角瓦斯积存时，要先排除积聚的瓦斯。

（2）冒顶区发生在工作面的进风巷附近。处理方法和在回风巷附近基本相同，同样采用部分重掘开切眼的方法处理。从工作面下部煤壁错过一段，留3~5m煤柱，或紧贴工作面煤壁从进风巷斜掘一条开切眼与工作面相通，将新开切眼与工作面连接处刷成允许刮板输送机弯曲的一个角度，就可以正常出煤。

（3）冒顶区发生在工作面中部。平行工作面煤壁留设3~5m煤柱重新掘开切眼，新开切眼的支架一般采用一梁两柱的棚子。新开切眼的掘进可以从工作面的进风巷和回风巷同时掘进，以提高掘进速度，尽快恢复生产。

掘进新的开切眼时，还应注意以下几点：

1）新开切眼一般是由冒顶区下部沿煤壁向上掘进，而不采取由上向下掘进。由上向下掘进出煤不方便，且不安全，会使冒顶范围扩大。

2）掘进新开切眼时，如果压力不大，可以采用一梁两柱的直腿棚子边掘进边架设，如果顶板压力大，应采用梯形棚子。

3）新开切眼靠近冒顶区的一侧，必须用木板背严，并留设适当的煤柱，以防冒顶区的矸石流入新开切眼内。

4）根据实际情况，新开切眼的长度要解决好通风问题。

6.2.2.6　各类型大面积冒顶事故致因及防治

A　基本顶来压时的压垮型冒顶

（1）发生压垮型冒顶事故的一般条件：

1）直接顶比较薄，其厚度小于煤层采高的2~3倍，冒落后不能充填满采空区。

2）直接顶上面基本顶分层厚度小于 5~6m，初次来压步距为 20~30m，或更大一些。

3）采煤工作面中，当支柱的初撑力较低时，基本顶断裂在煤壁之内；当工作面推进到基本顶断裂线附近时，顶板出现台阶下沉，这时基本顶岩块的重量全部由采场支架承担。

（2）基本顶来压时的压垮型冒顶事故的致因：

1）垮落带基本顶岩块压坏采煤工作面支架导致冒顶（图6-5）。

2）垮落带基本顶岩块冲击压坏采煤工作面支架导致冒顶。由于采煤工作面支架初撑力不足，在基本顶岩块未明显运动之前，直接顶与基本顶已发生离层（图6-6（a）），当基本顶岩块向下运动时，采煤工作面支架要受冲击载荷，支架容易被破坏，从而导致冒顶（图6-6（b））。

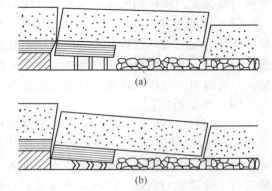

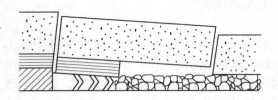

图 6-5 垮落带基本顶板岩块
压坏采煤工作面支架

图 6-6 垮落带基本顶板岩块冲击
压坏采煤工作面支架
（a）离层；（b）冲击压坏支架

综采工作面如遇基本顶冲击来压，可能将支架压死、压坏（立柱液压缸炸裂、平衡千斤顶拉坏等）或压入底板，发生顶板事故。

（3）预防基本顶来压时的压垮型冒顶事故的措施：

1）采场支架的初撑力应能保证直接顶与基本顶之间不发生离层。

2）采场支架的可缩量应能满足断裂带基本顶下沉的要求。

3）机采工作面遇到平行工作面的断层时，在断层范围内要加强工作面支护（最好用木垛），不得采用正常办法回柱。

4）采场支架的支撑力应能平衡垮落带直接顶及基本顶岩层的重量。

5）普采要扩大控顶距，并用木支柱替换金属支柱，待断层进到采空区后再回柱。

6）遇到平行工作面的断层时，如果工作面支护是单体支柱，当断层刚露出煤壁时，在断层范围内就要及时加强工作面支护（最好用木垛），不得采用正常回柱法；要扩大控顶距，并用木支柱替换金属支柱，待断层进到采空区后再回柱；如果工作面支护是液压自移支架，若支架的工作阻力有较大的富余，则工作面可以正常推进，若支架的工作阻力没有太大的富余，则应考虑使工作面与断层斜交或在采空区采用挑顶的措施过断层。

B 厚层难冒顶板大面积冒顶

（1）发生的条件。当煤层顶板是整体厚层硬岩层顶板（如砂岩、砂砾岩、砾岩等，其分层厚度大于 5~6m）时，它们要悬露几千平方米、几万平方米，甚至十几万平方米才冒落。这样大面积的顶板在极短时间内冒落下来，不仅由于重力的作用会产生严重的冲击破坏力，而且更严重的是会把已采空间的空气瞬时挤出，形成巨大的暴风，破坏力极强。

关于厚层难垮顶板大面积切冒的机理，有两种解释：一是顶板大面积悬露后，因弯曲应力超过其强度，导致顶板岩层断裂，并大面积垮落；二是顶板大面积悬露后，采空区周边煤柱上方岩层的剪应力超过其极限强度，导致顶板岩层大面积冒落。

（2）预兆：顶板断裂声响的频率和音响增大；煤帮有明显受压与片帮现象；底板出现底鼓或沿煤柱附近的底板发生裂缝；上、下平巷超前压力较明显；工作面中支柱载荷和顶板下沉速度明显增大；有时采空区顶板发生裂缝或淋水加大，向顶板中打的钻孔原先流清水后变为流白糊状的液体，这是断裂层岩块互相摩擦形成的岩粉与水的混合物。

（3）探测方法：大面积冒顶可以用微震仪、地音仪和超声波地层应力仪等进行预测。厚层坚硬岩层的破坏过程，长的在冒顶前几十天就出现声响和其他异常现象，短的在冒顶前几天，甚至几小时也会出现预兆。因此，根据仪器测量的结果，再结合历次冒顶预兆的特征，可以对大面积冒顶进行较准确的预报，避免造成灾害。

（4）预防措施：

1）顶板高压注水。从工作面平巷向顶板打深孔，进行高压注水，注水泵最大压力15MPa。顶板注水可起弱化顶板和扩大岩层中的裂隙及弱面的作用。其主要机理是：注水溶解顶板岩层中的胶结物和部分矿物，削弱层间黏结力；高压水可以形成水楔，扩大和增加岩石中的裂隙与弱面。因此，注水后岩石的强度将显著降低，如图6-7所示。

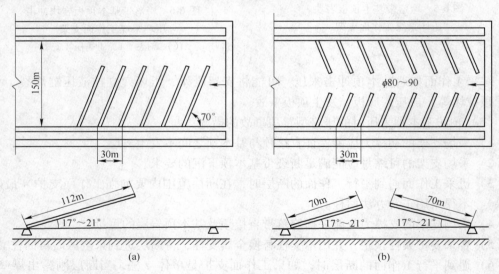

图 6-7 顶板高压注水布孔方式
（a）单侧布置；（b）双侧布置

2）强制放顶。所谓强制放顶就是用爆破的方法（主要有三种方法：平行工作面深孔强制放顶、钻孔垂直工作面的强制放顶、超前深孔爆破预松顶板）人为地将顶板切断，使顶板冒落一定厚度形成矸石垫层。切断顶板可以控制冒落面积，减弱顶板冒落时产生的冲击力，形成矸石垫层则可以缓和顶板冒落时产生的冲击波及暴风。为了形成垫层，挑顶的高度可按需要形成垫层的厚度进行计算。据大同矿区的实践经验，采空区中矸石充满程度达到采高和挑顶厚度之和的 2/3，就可以避免过大的冲击载荷和防止形成暴风。

强制放顶主要有：在工作面内向顶板放顶线处进行钻孔爆破放顶；对于综采工作面，由于在工作面内无法设置钻顶板炮眼的设备，可分别在上下平巷内向顶板打深孔，在工作面未采到以前进行爆破，预先破坏顶板的完整性；对于历史上有大面积冒顶的地区，目前又无法从井下采取措施时，可在采空区上方的地面打垂直钻孔，到达已采区顶板的适当位置，然后进行爆破，将悬露的大面积顶板崩落。

对厚层难冒顶板来说，不论是采取高压注水还是强制放顶，不论是在采空区处理还是超前工作面处理，所应处理的顶板厚度均应为采高的 2～3 倍（包括直接顶在内），从而保证安全生产。

C　大面积漏垮型冒顶

由于煤层倾角较大，直接顶又异常破碎，采场支护系统中如果某个地点失效发生局部漏冒，破碎顶板就有可能从这个地点开始沿工作面往上全部漏空，造成支架失稳，导致工作面漏垮型冒顶（图6-8）。

预防漏垮型冒顶的措施：选用合适的支柱，使工作面支护系统有足够的支撑力与可缩量；顶板必须背严背实；严禁爆破、移溜等工序碰倒支架，防止出现局部冒顶。

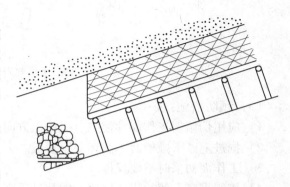

图6-8　工作面漏垮型冒顶示意图

D　复合顶板推垮型冒顶

推垮型冒顶是指因水平推力作用使工作面支架大量倾斜，进而造成的冒顶事故。复合顶板由下软上硬岩层构成，下部软岩层可能是一个整层，也可能是由几个分层组成的分层组。这里的软岩层与硬岩层只是个形象的说法，实际上是指采动后下部岩层或因岩石强度降低，或因分层薄，其挠度比上部岩层大，向下弯曲过多，而上下部岩层间又没有多大的黏结力，因此下部岩层与上部岩层形成离层。从外表看，似乎下部岩层较软，上部岩层较硬。

（1）复合顶板的特征：

1）煤层顶板由下软上硬不同岩性的岩层组成；

2）软、硬岩层间有煤线或薄层软弱岩层；

3）下部软岩层的厚度大于 0.5m，小于 3.0m。

（2）复合顶板推垮型冒顶的机理：

1）支柱的初撑力小，软硬岩层下沉不同步，软快而硬慢，从而导致软岩层与其上部硬岩层离层，如图6-9所示。

2）下位软岩断裂出六面体的原因：一是地质构造，即下位软岩层中存在原生的断层、裂隙或尖灭构造；二是巷道布置原因，即在工作面开采范围内存在沿走向或沿倾斜的旧巷下沉、断裂；三是由于支柱初撑力低，导致下位软岩层沿煤帮断裂。

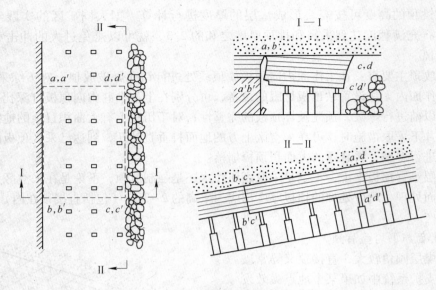

图 6-9　下位软岩层离层断裂

（3）预防措施：

1）应用伪俯斜工作面并使垂直工作面方向的向下倾角达 4°~6°。

2）掘进上、下顺槽时不破坏复合顶板。

3）工作面初采时不要反推。

4）控制采高，使软岩层冒落后能超过采高。

5）尽量避免工作面回风巷、工作面运输巷与工作面斜交。

6）灵活地应用戗柱戗棚，使它们迎着六面体可能推移的方向支设。

7）在开切眼附近控顶区内，系统地布置树脂锚杆。但是，在采用这个措施时应考虑采场中打锚杆钻孔的可能性和顶板硬岩层折断垮落时，由于没有已垮落软岩层作垫层，来压是否会过于强烈。

除上述措施外，还有两条措施应该采用：

1）在使用金属支柱和金属铰接顶梁的回采工作面中，用挂钩式连接器把每排支柱从工作面上端至工作面下端连接起来。由于在走向上支架已由铰接顶梁连成一体，这就在采场中组成了一个稳定的可以阻止六面体下推的"整体支架"。

2）必须提高单体支柱的初撑力，使初撑力不仅能支承住顶板下位软岩层，而且能把软岩层贴紧硬岩层，让其间的摩擦力足够阻止软岩层下滑，从而支架本身也能稳定。

E　金属网下推垮型冒顶

（1）回采下分层时，金属网假顶处于下列两种情况时，可能发生推垮型冒顶：

1）当上下分层开切眼垂直布置时，在开切眼附近，金属网上的碎矸石与上部断裂了的硬岩大块之间存在一个空隙。

2）当下分层开切眼内错式布置时，虽然金属网上的碎矸与上部断裂了的硬岩大块之间不存在空隙，但是一般也难以胶结在一起。

（2）金属网下推垮型冒顶的全过程分为两个阶段：

1）形成网兜阶段。这是由工作面内某位置支护失效导致的。如果周围支架的稳定性很好，一般不会发展到第二阶段，即还不至于发生冒顶事故。

2）推垮工作面阶段。在开切眼附近，金属网碎矸之上有空隙，或者由于支架初撑力小，而使网上碎矸石与上位断裂的硬岩大块离层，这就造成网下单体支柱不稳定，在网兜沿倾斜推力的作用下，使网兜下方的支柱由迎山变成反山，最终造成推垮型冒顶，如图6-10所示。这两个阶段有可能间隔很短时间。

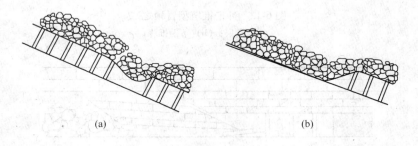

(a)   (b)

图 6-10　金属网下推垮型冒顶
（a）形成网兜；（b）推垮工作面

（3）金属网下推垮型冒顶的预防措施。

生产实践表明，由于支柱初撑力低导致产生高度超过 150mm 的网兜时，有可能引发网下推垮型冒顶。防止这类冒顶事故的主要措施是提高支柱初撑力及增加支架的稳定性，也可附加其他一些措施：

1）回采下分层时用内错式布置开切眼，避免金属网上碎矸之上存在空隙。

2）提高支柱初撑力，增加支架稳定性，防止发生高度超过 150mm 的网兜。

3）用"整体支架"增加支护的稳定性。如金属支柱铰接顶梁加拉钩式连接器的整体支护，金属支柱铰接顶梁加倾斜木梁对接棚子的整体支护，金属支柱与十字铰接顶梁组成的整体支护。

4）采用伪俯斜工作面，增加抵抗下推的阻力。

5）初次放顶时要把金属网下放到底板。

除上述大面积冒顶外，还有冲击推垮型冒顶（图6-11、图6-12）和采空区冒矸冲入工作面推垮型冒顶（图6-13）。

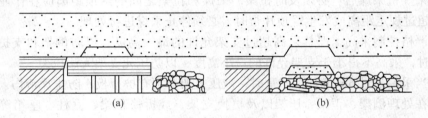

(a)   (b)

图 6-11　冲击推垮型冒顶之一
（a）离层；（b）下砸推垮

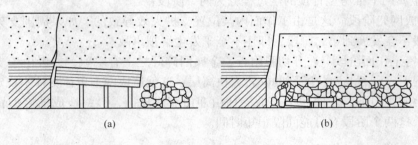

图 6-12　冲击推垮型冒顶之二

（a）离层；（b）下砸推垮

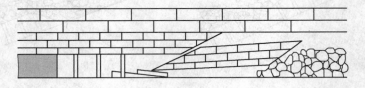

图 6-13　大块冒矸冲入工作面推垮型冒顶

6.2.3　安全检查重点

6.2.3.1　综采工作面现场安全检查

综采工作面液压支架的安全使用，上下安全出口的检查，工作面冒顶、片帮，工作面的支护等，应作为顶板安全检查的重点。具体包括以下几个方面：

（1）工作面端头维护必须符合《煤矿安全规程》要求，上下安全出口必须畅通无阻，安全出口高度不得低于 1.8m，且支护完好。

（2）工作面煤壁、刮板输送机和液压支架排列整齐，在移架前或移架后均需呈一条直线，拉线检查误差不大于±0.1m。在倾角大于 15°时，必须采取防滑防倒措施。

（3）液压支架不得有咬架、歪斜等现象，支架立柱不得有漏液、跑液和自动降架现象，顶梁及护帮升降收放灵活，不得有自动卸载松动现象。

（4）液压支架必须接顶，顶板破碎应超前支护和拉架。在处理液压支架上方冒顶时必须制定专门安全措施，报总工程师批准。

（5）采煤机采煤后，必须及时拉架。采煤和拉架之间的悬顶距离应在作业规程中明确规定；超过规定距离或发生冒顶片帮时，必须停止采煤进行处理。

（6）严格控制采高，严禁采高超过支架允许的最大高度，以防倒架和支护无力；当煤层变薄时，采高不得小于支架允许的最小高度，以防压死支架无法拉架。

（7）当采高超过 3m 或片帮严重时，液压支架必须有护帮板，防止片帮伤人。

（8）在处理倒架、歪架、压架以及更换支架，或拆修顶梁、立柱、座箱等大型部件时，都必须有安全措施。

（9）工作面因地质构造等原因需要爆破时必须遵守爆破安全规定，并保护好液压支架和其他设备。

6.2.3.2　机采工作面现场安全检查

与综采工作面相比，机采工作面装备水平较低，支护强度较小，容易发生顶板事故，因而工作面支护、上下安全出口、回柱放顶等应作为顶板安全检查的重点。具体包括以下几个方面：

（1）工作面上下安全出口必须畅通无阻，安全出口高度不得低于 1.6m，且支护完好。

（2）端头支护必须符合《采煤工作面作业规程》要求，可采用"四对八梁"，以加强端头支护。同时在移挪刮板输送机头尾时，在长梁的掩护下替换立柱，使挪移过程中有效支护顶板，保证端头顶板的有效支护。

（3）工作面支架、煤壁和刮板输送机都应保持直线，检线查测时误差不大于±0.1m。

（4）支架排柱距必须符合《采煤工作面作业规程》规定，误差不大于±0.1m。支护必须牢固接顶，迎山有力，不准出现松动和空顶支架。

（5）∩型钢梁必须成对并列交错支护，交错长度为 0.6m，出现误差超过±0.1m 时必须调整。铰接顶梁的支设形式必须符合《采煤工作面作业规程》规定，应提倡和推广交错支设方式，交错长度应为 0.6m。齐头梁不利于对顶板的支护，因此应避免齐头梁。如果《采煤工作面作业规程》规定交错布置，则应杜绝齐头梁现象。

（6）回柱放顶应有明确规定和安全措施。密集支柱、安全出口及分段放顶的开口和合拢位置的选择，以及分段放顶之间的距离都应明确规定。回柱放顶不准与割煤同时平行作业，回柱放顶时应停止刮板输送机。人工回柱时应用长柄工具，柄长不小于 1.2m，并要支设临时支护柱和木质的信号柱。

（7）采煤机割煤时应追机支设临时贴帮点柱。割煤、移输送机和支设正式支架的距离在《采煤工作面作业规程》中应有明确规定，一般不小于 15m 不大于 20m。当移挪输送机，支柱滞后超过规定时，应停止采煤机割煤。

（8）炮眼布置、装药量等必须符合要求，爆破前对支架和设备进行有效的保护。

（9）顶板破碎时应采取挂顶网、架设前探支架以及加强贴帮临时柱等措施，对此《采煤工作面作业规程》中应有明确规定，要严格执行。

（10）当工作面出现地质构造变化（如断层、裂隙、褶曲等情况或顶板压力增大）时，应及时补充安全措施，以加强顶板管理和支护，严防冒顶事故发生。

（11）采高大于 1.5m 时工作面应有防片帮措施。工作面生产中加强敲帮问顶，不准出现伞檐等隐患。

（12）采空区出现大面积悬顶不冒落时，应采取相应措施，如加强支护、密集加打戗棚、加强放顶等。

（13）工作面初采初放、收尾回撤搬家倒面时，都应制定专门措施。

6.2.3.3　炮采工作面现场安全检查

炮采工作面生产时容易出现的问题是冒顶片帮，因而炮采工作面支护与顶板管理、上下安全出口、回柱放顶等应作为顶板安全检查的重点。具体包括以下几个方面：

（1）工作面不少于两个安全出口，安全出口必须畅通无阻，安全出口净高不得低于

1.6m、宽度不得小于 0.8m，且支护完好。

（2）工作面端头支护形式、材料、规格必须在《采煤工作面作业规程》中明确规定。总的要求应该是加强支护且有长梁抬棚，其长度应为最大控顶加循环进度。

（3）工作面支架、煤壁和刮板输送机都应保持直线，拉线查测时误差不大于±0.1m。支架排柱距必须符合作业规程规定，误差不大于±0.1m，支护必须牢固接顶，迎山有力，不准有缺梁缺柱或折损弯曲和松动空顶的现象。

（4）放顶回柱在《采煤工作面作业规程》中必须有明确的规定，密集支设。安全出口及回柱方法、顺序必须符合《煤矿安全规程》要求。密集木支柱不准人工回柱，必须用慢速回柱绞车回柱。

（5）整个回柱工作必须在有经验的老工人指挥下进行，并且要清理好安全退路，一旦顶板发生险情，能立即撤离险区。采空区要每隔一段距离留有信号柱子。

（6）爆破后如果发现顶板破碎，要从输送机外侧支设探到煤帮的前探支架，以支护爆破区的顶板。

（7）摧（装）煤工站在输送机外侧有支护的地点用铁锹先在煤帮侧挖柱窝，打上临时护身柱后，才可进入，在临时柱的掩护下摧（装）煤。摧（装）煤时要清理好安全退路，身子不能靠近煤帮，更不能背靠煤帮摧（装）煤，以防漏顶片帮伤人。

6.2.3.4　采场重大安全隐患检查

A　采煤工作面支护

（1）综采工作面液压泵站压力不足 30MPa，机采工作面液压泵站压力不足 18MPa。

（2）单体液压支柱初撑力连续 2 根小于 50kN，或全部支柱初撑力合格率小于 80%。

（3）采煤工作面配备柱梁数量不足，缺柱梁各 20 根以上。

（4）采用失效柱梁，或使用超过使用期的支柱；不同类型或不同性能的支柱混用。

（5）底板松软而支柱不穿铁鞋，造成支柱钻底大于 100mm。

（6）切顶排特殊支护数量、质量不符合《采煤工作面作业规程》要求；顶板来压或悬顶超过《采煤工作面作业规程》规定未加强支护或采取人工强制放顶措施；输送机机头机尾不按规定使用特殊支护。

（7）工作面支护不适应工作面地质条件，支护强度低，整体性差，顶底板移近量大，出现台阶下沉。

（8）煤壁留有伞檐、悬矸、危石不及时敲帮问顶处理，危及人身安全；人员进入机道空顶空帮，不作临时支护。

（9）采煤工作面无支护质量监测人员、无初撑力监测仪表、无记录、无监测标志；有冲击地压危险矿井未对危险区进行预测预报，或无治理措施。

现场检查时，主要通过实际观测，考察现场实际状况。

B　工作面回柱放顶

（1）工作面不执行最大或最小控顶距规定，提前或延后回柱放顶。

（2）回柱工作违反规定措施或回撤程序；近身回柱无防护措施；一人回柱，无人监护；不先支后回。

（3）采煤工作面改支柱时不先支后回。

C 特殊条件下的开采

（1）有冲击地压危险的工作面未使用防飞水平销；爆破时警戒距离及躲炮时间不符合规定；工作面及工作面回风巷、工作面运输巷柱梁未采取防倒防崩措施。

（2）采煤工作面过断层、过破碎带、过老空区或老巷、复合顶板开采或现场条件发生变化时，未制定安全措施。

（3）采煤工作面初次放顶和最后收尾时，无规程、无措施施工，或违反规程、措施施工，未组织领导小组盯班上岗。

（4）运送、安装、拆除液压支架及处理倒架、咬架、压架，拆除立柱、座箱等大型部件时无安全措施，或不按措施操作。

6.3 巷道顶板事故的预防及安全检查重点

巷道顶板事故多发生在掘进工作面及巷道交叉点，巷道顶板死亡事故 80%以上是发生在这些地点。可见，预防巷道顶板事故，关注事故多发地点是十分必要的。

当巷道围岩应力比较大、围岩本身又比较软弱或破碎、支架的支撑力和可缩量又不够时，在较大应力作用下，可能损坏支架，形成巷道冒顶，导致顶板事故。

巷道顶板事故形式多种多样，发生的条件也各不同，但它们在某些方面存在着共同点。根据这些事故发生的原因与条件，可以制定出防范顶板事故发生的相应措施。

6.3.1 掘进工作面顶板事故发生的原因及预防措施

6.3.1.1 掘进工作面冒顶事故的原因

掘进工作面冒顶的原因有两类：

第一类型：掘进破岩后，顶部存在与岩体失去联系的岩块，如果支护不及时会与岩体失去联系而冒落。

第二类型：掘进工作面附近已支护部分的顶部存在与岩体完全失去联系的岩块时，就会冒落造成事故。

在断层、褶曲等地质构造破碎带掘进巷道时顶部浮石的冒落，在层理裂隙发育的岩层中掘进巷道时顶板冒落等，都属于第一类型的冒顶。

因爆破不慎崩倒附近支架而导致的冒顶，因接顶不严实而导致岩块砸坏支架的冒顶，则属于第二类型的冒顶。

此外，两种类型的冒顶可能同时发生，如掘进工作面无支护部分片帮冒顶推倒附近支架导致更大范围的冒顶。

6.3.1.2 预防掘进工作面冒顶事故的措施

（1）掘进工作面严禁空顶作业，严格控制空顶距。当掘进工作面遇到断层、褶曲等地质构造破坏带或层理裂隙发育的岩层时，棚子支护时应紧靠掘进工作面，并缩小棚距，在工作面附近应采用拉条等把棚子连成一体防止棚子被推垮，必要时还要打中柱。

（2）严格执行敲帮问顶制度，危石必须挑下，无法挑下时应采取临时支撑措施，严禁空顶作业。

（3）掘进工作面冒顶区及破碎带必须背严接实，必要时要挂金属网防止漏空。

（4）掘进工作面炮眼布置及装药量必须与岩石性质、支架与掘进工作面距离相适应，以防止因爆破而崩倒棚子。

（5）采用"前探掩护式支架"，使工人在顶板有防护的条件下出渣、支棚腿，以防止冒顶伤人。

（6）根据顶板条件变化，采取相应的支护形式，并应保证支护质量。架棚支护冒顶区及破碎带必须背严接实，必要时要挂网防止漏空。

6.3.2　巷道交叉处冒顶事故的原因及预防措施

6.3.2.1　冒顶的原因

巷道交叉处冒顶事故往往发生在巷道开岔的时候，因为开岔口需要架设抬棚替换原巷道棚子的棚腿，如果开岔处巷道顶部存在与岩体失去联系的岩块，并且围岩正向巷道挤压，而新支设抬棚的强度不够或稳定性不够，就可能造成冒顶事故。

6.3.2.2　预防巷道开岔处冒顶的措施

（1）开岔口应避开原来巷道冒顶的范围。
（2）交叉点抬棚的架设应有足够的强度，并与邻近支架连接成一个整体。
（3）必须在开口抬棚支设稳定后再拆除原巷道棚腿，不得过早拆除，切忌先拆棚腿支护抬棚。
（4）注意选用抬棚材料的质量与规格，保证抬棚有足够的强度。
（5）当开口处围岩尖角被挤压坏时，应及时采取加强抬棚稳定性的措施。
（6）交叉点锚喷支护时，使用加长或全锚式锚杆。
（7）全锚支护的采区巷道交叉点应缩小锚杆间距，并使用小孔径锚索补强。

6.3.3　支架支护巷道冒顶事故的一般防治措施

6.3.3.1　支架支护巷道冒顶的类型和原因

支架支护巷道的冒顶可分为压垮型、漏垮型和推垮型：
（1）压垮型冒顶是因巷道顶板或围岩施加给支架的压力过大，损坏了支架，导致巷道顶部已破碎的岩块冒落。
（2）漏垮型冒顶是因无支护巷道或支护失效（非压坏）巷道顶部存在游离岩块，这些岩块在重力作用下冒落。
（3）推垮型冒顶是因巷道顶帮破碎岩石，在其运动过程中存在平行巷道轴线的分力，如果这部分巷道支架的稳定性不够，可能被推倒而冒顶。

6.3.3.2　预防措施

根据冒顶的原因，有如下几条预防措施：
（1）巷道应布置在稳定的岩体中，尽量避免采动的不利影响。

（2）巷道支架应有足够的支护强度以抗衡围岩压力。

（3）巷道支架所能承受的变形量，应与巷道使用期间围岩可能的变形量相适应。

（4）尽可能做到支架与围岩共同承载。支架选型时尽可能采用有初撑力的支架，支架施工时要严格按工序质量要求进行，并特别注意顶与帮的背空问题，杜绝支架与围岩间的空顶与空帮现象。

（5）凡因支护失效而空顶的地点，重新支护时应先护顶，再施工。

（6）巷道替换支架时，必须先支新支架，再拆老支架。

（7）锚喷巷道成巷后要定期检查危岩，并及时处理。

（8）在易发生推垮型冒顶的巷道中要提高巷道支架的稳定性，可以在巷道的架棚之间严格地用拉撑件连接固定，增加架棚的稳定性，以防推倒。倾斜巷道中架棚被推倒的可能性更大，其架棚间拉撑件的强度要适当加大。

此外，在掘进工作面 10m 内，断层破碎带附近各 10m 内，巷道交叉点附近各 10m，冒顶处附近各 10m 内，这些都是容易发生顶板事故的地点，巷道支护必须适当加强。

6.3.4 压垮型冒顶的原因及预防措施

6.3.4.1 压垮型冒顶的原因

压垮型冒顶是巷道顶板或围岩施加给支架的压力过大，损坏了支架，导致巷道顶部的岩块冒落，从而形成事故。

巷道支架所受力的大小，与围岩受力后所处的力学状态关系极大。若围岩受力后仍处于弹性状态，本身承载能力大而且变形小，巷道支架感受不到多大的压力，当然不会被损坏。如果围岩受力后处于塑性状态，本身有一定的承载能力但会向巷道空间伸展，巷道支架就会感受较大的压力，若巷道支架的支撑力或可缩性不足，就可能被压坏。当围岩受力后呈破碎状态，本身无承载能力，并且大量向巷道空间伸展，这时巷道支架就会受到强大的压力，很难不被损坏。

巷道围岩受力后所处的力学状态由两方面因素决定：一是岩体本身的强度，以及受到层理裂隙等构造破坏的情况；二是所受力的大小。巷道围岩受力的大小也有两方面因素：一是由巷道所处位置决定的自重应力和构造应力；二是来自掘进引起的支撑压力。

6.3.4.2 压垮型冒顶的预防措施

根据上述压垮型冒顶的原因，可以采取以下防治措施：

（1）巷道应布置在稳定的岩体中，并尽量避免采动的不利影响。采区回采巷道双巷掘进时，护巷煤柱的宽度应视其围岩的稳定程度而定。围岩稳定时，护巷煤柱的宽度不得小于 15m；中等稳定时，应不小于 20m；软弱时，应不小于 30m。不用护巷煤柱时，最好是待相邻区段采动稳定后再沿空掘巷。

（2）巷道支架应有足够的支撑强度以抵抗围岩压力。

（3）巷道支架所能承受的变形量应与巷道使用期间围岩可能的变形量相适应。

（4）尽可能做到支架与围岩共同承载。支架选型时，尽可能采用具有初撑力的支架。

支架施工时，要严格按工程质量要求进行，并特别注意顶与帮的背严背空问题，杜绝支架与围岩的空顶与空帮现象。

6.3.5　漏垮型冒顶的原因及预防措施

漏垮型冒顶是因无支护巷道或支护失效巷道顶部存在游离岩块，这些岩块在重力作用下冒落，形成事故。

预防漏垮型冒顶的措施如下：

（1）掘进工作面爆破后应立即进行临时支护，严禁空顶作业。

（2）凡因支护失效而空顶的地点，重新支护时应先护顶，再施工。

（3）巷道替换支架时，必须先支新支架，再拆旧支架。

（4）锚杆支护巷道应及时施工，施工前应先清除危石，成巷后要定期检查危石，并及时处理。

案例：云南省曲靖市宣源县竹园镇团结煤矿"9·9"特大顶板事故

2004年9月9日13时40分，曲靖市富源县竹园镇团结煤矿一水平 C_8 煤层1801回采工作面发生一起特大顶板事故，造成10人死亡，1人受伤，直接经济损失141.8万元。

事故发生经过：

2004年9月4日，C_8 煤层1801工作面开切眼掘通，长约46m，至2004年9月7日开切眼安装好刮板运输机，支好金属支架，正式开始回采，至9月9日，工作面开切眼至煤壁6m。2004年9月9日8时整，早班采煤队在当班安全员蔡某某、大班长蔡某某的带领下，共计17名工人入井至 C_8 煤1801回采工作面工作，工作面全部打好炮眼、装完炸药和雷管，其中下段约25m已放炮，工人正在攉煤和支护，13时40分，工作面下段约25m的范围内顶板突然出现大面积垮落，当班作业人员10名被垮落矸石掩埋，下落不明，1人受伤，其余人员迅速撤离工作地点，并及时向井口值班室作了汇报，矿部接到报告后立即安排紧急救援，并及时上报上级相关部门。

直接原因：

（1）事故工作面 C_8 煤层直接顶为厚度在1.1～1.3m之间的粉砂岩及菱铁质粉砂岩互层，属中等稳定，直接顶初次垮落步距较大（为7m）且环状结构和节理发育，造成初次放顶时顶板压力较大；乡镇煤矿在推广壁式工作面开采过程中，对采煤工作面顶板危害认识不足。

（2）事故工作面支护质量差。一是支柱架设的迎山角不够，在现场勘察中测定的30余根支柱中，只有两根为迎山架设，其余的均为退山架设（退山角为2°～3°），迎山支撑力差；二是工作面无端头支护，端头为普通支护且下出口高度较低（高度在0.8～1.0m之间）；三是木垛是采用圆木架设在浮矸上（浮矸厚度为30cm左右）且未垂直煤层顶底板架设，没有达到支撑效果。

（3）事故工作面间采未按正规循环作业方式作业，《采煤工作面作业规程》贯彻学习差，作业人员没有正确理解支护质量要求；工作面工序安排混乱，顶板得不到及时的支护，造成工作面顶板处于临时支护的时间较长。

（4）事故工作面初次放顶虽制定了初次放顶措施，但内容不全，没有规定初次放顶期间应当采用的有效支护方式；没有按规定成立矿初次放顶领导小组负责初次放顶工作。

间接原因：

（1）团结煤矿事故工作面作业规程内容不健全，不完善，且在实施过程中贯彻落实不到位。

（2）煤矿特种人员少，从业人员素质低，对壁式工作面支护缺乏经验和技能，缺少熟悉壁式开采的技术人员，缺乏对壁式采煤工作面支护及顶板管理经验。

（3）市、县煤炭工业局在积极推行壁式工作面的同时，对壁式采煤的从业人员未开展专门的壁式采煤工艺的培训，推广过程中缺乏对壁式采煤方法、支护及顶板管理的技术指导，没有要求对壁式工作面进行矿压观测，找出矿压显现规律，及有效支护措施。

（4）县煤炭局和竹园煤炭分局对贯彻落实上级有关安全生产的要求上，虽有部署，有检查，但对事故隐患督促整改不到位。

（5）富源县政府在当年本县发生 3 起顶板事故，造成 5 人死亡的情况下，未引起足够重视，并未及时督促煤炭管理部门加强顶板管理的检查。

6.3.6 推垮型冒顶的原因及预防措施

推垮型冒顶是因为巷道顶帮破碎后，在其运动过程中存在平行巷道轴线的分力，如果这部分巷道支架的稳定性不够，可能被推倒而冒顶，从而形成事故。

预防推垮型冒顶的主要措施是提高支架的稳定性，可以在巷道的支架之间用撑木或拉杆连接固定，增加支架的稳定性，以防推倒。在倾斜巷道中架设支架应有一定的迎山角，以抵抗重力在巷道轴线方向的分力。

6.3.7 安全检查重点

巷道掘进过程中，如果控制管理不当，较易出现冒顶片帮等事故。现场安全检查的内容如下。

6.3.7.1 临时支护检查

主要包括：

（1）是否使用临时支护或金属前探支架，前探距离不超过一架棚架距，后部固定在两架棚梁上。

（2）锚喷巷道是否采用吊环前探梁端头临时支架。

（3）临时支架距工作面距离是否不大于 2m，锚喷巷道不大于 3~4m，软岩层中紧随工作面。

6.3.7.2 支护检查

主要包括：

（1）掘进与支护单行作业时，前段永久支架尚未完成时是否还继续掘进；永久支架前端距离工作面是否不大于 40m。

（2）平行作业时，平巷是否是由里往外支护；超过 10m 的倾斜巷道，每段内是否是由上往下进行永久支护。

6.3.7.3　架棚永久支护检查

主要内容：

（1）坑木直径是否符合设计要求；金属支架是否零件齐全；混凝土支架有无开裂、露筋现象。

（2）平巷支架是否垂直顶底板；斜巷支架是否向上坡倾斜。

（3）横梁是否垂直巷道中心线，两端保持水平。

（4）棚梁接口严密合缝，主要巷道棚梁接口无错位和离合现象。

（5）背板、撑木、拉杆布置是否符合设计要求，施工时要刹紧、背牢。

6.3.7.4　砌碹永久支护检查

主要包括：砌块及砂浆强度是否符合要求；砌体厚度是否符合设计规定，局部不小于设计 30mm，连续长度不超过 1m；壁厚是否充实填满，灰缝饱满。

6.3.7.5　锚喷永久支护检查

主要包括：锚杆规格、强度是否符合设计规定；喷浆强度、厚度是否达到设计要求；喷浆前是否清理岩帮与浮矸，喷浆后无露筋、干裂现象。

6.3.7.6　支架翻棚作业检查

操作程序是否是：

（1）检查顶板压力和棚子质量；

（2）加固邻近支护；

（3）排除顶帮活矸；

（4）翻棚。

斜巷中是否采取防止物体滚落和支架歪倒的安全措施。检查时，主要根据现场观察、抽查，查阅班组质量检查、中间验收质量等级评定记录和材料试验记录等进行。检查过程中，发现有空顶作业时要立即停止工作。

6.4　冲击地压的危害及预防

6.4.1　冲击地压的概念

冲击地压是指在开采过程中，井巷或采掘工作面周围煤（岩）体由于弹性变形能的瞬时释放而产生突然、急剧、猛烈破坏为特征的动力现象，又称"岩爆"、"煤爆"。

煤矿冲击地压是一种较特殊的动力现象，其实就是井下煤岩体突然的、爆炸式的破坏，同时会产生巨大的声响、煤岩抛出、冲击波和排出大量的瓦斯，一定范围内感到地震。冲击地压导致支架破坏、设备移动和空间堵塞等，可造成人员伤亡和巨大的经济损失，是威胁煤矿安全生产的重大灾害之一。

冲击地压的形成是由于煤岩体在高应力作用下内部积聚有大量的弹性能，同时部分岩体接近极限平衡状态。当采掘工作接近这些地方时，岩体的力学平衡状态被破坏，应力迅速下降，积聚的弹性能突然释放，其中很大部分能量转变为动能，将煤岩体抛向已采空间，因此，冲击地压的形成与煤岩层中的应力变化和积聚的弹性潜能密切相关。

6.4.2 冲击地压的特征

（1）突然爆发，冲击地压发生前一般没有明显的预兆，因此事先难以预料。

（2）发生过程短暂，一般不超过十几秒。

（3）发出巨大声响。冲击地压爆发的瞬间，伴有雷鸣般的巨大声响。

（4）形成强大的冲击波。爆体内积聚的弹性能突然释放，产生强大的冲击波。它能冲倒几十米至几百米内的风门、风墙等设施。

（5）产生弹性振动。冲击地压发生时在围岩内引起弹性振动，现场作业人员被弹起摔倒，甚至输送机、轨道等重型设备都可能被振动和推移，地面人员有时能感到这种振动。

（6）带来顶板下沉或底板膨裂。冲击地压发生时，常导致顶板瞬间明显下沉，底部突然开裂鼓起，甚至接顶。

（7）煤体移动。浅部冲击时，煤体发生移动，煤体移动时在顶板接触面上留有明显擦痕，擦痕的方向即为煤体移动的方向。

（8）煤帮抛射性塌落。冲击地压造成煤帮抛射性塌落，多发生在煤帮上部到顶板的一段，越靠近顶板塌落越深，堵塞空间，破坏支架。

6.4.3 冲击地压发生的条件

（1）煤层本身具有冲击危险，这是发生冲击地压的前提条件。一般来说，具有冲击危险的煤层特点有煤质较硬，容易产生脆性破坏；煤体在达到强度极限以前的变形表现为弹性变形；煤层的自然含水率低；煤层厚度较大或厚度变化较大。

（2）煤层顶板坚硬。工作面前方支承压力的大小与采区悬露面积有关。当煤层的顶板坚硬，采空区又有大面积悬顶时，会使煤体承受较高的支承压力，易于促发冲击地压。

（3）煤层底部强度较高。煤层顶底板都坚硬，顶板长时间不落和大面积悬空，使煤体易于积聚冲击地压发生所需的能量。

（4）开采深度大。工作面开采深度越大，煤体内应力变化越大，煤体变形和积聚的弹性潜能也越大。有的煤层虽然有冲击危险性，但浅部开采时，煤体应力小，达不到煤体的临界破坏条件，也不会发生冲击地压。当开采深度加大，应力增加，达到临界破坏条件时，就可能发生冲击地压。

（5）地质构造的存在对冲击地压的发生有较大的影响。构造应力的作用可以使地质构造区域易于形成应力集中区，当采掘工作面到达该区域时，易于突然释放弹性潜能，发生冲击地压。例如向、背斜轴部，断层附近以及煤层厚薄变化区域，冲击地压发生频繁。

（6）采煤方法影响冲击地压的发生。不同的采煤方法，所产生的矿山压力及其分布规律也不同。一般来说，短壁采煤法比长壁采煤法更易于引发冲击地压。

（7）留煤柱的方法影响冲击地压。煤柱是开采中的孤立体，是产生应力集中的地点，孤岛形和半岛形煤柱可能受几个方向集中应力的叠加作用，因而在煤柱附近易发生冲击地压。

（8）爆破诱发冲击地压。爆破产生的震动引起动载荷，改变了煤层中的应力分布，破坏了原有的平衡，形成冲击地压。

6.4.4　冲击地压的防治

从发生冲击地压的条件看，冲击地压的防治措施主要应避免产生应力集中区，对已产生的应力集中区或因地质构造因素已存在的高应力区，要通过采取改变煤岩体物理力学性能的一些措施，予以降低或释放。防治措施主要从这方面做起。由于冲击地压问题的复杂性和我国煤矿生产地质条件的多样性，增加了冲击地压防治工作的困难。为了有效地防治冲击地压的发生，应当根据具体条件因地制宜地采取综合治理措施，主要有：

（1）开采保护层。开采煤层群时，为了降低有冲击地压危险煤层的应力，首先应开采它附近的没有冲击地压危险的煤层，当所有煤层都有冲击地压危险时，应先开采冲击地压危险性最小的煤层。

（2）避免形成孤立煤柱。保证有合理的开采计划，避免形成应力集中的孤立煤柱。不允许在采空区内留煤柱，巷道上方不留煤柱，有条件的应采用无煤柱开采技术，避免应力集中。

（3）选择合理的开采方法。开采有冲击地压危险的煤层时，应尽量使用长壁采煤法，采用全部垮落法管理顶板，也可用充填采煤法。充填法虽然成本高，但是解决冲击地压和顶板事故最有效的方法。

（4）选择合理的巷道布置方式。开采有冲击危险的煤层时，应尽量将主要巷道和硐室布置在底板岩层中。

（5）合理安排开采程序。采煤工作面应向一个方向推进，不得相向开采，因为相向开采时上山煤柱逐渐变小，支撑压力逐渐增大，形成应力叠加，容易引起冲击地压。

（6）煤层注水。煤层注水是防治冲击地压非常有效的措施之一，它通过注水软化煤体，改变煤体的结构和物理力学性质，来改善煤层开采过程中能量释放的均匀性、瞬时性和稳定性，达到防治冲击地压的目的。注水应采用小流量、低压力和长时间的办法。

（7）顶板预注水。顶板预注水的作用主要有两点：一是降低顶板的强度，使原来不易垮落的坚硬顶板在采空区冒落，并转化成随采随冒的顶板；二是顶板注水后，本身的弹性性质减弱，因而减少了顶板的弹性潜能，从而降低冲击地压的危险性。

（8）布置卸载钻孔。通过向煤层布置大直径钻孔后，钻孔周围的煤体受力状态发生变化，使煤体卸载，支承压力分布发生变化，峰值位置向煤体深部转移。

（9）进行卸载爆破。卸载爆破就是在高压力区附近打钻，在钻孔中装药进行爆破。作用是改变支承压力带的形状和减小峰值，炮眼布置应尽量接近于支承压力带峰值位置。

（10）进行诱发爆破。就是在有冲击地压危险的地段进行大药量的爆破，人为地诱发冲击地压。

（11）煤层高压注水。高压注水的作用是压裂煤体，破坏煤体结构，降低承载能力，解除冲击地压威胁。

6.4.5 开采有冲击地压危险煤层应遵守的规定

（1）开采有冲击地压危险的煤层时，除了采取以上的预防措施外，还应该遵守《煤矿安全规程》中的有关规定。

（2）开采冲击地压煤层的煤矿，应有专人负责冲击地压预测预报和防治工作。

（3）冲击地压煤层掘进工作面附近有大型地质构造、采空区，通过其他集中应力区以及回收煤柱时，必须制定安全措施。防治冲击地压的措施中必须制定发生冲击地压时的撤人避灾路线。

（4）每次发生冲击地压后，必须组织人员到现场进行调查，记录发生前的征兆、发生经过、有关数据及破坏情况，并制定恢复工作的措施。

（5）开采严重冲击地压煤层时，在采空区不得留有煤柱。如果在采空区留有煤柱时，必须将煤柱的位置、尺寸以及影响范围标在采掘工程图上。

（6）开采煤层群时，应优先选择无冲击地压或弱冲击地压的煤层作为保护层开采。保护层有效范围的划定方法和保护层回采的超前距离，应根据对矿井实际考察结果确定。

（7）开采保护层后，在被保护层中确实受到保护的地区，可按无冲击地压煤层进行采掘工作。在未受保护的地区，必须采取放顶卸压、煤层注水、打卸压钻孔、超前爆破松动煤体或其他防治措施。

（8）对冲击地压煤层，应根据顶板岩性掘进宽巷或沿采空区边缘掘进巷道。巷道支护严禁采用混凝土、金属等刚性支架。

（9）开采冲击地压煤层时若采用垮落法控制顶板，切顶支架应有足够的工作阻力，采空区中所有支柱必须回净。

6.5 本章小结

本章主要介绍了采煤工作面和巷道中发生顶板事故的原因、事故类型、预兆和预防措施等，以及对采掘工作面和采区安全检查的重点，冲击地压的概念、发生的条件和预防措施等进行了阐述。重点讲述了各类型顶板事故的预防措施和安全生产管理方面的要求。

 复习思考题

6-1 简述煤矿顶板事故的类型和危害。

6-2 采煤工作面局部冒顶事故的预兆有哪些？

6-3 试探有没有冒顶危险的方法有哪些？

6-4 简述采煤工作面局部冒顶事故的易发地点及预防冒顶措施。

6-5 煤壁片帮的防治有哪些方法？

6-6 采煤工作面大面积冒顶的一般预防措施有哪些？

6-7 简述压垮型冒顶的预防措施。

6-8 厚层难冒顶板大面积冒顶发生的条件是什么？

6-9 简述机采工作面顶板事故的安全检查的重点。

6-10 简述冲击地压发生的条件和危害。

7 煤矿电气安全与机电灾害防治

7.1 矿井供电系统

为保证矿山供电的可靠性，通常由两个独立的电源向矿井变电所供电。我国矿井一般由 35kV 专用线路供电，有些乡镇煤矿取自农用电网。距供电电源较近时，用平行双回路供电，距供电电源较远时，电源一路，另一路由相邻矿区变电所供电。

井下供电系统一般由输电电缆、中央变电所、分区变电所、采区变电所、移动变电站、采区配电点及各类电缆组成，如图 7-1 所示。矿井供电必须符合下列要求：

（1）矿井供电应有两回路电源线路。当任一回路发生故障停止供电时，另一回路应

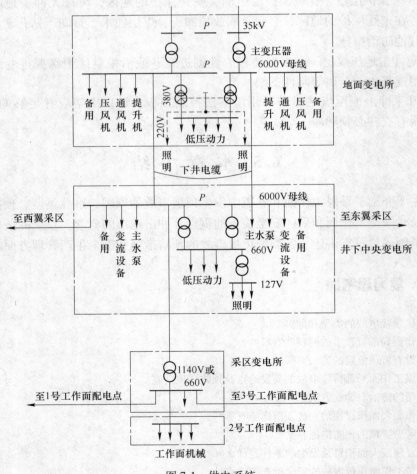

图 7-1　供电系统

能担负矿井全部负荷。年产 6 万吨以下的矿井采用单回路供电时，必须有备用电源；备用电源的容量必须满足通风、排水、提升等的要求。

（2）矿井两回路电源线路上都不得分接任何负荷。

（3）正常情况下，矿井电源应采用分列运行方式，一回路运行时另一回路必须带电备用。

（4）10kV 及其以下的矿井架空电源线路不得共杆架设。

（5）矿井电源线路上严禁装设负荷定量器。

（6）对井下各水平中央变（配）电所、主排水泵房和下山开采的采区排水泵房供电的线路，不得少于两回路。当任一回路停止供电时，其余回路应能担负全部负荷。

（7）主要通风机、提升人员的立井绞车、抽放瓦斯泵等主要设备房，应各有两回路直接由变（配）电所馈出的供电线路；受条件限制时，其中的一回路可引自上述同种设备房的配电装置。

（8）严禁井下配电变压器中性点直接接地。严禁由地面中性点直接接地的变压器或发电机直接向井下供电。

（9）井下各级配电电压和各种电气设备的额定电压等级应符合下列要求：高压不超过 10kV；低压不超过 1140V；照明、信号、电话和手持式电气设备的供电额定电压不超过 127V；远距离控制线路的额定电压不超过 36V；采区电气设备使用 3300V 供电时，必须制定专门的安全措施。

（10）井下低压配电系统同时存在两种或两种以上电压时，低压电气设备上应明显地标出其电压额定值。

（11）矿井必须备有井上、井下配电系统图，井下电气设备布置示意图和电力、电话、信号、电机车等线路平面敷设示意图，并随着情况变化定期填绘。图中应注明：1）电动机、变压器、配电设备、信号装置、通信装置等装设地点；2）每一设备的型号、容量、电压、电流种类及其他技术性能；3）馈出线的短路、过负荷保护的整定值，熔断器熔体的额定电流值以及被保护干线和支线最远点两相短路电流值；4）线路电缆的用途、型号、电压、截面和长度；5）保护接地装置的安设地点。

（12）电气设备不应超过额定值运行。井下防爆电气设备变更额定值使用和进行技术改造时，必须经国家授权的矿用产品质量监督检验部门检验合格后，方可投入运行。

（13）硐室外严禁使用油浸式低压电气设备。40kW 及以上的电动机应采用真空电磁起动器控制。

（14）井下高压电动机、动力变压器的高压控制设备应具有短路、过负荷、接地和欠压释放保护。井下由采区变电所、移动变电站或配电点引出的馈电线上，应装设短路、过负荷和漏电保护装置。低压电动机的控制设备应具备短路、过负荷、单相断线、漏电闭锁保护装置及远程控制装置。

（15）矿井高压电网必须采取措施限制单相接地电容电流不超过 20A。

（16）煤电钻必须使用设有检漏、漏电闭锁、短路、过负荷、断相、远距离启动和停止煤电钻功能的综合保护装置。每班使用前，必须对煤电钻的综合保护装置进行 1 次跳闸试验。

（17）井下低压馈电线上必须装设检漏保护装置或有选择性的漏电保护装置，保证自动切断漏电的馈电线路。

（18）直接向井下供电的高压馈电线上，严禁装设自动重合闸。手动合闸时，必须事先同井下联系。井下低压馈电线上有可靠的漏电、短路检测闭锁装置时，可采用瞬间 1 次自动复电系统。

（19）井上、井下必须装设防雷电装置，并遵守下列规定：1）经由地面架空线路引入井下的供电线路和电机车架线，必须在入井处装设防雷电装置；2）由地面直接入井的轨道及露天架空引入（出）的管路，必须在井口附近将金属体进行不少于 2 处的良好集中接地；3）通信线路必须在入井处装设熔断器和防雷电装置。

（20）永久性井下中央变电所和井底车场内的其他机电设备硐室，应砌碹或用其他可靠的方式支护。

（21）井下中央变电所和主要排水泵房的地面标高，应分别比其出口与井底车场或大巷连接处的底板标高高出 0.5m。

7.2　供电系统电气保护

7.2.1　电气保护装置的任务

在供电系统的运行过程中，往往由于电气设备绝缘损坏，操作维护不当以及外力破坏等原因，造成短路、漏电、断相故障或其他不正常的运行状态，影响矿井的正常生产，甚至危及人身安全或造成大的瓦斯、煤尘爆炸事故。因此，供电系统发生故障时，必须及时采取有效排除措施，以免产生严重的后果。当井下中性点不接地供电系统出现不正常运行状态（如单相接地及电气设备过负荷）时，电气保护装置能发出信号提示专职人员进行处理，或自动地将故障切除，限制事故范围的扩大。

7.2.2　井下电气保护的类型

煤矿井下电气保护所指的"三大保护"（漏电保护、过流保护和接地保护），是我国煤矿井下电气设备和线路普遍具备和使用的三种保护类型。随着供用电的安全性、可靠性和供电质量不断提高的要求，"三大保护"的含义、使用范围、保护装置类型不断更新，《煤矿安全规程》根据井下电气设备的作用、使用电压等级、操作方式与环境，对所采用的保护做出了规定。

保护的类型有以下几种：

（1）电流保护。包括短路保护、过流（过负荷）保护。

（2）漏电保护。包括非选择性漏电保护、选择性漏电保护。

（3）接地保护。包括系统接地保护、局部接地保护。

（4）电压保护。包括欠电压保护、过电压保护。

（5）单相断线保护。

（6）风电闭锁、瓦斯电闭锁。

（7）综合保护。如电动机综合保护和煤电钻（照明）综合保护等。

7.2.3　对电气保护装置的要求

对矿井电气保护装置的基本要求有选择性、快速性、灵敏性和动作可靠性四点。

A　选择性

当供电系统发生故障时，电气保护装置应能有选择地将故障切除，即断开距离事故点最近的开关设备，从而保证供电系统的其他部分能正常运行。为了保证电气保护装置的动作有选择性，上级开关保护动作值应比下级开关保护的动作值大 1.1 倍以上，而且要求上级开关的动作时间比下级开关的动作时间长 0.5~0.7s。

B　快速性

一般要求电气保护装置能快速切除故障。但有些情况下快速动作与选择性相矛盾。例如，选择性漏电保护，在线路出现漏电后，经一定选择时限，再通过开关的动作，这就影响了故障的快速切断。在不能同时满足以上两个要求时，一般应首先满足选择性的要求。对用来监测电力系统不正常工作状态的保护装置，如过负荷保护，就不需快速动作，应有一定的延时。

C　灵敏性

电气保护装置对其保护范围内的故障和不正常运行状态的反应能力称为灵敏性。不同的保护装置和被保护设备对灵敏系数的要求也不相同。井下被保护的变压器、线路等所有电气设备，其过流保护的最低灵敏系数为 1.5，后备保护灵敏系数为 1.2。

动作的灵敏性，通常用"灵敏度"，即灵敏系数 K_m 来衡量。以过电流保护为例，其公式为

$$K_m = \frac{I_{dmin}}{I_{DZ}} \tag{7-1}$$

式中　I_{dmin}——保护范围内的最小两相短路电流；

　　　I_{DZ}——保护装置整定动作电流。

D　动作可靠性

动作可靠性是指在线路和电气设备发生故障时，保护装置应能可靠动作，不会出现拒绝动作，也不会出现误动作。例如，鼠笼异步电动机正常启动电流为额定电流的 5~7 倍，这时若保护装置动作，电动机就会停止运转，此动作为误动作，若电动机出现短路故障、线路流过短路电流，此时装置不动作，称为拒动。这都是不可靠动作，因此必须进行正确整定和定期校验。

7.2.4　低压电网电压保护

7.2.4.1　欠电压保护

电压保护包括欠电压保护和过电压保护。欠电压保护也叫做失压保护，它是指在供电过程中，由于某种原因出现电网电压突然消失或急剧降低 30%~40%，此时，保护装置使开关跳闸，自动切断电源。当电网电压恢复后，开关不会自动合闸，不会自动恢复供电或用电设备自启动的一种保护装置。

煤矿井下高低压防爆开关都具有欠电压保护功能。高压防爆开关内装设有欠电压释放

装置，通常称为无压释放装置。低压磁力起动器的接触器在失压或欠压的情况下，接触器电磁吸合刀不能保持吸合状态而释放，其起动控制回路中的自保接点已打开，只有电压恢复后人工重新启动，起动器才能送电。所以，磁力起动器的控制回路就兼有欠电压装置的功能，能够起到防止电动机低压运行时被烧毁和电动机自启动造成事故的作用。

7.2.4.2 过电压保护

过电压是指在供用电系统的运行过程中，产生危及电气设备绝缘的电压升高，称为过电压。一般超过额定电压 15% 以上。

电气设备的安全运行主要取决于设备的绝缘水平和作用于绝缘上的电压，而各种形式的过电压都有可能破坏电气设备的绝缘，烧毁供电线路，造成供电系统长时间停电的重大事故。

依照过电压产生的来源，可分为内部过电压和大气过电压两类。经由地面架线引入井下的供电线路和电机车架线，为防止大气过电压波及到井下，应在该线路的入井处装设防雷电装置，通信线路还应装有熔断保护器。

煤矿井下的过电压主要是内部过电压，按其性质可分为操作过电压、弧光接地过电压和谐振过电压等几种。供电系统中的误操作、一相接地和短路故障等都是引起内部过电压的直接原因。

减少过电压的技术措施：

(1) 研制低截流和低重燃率的真空触头（其截流值为 0.5~1A）。

(2) 在负载上并联电容器或在 10kV 及其以下的母线上装设一中性点接地的星形接线电容器组。

(3) 负载端并联电阻-电容，可以有效地降低截流过电压和减少或阻止电弧重燃。

以上方法主要是通过改变设备或系统的参数，来达到破坏产生谐振的条件的。

7.2.5 井下低压电网的漏电保护

7.2.5.1 井下漏电故障的类型及原因和危害

A 漏电与漏电故障

漏电是指在电网对地电压的作用下，电流沿电网对地的绝缘电阻和分布电容流入大地，这一电流称为电网对地的漏电电流，简称漏电。在变压器中性点不接地的供电系统中，当电网中的任何一相，不论什么原因，使其绝缘遭到破坏，出现漏电时，它对电网的平衡影响很小，不会影响电动机正常运转。这种漏电隐患在供电中长期存在下去的现象，称为漏电故障。

B 漏电故障的类型

漏电故障是低压供电系统中的常见故障。若供电系统中某一处或某一点的绝缘受到破坏，其绝缘阻值低于规定值，而供电系统中其余部分的对地绝缘仍保持正常时，称为集中性漏电；若供电系统网络或某条线路的对地绝缘阻值均匀下降到规定值以下时，称为分散性漏电故障。在井下供电中遇到的大多数漏电故障属集中性漏电故障类型，分散性漏电故障类型极为少见。

C 常见漏电故障的原因

井下工作环境较差，供电系统对地绝缘极易受到破坏常导致漏电故障的发生。归纳起来主要有如下几方面的原因：

（1）电缆和设备长期过负荷运行，促使绝缘老化。

（2）电缆芯线接头松动后碰到金属设备外壳。

（3）运行中的电缆和电气设备受潮或进水，使供电系统绝缘性能降低。

（4）在电气设备内部随意增设电气元件，使元器件间的电气间隙小于规定值，导致放电而接地。

（5）导电芯线与地线错接。

（6）电缆和电气设备受到机械性冲击或炮崩。

（7）人身直接触及一相导电芯线。

7.2.5.2 漏电故障的危害

漏电故障会给人身和矿井的安全带来很大的威胁，因而必须进行严格的管理。当漏电电流的电火花能量达到瓦斯、煤尘最小点燃能量时，如果漏电处的瓦斯浓度在 5%~16% 时，即能引起瓦斯、煤尘燃烧或爆炸；当漏电电流超过 50mA 时，可能引起电雷管的超前起爆，导致人员伤亡；当漏电故障不能及时发现和排除时，就可能扩大为相间短路事故；若人身触及一相带电导体或漏电设备外壳，流经人身电流超过 30mA 的极限电流时，就有伤亡的危险。由此可见，漏电故障的危害是十分严重的，必须采取措施加以预防。

7.3 井下供电"三大"保护装置

7.3.1 电气设备过流保护和失压保护

7.3.1.1 过流保护

凡是流过电气设备（包括供电线路）的电流超过其额定电流时称为过电流，简称过流。过流可分为允许过流和不允许过流两种，通常所说的过流是指不允许过流。过流会使电气设备绝缘老化，降低使用寿命，造成电气设备烧毁（含电缆着火燃烧），引发电气火灾，引爆瓦斯和煤尘。

常见的过流有短路、过负荷和断相三种。

（1）短路过流：在电网和电气设备中，若不同相线之间通过导体直接短路或通过弧光放电短路均会产生过流。短路电流的大小取决于电网电压、短路点的电阻及短路点的位置，一般是额定电流的几十倍以上。

（2）过负荷过流：过负荷是指电气设备的工作电流不仅超过了额定电流值，而且超过了允许的过负荷时间。过负荷在电动机、变压器和电缆线路中较为常见，是烧毁电动机的主要原因之一。过负荷电流一般比额定电流大 1~2 倍。

（3）断相过流：三相电动机在运行过程中出现一相断线，这时电动机仍然会运转。但由于机械载荷不变，电机的工作电流会比正常工作时的工作电流大很多，从而造成过流。

　　由于煤矿井下空气潮湿，有淋水、滴水影响，电气设备的绝缘容易受潮，在井巷和硐室围岩压力的作用下经常有岩石和煤块垮落，矿车掉道也时有发生，电气设备的绝缘容易受到机械损伤；加之工作面采掘运设备的负载变化大，电气设备移动频繁，因而发生各种过流故障的可能性远比地面多，其危害和损失也大。因此，在煤矿井下，对电气设备的各种过流故障更应加以预防。

　　根据保护功能的不同，可分为短路保护装置、过负荷保护装置、断相保护装置和过流综合保护装置。

7.3.1.2　失压保护

　　失压保护是指供电过程中，在电源电压突然消失或急剧降低时，能使开关自动跳闸，切断供电电源，而且在电源电压恢复后，电动机不会自动启动，变压器不会自动恢复供电。

　　电网供电过程中由于各种原因，有时会出现电源电压突然消失或急剧降低。例如，在距离电源较近处发生短路故障时，就会出现这种情况，这时接在电网中的所有电动机都会突然停止运转或转速急剧下降。在引起电源电压消失或急剧降低的因素消除后（例如短路保护装置动作，切除短路故障线路后），电源电压又会自动恢复。这时如果电动机和变压器的控制开关没有断开，电动机将会自动启动，从而造成事故。例如，在工作面刮板输送机上出现这种情况时，就有可能造成人员伤亡；在提升机用的绕线式异步电动机上出现这种情况时，由于转子电路中没有接入启动电阻，电动机将被烧毁，并可能造成重大提升事故。

　　井下高电压电动机动力变压器的高压侧，应有短路、过负荷和欠电压释放保护。井下由采区变电所、移动变电站或配电点引出的馈电线上，应装设短路和过负荷保护装置，或至少应装短路保护装置。低压电动机应具备短路、过负荷、单相断线的保护及远方控制装置。

7.3.2　井下漏电保护

　　漏电是井下经常发生的故障，也是比较难处理的工作。漏电故障按性质可分为集中性漏电和分散性漏电。所谓集中性漏电，是由于某台设备或电缆负荷部分的绝缘被击穿或带电导体碰及外壳所造成的。分散性漏电是由于某台设备或某条电缆的绝缘水平太低，或整个电网绝缘水平太低而引起的。集中性漏电又分为长期、间隙和瞬间性集中漏电三种。

　　漏电电流超过了极限安全电流：（1）会造成人身触电伤亡；（2）产生电火花，引爆瓦斯或煤尘，引起火灾等重大事故；（3）工作面漏电会引爆电雷管，造成人身伤亡事故。

　　因为井下漏电具有以上各项危害，为确保矿井和人体的安全，煤矿井下必须限制漏电电流，设置漏电保护装置。

　　漏电保护装置应连续监测电网的绝缘状态，当电网绝缘电阻降低到规定值时，快速切断供电电源。漏电保护装置必须灵敏可靠，既不能拒动，也不能误动，严禁甩掉不用。要使用带有漏电闭锁的检漏保护装置，以便在电网送电之前应能对电网的绝缘状态进行监测，一旦发现漏电，将电源开关闭锁。最理想的是使用有选择性的检漏保护装置，使其动作有选择性，以缩小停电范围。将漏电保护装置与屏蔽电缆配合使用，当相线绝缘损坏发生漏电时，由于通过屏蔽层接地，而屏蔽层外部又有绝缘外护套保护，因此，在漏电火花还未外露之前，漏电保护装置就已经动作，切断电源，从根本上杜绝了在空气中出现漏电火花的可能性，即实现了超前切断。煤电站必须设有检漏、短路、过负荷远距离起动和停止的综合保护装置。发现检漏装置有故障或网路绝缘降低时，应立即停电处理，修复后方可送电。

7.3.3 井下接地保护

7.3.3.1 井下保护接地网

A 保护接地网

将井下各供电点，如中央变电所、采区变电所、大巷配电室、工作面配电点、高压接线盒和低压接线盒等的接地极，用公共母线连接起来，形成一个接地系统，这个系统叫保护接地网。保护接地网中的母线为铠装电缆金属钢带和铅套、橡套电缆的接地芯线。

接地极的作用是大大降低人体触电的危险性，但必须将接地极电阻值降到足够低的数量级上。为了获得较低的接地总电阻值，将主接地极以及其他各局部接地极用公共母线连成整体，形成接地网。

B 井下电气设备与接地网的连接

井下所有的电气设备外壳，都必须使用专用的接地母线、辅助接地母线和连接线连接。这些连接线一般都采用钢铁或铜质材料，严禁使用铝质材料。

7.3.3.2 井下保护接地的重要性

在煤矿井下人体触电事故中，以人触及带电壳体造成的触电事故为最常见。为限制此时通过人体的触电电流，设置可靠的保护接地装置是最有效的措施。

所谓保护接地，就是用导体把电气设备中不带电的金属外壳部分（如电动机、变压器、接线盒等）连成一个整体，与埋在地下的接地极连接在一起。由于有了接地极，当设备外壳和动力电任一相相碰时，就能将壳体上的电压降到安全数值。这样人触及带电壳体时，就能避免触电危险，从而保证人体的安全。

装有保护接地装置的电气设备如图 7-2 所示。

当人触及与动力电一相接触而带电的外壳时，电流将通过人体电阻和接地极电阻的并联入地，再通过电网绝缘电阻流回电源。由于接地极的分流作用，通过人体电流将大大减少。通过人体电流的大小与接地极电阻的大小有直接关系，可通过式（7-2）计算：

$$I_h = I_d R_d / R_h \tag{7-2}$$

式中　I_h——通过人体电流，A；

　　　I_d——通过接地极入地电流，A；

　　　R_d——接地极电阻，Ω；

　　　R_h——人体电阻（规定为 1000Ω）。

通过式（7-2）分析可见，如果不实行保护接地，电流将经过人体入地，人体将全部承受接地电流，危险十分严重；当实施保护接地，电流大部分通过接地极入地。只要接地极的电阻很小，则通过人体的电流就可以达到安全值以下。根据煤矿井下对接地电阻的要

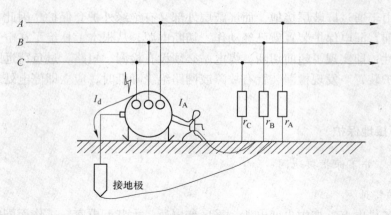

图 7-2　保护接地装置示意图

求，接地电阻应不大于 2Ω。

由于安装了接地极，当设备与地面离开或接触不好时，由于接地极的分流作用，漏电流产生的火花能量将大大减低，减少了瓦斯、煤尘爆炸的可能性。

7.4　矿用电缆

矿井供电系统中的供电线路分架空线路和电缆线路两类。架空线路主要用在矿井地面，导电材料多采用裸露的钢芯铝绞线和铝绞线。煤矿井下由于空气潮湿，巷道狭窄，有岩石冒落危险，使用架空线路不安全，所以井下除选用架线式电机车的架线外，其他供电线路必须使用电缆。此外，为了安全，矿井地面也都使用电缆向工业广场内各主要设备厂房供电，以及这些设备房内的高低压配电。

由于大量使用电缆，特别是煤矿井下电缆容易受潮和遭到机械损伤，发生漏电、短路的机会较多，因而电缆是矿井供电安全方面的一个薄弱环节。为了确保矿井安全供电，就必须对电缆进行正确的选择、安装和使用，并应精心维护。

矿用动力电缆是指适用于煤矿井下，向动力和照明负荷供电的电线。常用的矿用动力电缆有铠装电缆、橡套电缆和塑料电缆。

7.4.1　铠装电缆

铠装电缆（图 7-3）的导电芯线有铝线和铜线两种，故分铝芯电缆和铜芯电缆。为使电缆柔软，芯线多由多根细铝线或细铜线缠绕而成，铝芯电缆的优点是重量轻、价格便宜；但铝芯线的接头不好处理，容易氧化，造成接触不良而发热，特别是在出现短路故障时，由短路电弧产生的灼热铝粉更容易引起矿井沼气和煤尘燃烧爆炸。因此，对于煤矿井下特别是采区内的低压电缆，由于它们出现短路故障的机会较多，不宜采用铝芯电缆（采区严禁采用）。

三相铠装动力电缆一般有三根导电芯线，为使三根芯线彼此可靠绝缘，故在每根导电芯线的外面缠包上浸渍了电缆油的绝缘纸带。电缆的额定电压等级越高，绝缘纸带的层数越多，厚度越大。

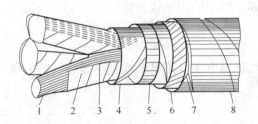

图 7-3 铠装电缆的一般构造
1—导电芯线；2—分相纸绝缘；3—麻填料；4—统包纸绝缘；
5—铅护套；6—防腐纸带；7—黄麻保护层；8—金属铠装

以上用浸油绝缘纸带作相间和统包绝缘的电缆称为油浸纸绝缘电缆。这种电缆成缆后纸带和麻芯上附着的电缆油可以在电缆的铅护套内流动。如果将这种电缆作垂直或倾斜敷设，电缆中的绝缘油将会逐渐集中到电缆的下部。这不仅会使电缆上部的绝缘性能降低，而且会加大对电缆下部终端接线盒的压力，导致电缆和下部终端接线盒发生短路。因此，这种油浸纸绝缘电缆在敷设时，电缆两端的垂直落差受到严格限制，不宜作垂直和倾斜较大的敷设。

为了克服上述油浸纸绝缘电缆的缺点，又专门生产有干绝缘电缆和不滴流电缆。前者是在成缆前先将绝缘油滴干，因而敷设时的垂直落差可以加大（不超过 100m）。不滴流电缆则是采用了特殊的浸渍剂，保证成缆后浸渍剂不会在电缆铅护套中流动，因而敷设时的垂直落差不受限制，适合在立井中作垂直敷设，以及在倾斜 45° 及以上的斜巷中敷设。

对电缆芯线统包绝缘后，为防止水气浸入绝缘层，同时防止浸渍剂外流，在统包绝缘层的外面再包一层无缝的铅皮，称为铅护套。它和电缆最外层的金属铠装一起，用作铠装电缆的接地线。

除采用铅护套的铠装电缆外，在矿井地面还广泛采用铝护套的铝装电缆（铝包电缆）。由于铝护套也要做裸露的接地线，因而在井下使用更危险。所以《煤矿安全规程》规定井下严禁使用铝包电缆。所以矿用动力电缆中不包括铝包电缆。

为了保护铅护套不受化学腐蚀，在保护套的外面包有防腐纸带。

铠装电缆的最外层是用钢带或钢丝绕包的铠装层。为防止电缆弯曲时铠装将铅护套磨坏，故在两者之间加了浸渍沥青的黄麻护层。

电缆外层加金属铠装的作用，是为了增大电缆的机械强度，使它能承受一定的压力和拉力，免遭机械损坏。但钢带铠装不能承受很大的拉力，因此对于需要垂直或倾斜 45° 及其以上敷设的电缆，不能采用钢带铠装电缆，应采用钢丝铠装电缆，以免电缆被拉断。

最后，为了防止铠装部分被锈蚀，有的电缆还在铠装外面覆盖有黄麻护层。但这层黄麻是易燃物，一旦着火火势将迅速蔓延，造成火灾。特别是在井下有木支架的巷道中，更会使火灾事故扩大。为此，故在煤矿井下，特别是在井下机电硐室和有木支架的巷道中，不能使用这种有外黄麻护层的铠装电缆，而应使用没有外黄麻护层的铠装电缆。若使用有外黄麻护层的铠装电缆，在井下机电硐室和木支架巷道中敷设时，必须将外黄麻护层剥落，在铠装上涂以防锈漆。

电缆加以铠装后不易弯曲，敷设和移动都不方便，所以无论哪种型号的铠装电线都只适于固定敷设，向固定和半固定的用电设备供电。

7.4.2　橡套电缆

矿用橡套电缆分普通橡套电缆、不延燃橡套电缆和屏蔽电缆。

7.4.2.1　普通橡套电缆

四芯橡套电缆内部共有 4 根导电芯线，其中 3 根为主芯线（三相动力芯线），另 1 根一般较细，为接地芯线。除四芯橡套电缆外，还有六芯、七芯等橡套电缆。在这些芯线中，除 3 根动力芯线（最粗的）和 1 根接地芯线外，其余的都是供控制电路片的控制电路用的控制芯线。

普通橡套电缆的外护套由天然橡胶制成。由于天然橡胶可以燃烧，而且燃烧时分解出的气体有助燃作用，因而容易造成火灾。所以煤矿井下，特别是有沼气、煤尘爆炸危险的煤矿井下，不宜使用普通橡套电缆。

7.4.2.2　不延燃橡套电缆

这种橡套电缆的构造与普通橡套电缆相同，只是它的外护套采用氯丁橡胶制造。氯丁橡胶同样可以燃烧，但燃烧时分解产生氯化氢气体。由于氯化氢气体不助燃，将火焰包围起来，使它与空气隔离，因而很快熄灭，不会沿电缆继续燃烧。因此，煤矿井下应使用这种不延燃橡套电缆。

7.4.2.3　屏蔽电缆

图 7-4 是矿用屏蔽电缆的一般构造。它的构造与普通橡套电缆基本相同，但在每根主芯线的橡胶绝缘内护套的外面，缠绕有用导电橡胶带制成的屏蔽层；接地芯线的外面没有橡胶绝缘，而是直接缠绕导电橡胶带；电缆中间的垫芯也是用导电橡胶制作。这样，当任一根主芯线的橡胶绝缘损坏时，主芯线就和它的屏蔽层相连接，并通过垫芯和接地芯线外面的导电橡胶带与接地芯线相连。这就相当于一相主芯线通过一定的电阻接地，形成单相漏电，从而引起检漏保护装置动作，切断故障线路电源。由此可见，采用这种屏蔽电缆可以防止漏电故障扩大成两相短路故障，也可以防止引起人身触电，所以特别适用于有沼气、煤尘爆炸危险的矿井和采掘工作面移动频繁的电气设备。

除图 7-4 所示的矿用屏蔽电缆外，还有其他结构形式的矿用屏蔽电缆，如图 7-5～图 7-7 所示。

橡套电缆的柔软性好、容易弯曲，便于移动和敷设，因此适用于向移动电气设备供电，而且敷设时的垂直落差不受限制。

7.4.3　塑料电缆

这是煤矿使用的一种新型电缆，它的芯线绝缘和外护套都用塑料制造，因而敷设时的垂直落差不受限制。这种电缆又分外部有铠装和没有铠装两种。外部有铠装的使用条件与纸绝缘铠装电缆相同，但垂直落差不受限制；外部没有铠装的，与橡套电缆的使用条件相同。

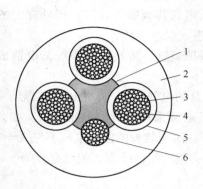

图 7-4 矿用屏蔽电缆的一般构造
1—导电橡胶垫芯；2—外护套；3—主芯线；
4—主芯线绝缘；5—主芯线屏蔽层；6—接地线

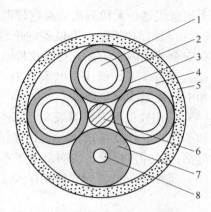

图 7-5 千伏级半固定设备用屏蔽电缆构造图
1—主芯线；2—聚酯薄膜；3—导电橡胶带；4—绝缘层；
5—外护套；6—导电橡胶垫芯；7—导电橡胶；8—接地线

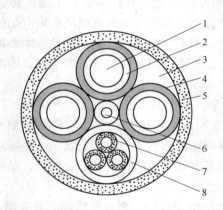

图 7-6 千伏级移动机组用屏蔽电缆构造图
1—导电芯线；2，8—绝缘层；3—聚酯薄膜；
4—导电胶布带；5—外护套；
6—接地线；7—内护套

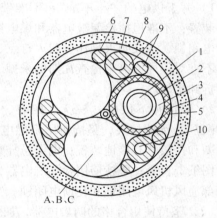

图 7-7 6 千伏 UGSP 型双屏蔽电缆构造图
1，10—铜绞线；2，6—导电胶布带；3—内绝缘；
4—铜丝尼龙网（屏蔽层）；5—分相绝缘；7—统包绝缘；
8—氯丁橡胶护套；9—导电橡胶、监视芯线；
A，B，C—主芯线

塑料电缆具有允许工作温度高、绝缘性能好，护套耐腐蚀、敷设的水平差不受限制等优点，所以在条件适合时应尽量采用。

7.5 触电事故的预防

为防止触电事故发生，在电气设备设计、制造、使用和维护中，要认真执行《煤矿安全规程》等有关规定，做到安全用电。防止触电的主要措施有：

（1）使人体不能触及或接近带电体。首先，将人体可能触及的电气设备的带电部分全部封闭在外壳内，并设置闭锁机构，只有停电后外壳才能打开，外壳不闭合送不上电。对于那些无法用外壳封闭的电气设备的带电部分，采用栅栏门隔离，并设置闭锁机构。将电机车架空线这种无法隔离的裸露带电导体安装在一定高度，防止人无意触及。

（2）设置保护接地。当设备的绝缘损坏，电压窜到其金属外壳时，把外壳上的电压限制在安全范围内，防止人身触及带电设备外壳而造成触电事故。

（3）在井下高、低压供电系统中，装设漏电保护装置，防止供电系统漏电造成人身触电和引起瓦斯或煤尘爆炸。

（4）采用较低的电压等级。对那些人身经常触及的电气设备（如照明、信号、监控、通信和手持式电气设备），除加强手柄的绝缘外，还必须采用较低的电压等级。如：手持式煤电钻，矿井监控设备的额定电压不应大于127V，照明装置的额定电压不应大于24V。

（5）维修电气装置时要使用保安工具。如绝缘夹钳、绝缘手套、绝缘套鞋等。

7.6　电气灾害的综合防治措施

（1）严格执行煤矿供电安全各项规定：

1）井下供电的"十不准"：不准带电作业；不准甩掉无压释放装置；不准甩掉过流保护装置；不准甩掉检漏继电器和煤电钻综合保护装置；不准甩掉局部通风机风电闭锁和瓦斯电闭锁；不准明火操作、明火打点、明火放炮；不准用铜丝铁丝铝丝代替熔断器的熔体；不准对停风停电未检查瓦斯的采掘工作面送电；不准使用失爆的设备和电器；不准在井下拆卸矿灯。

2）坚持井下供电"三无、四有、二齐、三全、三坚持"：电缆无"鸡爪子"、无"羊尾巴"、无明接头，坚持使用阻燃电缆；有过流和漏电保护，有螺丝和弹簧垫圈，有密封圈和挡板，有接地装置；电缆悬挂整齐，设备硐室清洁整齐；防护装置全、绝缘用具全、图纸资料全；坚持使用检漏继电器，坚持使用煤电钻、照明和信号综合保护，坚持使用局部通风机风电闭锁和瓦斯电闭锁。

（2）坚持使用合格的防爆电器，加强防爆电器的维护管理，要杜绝防爆电器失爆。

（3）坚持使井下供电三大保护系统完整、状态良好、动作灵敏可靠；这是保证井下防止电气火花及电气燃烧、人身触电最有效的措施。

（4）加强井下电缆的管理。煤矿井下电缆故障是常见的电气事故之一，因此对电缆的选用、敷设、连接必须按规定要求进行，并设专人进行检查和维护。

7.7　矿井运输与提升事故及预防

7.7.1　矿井运输与提升的基本任务

矿山运输与提升是煤炭生产过程中必不可少的重要生产环节。从井下采煤工作面采出的煤炭，只有通过矿井运输与提升环节将其运到地面，才能加以利用。矿井运输与提升在矿井生产中担负着以下任务：

（1）工作面采出的煤炭运送到地面装车站。

（2）将掘进出来的矸石运往地面矸石场或矸石综合利用加工厂。

（3）将井下生产所必需的材料、设备运往工作面或其他工作场所。

（4）运送井下工作人员。

可以说，矿井运输与提升是矿井生产的"动脉"与"咽喉"，其设备在工作面中一旦发生故障，将直接影响生产，甚至造成人员身亡；此外，矿井运输与提升设备的耗电量很大，一般占矿井生产总耗电量的50%~70%。因此，合理选择与维护、使用这些设备，使之安全、可靠、经济、高效地运转，对保证矿井安全高效地生产，对提高煤炭企业的经济效益和促进经济社会的可持续发展，都具有重要的现实意义。

7.7.2 矿井运输与提升的特点

由于矿井运输与提升设备是在井下巷道内和井筒内工作，空间受到限制，故要求它们结构紧凑，外部尺寸尽量小；又因工作地点经常变化，因而要求其中的许多设备应便于移置；因为井下瓦斯、煤尘、淋水、潮湿等特殊工作环境，还要求设备应防爆、耐腐蚀等。

井下运输线路和运输方式是否合理，对降低运输成本的影响甚大，而它们的合理性在很大程度上取决于开拓系统和开采方法。因此，在决定矿井开拓系统和开采方法时，不但要考虑运输的可能性和安全性，还应考虑它的合理性和经济性。

7.7.3 运输事故的预防和处理

7.7.3.1 钢丝绳断绳事故

钢丝绳断绳事故的后果是非常严重的。在我国从发生断绳事故原因来看，以松绳引起的事故最多，并以主井箕斗提升案例最多，斜井串车提升次之。

在主井中箕斗被卡，有松绳引起钢丝绳被冲击而断绳，超载提升断绳，因钢丝绳强度降低而断绳，过卷引起的断绳，刮卡断绳，司机操作不当等造成断绳事故。预防措施有：

（1）司机必须经过岗位培训，通过考核合格才能上岗。

（2）按照《煤矿安全规程》规定对钢丝绳作好定期试验及检查，合理选择钢丝绳，并每月最少涂油1次。

（3）预防卡住箕斗引起松绳，加强管理发现问题及时解决。

（4）健全保护装置，对信号灯或信号铃必须接入安全回路，对保护回路定期检修，不得甩掉不用。

7.7.3.2 提升机过卷事故

提升机过卷事故，一般上行容器过卷，下行容器过放。它是由于司机操作不当或设备损坏造成的事故。过卷可拉倒井架或拉断钢丝绳，过放会造成蹾罐等事故。预防措施有：

（1）提高司机操作水平，加强劳动纪律。

（2）对深度指示器和过卷开关经常检查调试，保证工作闸和安全闸绝对可靠工作。

7.7.3.3 建井提升事故

建井提升施工设施大多是临时性的，设备简陋，容易发生事故。如吊桶坠落事故，吊桶坠物事故，吊桶倾覆事故。

预防措施：加强职工教育，绞车司机、信号工、井盖工必须执行岗位责任制；加强维护,对设备经常检查,完善保护装置。

7.7.3.4　井筒及检修事故

乘罐坠人事故是罐门损坏、人员过载、上下罐刮挤坠落造成的事故;井筒坠物是由于罐笼提升没关好车门,阻导器不到位造成矿车坠落;北方井筒挂冰解冻时会造成井筒坠冰,升降物料不按规定进行可造成物料坠落。检修操作事故是检修造成人员伤亡,维修不慎造成伤人事故。

预防措施:司机、把钩工必须严格遵守操作规程;加强维护保持设备完好可靠,北方井巷必须有暖风设备;运送物料严格按操作规程进行;检修设备必须按操作规程进行。

7.7.3.5　小型绞车制动事故

在煤矿生产中,小型绞车因其体积小、质量轻、结构紧凑、操作简单,在井下广泛使用。但因绞车的安全保护装置制动装置较差,在矿井中时有事故发生。所以使用时应注意以下事项:

(1)杜绝违章指挥、违章操作、无证人员违章开车。

(2)出现故障时的处理方法不当,急开急停造成钢丝绳及连接部件断裂。

(3)操作绞车时要精力集中,不得做与本岗无关的事情。

(4)绞车操作工必须做好保护装置的检查和试验工作,确保其动作灵敏可靠。

(5)认真实行"行车不行人,行人不行车"的规定,严禁放飞车。

(6)绞车操作工必须按正规声光信号进行操作,不得用晃灯或其他约定方式代替信号。

(7)加强管理,信号把钩工和绞车操作工之间要注意配合协调作业;严禁用非连接装置,如杂木棍代替锁子等进行连接。

(8)对钢丝绳、提升钩头、保险绳和连接装置等,每班要认真检查,加强日常维护保养,发现问题及时处理。

(9)倾斜井巷轨道必须安设跑车防护装置,做到"一坡三挡"。

(10)绞车工、信号工要严格执行操作规程,做到安全运行。

7.7.3.6　平巷运输事故

矿井平巷运输虽然自然条件比较优越,但是在平巷巷道中,敷设各种管路、电缆、设置风门等,对行人行车有所不利,有些矿井巷道支护较差,巷道变形失修,钢轨敷设达不到《煤矿安全规程》要求,因此造成运输事故屡有发生。

A　架线式电机车运输

架线式电机车事故大都是由违章指挥或违章操作造成的。如司机开车睡觉、把头探出车外、用集电弓开停电机车,司机离开座位时没有切断电源、扳紧车闸,有的司机关闭车灯;机车运行中遇到停电,司机没有把控制手把放到零位,造成重新送电后机车自行运动。预防措施有:要严格执行《煤矿安全规程》,对电机车要加强维修与管理,机车和矿车必须定期检修,经常检查,发现隐患及时处理。提高司机及有关人员的技术素质与操作水平。非电机车司机不得擅自开动电机车。加强巷道及线路的维修保养,疏通巷道积水,对巷道内设置的管路及电缆经常检查，发现巷道两侧有障碍物及时清除，保证车辆及人员通过畅通无阻。要教育广大职工提高安全意识，在列车行驶中或尚未停稳时严禁上下人，严禁扒车、跳车和坐煤车。用车辆运送人员时，每班发车前都应检查各车的连接位置，轮轴和车闸等，严禁同时运送有爆炸性、易燃性和腐蚀性的物品或附挂物料车；在运送人员时，为确保安全，列车运行速度不得超过4m/s。

B　蓄电池式电机车运输

应保证电机车在运行中发生冲击和振动时外壳振动小，一般认为蓄电瓶的极板与机车车轴垂直放置时最稳定；蓄电瓶之间应当采用特制的连接线连接，且长度愈短愈好。接线系统应简单，使之不易发生差错；在任意两个相邻蓄电瓶间电位差应当最小，以避免局部放电和短路。

C　防爆型柴油机车运输

防爆型柴油机车是指以防爆柴油机为动力的运输机车。它有操作灵活、维修方便，适应较大坡度运输等优点。矿用防爆特殊型低污染柴油车的动力设备是防爆低污染柴油机，这种柴油机采用了许多防爆和降低排气中有害气体的措施，例如进气口装防爆栅栏，防止柴油汽缸内可能返回的火焰；改进机内的燃烧室和增加设计的功率储备，以降低排气中的CO及NO_2的浓度；排气装置设喷水冷却装置和废气处理箱，等等。另外设有各种保护装置，如表面温度保护、最终排气温度保护等，温度超过允许值时，指示灯亮鸣警报并自动停车。防爆特殊型低污染柴油车上的电器设备都是隔爆型，蓄电池用防爆特殊型。但在使用中，还是有一定的有害气体排出，机车运输时如灭尘设备不良会造成煤尘飞扬，当运输坡度比较大时，经常造成追尾或机车停不住下滑，造成撞车事故。

D　人力推车

在小煤矿掘进工作或短途运输中，有很多矿井采用人力推车。《煤矿安全规程》规定：人力推车，一次只准推一辆车，不准用车顶车的办法推车，同向推车的间距在坡度小于或等于5‰时不得小于10m，坡度大于5‰时，不得小于30m，坡度大于7‰时严禁推车。有些矿井没有认真执行《煤矿安全规程》超坡度采用人力推车，有些矿工推车时只推车不看路，下坡时放飞车造成运输事故。

工人推车时必须熟悉工作范围内的巷道和轨道情况，单轨推车，必须装设信号（如矿灯）；推车工在任何情况下均不得在前拉；分段推车，接车处不应设在拐弯的地方。

7.7.3.7　斜巷运输事故防治

斜巷运输包括运送采掘工作面生产出的煤、矸石，矿井生产用的设备、材料及运送人员。斜巷运输设备分为矿用绞车、单轨吊车、卡轨车等。因煤矿斜巷运输条件较差，巷道坡度、道轨质量、巷道支护等因素影响，运输事故时有发生。

在斜巷运输中一般采用绞车作为运输设备。目前我国井下常用绞车为JT系列矿用绞车。它由主轴装置、减速器、电动机、制动装置、深度指示器、电控装置等组成。绞车运输通过钢丝绳与矿车相连，钢丝绳伸长与缩短达到运输目的。

A　跑车事故

在斜巷运输事故中，跑车事故伤亡人数较多，主要原因有：

（1）绞车司机没有经过安全技术培训，无证上岗。

（2）对绞车性能及安全规定不了解或上岗时精力不集中，没有检查钢丝绳，当绞车运行发生突然停电等问题时采用急刹车，造成冲击钢丝绳，使钢丝绳断裂。绞车司机操作中不送电开闸放飞车，制动系统出现问题控制不住跑车，矿车掉道及超挂矿车、司机硬拉，钢丝绳被拉断或连接钩头拉开造成跑车。

（3）信号把钩工责任心不强，在操作中没有检查到连接装置有断裂现象、连接销子窜出造成跑车。信号、把钩工违反《煤矿安全规程》，超挂矿车，矿车掉道打信号强拉矿车，用不合格的连接装置，违章摘钩、擅自操作道岔。

（4）违章指挥，违规使用设备，安排无证人员上岗操作，没有按规定检修和维护设备。

（5）安全设施不全，斜巷内没有工作信号和警示信号，用晃灯作信号等。矿工思想麻痹，忽视安全，矿车没有挂钩，推车工误将矿车推入斜巷。

B　蹬车及其他事故

（1）蹬车是指斜巷运输矿车、材料车下放或提升时，人员违章蹬在车辆的连接处。《煤矿安全规程》中明确规定："斜井提升时，严禁蹬钩、行人。"但有些矿工为了少走路，少爬坡，就违章蹬车或集体蹬车，蹬车时又把矿灯熄灭造成人员与巷道及巷道中架设的管路相碰或被夹挤伤。

（2）行车行人事故的发生主要是违章造成，这些人有的是经验主义，有的存在侥幸心理，没有严格遵守行车不行人制度，在绞车运行信号发出后，仍在巷道中行走，躲避不及时或无处躲避，被钢丝绳打伤或碰伤。另外在坡度较大的巷道中有人坐在木板上沿钢轨下滑，而碰在巷道上。有些矿井斜巷用调度绞车运输，调度绞车除有以上事故发生外，还有绞车固定不牢被拉跑，制动闸和工作闸闸带断裂、磨损严重。制动闸过紧或过松造成事故，制动闸过紧会产生冲击钢丝绳，使钢丝绳断裂造成跑车或钢丝绳弹回打击绞车司机；制动过松会刹不住车。有时钢丝绳排列不整齐，司机一手操作一手整理钢丝绳造成夹手等事故。

C　斜巷运输事故预防

教育广大职工严格执行《煤矿安全规程》和操作规程。绞车司机和信号把钩工必须经过安全技术培训，持证上岗。提高操作水平和管理水平。设备、车辆应执行定期检修制度。加强工种之间的联系，信号把钩工和推车工必须紧密配合，保证警示信号及工作信号清晰准确。设置挡车器。斜巷兼做人行道时，斜巷一侧必须设专用人行道，人行道必须畅通无阻，严禁堆放任何物料影响行人。在人行道一侧必须设躲避硐室。

7.7.3.8　输送机事故防治

A　刮板输送机

采掘工作面和一些运输巷道使用刮板输送机的数量不断增加，功率不断加大，且技术条件要求也越来越高。但由于使用维护不良，刮板输送机的事故也在不断地加大，严重威胁着生产和人身安全。

刮板输送机事故种类繁多，主要机械及人身事故如下：

（1）断链事故是刮板输送机较多的事故，它虽然对人身伤害的可能性较小，但对生产的影响很大。

（2）机头、机尾翻翘事故。

（3）联轴器使用不当引发事故。有些输送机采用液压联轴器，使用不合格的易熔合金塞或用铁塞、木塞代替合格的易熔合金塞，在运输机过载条件下会发生联轴器喷油着火事故。

（4）溜槽事故。综采工作面采煤机截割底板不平，特别是割出台阶后，推溜力过大，就可能把溜槽连同电缆槽推翘起来。运输机下槽出现问题时，处理过程中没有必要的安全措施，违章处理也会造成事故。

（5）运输物料及摔伤事故。刮板机在运输工作面所需的物料或撤出器材时不通知司机。取发物料不按规程规定执行。运送较大物料无人跟随，没有工作信号，用"晃灯"代替信号。有人乘坐刮板机摔倒或在刮板机停止时在溜槽内行走，在溜槽内砸大块煤，刮板机开动时没有警示信号造成事故。

B 带式输送机

带式输送机是由承载的输送带兼作牵引机构的连续运输设备，它具有运输能力大、运输阻力小、耗电量低、运行平稳、在运输中对物料损伤小等优点，被广泛应用于矿井运输中。带式输送机事故对生产有比较严重的影响，也是造成人员伤亡较多的事故。带式输送机事故分为：

（1）老式胶带着火事故。

（2）胶带打滑、下滑事故。

（3）胶带机伤人事故。

（4）使用不当撕裂胶带事故。

C 输送机事故预防

必须使用抗静电和阻燃输送带。对设备加强维护，不得违章乘坐运输设备。使用和安装时，必须按《煤矿安全规程》、作业规程及操作规程进行操作。在胶带输送机巷道中，行人经常跨越胶带的地点必须架设过桥。及时清除机头及两侧的浮煤，经常扫除减速器、联轴器、电动机外壳集尘和浮煤，保持设备完好。

7.8 本章小结

本章主要介绍了电气安全与机电灾害防治，重点讲述了供电系统电气保护和电气灾害的防治措施，以及矿井运输与提升事故及预防。

 复习思考题

7-1 防止触电的措施有哪些，预防电网漏电的措施有哪些？

7-2 机车运输行车行人伤亡事故有哪些，主要原因是什么，如何预防？

7-3 轨道运输的倾斜井巷应设置哪些安全设施？

7-4 带式输送机必须设置哪些安全保护装置？

7-5 矿用电缆分为哪几种类型？

7-6 什么是全速过卷事故，造成事故的主要原因是什么，应如何防范？

7-7 对用绞车提升的倾斜井巷事故的勘察内容有哪些？

7-8 对倾斜井巷使用串车提升事故的勘察内容有哪些？

7-9 倾斜井巷跑车的主要原因是什么，如何预防？

8 煤矿安全避险"六大系统"

8.1 煤矿安全避险"六大系统"概述

煤矿井下开采属高危行业，生产过程中时时受到瓦斯、水、火、矿尘危害，以及顶板冒落、机械、电气伤害等事故隐患的威胁，为避免安全事故发生或减少事故损失，国务院及安全部门借鉴澳大利亚、南非、加拿大等国的经验，先后出台了《国务院关于进一步加强企业安全生产工作的通知》（国发〔2010〕23号）、《国家安全监管总局　国家煤矿安监局关于建设完善煤矿井下安全避险"六大系统"的通知》（安监总煤装〔2011〕15号）、《煤矿井下安全避险"六大系统"建设完善基本规范》（安监总煤装〔2011〕33号）等强制性政策文件，要求2011年底前，所有煤矿都要完成监测监控系统、人员定位系统、压风自救系统、供水施救系统和通信联络系统的建设完善工作；2012年6月底前，所有煤（岩）与瓦斯（二氧化碳）突出矿井，都要完成紧急避险系统的建设完善工作；2013年6月底前，所有煤矿全部完成煤矿"六大系统"的建设完善工作。所谓矿山安全避险"六大系统"是监测监控系统、井下人员定位系统、井下紧急避险系统、矿井压风自救系统、矿井供水施救系统和矿井通信联络系统的统称。安全避险"六大系统"如图8-1所示。"六大系统"的建设对保障矿山安全生产将发挥重大作用，可为地下矿山工人提供良好的安全条件。

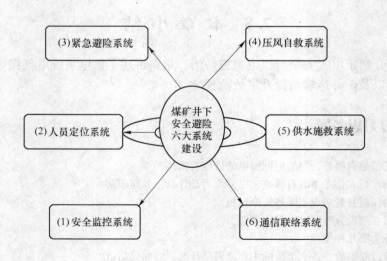

图 8-1　安全避险"六大系统"

8.2 监测监控系统

8.2.1 系统功能、组成及工作原理

8.2.1.1 功能

监测监控系统的功能一是"测",即检测各种环境安全参数、设备工况参数、过程控制参数等;二是"控",即根据检测参数去控制安全装置、报警装置、生产设备、执行机构等。若系统仅用于生产过程的监测,当安全参数达到极限值时产生显示及声、光报警等输出,此类系统一般称为监测系统;除监测外还参与一些简单的开关量控制,如断电、闭锁等,此类系统一般称为监测监控系统。

煤矿安全监控系统主要用于监测甲烷浓度、一氧化碳浓度、二氧化碳浓度、氧气浓度、风速、风压、温度、烟雾、馈电状态、风门状态、风筒状态,及局部通风机开停、主通风机开停等,并实现甲烷超限声光报警、断电和甲烷风电闭锁控制等。

8.2.1.2 组成

煤矿安全监控系统一般由地面中心站、井下监控分站、信号传输网络、传感器、监控软件组成。

安全监测监控系统拓扑图和示意图如图 8-2 和图 8-3 所示。

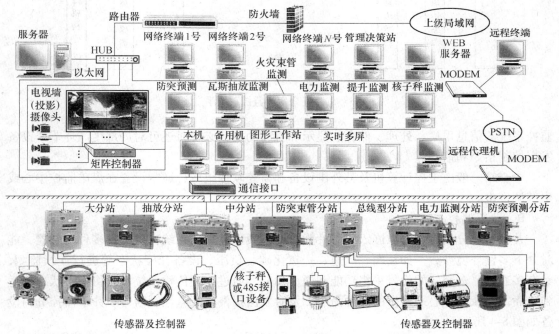

图 8-2 安全监控系统拓扑图

A 地面中心站

地面中心站是煤矿环境安全和生产工况监控系统的地面数据处理中心,用于完成煤矿

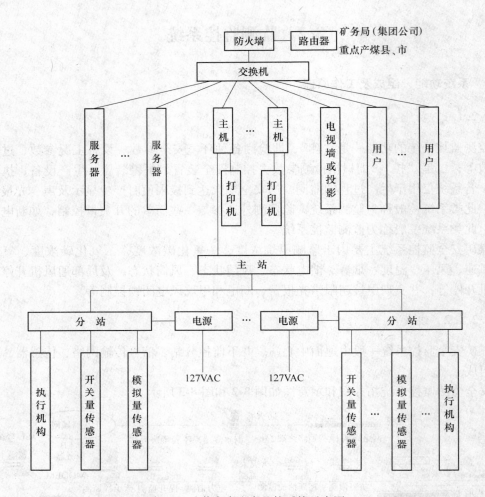

图 8-3　矿井安全生产监控系统示意图

监控系统的信息采集、处理、储存、显示和打印功能，必要时还可对局部生产环节或设备发出控制指令和信号。

中心站一般由主控计算机及其外围设备和监控软件组成，通常设置在煤矿监控中心或生产调度室。

B　井下监控分站

井下监控分站是一种以嵌入式芯片为核心的微型计算机系统，可挂接多种传感器，能对井下多种环境参数，如瓦斯、风速、一氧化碳、负压、设备开停状态等进行连续监测，具有多通道、多制式的信号采集功能和通信功能，通过控制传输系统及时将设备状态传送到地面，并执行中心站发出的各种命令，及时发出报警和断电控制信号。井下监控分站设备如图 8-4 所示。

C　信号传输网络

将井下监控分站监测到的信号传送到地面中心站的信号通道，如无线传输信道、电缆、光纤等。

D 传感器

常用的井下监控系统传感器有高低浓度甲烷传感器、一氧化碳传感器、矿用氧气传感器、温度传感器、风速传感器、烟雾传感器、开停传感器、馈电状态传感器。

a 高低浓度甲烷传感器

主要用于监测瓦斯矿井井下环境气体中的瓦斯浓度，可以连续自动地将井下沼气浓度转换成标准电信号输送给关联设备，并具有就地显示沼气浓度值、超限声光报警等功能。还可与各类型监测系统及断电仪、风电瓦斯闭锁装置配套，适宜在煤矿采掘工作面、回风巷道等地点固定使用。

该仪器采用热催化原理与热导原理相结合来测量沼气浓度，克服了单一元件测量过程中的不稳定现象，具有性能稳定、测量精确、响应速度快、结构坚固、易使用易维护等特点；并具有遥控调校、断电控制、故障自校自检等新功能。甲烷传感器如图 8-5 所示。

图 8-4 井下监控分站设备

图 8-5 甲烷传感器

b 传感器的设置要求

（1）掘进工作面设置要求：

1）瓦斯矿井的煤巷、半煤岩巷和有瓦斯涌出的岩巷掘进工作面，必须在工作面及回风流中设置甲烷传感器。

2）高瓦斯、煤与瓦斯突出矿井必须在掘进工作面及其回风流中设置甲烷传感器，当掘进工作面长度大于 1000m 时必须在掘进巷道中部增设甲烷传感器。

3）当掘进工作面采用串联通风时，必须在被串联的掘进工作面的局部通风机前设置甲烷传感器。

4）掘进机必须设置机载式甲烷断电仪或便携式甲烷检测报警仪。

（2）采煤工作面设置要求：

1）所有的采煤工作面及回风巷必须设置甲烷传感器，当采煤工作面采用串联通风时，被串联的工作面的进风巷必须设置甲烷传感器。

2）高瓦斯和煤与瓦斯突出矿井还必须在工作面上隅角设置甲烷传感器或便携式甲烷检测报警仪，当采煤工作面的回风巷长度大于 1000m 时必须在回风巷中部增设甲烷传感器。

3）煤与瓦斯突出矿井采煤工作面的甲烷传感器不能控制其进风巷内全部非本质安全型电气设备时，必须在进风巷设置甲烷传感器。

4）采煤机必须设置机载式甲烷断电仪或便携式甲烷检测报警仪。

（3）通风设施传感器的设置要求：

1）主要通风机的引风硐应设置压力传感器。

2）主要通风机、局部通风机必须设置设备开停传感器。

3）矿井和采区主要进回风巷道中的主要风门必须设置风门开关传感器，当两道风门同时打开时发出声光报警信号。

4）局部通风机停止运转或风筒风量低于规定值时，声光报警，切断供风区域的全部非本质安全型电气设备的电源并闭锁；当局部通风机或风筒恢复正常工作时，自动解锁。局部通风机停止运转，掘进工作面或回风流中甲烷浓度大于 3.0%，必须对局部通风机进行闭锁使之不能启动，只有通过密码操作软件或使用专用工具方可人工解锁；当掘进工作面或回风流中甲烷浓度低于 1.5% 时，自动解锁。

（4）电机车设置要求：

1）高瓦斯矿井进风的主要运输巷道内使用架线电机车时，装煤点、瓦斯涌出巷道的下风流中必须设置甲烷传感器。

2）在煤（岩）与瓦斯突出矿井和瓦斯喷出区域中，进风的主要运输巷道和回风巷道内使用矿用防爆特殊型蓄电池电机车或矿用防爆型柴油机车时，蓄电池电机车必须设置车载式甲烷断电仪或便携式甲烷检测报警仪，柴油机车必须设置便携式甲烷检测报警仪，当瓦斯浓度超过 0.5% 时，必须停止机车运行。

（5）机电硐室设置要求：

1）机电硐室内应设置温度传感器，报警值为 34℃。

2）在回风流中的机电设备硐室的进风侧必须设置甲烷传感器。

3）被控设备开关的负荷侧应设置馈电状态传感器。

（6）瓦斯抽放泵站设置要求：

1）瓦斯抽放泵站必须在室内安装甲烷传感器。

2）井下临时瓦斯抽放泵站下风侧栅栏外必须设置甲烷传感器。

3）抽放泵输入管路中宜设置高浓度甲烷、流量、温度和压力传感器，利用瓦斯时还应在输出管路中设置高浓度甲烷、流量、温度、压力传感器；不利用瓦斯，采用干式抽放设备时，输出管路中也应设置甲烷传感器。

（7）测风站设置要求：采区回风巷、一翼回风巷及总回风巷的测风站应设置风速传感器，上述地点内临时施工的电气设备上风侧 10~15m 处应该设置甲烷传感器。

（8）煤仓的设置要求：

1）井下煤仓、地面选煤厂煤仓上方应设置甲烷传感器。

2）封闭的选煤厂及机房内上方应设置甲烷传感器。

3）封闭的带式输送机地面走廊上方应设置甲烷传感器。

（9）其他设置要求：

1）开采易自燃、自燃煤层的矿井的采区回风巷、一翼回风巷、总回风巷、采煤工作面应设置一氧化碳传感器。

2）带式输送机滚筒下风侧 10~15m 处应设置一氧化碳、烟雾传感器。

3）自燃发火观测点、封闭火区防火墙栅栏外应设置一氧化碳传感器。

4）开采易自燃、自燃煤层及地温高的矿井采煤工作面应设置温度传感器，其报警值为 30℃。

8.2.1.3 工作原理

传感器将被测物理量转换为电信号，并具有显示和声光报警功能，执行机构再将控制信号转换为被控物理量。

分站接收来自传感器的信号，并按预先约定的复用方式远距离传送给主站（或传输接口），同时，接收来自主站（或传输接口）多路复用信号。分站还具有线性校正、超限判别、逻辑运算等简单的数据处理能力，对传感器输入的信号和主站（或传输接口）传输来的信号进行处理，控制执行机构工作。

电源箱将交流电网电源转换为系统所需的本质安全型直流电源，并具有维持电网停电后正常供电不小于 2h 的蓄电池。

传输接口接收分站远距离发送的信号，并送主机处理；接收主机信号、并送相应分站。传输接口还具有控制分站的发送与接收，多路复用信号的调制与解调，系统自检等功能。

主机一般选用工控微型计算机或普通微型计算机、双机或多机备份。主机主要用来接收监测信号、校正、报警判别、数据统计、磁盘存储、显示、声光报警、人机对话、输出控制、控制打印输出、联网等。

8.2.1.4 系统特点

煤矿井下是一个特殊的工作环境，有易燃易爆可燃性气体和腐蚀性气体，潮湿、淋水、矿尘大、电网电压波动大、电磁干扰严重、空间狭小、监控距离远。因此，矿井监控系统不同于一般工业监控系统，矿井监控系统同一般工业监控系统相比具有如下特点：

（1）电气防爆。一般工业监控系统均工作在非爆炸性环境中，而矿井监控系统工作在有瓦斯和煤尘爆炸性环境的煤矿井下。因此，矿井监控系统的设备必须是防爆型电气设备，并且不同于化工、石油等爆炸性环境中的工厂用防爆型电气设备。

（2）传输距离远。一般工业监控对系统的传输距离要求不高，仅为几千米，甚至几百米，而矿井监控系统的传输距离至少要达到 10km。

（3）网络结构宜采用树形结构。一般工业监控系统电缆敷设的自由度较大，可根据设备、电缆沟、电杆的位置选择星形、环形、树形、总线形等结构；而矿井监控系统的传输电缆必须沿巷道敷设，挂在巷道壁上。由于巷道为分支结构，并且分支长度可达数千米。因此，为便于系统安装维护、节约传输电缆、降低系统成本，宜采用树形结构。

（4）监控对象变化缓慢。矿井监控系统的监控对象主要为缓变量，因此，在同样监控容量下，对系统的传输速率要求不高。

（5）电网电压波动大，电磁干扰严重。由于煤矿井下空间小，采煤机、运输机等大型设备启停和架线电机车火花等造成电磁干扰严重。

（6）工作环境恶劣。煤矿井下除有甲烷、一氧化碳等易燃易爆性气体外，还有硫化氢等腐蚀性气体，矿尘大、潮湿、有淋水、空间狭小。因此，矿井监控设备要有防尘、防潮、防腐、防霉、抗机械冲击等措施。

（7）传感器（或执行机构）宜采用远程供电。一般工业监控系统的电源供给比较容易，不受电气防爆要求的限制。矿井监控系统的电源供给受电气防爆要求的限制。由于传感器及执行机构往往设置在采、掘工作面等恶劣环境，因此，不宜就地供电。现有矿井监控系统多采用分站远距离供电。

（8）不宜采用中继器。煤矿井下工作环境恶劣，监控距离远，维护困难，若采用中继器延长系统传输距离，由于中继器是有源设备，故障率较无中继器系统高，并且在煤矿井下电源的供给受电气防爆的限制，在中继器处不一定好取电源，若采用远距离供电还需要增加供电芯线，因此，不宜采用中继器。

通过上面对矿井监控系统的分析可以看出，矿井监控系统不同于一般工业监控系统。

8.2.2　监测监控的建设及管理要求

煤矿企业必须按照《煤矿安全监控系统及检测仪器使用管理规范》的要求，建设完善安全监控系统，实现对煤矿井下瓦斯、一氧化碳浓度、温度、风速等的动态监控，为煤矿安全管理提供决策依据。要加强系统设备维护，定期进行调试、校正，及时升级、拓展系统功能和监控范围，确保设备性能完好，系统灵敏可靠。要健全完善规章制度和事故应急预案，明确值班、带班人员责任，矿井监测监控系统中心站实行 24h 值班制度，当系统发出报警、断电、馈电异常信息时，能够迅速采取断电、撤人、停工等应急处置措施，充分发挥其安全避险的预警作用。

A　监测监控的作用

（1）当瓦斯超限或局部通风机停止运行或掘进巷道停风时，煤矿安全监控系统自动切断相关区域的电源并闭锁，同时报警：

1）避免或减少由于电气设备失爆、违章作业、电气设备故障电火花或危险温度引起瓦斯爆炸。

2）避免或减少采、掘、运等设备运行产生的摩擦碰撞火花及危险温度等引起瓦斯爆炸。

3）提醒领导、生产调度等及时将人员撤至安全处。

4）提醒领导、生产调度等及时处理事故隐患，防止瓦斯爆炸等事故发生。

（2）还可通过煤矿安全监控系统监控瓦斯抽放系统、通风系统、煤炭自燃、瓦斯突出等。

（3）煤矿安全监控系统在应急救援和事故调查中也发挥着重要作用，当煤矿井下发生瓦斯（煤尘）爆炸等事故后，系统的监测记录是确定事故时间、爆源、火源等重要依据之一。

B 监测监控系统建设基本要求

（1）煤矿企业必须按照《煤矿安全监控系统及检测仪器使用管理规范》（AQ 1029—2007）的要求，建设完善监测监控系统，实现对煤矿井下甲烷和一氧化碳的浓度、温度、风速等的动态监控。

（2）煤矿安装的监测监控系统必须符合《煤矿安全监控系统通用技术要求》（AQ6201—2006）的规定，并取得煤矿矿用产品安全标志。监测监控系统各配套设备应与安全标志证书中所列产品一致。

（3）甲烷、馈电、设备开停、风压、风速、一氧化碳、烟雾、温度、风门、风筒等传感器的安装数量、地点和位置必须符合《煤矿安全监控系统及检测仪器使用管理规范》（AQ 1029—2007）要求。监测监控系统地面中心站要装备2套主机，1套使用、1套备用，确保系统24h不间断运行。

（4）煤矿企业应按规定对传感器定期调校，保证监测数据准确可靠。

（5）监测监控系统在瓦斯超限后应能迅速自动切断被控设备的电源，并保持闭锁状态。

（6）监测监控系统地面中心站执行24h值班制度，值班人员应在矿井调度室或地面中心站，以确保及时做好应急处置工作。

（7）监测监控系统应能对紧急避险设施内外的甲烷和一氧化碳浓度等环境参数进行实时监测。

C 监测监控系统的维护管理要求

（1）按照《煤矿安全规程》和《煤矿安全监控系统及检测仪器使用管理规范》（AQ 1029—2007）设计、安装、使用、管理与维护系统。

（2）采区设计、采掘作业规程和安全技术措施，必须对安全监控设备的种类、数量和位置，信号电缆和电源电缆的敷设，控制区域等做出明确规定，并绘制布置图。

（3）煤矿安全监测监控设备之间必须使用专用阻燃电缆或光缆连接，严禁与调度电话电缆或动力电缆等共用。防爆型煤矿安全监控设备之间的输入、输出信号必须为本质安全型信号。

（4）安全监测监控设备必须具有故障闭锁功能。当与闭锁控制有关的设备未投入正常运行或故障时，必须切断该监控设备所监控区域的全部非本质安全型电气设备的电源并闭锁；当与闭锁控制有关的设备工作正常并稳定运行后，自动解锁。

（5）矿井安全监测监控系统必须具备甲烷断电仪和甲烷风电闭锁装置的全部功能。当主机或系统电缆发生故障时，系统必须保证甲烷断电仪和甲烷风电闭锁装置的全部功能；当电网停电后，系统必须保证正常工作时间不小于2h；系统必须具有防雷电保护；系统必须具有断电状态和馈电状态监测、报警、显示、存储和打印报表功能；中心站主机应不少于2台，1台备用。

（6）安装断电控制系统时，必须根据断电范围要求，提供断电条件，并接通井下电源及控制线。安全监控设备的供电电源必须取自被控制开关的电源侧，严禁接在被控开关的负荷侧。拆除或改变与安全监控设备关联的电气设备的电源线及控制线、检修与安全监控设备关联的电气设备、需要安全监控设备停止运行时，须报告矿调度室，并制定安全措施后方可进行。

（7）安全监测监控设备必须定期进行调试、校正，每月至少 1 次。甲烷传感器、便携式甲烷检测报警仪等采用载体催化元件的甲烷检测设备，每 7 天必须使用校准气样和空气样调校 1 次。每 7 天必须对甲烷超限断电功能进行测试。安全监控设备发生故障时，必须及时处理，在故障期间必须有安全措施。

（8）必须每天检查安全监控设备及电缆是否正常。使用便携式甲烷检测报警仪或便携式光学甲烷检测仪与甲烷传感器进行对照，并将记录和检查结果报监测值班员；当两者读数误差大于允许误差时，先以读数较大者为依据，采取安全措施并必须在 8h 内对两种设备调校完毕。

（9）矿井安全监测监控系统中心站必须实时监控全部采掘工作面瓦斯浓度变化及被控设备的通、断电状态。矿井安全监控系统的监测日报表必须报矿长和技术负责人审阅。

（10）必须设专职人员负责便携式甲烷检测报警仪的充电、收发及维护。每班要清理隔爆罩上的煤尘，发放前必须检查便携式甲烷检测报警仪的零点和电压或电源欠压值，不符合要求的严禁发放使用。

（11）甲烷超限报警、断电、馈电异常、停风报警后，要及时采取停电、撤人等安全措施。

D　其他要求

（1）配制甲烷校准气样的装置和方法必须符合国家有关标准，相对误差必须小于5%。制备所用的原料气应选用浓度不低于 99.9% 的高纯度甲烷气体。

（2）建立安全监控系统管理机构，配备值班、管理、检修和日常维护人员，实行 24h 不间断值班。

（3）建立健全各种规章制度。

（4）系统值班人员应填写系统运行日志、安全监控日报表，监控日报表报矿主要负责人和技术负责人审阅、签字。

（5）矿井负责人、技术负责人、爆破工、掘进队长、通风队长、工程技术人员、班长、流动电钳工下井时，必须携带便携式甲烷检测仪，瓦斯检查工、安全监测工必须携带便携式甲烷检测报警仪和光学甲烷检测仪。

（6）安全监控系统有故障时必须及时处理，在故障期间必须有安全措施，并建立故障记录，甲烷、一氧化碳传感器必须按规定定期进行调校并建立调校记录和维修记录。

（7）对系统技术资料归档管理。

8.3　矿井人员定位系统

8.3.1　系统功能、组成、工作原理及作用

8.3.1.1　人员定位系统的功能

煤矿井下人员定位系统又称煤矿井下人员位置监测系统和煤矿井下作业人员管理系统，具有人员位置、携卡人员出入井时刻、重点区域出入时刻、限制区域出入时刻、工作时间、井下和重点区域人员数量、井下人员活动路线等监测、显示、打印、存储、查询、异常报警、路径跟踪、管理等功能。

8.3.1.2　人员定位系统的组成

煤矿井下人员位置监测系统一般由识别卡、位置监测分站、电源箱（可与分站一体化）、传输接口、主机（含显示器）、系统软件、服务器、打印机、大屏幕、UPS 电源、远程终端、网络接口、电缆和接线盒等组成。人员定位系统总线式光纤专网组网结构拓扑图和示意图如图 8-6 和图 8-7 所示。

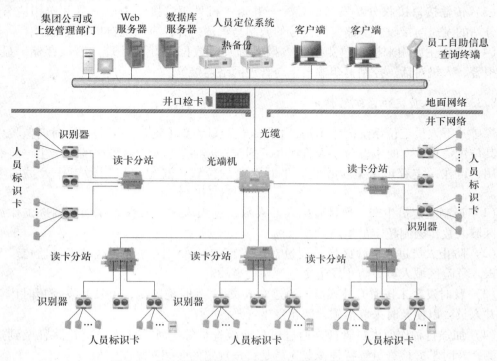

图 8-6　人员定位系统总线式光纤专网组网结构拓扑图

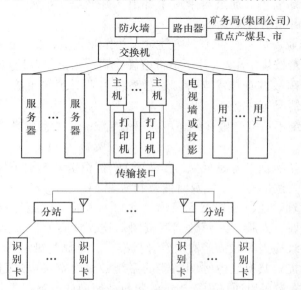

图 8-7　煤矿井下人员位置定位系统示意图

8.3.1.3　人员定位系统的工作原理

（1）识别卡由下井人员携带，保存有约定格式的电子数据，当进入位置监测分站的识别范围时，将用于人员识别的数据发送给分站。

（2）位置监测分站通过无线方式读取识别卡内用于人员识别的信息，并发送至地面传输接口。

（3）传输接口接收分站发送的信号，并送主机处理；接收主机信号并送相应分站；控制分站的发送与接收，多路复用信号的调制与解调，并具有系统自检等功能。

（4）主机主要用来接收监测信号、报警判别、数据统计及处理、磁盘存储、显示、声光报警、人机对话、控制打印输出、与管理网络连接等。

8.3.1.4　人员定位系统的作用

煤矿井下人员定位系统的作用是，工作人员佩戴识别卡通过井下监控点时向监控中心传送其位置信息，实时掌握每个人员在井下的位置及活动轨迹，对煤矿的安全生产将有积极作用，可在一定程度上减少伤亡。平时上传的位置信息也可以用做工作人员的考勤记录。

（1）遏制超定员生产。通过监控入井人数，进入采区、采煤工作面、掘进工作面等重点区域人数，遏制超定员生产。

（2）防止人员进入危险区域。通过对进入盲巷、采空区等危险区域人员监控，及时发现误入危险区域人员，防止发生窒息等伤亡事故。

（3）及时发现未按时升井人员。通过对人员出/入时刻监测，可及时发现超时作业和未升井人员，以便及时采取措施，防止发生意外。

（4）加强特种作业人员管理。通过对瓦斯检查员等特种作业人员巡检路径及到达时间监测，及时掌握检查员等特种作业人员是否按规定的时间和线路巡检。

（5）加强干部带班管理。通过对带班干部出入井及路径监测，及时掌握干部下井带班情况，加强干部下井带班管理。

（6）煤矿井下作业人员考勤管理。通过对入井作业人员，出/入井和路径监测，及时掌握入井工作人员是否按规定出/入井，是否按规定到达指定作业地点等。

（7）应急救援与事故调查技术支持。通过系统可及时了解事故时入井人员总数、分布区域、人员的基本情况等。

发生事故时，系统不被完全破坏，还可在事故后 2h 内（系统有 2h 备用电源），掌握被困人员的流动情况。

在事故后 7 天内（识别卡电池至少工作 7 天），若识别卡不被破坏，可通过手持设备测定被困人员和尸体大致位置，以便及时搜救和清理。

（8）持证上岗管理。通过设置在人员出入井口的人脸、虹膜等检测装置，检测入井人员特征，与上岗培训、人脸、虹膜数据库资料对比，没有取得上岗证的人员不允许下井，特殊情况（如上级检查等）需经有关领导批准，并存储纪录。

（9）紧急呼叫功能。具有紧急呼叫功能的系统，调度室可以通过系统通知携卡人员撤离危险区域，携卡人员可以通过预先规定的紧急按钮向调度室报告险情。

8.3.2 人员定位系统的安装、使用与维护和运行管理要求

8.3.2.1 人员定位系统功能要求

按照《煤矿井下作业人员管理系统使用与管理规范》（AQ1048—2007）规定，煤矿装备的井下作业人员管理系统必须具备下列基本功能。

A 考勤管理功能

能够实时对煤矿各类人员出入井时间、下井班数、班次、迟到、早退等情况进行监测，并可进行分类分级汇总、统计查询、报表打印。

B 安全管理功能

（1）能显示井下巷道分布、设备安装及运行状态，当前各区域人员分布，人员的滞留等信息，并当有人员滞留超时、区域超员或设备运行异常时报警，对异常信息进行统计显示。

（2）能对任意指定编号或者姓名的携卡人员下井活动实时定位跟踪，活动轨迹显示、打印、查询等。

（3）人事及用户管理功能，有与识别卡相关的员工基本档案管理、工资辅助管理等简单人事管理功能及登录人员定位系统的用户管理功能。

（4）在人员出、入井口应设置主要基站，用于出入井人员考勤管理和检测出入井人员识别卡的完好性，保证系统的正常运行。

（5）系统地面中心站主机数据保存半年以上，当系统发生故障时，丢失信息的时间长不大于 5min。

（6）系统可通过客户端或网络对监控信息进行查询、分析。通过授予权限，能够对系统实现查询、增加、删除、修改等功能。

8.3.2.2 人员定位系统的安装要求

（1）人员定位系统设备必须具有"MA"标志证书。设备使用前，应按产品使用说明书的要求调试设备，并在地面通电运行 24h 合格后方可使用。防爆设备应经检验合格并贴合格证后，方可下井使用。

（2）地面中心站主机设置在监测队网络信息中心机房，环境应满足主机设备安装要求；煤矿调度室应设置显示设备，显示井下人员信息等。

（3）进入机房或入井口处的电缆应具有防雷措施，避雷装置接地要可靠。

（4）各个人员出入井口、重点区域出入口、限制区域等地点应设置读卡器，并能满足监测携卡人出入井、出入重点区域、出入限制区域的要求。

（5）巷道分支处应设置读卡器，并能满足检测携卡人出入方向的要求。

（6）分站应设置在便于读卡、观察、调试、检验、围岩稳定、支护良好、无淋水、无杂物的支架上或悬挂在距底板不低于 300mm 位置。

（7）编制采区设计、采掘作业规程和安全技术措施时，必须对人员定位系统的分站的安设地点，信号电缆、电源电缆的敷设，监测区域等做出明确规定，并附详细布置图。

8.3.2.3　人员定位系统的使用要求

（1）下井人员应携带识别卡。识别卡严禁擅自拆开。

（2）所有下井人员必须携带识别卡，严禁一人携带多卡入井。

（3）携带识别卡下井人员通过井口专用检卡设备时要检查识别卡是否正常，如发现电量不足、卡号错误、信息不全时与维护人员联系，换识别卡或更换识别卡电池，并能在换卡的同时进行信息关联。

（4）井下工作人员严禁更换、随意拆卸识别卡，若有问题，及时与维护人员联系更换识别卡。

（5）井口检卡人员，必须对下井人员是否携带识别卡进行检查。

8.3.2.4　人员定位系统的维护要求

（1）专业维护人员定期对人员定位监测装置进行巡视和检查，发现故障及时排查。

（2）各单位或监测人员发现监测装置有异常情况要及时向有关单位汇报并核实。

（3）井下人员的工作单位（岗位）如有变动，所在单位及时通知人力资源和监测队管理部门，专业维护人员24h内将识别卡信息调整。

（4）专业维护人员要及时维修更换有问题的识别卡，不得因识别卡问题影响监测数据的准确性。

（5）专业维护人员要确保井下人员定位系统不间断运行，出现故障及时排查，确保系统的安全可靠。

（6）各分站电源由专人负责，严禁长时间停电，如有开关跳闸，应及时恢复通电。

（7）分站和读卡器严禁随意移动、搬迁，影响巷道施工时，必须经维护人员同意后方可作业。

（8）人员定位系统设备更新的基本原则是，用技术性能先进的设备更换技术性能落后又无法修复改造的老旧设备。凡符合下列情况之一者，应申请报废更新：

1）设备严重老化、技术落后或超过规定使用年限的设备。

2）通过修理，虽能恢复精度和性能，但一次修理费用超过设备原价的50%以上，经济不合理的。

3）受意外灾害，损坏严重，无法修复的或严重失爆不能修复的。

4）不符合国家及行业标准规定的，国家或有关部门规定应淘汰的设备。

8.3.2.5　人员定位系统的运行管理要求

（1）严禁使用工作不正常的识别卡。性能完好的识别卡总数，至少比经常下井人员的总数多10%。不固定专人使用的识别卡，性能完好的识别卡总数至少比每班最多下井人数多10%。

（2）煤矿应配备满足人员定位系统使用工作需要的操作、维护人员。操作、维护人员应了解系统的基本原理并能熟练地操作使用系统，经过培训考核合格，持证上岗，并编制人员定位系统发现问题应急处置预案。

（3）煤矿各级管理人员必须经常通过人员定位系统终端了解矿井生产人员组织等相

关情况，分析、研究系统的各类数据，掌握设备运行情况及入井人员活动规律，以提高安全生产科学管理决策和突发事件应急指挥能力。

（4）建立人员定位系统技术资料管理与使用制度，技术资料要定期保存。

1）要按质量标准化的要求和有关规定建立健全以下台账和报表：设备、仪表台账、设备故障登记表、检修记录、巡检记录、中心站运行日志、监测日报表、设备使用情况月报表等。

2）煤矿应绘制人员定位设备布置图，图上标明分站、电源、中心站等设备的位置、接线、传输电缆、供电电缆等，根据实际布置及时修改，并报矿总工程师审批。

3）网络信息中心应每3个月对数据进行备份，各份数据应保存1年以上。

4）图纸、技术资料应保存1年以上。

8.4　紧急避险系统

8.4.1　紧急避险系统概述

8.4.1.1　紧急避险系统的概念

煤矿井下紧急避险系统是指在煤矿井下发生紧急情况下，为遇险人员安全避险提供生命保障的设施、设备、措施组成的有机整体。

8.4.1.2　紧急避险系统的作用

在井下发生突出、火灾、爆炸、水害等突发紧急情况时，在逃生路径被阻和逃生不能的情况下，为无法及时撤离的遇险（幸存）人员提供一个安全的密闭空间。对外能够抵御高温烟气，隔绝有毒有害气体；对内能为遇险人员提供氧气、食物、水，去除有毒有害气体，创造生存基本条件；并为应急救援创造条件、赢得时间。

紧急避险系统是突发紧急情况下井下人员无法逃脱时的最后保护方式，为被困矿工提供维持生命环境，使其与救援人员联络获得逃生方式，或等待救护队到达，促进提高获救的成功率。

8.4.1.3　紧急避险系统的基本构成

紧急避险系统建设包括为入井人员提供自救器、建设井下紧急避险设施、合理设置避灾路线、科学制定应急预案等。

（1）为入井人员提供自救器。所有井下煤矿应为入井人员按规定配备自救器，入井人员配备额定防护时间不低于30min的自救器，入井人员应随身携带，并熟练掌握使用方法。

（2）合理设置避灾路线。应当具备紧急逃生出口或采用两个安全出口。绘制紧急逃生路线图，并在井下设有明确标识。

（3）建设井下紧急避险设施。在自救器额定的防护时间内，不能保证人员安全撤至地面的矿井，应设置井下紧急避险设施。紧急避险设施的设置要与矿井避灾路线相结合，紧急避险设施应有清晰、醒目的标示。矿井避灾路线图中应明确标注紧急避险设施的位置和规格、种类，井巷中应有紧急避险设施方位的明显标示，以方便灾变时遇险人员能够迅速到达紧急避险设施。

（4）科学制定应急预案。有符合实际的应急预案，每年至少进行 1 次演练，职工掌握相关知识。

8.4.1.4 井下紧急避险设施

A 井下紧急避险设施的概念

井下紧急避险设施是紧急避险系统的重要组成部分，在井下发生灾害事故时，可为无法及时撤离的遇险人员提供生命保障的密闭空间。该设施对外能够抵御高温烟气，隔绝有毒有害气体，对内提供氧气、食物、水，去除有毒有害气体，创造生存基本条件。

B 紧急避险设施的组成

紧急避险设施主要包括永久避难硐室、临时避难硐室、可移动式救生舱，如图 8-8 所示。

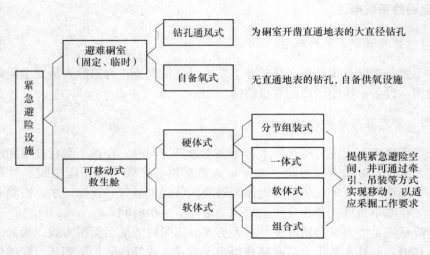

图 8-8 紧急避险设施的组成

（1）避难硐室。避难硐室按使用时间长短分为永久避难硐室和临时避难硐室。

1）永久避难硐室是指设置在井底车场、水平大巷、采区（盘区）避灾路线上，服务于整个矿井、水平或采区，服务年限一般不低于 5 年的避难硐室。

2）临时避难硐室是指设置在采掘区域或采区避灾路线上，主要服务于采掘工作面及其附近区域，服务年限一般不大于 5 年的避难硐室。

避难硐室按布置方式分为钻孔通风式避难硐室和自备氧式避难硐室。

1）钻孔通风式避难硐室。钻孔通风式避难硐室在国外是一种比较常见的永久避难硐室形式，当需要设置的避难硐室距离地表不深，钻孔施工及维护容易实现时，可选择钻孔通风式避难硐室，如图 8-9 所示。

钻孔通风式避难硐室采用两道风门结构，以便形成风障；钻孔直径 60～200mm，灾变情况下在地面通过专用压风机向避难硐室压风；室内设置通信、警报、急救设施。

2）自备氧式避难硐室。自备氧式避难硐室在国内是一种常见的布置形式，当需要设置的避难硐室距离地表较深，施工钻孔困难时，可选择自备氧式避难硐室，如图 8-10 所示。

图 8-9　钻孔通风式避难硐室示意图

图 8-10　自备氧式避难硐室示意图

自备氧式避难硐室内布置有自备供氧设施（化学氧或压缩氧）、有害气体处理、温湿度控制检测、通信、照明、指示、急救、食品等。

（2）可移动式救生舱。可移动式救生舱是在井下发生灾变事故时，为遇险矿工提供应急避险空间和生存条件，并可通过牵引、吊装等方式实现移动，适应井下采掘作业要求的避险设施。根据舱体材质，可分为硬体式救生舱和软体式救生舱。硬体式救生舱采用钢铁等硬质材料制成；软体式救生舱采用阻燃、耐高温帆布等软质材料制造，依靠快速自动充气膨胀架设。硬体式可移动救生舱又有一体式和分节组装式等类型。硬体式可移动救生舱如图 8-11 所示，软体式移动救生舱如图 8-12 所示。

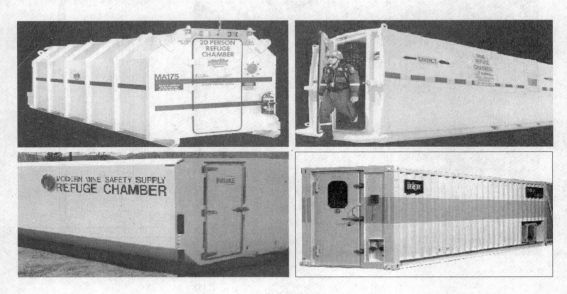

图 8-11　硬体式可移动救生舱

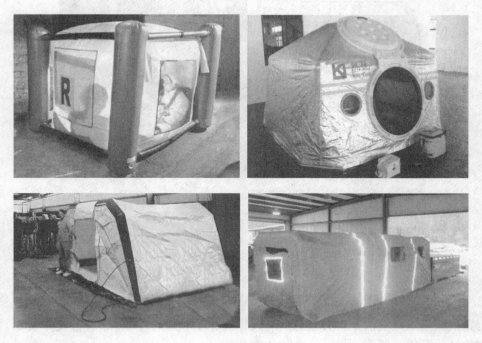

图 8-12　软体式移动救生舱

C　紧急避险设施的设置要求

紧急避险设施的设置应符合"系统可靠、设施完善、管理到位、运转有序"的要求。

（1）紧急避险设施的建设应综合考虑所服务区域的特征和巷道布置、可能发生的灾害类型及特点、人员分布等因素，以满足突发紧急情况下所服务区域人员紧急避险需要为原则。优先采用避难硐室，也可采用避难硐室与可移动式救生舱有机结合的方式。

（2）紧急避险设施应具备安全防护、氧气供给保障、空气净化与温湿度调节、环境监测、通信、照明、动力供应、人员生存保障等基本功能，额定防护时间不低于 96h（4d）。

在整个额定防护时间内，紧急避险设施内部环境中氧气含量应在 18.5%～23.0% 之间，CO_2 含量不高于 1.0%，CH_4 含量不高于 1.0%，CO 含量不高于 $24×10^{-6}$，温度 ≤35℃，湿度 ≤85%，并保证紧急避险设施内始终处于不低于 100Pa 的正压状态。

（3）紧急避险设施容量应满足突发紧急情况下所服务区域人员紧急避险的需要，包括生产人员、管理人员、检查监察人员及可能出现的其他临时人员。

（4）井下紧急避险系统应由煤炭企业委托有资质的设计单位进行整体设计。设计方案应符合国家有关规定要求，经过评审和企业技术负责人批准，报煤矿安全监管部门和煤矿安全监察机构备案。

（5）井下紧急避险系统应与矿井安全监测监控、人员定位、压风自救、供水施救、通信联络等系统有机联系，形成井下整体安全避险系统。矿井安全监测监控系统应对紧急避险设施的环境参数进行监测。矿井人员定位系统应能实时监测井下人员分布和进出紧急避险设施的情况。矿井压风自救系统应能为紧急避险设施供给足量压气。矿井供水施救系统应能在紧急情况下为避险人员供水，并为在紧急情况下输送液态营养物质创造条件。矿井通信联络系统应延伸至井下紧急避险设施，紧急避险设施内应设置直通矿调度室的电话。

（6）紧急避险设施的设置要与矿井避灾路线相结合，紧急避险设施应有清晰、醒目的标示。矿井避灾路线图中应明确标注紧急避险设施的位置和规格、种类，井巷中应有紧急避险设施方位的明显标示，以方便灾变时遇险人员迅速到达紧急避险设施。

（7）紧急避险系统应随井下采掘系统的变化及时调整和补充完善，包括紧急避险设施、配套系统、避灾路线和应急预案等。

（8）井下紧急避险设施的配套设备应符合相关标准的规定，纳入安全标志管理的应取得煤矿矿用产品安全标志。

（9）煤与瓦斯突出矿井必须建设采区永久避难硐室，同时当采区内突出煤层的掘进巷道长度及采煤工作面推进长度超过 500m 时，应在距离工作面 500m 范围内建设临时避难硐室（避难所）或设置可移动式救生舱。

（10）非煤与瓦斯突出矿井，当采掘工作面距行人井口的距离超过 3000m 时，必须在井底车场或主要采区车场建设永久避难硐室，同时当该区域内采掘工作面距永久避难硐室超过 1000m 时，应在距离工作面 1000m 范围内建设临时避难硐室（避难所）或设置可移动式救生舱。

（11）当采掘工作面距行人井口的距离小于 3000m 时，必须在井底车场或主要采区车场建设临时避难硐室（避难所）或设置可移动式救生舱。

8.4.2　永久避难硐室建设标准

（1）位置要求：永久避难硐室一般设置在井底车场、水平、采区避灾路线上，服务区域覆盖整个矿井、水平或采区。

（2）功能要求：服务年限一般不低于5年，额定避险人数一般为20~100人，使用面积应不低于每人0.75m²。

（3）环境要求：硐室应布置在稳定岩层中，避开地质构造带、高温带、应力异常区以及透水危险区，若在煤层中要有防止瓦斯涌出和煤层自燃措施；前后20m范围内巷道应采用不燃性材料支护，且顶板完整、支护完好，符合安全出口的要求。

8.4.2.1　永久避难硐室的基本组成

A　永久避难硐室的组成

永久避难硐室由三室两门组成，三室即过渡室、生存室和设备室，两门即第一道防护密闭门和第二道密闭门，如图8-13所示。

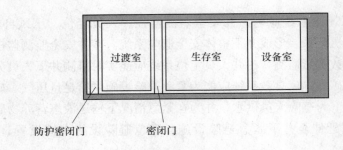

图8-13　永久避难硐室构造示意图

a　隔离系统

避难硐室的隔离系统主要包括在进出口各设的两道防护密闭门和两道防爆密闭墙。

（1）密闭门高≥1.5m，宽≥0.8m；

（2）向外开启，要求开闭灵活、密封可靠，能够里外锁死；

（3）密闭墙掏槽深度不小于0.2m，墙体用强度不低于C30的混凝土浇筑。

第一道防护密闭门及防爆密闭墙：

（1）第一道防护密闭门要求能够抵御瞬时900℃高温、0.3MPa的爆炸冲击波；

（2）防护密闭门上设观察窗；

（3）防爆密闭墙要求能够抵抗瞬时900℃高温和0.6MPa的爆炸冲击波，密闭墙厚度一般为500mm。

第一道防护密闭门如图8-14所示。

第二道密闭门：

（1）能够阻挡有毒有害气体进入生存室的密闭门；

（2）密闭门必须用阻燃材料制造；

（3）密闭门必须具有气密性。

第二道密闭门如图8-15所示。

图 8-14 第一道防护密闭门

图 8-15 第二道密闭门

b 过渡室

（1）净高≥2m；

（2）面积≥3.0m²；

（3）设置压缩空气幕和压气喷淋装置；

（4）单向排水和排气管及手动阀门。

过渡室如图 8-16 所示。

c 生存室

（1）净高≥2m；

（2）每人有效使用面积≥1.0m²；

（3）设置两趟单向排气管和一趟单向排水管及手动阀门。

生存室如图 8-17 所示。

图 8-16 过渡室

图 8-17 生存室

d 设备室

设备室的面积和净高以避难硐室设计所需安装的制氧机、空调机、净化器、电源箱、工具箱、急救箱等设备总量的控制尺寸确定，考虑到施工的方便净高一般与生存室一致。

B 永久避难硐室的功能设施

永久避难硐室的功能设施由主要功能系统和附属系统组成，永久避难硐室的功能设施如图 8-18 所示。

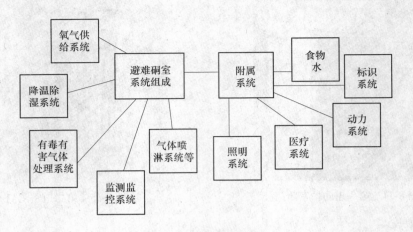

图 8-18　永久避难硐室的功能设施

　　a　氧气供给系统

　　由于煤矿井下发生火灾、煤尘爆炸、坍塌等灾害性事故时，都会致使避难所周围环境缺氧，同时，避险人员在密闭空间会短时间内耗尽氧气，因此，必须在避难硐室内部设置具有向避险人员提供氧气以保证避险人员能够维持正常呼吸的供氧装置。目前，主要有三种供氧方式：

　　（1）压风自救装置供氧：利用地面压缩空气通过管路（钻孔或专用管路）作为气源，经过阀门后进入过渡硐室内设置的水、灰尘、油的三级过滤，经过预先设置的减压器、流量计、管路进入气体输出端，为硐室内避险人员提供新鲜、舒适的空气。压风自救装置供氧如图 8-19 所示。

图 8-19　压风自救装置供氧

　　（2）压缩钢瓶供氧：利用储存在钢瓶中的医用压缩氧气，通过供氧控制装置为避险人员输出规定数值的氧气。在生存室的专用硐室内放置的钢瓶，出口经减压阀减压后由低压管路并联后集中至调压器，减压器将来自于氧气瓶中的医用压缩氧气压力进行减压并输出稳定的压力。流量计的氧气输出量根据避险人员数量进行手动调节，在静坐状态下每人的氧气消耗量大约为 0.5L/min。由于调压器输出稳定的压力，因此在流量计调节值一定时，通过流量计的氧气输出量不会随着氧气瓶中的压力变化而变化。压缩钢瓶供氧如图 8-20 所示。

　　（3）隔绝式自救器（呼吸器）供氧：

　　1）化学氧自救器供氧：利用人呼出的二氧化碳与生氧剂（超氧化钾或超氧化钠）发生反应，生成氧气供人呼吸。

　　2）压缩氧自救器供氧：利用压缩钢瓶内的医用氧气减压后供人呼吸，人呼出的二氧

图 8-20　压缩钢瓶供氧

化碳被二氧化碳吸收剂吸收。

3）呼吸器供氧：原理与压缩氧自救器相同，供氧时间长。

自救器供氧如图 8-21 所示。

b　降温除湿系统

发生灾变时，避险人员长时间在密闭的硐室内生存，人体散热导致硐室气温升高，同时如发生爆炸外界温度传入以及化学药品产生反应造成生存环境温度升高，湿度增大，所以需要对生存温度、湿度进行控制调节，以保证适宜的生存环境。温度不高于 35℃；湿度不大于 85%；保证紧急避险设施内始终不低于 100Pa 的正压状态。目前，主要有四种制冷技术：

图 8-21　自救器供氧

（1）蓄冰（空调）制冷技术。蓄冰空调分为室内、室外两部分，室外机主要是隔爆制冷压缩机和隔爆控制装置，室内部分主要是制冷盘管与水箱组成的制冰、储冰装置。当电力供应正常时，室外压缩机工作，空调制冷系统将硐室内水箱中的水制成冰，实现储冷功能。冰融化时吸收硐室内热量，降低硐室内的环境温度。在电力供应正常的情况下，硐室内水箱中的水始终保持为冰固态，在灾变事故发生、外界电力突然中断的情况下，水箱内的冰融化时吸收的热量与硐室内人员散发热量相当，从而基本保持硐室内环境温度不变。空调制冷技术如图 8-22 所示。

图 8-22　空调制冷技术

（2）液态 CO_2 制冷技术。液态 CO_2 制冷技术也是应用了物质的相变原理——CO_2 从液态转变成气态，要大量吸热，每千克液态 CO_2 在相变过程中要吸收 292kJ 的热量（这里需说明一下，液态 CO_2 不是干冰，干冰是固态的 CO_2，干冰汽化时可以吸收 560kJ 的热量，算是自然界比较高的潜热了，但由于干冰不能在常温下保存，因此无法在避难硐室内使用）。液态 CO_2 制冷，从原理上讲制冷方案及理念是不错的，但不宜用于煤矿井下特殊环境。

（3）化学制冷技术。化学制冷技术的工作原理基本上都利用了物质的溶解热。自然界部分物质溶解时，会大量吸热，如铵基材料大都有这样的属性。不宜用于煤矿井下避难硐室。

（4）相变制冷技术。相变空调的工作原理是：平时，相变材料处于结晶状态（固态），当舱内温度持续上升到相变熔点（如 25~27℃）时，相变材料开始融化，这个过程将大量吸热。只有将全部相变材料融化完毕，硐室内温度才会继续上升。不宜用于煤矿井下避难硐室。

c　有毒有害气体处理系统

（1）灾变前、后矿井气体变化情况。由于遇险人员长时间生存在密闭空间，人体呼出的二氧化碳会使密闭空间二氧化碳浓度不断增加，当达到 8% 时，人会短时间死亡；同时硐室外的一氧化碳会随人员进入而进入，所以必须对避难硐室内的 CO_2 和 CO 两种有毒有害气体进行处理。处理 CO_2 能力不低于 0.5L/（min·人）；处理 CO 能力应保证在 20min 内将 CO 浓度由 0.04% 降到 0.0024% 以下。

瓦斯爆炸后，矿井中氧气浓度下降，燃烧生成大量的 CO_2 和 H_2O，不完全反应产生的 CO 浓度一般也达到 1000×10^{-6} 以上，据统计，在瓦斯煤尘爆炸事故中，死于 CO 中毒或窒息的人数占总死亡人数的 80% 以上，成为井下人员伤亡的主要因素之一。

灾后缺氧环境（小于 16%）、有毒有害气体环境（CO、HCN、HF、H_2S、HCl、NH_3、SO_2、Cl_2、$COCl_2$、NO_2）、高温烟气（火焰锋面温度可达到 2150~2650℃）、二次爆炸冲击（可达 2MPa 以上）等危害是造成人员伤亡的主要原因。灾变前、后矿井气体浓度变化情况如图 8-23 所示。

（2）有毒有害气体处理装置。由有毒有害气体处理一体机、隔爆通风机、CO_2 吸收箱、CO 吸收箱组成。处理装置与储冰式空调通风管路连接，CO_2 吸收箱、CO 吸收箱放在一体机上，开动电动风机，硐室内空气由过滤装置上方进入，经 CO_2（CO）吸附剂净化后进入水（冰）箱内部冷风通道，在水（冰）箱内部循环后经出风口风机排出，实现硐室内空气有毒有害气体处理。空气一体净化机如图8-24所示。

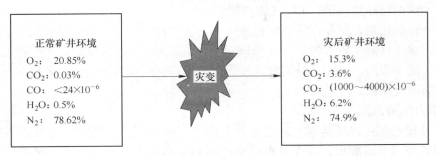

图 8-23 灾变前、后矿井气体浓度变化

图 8-24 空气一体净化机

1）去除 CO_2 技术。有多种解决方案，如碱石灰吸附、超氧化物吸附、氢氧化锂吸附剂吸附、分子筛吸附、固态胺清除等。

碱石灰主要以氧化钙和氢氧化钠的混合物为主，对 CO_2 气体的吸附效率一般在 21%～29% 之间。它的优点是成本低，缺点是用量大，平均每人每天用料 5kg 左右。

氢氧化锂吸附剂主要用于潜艇及航天飞机上，它对 CO_2 气体的吸附率可达 60%～80%，每人每天配备 2kg 足够了。它的缺点是成本高，并且在使用时氢氧化锂会自然散发一定的刺鼻气味，必须在净化机上加装除尘过滤网，才能有效克服它的这一缺点。

超氧化物吸附剂主要成分是超氧化钾或超氧化钠，它可与空气中的 CO_2 起反应，生成固态的碳酸钾或碳酸钠，并释放出水气和氧气。由于它可以吸收 CO_2 并放出氧气，因此主要应用于潜艇上及防空设施里。超氧化物的缺点是反应时大量放热，遇水遇油时可能燃烧，因此药剂的保存也是一个很大的问题。

综合比较后，煤矿井下使用碱石灰吸附 CO_2 较为合适。

2）去除 CO 技术。由于 CO 气体性能稳定，不容易被化学药剂直接吸收，因此主要通过催化剂将 CO 气体催化成 CO_2 气体，然后再通过 CO_2 吸附剂将之清除。目前主要有两种催化剂。

一种是以二氧化锰及氧化铜为基材的霍加拉特催化剂，它的最大缺点在于容易与水结合。在水气较大的场合（如相对湿度高于50%），如果不采取措施阻挡水气，催化剂可能在几分钟内就基本失效。因此，采用这种催化剂，一定要在催化剂前面加装干燥剂，使水气先经过干燥剂滤除后再进行 CO 气体的催化。

另外一种催化剂，主要以贵金属钯或铂为主催化材料，简称贵金属催化剂。这种催化剂在常温、常压且湿度较大的场合（RH>85%）也能对 CO 起到很好的催化效果，缺点是价格昂贵，成本很高。同时，经实验这种催化剂随着使用次数的增加其效果明显下降。使用次数不能超过 4 次。

d　动力保障系统

（1）外接电源：避难硐室主供电电源采用可靠的供电点供电，电缆在进入避难硐室前 20m 穿管埋入巷道底板，实现避难硐室内部双回路供电。硐室内安设馈电开关、照明综保，控制室内的供电电源。室外的空调压缩机由馈电开关经变压器后直接供电。

（2）备用电源：按照标准要求，当灾害发生后外部电源中断时，备用电源自动启动，保证在额定防护时间内（96h）气体净化系统和环境监测系统的动力需求。硐室可选用磷酸铁锂电池组（带电源管理系统）作为备用电源，当发生事故断电后采用备用电池箱（图 8-25）作为备用，磷酸铁锂电池容量大、电压高、体积小、性能稳定、性价比高；同时配有电池管理箱，实现对磷酸铁锂电池组充放电管理。

图 8-25　备用电源箱电源

e　监测监控系统

按照标准必须配备独立的内外环境参数检测或监测仪器，在突发紧急情况下人员避险时，能够对避险硐室过渡室内的氧气、一氧化碳 2 个参数，生存室内的氧气、甲烷、二氧化碳、一氧化碳、温度、湿度、压差 7 个参数和避险硐室外的氧气、甲烷、二氧化碳、一氧化碳、温度 5 个参数进行检测或监测。

（1）室内监测监控。生存室监测监控：必须对硐室内的 CO_2、CO、CH_4、O_2、温度、湿度和压差七个指标进行监测。

方法是将 CO_2、CO、CH_4、O_2、温度 5 个参数的传感器直接挂在硐室内，读取数据，传感器的电源由锂离子电池箱供电，湿度和压差采用机械式仪表检测，不需要用电源；也可采用多参数便携仪检测，传感器如图 8-26 所示。

（2）硐室外监测监控。必须对避险硐室外的 CO_2、CO、CH_4、O_2、温度 5 个指标进行监测。

方法是将 CO_2、CO、CH_4、O_2、温度 5 个参数传感器安装在传感器箱中，通过数据传输到生存室，在生存室的本安型显示终端上读取数据，传感器和本安型显示终端由离子电池箱供电。

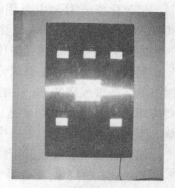

图 8-26　传感器

（3）与井上现有监测监控系统的对接。如果煤矿业主需要对避险硐室外的环境参数在地面进行监控，可在避险硐室旁安装一个与现矿上使用的监控分站，同时加挂 CO_2、CO、CH_4、O_2、温度 5 个参数传感器（须兼容），这样，井上监测监控中心就可以及时了解避难硐室外的生存环境。硐室外传感器安装如图 8-27 所示。

人员定位系统同样如此。

f　气幕喷淋系统

避险人员在开启硐室第一道防护门的过程中会带入一定浓度的有毒有害气体及火源，极易造成对避险人员的二次伤害。气幕喷淋系统的功能是将有毒气体及火源驱之门外，不会随着避险人员的进入而带入硐室内。

图 8-27　硐室外传感器安装

气幕喷淋系统的工作原理如下：

气幕系统是利用储存在钢瓶中的压缩空气，通过减压器控制稳定的输出压力至硐室门联动开关。当硐室门开启时，硐室门联动开关即刻开启，压缩空气向外喷出。当硐室门关闭时，硐室门联动开关即刻关闭，阻止压缩空气继续喷出。

喷淋系统是利用储存在钢瓶中的压缩空气，在由过渡室进入生存室时，开启喷淋开关，将避险人员身上有可能携带的有毒气体清洗干净。

气幕、喷淋系统用气必须与高压空气瓶和井下压风系统相连接，当压风正常时用压风，当压风不正常时用高压空气。气幕喷淋系统实物如图 8-28 所示。

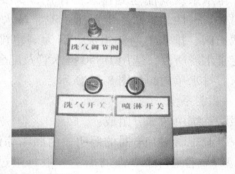

图 8-28　气幕喷淋系统实物图

g　排气系统

硐室内的排气系统由两部分组成。

一是自动排气系统，主要功能是当硐室内没有使用压风系统，且硐室内的压力超过 100Pa 时，自动排气阀打开，泄放多余的压力，同时排出污浊的气体，保持硐室内处于正压状态，排气管道必须加装逆止阀。如图 8-29 所示。

二是手动排气阀，主要功能是当硐室内使用压风系统时，若自动排气阀不能满足要求，就采用大口径手动排气阀。如图 8-30 所示。

h　供水施救系统

矿井的供水施救系统支管通过地沟预埋接入避难硐室，为避难硐室提供备用饮用水源和生活、卫生水源。

图 8-29　自动排气阀

图 8-30　手动排气阀

当避难硐室内部食物消耗完后，还可以通过该系统从井上提供流体食物给避难人员。供水管路选用 $\phi32\times5$ 的无缝钢管。供水管路应有专用接口和供水阀门。

i　通信联络系统

避难硐室要有两套独立的矿用通信联络装置。一套为避难硐室内与矿井调度室直通的电话，该电话配置必须与煤矿单位通信系统相兼容；另一套为避难硐室内与避难硐室外有线对讲通话，对讲电话自带电源。

j　排水系统

为了排除硐室内的异常积水和多于废水，需设硐室排水系统。排水系统既能达到排水的作用，又要保证不破坏与硐室的对外气密性。排水系统由排水池、排水管道、U 型弯管、排水截止阀、排水单向阀组成。因为硐室排水量很小，基本无固定排水。所以，选用 DN50 排水管及配套规格阀门即可满足要求。排水单向阀如图 8-31 所示。

图 8-31　排水单向阀

k　照明系统

照明系统由两部分组成：

一是避难硐室有电时的照明，由照明综保和 127V 巷道灯组成，127V 巷道灯 100 人的硐室一般每个过渡室设 2 个，生存室设 6 个。

二是避难硐室无电时的照明，由本安电路用按钮开关和矿用本安型机车信号灯等组成，矿用本安型机车信号灯采用备用锂离子电池供电。

l　基本生存保障

避难硐室应配备在额定防护时间内额定人员生存所需要的食品和饮用水，并有足够的安全余量。食品配备不少于 2000kJ/（人·d），食用水 500mL/（人·d）。

避难硐室应配备必要的应急维修所需工具箱、灭火工具、急救箱、污物收集器等，如图 8-32 所示。

8.4.2.2　永久避难硐室的工程实例

以重庆市能投集团松藻打通一矿避难硐室（图 8-33）建设为例，简要说明建设情况。

图 8-32 食物、自救器、污物收集器实物

图 8-33 重庆市能投集团松藻打通一矿避难硐室效果图

（1）设置位置：

1）井下位置：打通一矿西区固定避难硐室设置在西区+280 轨道石门。

2）地面位置：煤电公司供应处附近，+280 固定避难硐室对应的地表距离打通公路约 56m，地面高程约+780m，+280 固定避难硐室的标高 277.8m。即：地表至+280 固定避难硐室的垂深约为 502m。设置位置如图 8-34 所示。

（2）硐室支护：+280 固定避难硐室顶板为茅口灰岩，顶板完整，稳定，无地质构造，无淋水。

（3）额定避难人数：100 人。

（4）硐室尺寸：硐室长度 21m，设计硐室的净宽 5.5m，净高 3.25m，面积 115.5m^2。为缓解受困人员的心理压力，对+280 固定避难硐室采用温馨色彩且为不燃性材料进行装修。硐室尺寸如图 8-35 所示。

（5）功能设置：按照 100 人额定生存时间 96h 进行建设和配置，备用系数为 1.2。

松藻打通一矿避难硐室功能设备配置见表 8-1 和表 8-2。

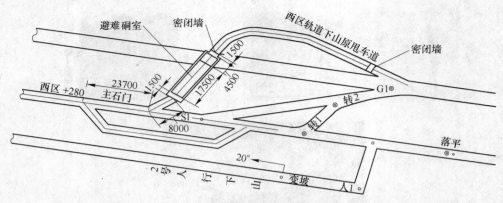

图 8-34　松藻打通一矿避难硐室井下设置位置示意图

（6）试运行：在整个试运行期间硐室内各主要参数：瓦斯浓度为零；一氧化碳浓度为零；氧气浓度为 20%~21%；温度为 23℃左右；人员生存正常。

（7）避难硐室培训：2010 年 12 月 23 日组织重庆煤科院技术人员向全矿基层队的所有管理人员、机关所有井下人员和救护队员在矿职工教育培训中心进行了避难硐室的使用操作培训；2010 年 12 月 27 日基层各队由队长组织救护队员到各队向员工进行了避难硐室的使用操作培训。

（8）硐室验收：2011 年 2 月 23 日，重庆煤矿安全监察局、重庆市煤炭工业管理局在松藻煤电公司组织相关单位人员对"松藻煤电公司打通一煤矿紧急避险系统试点建设"项目进行了验收。形成如下验收意见：

1）打通一煤矿试点建设的 100 人永久避难硐室具备安全防护、氧气供给保障、有害气体去除、环境监测、通信、照明、人员生存保障等基本功能，且满足在无任何外界支持的情况下额定防护时间不低于 96h 的要求。

表 8-1　松藻打通一矿避难硐室功能设备配置

功能设置	具　体　配　置
供氧方式	压风供氧，供风管路与矿井的压风管路连接；主管为 $\phi100mm$ 的钢管，硐室内敷设 $\phi50mm$ 的支管三趟。硐室内安设 ZYJ（A）型压风自救器 18 组（每组供 6 人使用），满足人均 $0.3m^3/min$。同时硐室内配备 120 台 45min 的压缩氧自救器
生存功能	硐室内配备压缩饼干 240kg，饮用水 400 瓶
供电系统	硐室内敷设 660V 电压等级供电，并接入矿用隔爆型备用电池箱，可实现切换
通信系统	硐室内安设一部直通矿调度室的矿用防爆电话
视屏系统	硐室内安设一台红外摄像仪，并与矿的视屏监控系统并网
监测系统	硐室内外均安设瓦斯、二氧化碳、一氧化碳、温度、氧气传感器
照明系统	硐室内安设矿用防爆日光灯以及 LED 一体式矿灯 30 台
急救系统	硐室内配备正压氧气呼吸器、自动苏生器、急救箱、担架、工具箱
排污系统	配备 4 台吸便器，$\phi100mm$ 单向排气管一趟
防爆功能	安设两道防爆隔离门
人员定位	硐室内安设人员定位管理系统

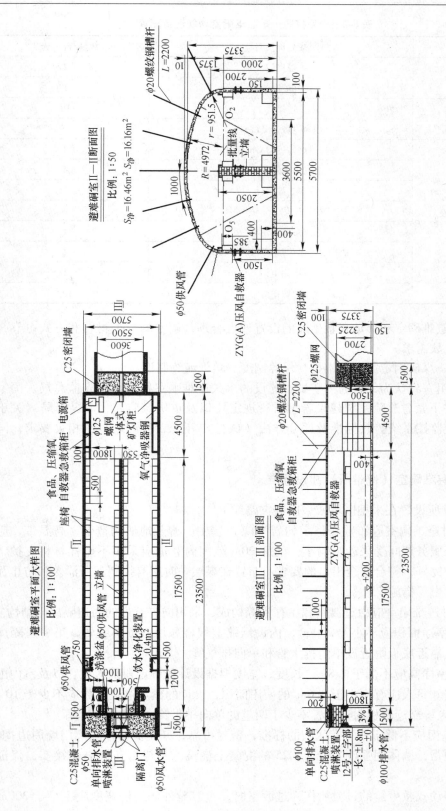

图 8-35 松藻打通一矿避难硐室设计平、断面图

表 8-2　松藻打通一矿避难硐室功能设备配置

系统名称	组成名称及型号	数量/台·套$^{-1}$
隔离门	隔离门	2
	压气喷淋装置	1
供气系统	连接管	10
	压风自救器 ZYJ-1	18
监控、照明及 通信系统	红外甲烷传感器 GJG100H	4
	多气体传感器 GH3	4
	温、湿度计	1
	红外 CO_2 传感器 GHG5H	4
	多参数测定器	1
	矿用红外摄像仪 SBT127/220G	1
	矿用电话	1
	照明矿灯	100

2）永久避难硐室和移动式救生舱的设置地点合理，硐室的支护材料和方式可靠，满足额定避难人数需求。

3）打通一煤矿制定了定期维护与保养制度、培训演练制度。

4）验收组一致认为，打通一矿试点建设的永久避难硐室符合国家安监总局、国家煤监局《煤矿井下紧急避险系统建设管理暂行规定》以及重庆煤监局、市煤管局《关于重庆市煤矿安全监控系统验收标准及评分办法（试行）等十二项规定》的相关要求，同意通过验收。

8.4.3　临时避难硐室（避难所）建设标准

（1）避难所设置在采掘区域或采区避灾路线上。

（2）临时避难硐室应布置在稳定的岩（煤）层中，避开地质构造带、高温带、应力异常区，确保服务期间受采动影响小。前后 20m 范围内巷道应采用不燃性材料支护，顶板完整、支护完好，符合安全出口的要求。布置在煤层中时应有控制瓦斯涌入和防止瓦斯集聚、煤层自燃等措施。

（3）临时避难硐室应由过渡室和生存室等构成，采用向外开启的两道隔离门结构。

1）过渡室净面积应不小于 $2.0m^2$，内设压缩空气幕和压气喷淋装置，第一道隔离门上设观察窗，靠近底板附近设单向排水管和单向排气管。

2）生存室净高应不低于 1.8m，长度、宽度根据设计的额定避险人数，以及室内配置装备情况确定。每人应有不小于 $0.6m^2$ 的使用面积，设计的额定避险人数应不少于 10 人，不宜多于 50 人。靠近底板附近设置不少于两趟的单向排水管和单向排气管。

（4）隔离门应不低于井下密闭门的标准，密封可靠，开闭灵活。隔离门墙周边掏槽，或见硬顶、硬帮，墙体用强度不低于 C25 的混凝土浇筑，并与岩（煤）体接实，保证足够的气密性。

利用可移动式救生舱的过渡舱作为过渡室时，过渡舱外侧门框宽度应不小于 300mm，安装时在门框上整体灌注混凝土墙体。硐室四周掏槽深度、墙体强度及密封性能要求不低于隔离门安装要求。

（5）临时避难硐室应采用锚网、锚喷、砌碹等方式支护，支护材料应阻燃，硐室地面应高于巷道底板 0.2m。

（6）临时避难硐室应接入矿井压风、供水、监测监控、人员定位、通信和供电系统。

1）接入的矿井压风管路，应设减压、消音、过滤装置和带有阀门控制的呼吸嘴，压风出口压力在 0.1～0.3MPa 之间，连续噪声不大于 70dB(A)，过滤装置具备油水分离功能。

2）接入的矿井供水管路应有接口和供水阀。接入的安全监测监控系统应能对硐室内的 O_2、CH_4、CO_2、CO、温度等进行实时监测。

3）硐室入、出口处应设人员定位基站，实时监测人员进出紧急避险设施情况。

4）硐室内应设置直通矿调度室的固定电话。

（7）临时避难硐室应配备独立的内外环境参数检测或监测仪器，实现突发紧急情况下人员避险时对硐室内的 O_2、CH_4、CO_2、CO、温度、湿度和硐室外的 O_2、CH_4、CO_2、CO 检测或监测。

（8）临时避难硐室应按设计的额定避险人数配备供氧和有害气体去除设施、食品和饮用水以及自救器、急救箱、照明、工具箱、灭火器、人体排泄物收集处理装置等辅助设施，备用系数不小于 10%。

1）自备氧供气系统供氧量不低于 $0.3m^3/(min \cdot 人)$；采用高压气瓶供气系统时应有减压措施。

2）有害气体去除设施处理 CO_2 的能力应不低于每人 0.5L/min，处理 CO 的能力应能保证 20min 内将 CO 浓度由 0.04% 降到 0.0024% 以下。

3）配备的食品不少于 2000kJ/(人·d)，饮用水不少于 0.5L/(人·d)。

4）配备的自救器应为隔离式，连续使用时间不低于 45min。

（9）硐室建设应有设计和作业规程。临时避难硐室建设完成后，应进行各种功能测试和联合试运行，并按要求组织验收，满足规定要求后方可投入使用。

8.4.4 可移动救生舱

8.4.4.1 可移动救生舱的组成

救生舱是矿山救援系统的重要组成部分，在设计上配备了巷道内气体、温度、压力等参数的检测系统，可独立工作的动力系统、生命维持系统、环境控制系统以及必要的保护结构。救生舱组成如图 8-36 所示。

8.4.4.2 可移动救生舱的作用

（1）救生舱在设计上充分考虑了使用现场环境的复杂性和恶劣性，采用坚固的钢制外壳，防火、防锈、防腐的专用涂层。舱体设有独立的生命维持系统，在没有外界动力条件下可提供 8 人 4 天的生存环境。

（2）针对特殊情况设计观察窗和紧急逃生装置。装备较为舒适的内部装饰，可缓解

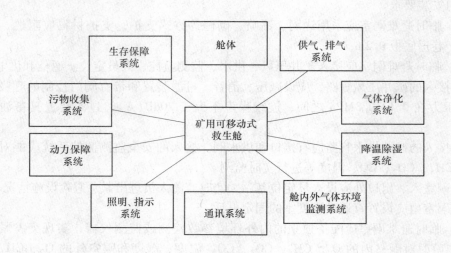

图 8-36　救生舱组成

在紧急情况下避难人员的紧张情绪。

（3）可移动式矿用救生舱主要适用于煤矿或非煤矿山井下发生的各类爆炸，煤与瓦斯突出、冒顶、外因火灾等事故现场的人员避难，也可作为日常的矿井气体监控设施、矿难时井下临时指挥与调度场所使用。

（4）救生舱在设计上配备了巷道内气体、温度、压力等参数的检测系统，可独立工作的动力系统、生命维持系统、环境控制系统以及必要的保护结构。

救生舱在井下巷道的布置情况如图 8-37 所示。

图 8-37　救生舱在井下巷道的布置情况

（5）把矿用可移动式救生舱生命保障技术进行放大拓展延伸，可形成和开发避难硐室成套技术装备。避难硐室具有救生舱的一切防护功能，而且具有更大的维生空间，可以满足一定区域内所有矿工的避险维生需求，实现井下避险全员覆盖。如图 8-38 所示。

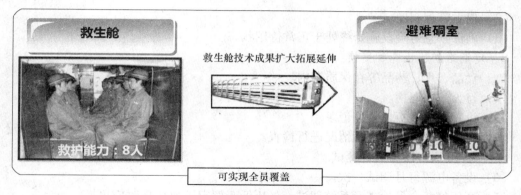

图 8-38 救生舱与避难硐室实现井下全员覆盖

8.4.4.3 可移动救生舱的建设要求

（1）符合煤炭行业有关标准规定，必须获得煤安标志。
（2）适应范围和条件符合服务区域的特点。
（3）数量和总容量应满足服务区域人员紧急避险的需要。

8.4.4.4 可移动救生舱的建设标准

（1）过渡舱：净容积不小于 $1.2m^3$，内设压缩空气幕和压气喷淋装置、单向排气阀。
（2）生存舱：有效生存空间不小于 $0.8m^3$／人，观察窗，至少两个单向排气阀。
（3）具有足够的强度和气密性。
（4）舱体抗冲击压力不低于 0.3MPa。
（5）正常使用时能保持正压状态（舱内气压大于舱外气压），生存舱内压力在100~1000Pa 内；过渡舱内压力不小于 200Pa，并可调节，防止有毒有害气体渗入。
（6）选材：抗高温老化、无腐蚀性、无公害环保的材料。
（7）颜色：舱内宜浅色，外壳宜用较醒目的黄色或红色。
（8）设置地点和安装：按设计和作业规程，并严格按产品说明书进行。
（9）安装位置要求：前后 20m 范围内岩（煤）层稳定；采用不燃材料支护；通风良好，不影响矿井正常生产和通风；无积水和杂物堆积；满足安全出口要求。
（10）连接管线：压风管、供水管、通信线应有防护措施；具有抗冲击破坏能力；管路与救生舱软连接。
（11）安装后验收：系统性功能测试和试运行；满足要求后通过验收。

8.4.4.5 可移动救生舱的拆装、运输、移动要求

（1）编制作业规程和安全技术措施。
（2）移动后应进行一次系统检查和功能测试。

8.4.5 紧急避险系统维护与管理

A 组织管理
（1）确定专门机构和人员。

（2）建立管理制度。

（3）确保紧急避险设施始终处于正常待用状态。

B　定期维护、检查和更换

（1）食品、水、药品等在保质期内。

（2）每天一次巡检。

（3）设置巡检牌板，做好记录。

（4）煤矿负责人应对巡检情况进行检查。

（5）每 10 天一次检查和测试。

（6）设备电源每月调试一次。

（7）高压气瓶余量检查及系统调试：气压低于额定压力 95% 时应更换。

（8）每年一次测试、检验：对气密性、电源、供氧、有害气体处理等设施进行一次系统性功能测试；对压力表进行一次强检。

（9）高压气瓶每 3 年一次强检。

C　设施不能正常使用

（1）应及时维护处理。

（2）停止该区域采掘作业。

D　紧急避险系统的相关内容

（1）应包含矿井灾害防护。

（2）应包含处理计划重大事故应急预案。

（3）应包含采区设计和作业规程。

E　建立设施技术档案

（1）建立设施设计、安装、使用、维护的技术档案。

（2）建立配件配品更换等档案。

（3）建立演练档案。

F　书面汇报

每年年底，将紧急避险系统建设、运行和演练情况向县级以上煤监部门和驻地煤监机构进行书面汇报。

G　培训与应急演练

（1）入井人员安全培训重要内容：熟悉了解紧急避险系统；掌握设施使用方法；具备安全避险基本知识。

（2）系统调整后需进行再培训。

（3）每年开展一次紧急避险应急演练。

8.5　压风自救系统

8.5.1　压风自救系统概述

压风自救系统主要由空气压缩机、压风管路和压风自救装置三部分组成。

A　空气压缩机站

空气压缩机站的配置主要包括供电设施、空气压缩机、冷却循环系统、监测监控及各种保护、管路、管路附件及储气装置等。空气压缩机实物如图 8-39 所示。

图 8-39 空气压缩机实物图

B 压风管路

压风管路包括主管、主干、支管、连接法兰、快速接头、弯头、管路三通（多通）、管道阀门、压力表、汽水（油）分离装置。

C 压风自救装置

压风自救装置主要有面罩式和防护袋式两类。

a 面罩式压风自救装置

面罩式矿用压风自救装置包括箱体，箱体上设有压风接头，其内设有多组分别与压风管相连的呼吸器，每组呼吸器的支管上均设有手动进气阀。当作业场所发生有害气体突然涌出、冒顶和坍塌等危险情况时，现场人员来不及撤离，可就近利用压风自救装置实行自救。打开门盖，取出呼吸面罩带上，打开进气阀，通过供气量调节装置对压风管路提供的压风根据需要进行调节，再通过气动减压阀，进行减压和消除噪声，然后由积水杯将不清洁的压风变成清洁的呼吸空气，供给现场人员呼吸，达到稳定情绪、实现现场自救目的。该装置结构紧凑，使用方便，具有广泛的实用性。面罩式压风自救装置如图 8-40 所示。

图 8-40 面罩式压风自救装置

　　b　防护袋式压风自救装置

　　（1）工作原理。防护袋式压风自救装置由管道、开闭阀、连接管、减压组及防护套等5部分组成，其中防护袋为特制塑料通过热合而成，不漏气、阻燃和抗静电。当煤矿井下发生瓦斯浓度超标或超标征兆时，避灾人员迅速撤离到自救装置，解开防护袋，打开通气开关，迅速钻进防护袋内，压气经减压阀节流减压后，新鲜空气充满防护袋，可供避灾人员救生呼吸。当袋内正压力达0.09MPa左右后，袋外有害气体不能进入防护袋内。

　　（2）结构。隔绝式压风自救装置主要由管路、开关、送气器、防护袋等组成。防护袋式压风自救装置如图8-41所示。

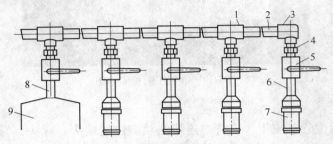

图8-41　防护袋式压风自救装置
1—三通；2，6—气管；3—弯头；4—接头；5—球阀；7—送气器；8—卡子；9—防护袋

　　（3）技术特征：

　　1）送气器功能：减压0.3~0.7MPa至0.09MPa以下；具有消声、过滤压风的功能；输入新鲜空气，调节至100~150L/min（约为1人每分钟耗气量2倍以上）；外套用微孔有色金属材料加工，化学性能稳定，防腐不生锈。

　　2）参数指标：压风压力0.3~0.7MPa；单个装置耗气量100~150L/min；重量1.65kg。

　　3）减压阀指标：输出压力调节范围不大于0.09MPa；减压噪声不大于85dB（A）；操作方式为手动调节、操作；供气方式为连接压风系统或单独配气站（地面）。

8.5.2　压风自救系统建设标准

8.5.2.1　基本要求

　　（1）空气压缩机应安装在地面，空气压缩机在满足要求的同时，至少要有1台备用。

　　（2）深部多水平开采的矿井，空气压缩机安装在地面难以保证对井下作业点有效供风时，可在其供风水平以上两个水平的进风井井底车场安全可靠的位置安装，但不得使用滑片式空气压缩机。

　　（3）井下使用多套压风系统时应进行管路联网。

　　（4）压风干管选用无缝钢管，管材必须满足供气强度、阻燃、抗静电要求。

　　（5）防护袋、送气管材料应符合《煤矿井下用聚合物制品阻燃抗静电性通用试验方法和判定规则》（MT 113—1995）的规定。

　　（6）如配有面罩，其材料应符合《呼吸防护用品　自吸过滤式防颗粒物呼吸器》（GB 2626—2006）的规定。

（7）具有减压、节流、消噪声、过滤和开关等功能。

（8）装置外表面光滑、无毛刺，表面涂镀层均匀、牢固。

（9）系统零部件的连接应牢固、可靠，不得存在无风、漏风或自救袋破损长度超过5mm 的现象。

（10）装置操作应简单、快捷、可靠。

（11）使用时，应感到舒适、无刺痛和压迫感。

（12）系统风管道供气压力 0.3~0.7MPa，在 0.3MPa 压力时，每台装置的排气量应在 100~150 L/min 范围内。

（13）工作时噪声应小于 85dB(A)。

（14）系统的管路规格为：矿井主管路，按矿井需风量、供风距离、阻力损失等参数计算确定，但不小于 100mm；采掘工作面不小于 50mm。

8.5.2.2 设置要求

（1）所有矿井采区避灾路线上敷设压风管路，设置供气阀门，间隔不大于 200m。有条件的矿井可设置压风自救装置。

（2）水文地质条件复杂和极复杂的矿井，在各水平、采区和上山巷道最高处敷设压风管路和供气阀门。

（3）突出矿井的爆破地点、距采掘面 25~40m 的巷道内、撤离人员与警戒人员所在位置、回风巷有人作业的地点等至少设置一组压风自救装置。

（4）长距离掘进巷道中增加设置组数，每组供 5~8 人使用。

（5）采区避灾路线上必须敷设压风管路，设置压风自救装置，间距不大于 200m。

（6）其他矿井掘进工作面，敷设压风管路和设置供气阀门。

（7）避难硐室或可移动式救生舱必须接入压风自救系统，为其供给足量氧气，供风量不低于 0.3m³/(min·人)，设减压、消音、过滤装置和控制阀装置。出口压力在 0.1~0.3MPa，噪声不大于 70dB(A)。

8.5.2.3 安装要求

A 空气压缩机站安装地点选择

（1）选择采光良好的宽阔场所，以利于操作、保养和维修时所需的空间和照明。

（2）选择空气湿度低、灰尘少、空气清新而且通风良好的场所，避免水雾、酸雾、油雾、多粉尘和多纤维的环境。

（3）按照《压缩空气站设计规范》（GB 50029—2003）的要求，压缩空气站机器间的采暖温度不宜低于 15℃，非工作机器间的温度不得低于 5℃。

（4）当空气压缩机吸气口或机组冷却风吸风口设于室内时，其室内环境温度不应大于 40℃。

（5）如果环境较差灰尘多，需加装前置过滤设备，以保证空气压缩机系统零件的使用寿命。

（6）在单台排气量大于或等于 20m³/min，且总安装容量大于或等于 60m³/min 的压缩空气站，宜设检修用起重设备，其起重能力应按空气压缩机组的最重部件确定。

（7）预留通道和保养空间，按照《压缩空气站设计规范》（GB 50029—2003）的要求，空气压缩机组合墙之间的通道宽度按排气量大小在 0.8~1.5m 之间选取。

B　管道安装

（1）系统安装在采掘工作面巷道内的压风管道上，安装地点应宽敞、支护良好、水沟盖板齐全、无杂物堆的人行道侧，人行道宽度 0.5m 以上，管路安装高度应便于自救人员使用。

（2）主压风管安装放水器。

（3）压风管路进入自救器连接处加装开关，其后安装汽水分离器。

（4）压风自救系统阀门应安装齐全，保证正常使用。

（5）进入采掘工作面巷口的进风侧安装总阀门。

（6）管路敷设要求牢固平直，管路每隔 3m 固定，并采取保护措施，防止灾变破坏，岩巷用金属托管配合卡子，煤巷用钢丝绳吊挂，支管不少于一处固定，压风扳手要同一方向。

（7）进入避难硐室或救生舱前 20m 的管路要采取保护措施（底板埋管或用高压软管等）。

C　综采工作面安装

综采工作面压风系统安装如图 8-42 所示。

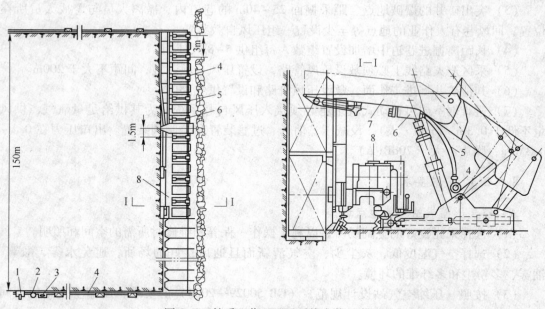

图 8-42　综采工作面压风系统安装示意图

1—阀门；2—放水器；3—气水分离器；4—主管；5—支管；
6—压风自救装置；7—支架；8—采煤机

D　机采工作面安装

机采工作面压风系统安装如图 8-43 所示。

E　工作面用面罩式压风自救装置

工作面用面罩式压风自救装置如图 8-44 所示。

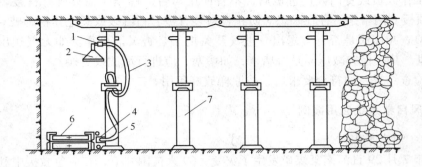

图 8-43 机采工作面压风系统安装示意图

1—挂钩；2—送风器；3—胶管；4—三通；5—快速接头；6—刮板输送机；7—单体液压支柱

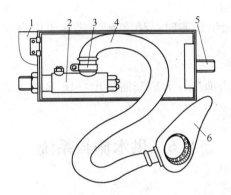

图 8-44 工作面用面罩式压风自救装置

1—盒体；2—送风器；3—卡箍；4—软管；5—紧固螺母；6—半面罩

8.5.3 压风自救系统管理

8.5.3.1 管理维护

（1）建立专门机构和队伍，制定相应的规章制度。

（2）该系统每班应有专人进行检查和维护，发现问题，及时处理。

（3）须对入井人员进行使用培训，每年组织一次演练。

8.5.3.2 调试、保养

（1）安装后，检查各连接部件是否牢固可靠，连接处的密封是否严密，管路有无漏气，防护袋有无破损，面罩是否损坏，开关手把是否灵活可靠，位置及方向是否正确，如有错误及时纠正。

（2）确认安装无误后进行调试。减压器一般在出厂时就已调定但也可能由于运输、安装时的震动会有所变化，因此安装完毕后还应作一次调试。打开通气开关，戴上防护袋或面罩使压气进入，看有无减压后的风进入，如风流过大或噪声太大，调节减压器的旋钮，使进气量和噪声适度为止，然后关闭开关，并将防护袋或面罩按原样叠好。

（3）工作人员或专门人员进班后，不管使用与否，首先应检查所有自救装置是否完好，附近顶板、两帮是否存在隐患。防止自救装置被岩石砸破或其他异物刺破。

（4）检查减压阀是否有气送出，进气开关把手是否灵活可靠。如无气送出，首先检查是否停风，其次检查减压器是否堵塞，如堵塞，应进行清洗或更换。

（5）检查结果一切符合要求后，按原样放好备用。

8.5.4　压风自救系统应用案例

案例 1　河南某煤矿

2007 年 7 月 29 日河南某煤矿发生了灾变，69 人被困井下，在应急救援中利用井下压风管道向被困人员送给新鲜空气和营养液，保证了被困人员的身体健康和生命安全，最后由救护队将 69 人全部营救出井，安全避险系统在救灾中发挥了十分重要的作用。

案例 2　江西半城局某矿

煤巷掘进工作面出现突出预兆时，36 名矿工进入压风自救系统的防护袋内，突出后由救护队营救出井。

案例 3　老虎台煤矿

2006 年工作面发生冲击地压，大量瓦斯涌出，16 名矿工靠压风自救系统，确保了生命安全。

8.6　供水施救系统

8.6.1　供水施救系统概述

8.6.1.1　供水施救系统的概念

矿井供水施救系统是指地下矿山企业在现有生产和消防供水系统的基础上建立，对采掘作业地点及灾变时人员集中场所提供供水施救的系统。所有采掘工作面和其他人员较集中的地点、井下各作业地点及避灾硐室（场所）处应设置供水阀门，保证各采掘作业地点在灾变期间能够实现提供应急供水。

施救装置（三通闸阀）设置在主要大巷、掘进巷道、避难硐室、炸药库、变电所、泵房等主要硐室等。

8.6.1.2　供水施救系统的类型

供水施救系统的类型按系统结构可分为：

（1）独立式：独立供水水网系统（饮用水与工业用水分开）。

（2）一体式：与防尘供水系统一体（饮用水与工业用水一体）。

（3）其他。

8.6.1.3　供水施救系统的组成

供水施救系统一般由清洁水源、供水管网、三通、阀门、过滤装置及监测供水管网系统等其他必要设备组成。供水施救系统如图 8-45 所示。

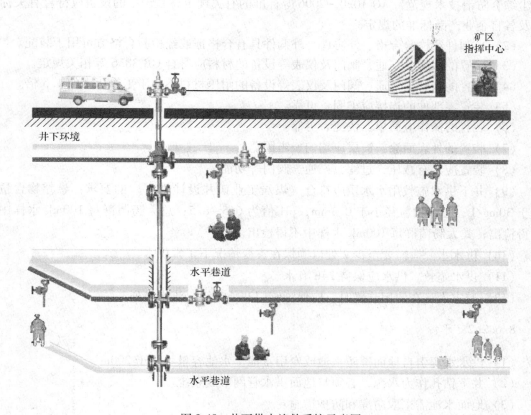

图 8-45 井下供水施救系统示意图

8.6.1.4 供水施救系统的功能

（1）系统应具有基本的防尘供水功能。

（2）系统应具有供水水源优化调度功能。

（3）系统应具有在各采掘作业地点、主要硐室等人员集中地点在灾变期间能够实现应急供水功能。

（4）系统应具有过滤水源功能。（具体说明：防尘供水管道与扩展饮用水管道衔接处或在供水终端处增加过滤装置，以达到正常饮用水要求。）

（5）系统应具有管网异常报警功能（水压异常、流量异常）。

（6）系统应具有水源、主干、分支水管管网压力及流量等监测功能。

（7）系统应具有保护水管管网功能，以防止灾变破坏。

8.6.2 供水施救系统建设要求

8.6.2.1 一般要求

（1）系统应符合国家安全监管总局和国家煤矿安监局联合下发《煤矿井下安全避险"六大系统"建设完善基本规范（试行）》的规定，符合《煤矿安全规程》、《煤矿井下粉尘综合防治技术规范》AQ 1020—2006 等标准的有关规定，系统中的设备应符合有关标准及各自企业产品标准的规定。

（2）自制件经检验合格、外协件、外购件具有合格证或经检验合格方可用于装配。

（3）装置的水管、三通、阀门及仪表等设备的材料应符合 GB 3836 等相关规定。

（4）装置的水管、三通、阀门及仪表等设备的耐压材料不小于工作压力的 1.5 倍。

（5）装置零部件的连接应牢固、可靠。

（6）装置的操作应简单、快捷、可靠。

（7）装置的外表面涂、镀层应均匀、牢固。

（8）装置应具有减压、过滤、三通、阀门等功能。

（9）井下供水施救用水水质应符合《煤炭工业矿井设计规范》的要求：悬浮物含量小于 30mg/L；悬浮物粒径小于 0.3mm；pH 值为 6.5~8.5；总大肠菌群每 100mL 水样中不得检出；粪大肠菌群每 100mL 水样中不得检出。

（10）供水水源应需要至少 2 处以确保在灾变情况下正常供水。

（11）供水施救。供水应保持 24h 有水。

（12）避灾人员在使用装置时，应保障阀门开关灵活、流水畅通。

8.6.2.2　水源

（1）供水水源引自地面消防水池或专用水池，水池容量不小于 200m^3。

（2）井下钻孔作为水源，必须与地面供水管网形成系统。

（3）地面水池需采取防冻和防护措施。

（4）必须是可供饮用的水源。

（5）供水压力不能满足需要时，需安装加压设施或减压阀、减压水仓。

8.6.2.3　供水管路

（1）供水管路、管件和阀门型号符合设计要求，最大静水压力大于 1.6MPa 的管段宜采用无缝钢管，小于或等于 1.6MPa 的管段可采用焊接钢管。地面供水入水口必须安装过滤装置，防止造成管路堵塞。

（2）供水管路必须铺设到所有采掘工作面、采区避灾路线、人员较集中地点、主要机电硐室（采区变电所、瓦斯抽放泵站）、主要运输巷、主要行人巷道和避难硐室及避灾路线巷道等地点。

（3）井筒、井底车场、水平运输大巷道设置供水主管，进入采区巷道设置供水干管，进入采掘工作面、重要硐室或避难硐室设置供水支管。避难硐室（救生舱）前后 20m 范围内的供水管路要采取保护措施，防止损坏。

（4）除按照《规程》要求设置三通及阀门外，还要在所有采掘工作面和其他人员较集中的地点设置供水阀门，保证各采掘作业地点在灾变期间能够实现提供应急供水的要求。供水管阀门安装位置应与压风自救装置位置一致。

8.6.3 供水施救系统安装及日常维护

8.6.3.1 安装要求

（1）在防尘供水系统基础上，结合矿井实际情况及井下作业人员相对集中的情况，合理扩展水网，以满足供水施救的基本要求。

（2）采掘工作面每隔 200~500m 安装一组供水阀门。

（3）主要机电等硐室各安装一组供水阀门。

（4）各避难硐室安装一组供水阀门。

（5）特殊情况或特殊需要时，按要求的地点及数量进行安装。宜考虑在压风自救就地供水。

（6）应在饮用水管处或在各个供水阀门处安装净水装置，以满足饮用水的要求。

（7）单独供水施救系统，一般主管选用 DN50，支管选用 DN25。

（8）饮水阀门高度：距巷道底板一般 1.2m 以上。

（9）饮用水管路，埋设深度 50cm 以上。

（10）饮用水管路尽量水平、牢固安装。

（11）供水阀门手柄方向一致。

（12）供水点前后 2m 范围无材料、杂物、积水现象。宜设置排水沟。

8.6.3.2 日常维护要求

（1）供水施救实行挂牌管理，明确维护人员进行周检。

（2）周检供水管网是否存在跑、冒、滴、漏等现象。

（3）周检阀门开关是否灵活等。

（4）饮用水管需每周排放水 1 次，保持饮水质量。

（5）可以利用技术等手段定时检查。

（6）做到发现问题及时上报并做相应的处理。

8.7 通信联络系统

8.7.1 通信联络系统概述

8.7.1.1 通信联络系统的概念

煤矿通信联络系统是指煤矿通过传输媒质（导线、电缆、波导、电子波、脉冲波）在煤矿生产运营的各个环节进行模拟数字信息、网络数据等各种信息的传递。由 IP 多媒体调度统一指挥，可以保证通信信息更加快速、准确，并以更加多样化的手段传递信息，是煤矿安全生产调度、安全避险和应急救援的重要工具，在煤炭生产中占有举足轻重的地位。

通信联络系统包括有线通信联络系统和无线通信联络系统两种方式。

8.7.1.2 矿井通信系统的类型

矿井通信系统的类型有矿用调度通信系统、矿井广播通信系统、矿井移动通信系统、矿井救灾通信系统等。

8.7.1.3 煤矿通信系统的特点

煤矿井下是一个特殊的工作环境，因此矿井通信系统不同于一般地面通信系统，具有电器防爆、传输衰耗大、设备体积小、放射功率小、抗干扰能力强、防护性能好、电源电压波动适应能力强、抗故障能力强、服务半径大、信道容量大、移动速度慢等特点。

8.7.1.4 煤矿通信系统的政策要求

国家安全监管总局、国家煤矿安监局颁布的《煤矿井下安全避险"六大系统"建设完善基本规范（试行）》文件中对煤矿通信系统的要求如下：

（1）煤矿必须按照安全避险的要求，进一步建设完善通信联络系统。

（2）煤矿应安装有线调度电话系统。井下电话机应使用本质安全型。宜安装应急广播系统和无线通信系统，安装的无线通信系统应与调度电话互联互通。

（3）在矿井主副井绞车房、井底车场、运输调度室、采区变电所、水泵房等主要机电设备硐室以及采掘工作面和采区、水平最高点，应安设电话。

（4）距掘进工作面 30~50m 范围内、距采煤工作面两端 10~20m 范围内，以及采掘工作面的巷道长度大于 1000m 时，在巷道中部应安设电话。

（5）紧急避险设施内、井下主要水泵房、井下中央变电所和突出煤层采掘工作面、爆破时撤离人员集中地点等地方，必须设有直通矿井调度室的电话。

8.7.2 矿用调度通信系统

8.7.2.1 概述

煤矿调度通信联络系统主要用于煤矿井下、井上生产调度指挥及地面辅助部门的通信联络。对煤矿调度通信设备的选型、安装、使用与维护正确与否将直接影响到煤矿企业的安全生产及达标验收。

目前，我国多数煤矿的井下调度通信系统采用有线通信的方式，只有少数条件好的大中型煤矿应用有线与无线互联互通的方式。

矿用调度有线通信的方式主要由程控调度交换机、调度控制台、通信电缆、矿用本质安全型防爆电话等组成。

8.7.2.2 KTJ120 型调度通信联络系统简介

KTJ120 型煤矿调度通信联络系统由地面和井下两大部分若干部件设备组成。KTJ120 型煤矿调度通信联络系统拓扑图如图 8-46 所示。

A 地面调度室机房的主要设备

地面调度室机房的主要设备有 KTJ120 型数字程控电话交换机、调度控制台、数字电

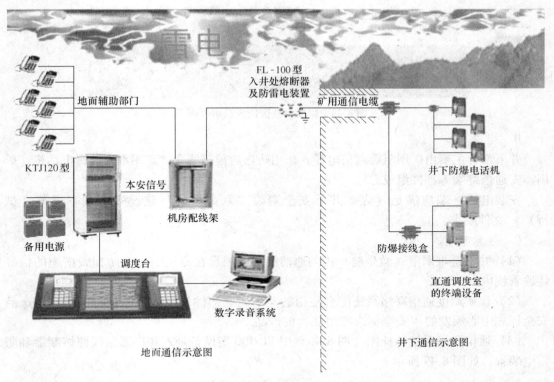

图 8-46 KTJ120 型煤矿调度通信联络系统拓扑图

话录音系统、后备备用电源、机房防雷配线箱、入井处通信线路熔断器和防雷电装置等部件。

地面调度机房的核心控制设备是数字程控调度交换机与调度台，其功能指标是否达到煤矿井下通信联络系统的验收标准是选型的关键。

图 8-47 所示为煤矿通信联络系统中重要组成部分之一———调度值班控制台，该调度台具备"一键一灯多态"，双席均可一键通，方便两个以上值班调度指挥人员迅速观察判断全网动态和调度指挥，具有完善的硬件冗余、软件容错、分散控制等技术，AC（220）/DC（48V）双电源无缝切换，有效地保障了调度台设备可靠的运行，高精尖技术指标是调度台运行可靠的保证。

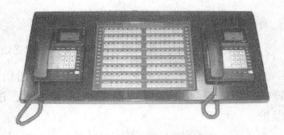

图 8-47 调度值班控制台

调度台具有求救信号声光报警，井下求救者位置显示，断电告警等煤矿通信联络系统中常规功能。如图 8-48 所示。

调度台具有全金属、防干扰屏蔽、阻燃防火的外壳。

图 8-48 所示为煤矿通信联络系统中调度控制台收到的井下信号并显示求救者的地理位置及终端编号、求救时间。

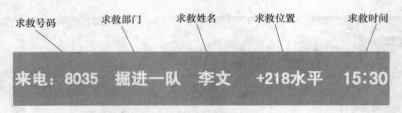

图 8-48　调度台救援位置显示界面

B　组成

井下部分主要由矿用阻燃通信电缆、矿用防爆通信接线盒、矿用本安防爆电话机、矿用本安通信终端等部件组成。

安装电话终端应满足《煤矿井下安全避险"六大系统"建设完善基本规范（试行）》文件要求。

C　注意事项

（1）井下避难硐室（救生舱）内的通信线路应铺设在专用的具有防损毁措施的信号传输管线内。

（2）煤矿调度通信联络系统配套使用的井下配套部件均应采用已获得国家矿用产品安全标志中心颁发的"安全标志准用证"的产品。

（3）通信联络系统拓扑图（图 8-46）中 FL-100 型设备是入井口通信线路熔断器和防雷电装置，如图 8-49 所示。

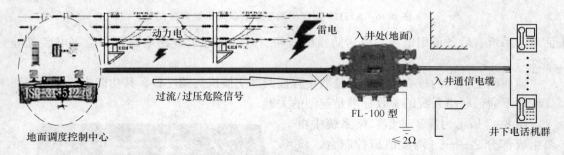

图 8-49　FL-100 型入井口通信线路熔断器及防雷电装置

依据《规程》第 459 条第 3 款规定，通信线路必须在入井处装设熔断器和防雷电装置的要求。FL-100 型保护器采用过流熔断、过压钳位、雷击浪涌信号入地泄放等多重保护。

8.7.3　井下无线通信系统介绍

8.7.3.1　煤矿使用的无线通信系统的类型

煤矿使用的无线通信系统主要有透地通信、漏泄通信、感应通信、PHS（小灵通）通信、CDMA（大灵通）通信和 WiFi 语音通信等。

8.7.3.2　煤矿使用的无线通信系统的特点

（1）透地通信。是指借助于甚低频以下的电磁波透过地层来实现地面和井下的通信。

该系统采用 KTW 无线岩体应急感应机,感应通信距离达 1000 余米,穿透煤岩体通信达 800m 左右。

透地通信系统曾在大同煤矿集团公司煤峪口矿、王村矿、燕子山矿等 6 个矿,郑州煤炭工业集团有限责任公司告成煤矿、鹤壁矿务局和内蒙古大雁矿务局等处安装使用,但应用效果不太理想,已停止运行。

(2)漏泄通信。主要是利用漏泄同轴电缆的无线电信号辐射漏泄原理实现无线通信的。电磁波在漏泄电缆中既沿内外导体纵向传输,也通过开孔向外辐射传播。

典型的如国内引进的加拿大 FLEXCOM 系统,工作在 150MHz 频段,提供了 32 个语音或数据信道,16 个图像信道,既可以与光纤网络连接,又可以与使用普通电线的电话和数据系统连接在漏泄电缆上每隔 350m 需加装 1 个中继器。漏泄通信系统如图 8-50 所示。

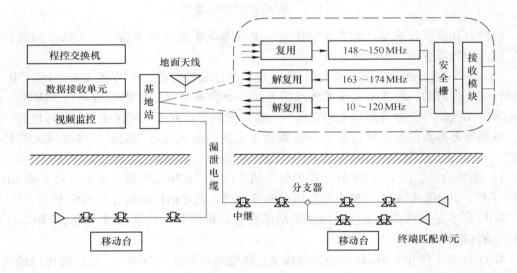

图 8-50 漏泄通信系统示意图

主要缺点是中继器的使用使系统的可靠性变差,任一中继器和电缆故障将会造成该中继器以下的部分系统瘫痪。随着中继器的增加,噪声累加,信号容易失真,且信道容量小、可靠性低等,在国内应用范围并不广泛。

(3)感应通信。是指借助专用感应线(或借助矿山原有电话线、信号线等),利用无线电波感应场引导电磁波传输,往往频率选择在中低频。其优点有投资费用低,小范围内信道还比较稳定;缺点是靠近感应体通信效果好,稍远离感应体信道不稳定。其感应距离一般不超过 2m,可用于井下救援局部范围通信。感应通信系统示意图如图 8-51 所示。

(4)小灵通、大灵通。矿用小灵通和大灵通是按照煤矿安全相关标准要求,把城市中曾推广应用的公众通信系统作了安全技术处理和移植,并延伸到矿井下应用,作为井下无线通信网络服务平台。其优点是技术标准性、成熟性、可靠性、实用性都比较好,语音通话质量好,组网通信规范严格、移动切换呼通率高、施工维护成本低;缺点是属窄带通信技术,不适合承载视频监控等多媒体业务传输。

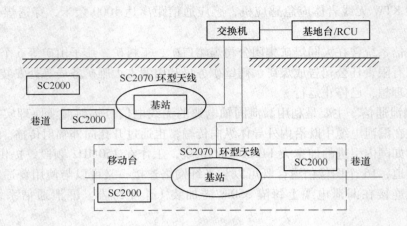

图 8-51　感应通信系统示意图

　　曾经有几百家煤炭生产企业在应用，一度成为煤矿企业较多选用的无线专网通信系统。但由于频段受限，现已退出市场。

　　（5）WiFi 语音通信系统。是利用 WiFi 技术进行无线覆盖，IP 方式接入组网，SIP 协议进行交换处理的一种新型宽带无线通信系统，每台基站可单独提供最高达 54Mbit/s 传输速率的无线信号。有线部分采用百兆、千兆以太网平台方式，可保证实时传递语音、数据、视频等多种数据流，是目前唯一能够真正实现高速无线覆盖的矿用多媒体无线传输系统。

　　1）系统构成：由 IP PBX 软交换设备、网关设备、矿用无线通信基站（接入点 AP）、WiFi 手机、井下隔爆兼本安型直流稳压电源等构成。系统拓扑结构如图 8-52 所示。

　　WiFi 原本是一种关于无线局域网范畴的商业认证名称，目前已成为 IEEE 802.11 系列标准的别称。

　　WiFi 标准工作在 2.4GHz 的免费频段上，传输速率可达 54Mbit/s，是目前使用最为广泛的一种无线标准。

　　2）系统特点：

　　①基于 WiFi 的无线语音通信系统采用 SIP 会话发起协议通信协议，实现了无线语音通信。

　　②硬件上在终端部分配置无线 SIP 电话，网络平台配置无线基站（AP），在煤矿井上安装 IP/PBX 电话软交换服务器。

　　③可实现煤矿井下、井上分机，甚至市话、长途之间的无线语音通信、呼叫保留、呼叫等待、三方通话、语音信箱、组内代接、电话会议等功能，而无须增加任何其他额外网络设备。

　　④集中式管理，分布式组网架构，最大限度节约布线时间和布线成本。调度终端可进行分布式部署，灵活、方便。摆脱对于调度主机的位置依赖，分布在不同区域和省市的相关人员，都可通过网络和调度台软件进行调度管理、通话管理。

　　⑤强大的移动性，WiFi 无线网络、调度台和 WiFi 基站、随行分机轻松部署，无线WiFi 话机与 WiFi 网络配合，就近接入，可以方便、灵活地进行无线调度，实现全网的有

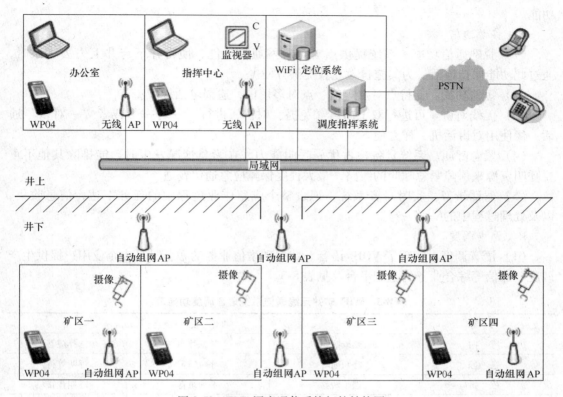

图 8-52 WiFi 语音通信系统拓扑结构图

线、无线调度功能。完全基于统一平台，完全的跨地域。

⑥适应各类调度终端：以号码为终端标识，实现对 IP 侧，软电话、IP 语音网关、IP 电话机、WiFi 话机、E&M 设备等；PSTN 侧，手机、固话、小灵通的自由调度。

⑦语音系统容量大：同时注册管理 3000 部电话，300 路同时通话。支持 350M/800M 无线数字集群通信系统对接。

⑧双机热备：调度终端可实现在注册到中心 IP 调度机的同时也注册到本地的服务器、调度机或者 IP-PBX，在最大程度上保证现场指挥的通信畅通。

WiFi 语音通信系统最大的优势是综合数据业务的扩展，可扩展接入设备有无线安全监控分站、无线人员管理系统分站、无线监控传感器、无线视频监视摄像机、无线应急广播接收机等。

综上所述，WiFi 语音通信系统具有综合优势，将成为矿井语音通信的主导技术。

8.7.4 WiFi 矿井无线通信系统

采用 WiFi 移动语音通信技术，使用最新的 802.11r 协议，漫游切换时间小于 50ms，保证无缝切换实现；基于 AP 模式下的 WiFi 矿用井下无线通信系统，所有基站终端设备统一管理，统一接收网管台指令。

8.7.4.1 系统功能

WiFi 矿井无线通信系统具有移动通信、无线调度、系统维护、人员管理 4 个方面的功能。

A　移动通信

（1）脱网通信功能。系统提供点对点脱网通信功能，使得井下与井上失去联系时，通过此功能保持通话，为实施自救互救提供方便。

（2）短信功能。支持点对点短信、点对多短信，遗漏电话提醒。

（3）无线对讲。可进行双工扬声（免提）对讲，进行"一对一"或者"一对多"通话，像使用对讲话机一样方便。

（4）紧急呼叫。系统具备预占优先呼叫能力，在紧急情况发生时，能排除其他不重要呼叫资源来保障紧急呼叫的线路，最大程度保障应急通信畅通。

（5）通话录音。实时录音系统，记录整个应急作业过程中的任务下达、信息收集，以及处理过程中的一言一行。

B　无线调度

（1）语音调度。实现了 VOIP 语音、数据和增值业务的融合，是为企业用户提供生产调度、通信等综合业务的基础平台。见表 8-3。

表 8-3　WiFi 矿井无线通信系统语音调度功能表

名　称	功　能		
呼　叫	热线呼叫	紧急呼叫	选择应答
强　插	呼叫前转	呼叫锁定	呼叫等待
强　拆	遇忙转移	手动录音	呼叫代接
监　听	个人跟随	自动录音	会议电话
选　呼	定时叫醒	组内限制	呼出限制
群　呼	缩位拨号	级别限制	呼入限制
全　呼	恶意查找	特殊级别	

（2）中继汇接。调度台具有数字/模拟中继汇接功能，可将外线用户与内部用户接通，调度员可退出或插入。

（3）离台调度。调度台可通过设置值班话机，由值班话机应答呼叫调度的电话并完成转接。

C　系统维护

（1）人机对话。具备人机对话，便于系统生成、参数修改、功能调用、控制命令输入等。

（2）自诊断。系统具备自诊断功能。当手机不在服务区，系统将显示该手机处于离线状态，如果在服务区，将显示在线状态。当手机处于通话状态时，还能动态显示手机之间处于通话的状态。

（3）备用电源。系统具备备用电源。当电网停电后，保证整个系统的正常运行。

（4）数据备份。系统具有数据备份，可定时对服务器的数据进行备份。

D　人员管理

（1）考勤管理。实时对煤矿人员入井时间、升井时间、工作时长等进行统计、查询；对井下各监测区域工作人员的数量和分布情况进行分类统计。自动汇总、存储、自动生成报表和打印以上各信息。

（2）报警功能。提供区域超员报警、未足班报警、人员脱岗报警、违章进入报警（包含禁止进入和限制进入）、下井超时报警、驻留超时报警等多种报警。

（3）安全管理。支持地理信息系统（GIS）、矢量图、位图等多种图形显示方式，根据图形化的信息可以直观地显示井下巷道分布、设备安装及运行状态，当前各区域人员分布，下井人员的滞留信息等，支持矢量图显示各监测点实时信息。

8.7.4.2 系统组成

WiFi无线通信系统由无线通信服务器、无线通信调度台软件、地面无线通信基站（AP）、矿用本安型无线基站（AP）、矿用本安型手机等主要部分组成。

（1）无线通信服务器。实现话音通信、调度功能，实现系统网管软件的配置与管理、所有基站的统一维护；服务器适用于构建新一代企业通信系统、实现融合通信的IP-PBX服务器，支持200、400、800用户注册。支持SIP协议，带FXO接口。

无线通信服务器如图8-53所示。

（2）无线通信调度台软件。将语音通信集成到数据网络中，从而将分布在各个区域员工的语音和数据集成在一个网络进行通信，一体化的IP调度机功能，具备多级调度、集群对讲功能等丰富的业务。无线通信调度台软件界面如图8-54所示。

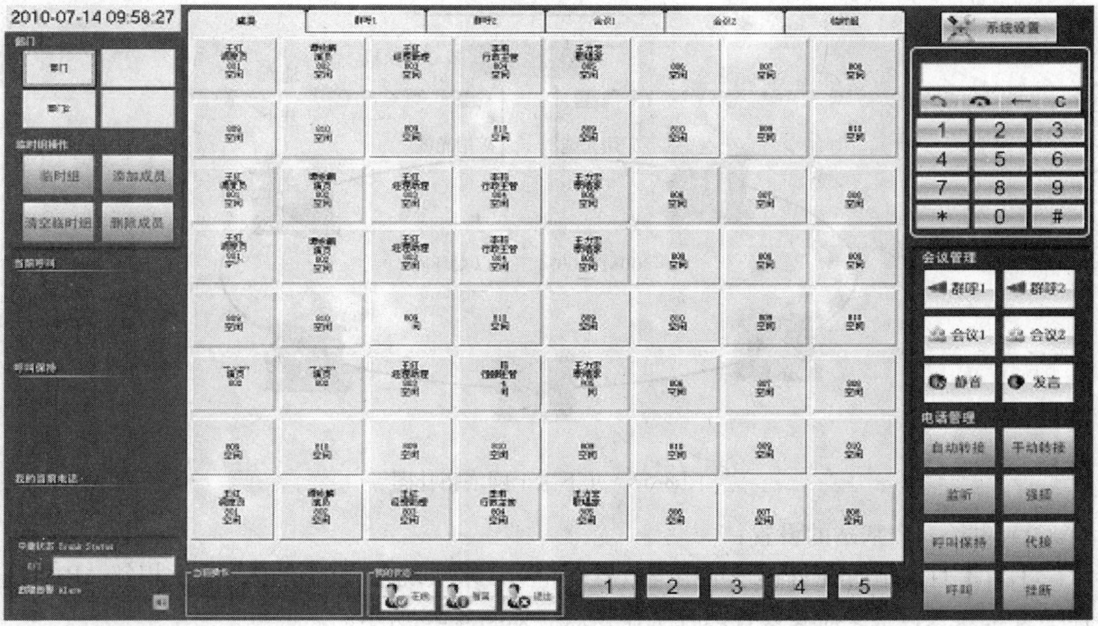

图8-53 无线通信服务器

图8-54 无线通信调度台软件界面

（3）地面无线通信基站（AP）：配合井上无线网络的覆盖，在满足语音通信的同时还能够为井上管理办公提供无线上网、中短途数据传输等应用服务。

信号接入点实现与终端的数据交互，实现井下无线信号的覆盖，提供语音、视频、数据的无线接入，实现矿井"三网合一"。地面无线通信基站如图 8-55 所示。

图 8-55   地面无线通信基站实物图

（4）矿用本安型手机。系统语音终端，采用矿用本安设计，轻便小巧，便于携带，与 AP 进行语音数据交换。支持通话、短信、无线对讲、紧急呼叫、漫游和切换等功能。矿用本安型手机如图 8-56 所示。

图 8-56   矿用本安型手机实物图

（5）井下主干网络平台的建设：

1）井下主干网络平台构成：井下主干网络平台由工业以太环网、GEPON 无源光网络与 AP 级联组成的简易网络组成。井下主干网络平台结构如图 8-57 所示。

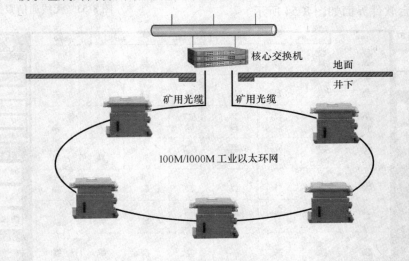

图 8-57   井下主干网络拓扑图

2）井下 AP 基站的设置：

①对于直巷道可在每隔一定距离放置一个 AP 来实现信号的覆盖，注意相邻 AP 应选择不交叉频点，至少需要设置两种工作频点。如图 8-58 所示。

②对于分支巷道在巷道交叉点设置 AP，注意如果存在 3 个相邻 AP 应选择设置 3 种工作频点。如图 8-59 所示。

③井下不同巷道的 AP 布置。直巷、弯巷、三岔巷等 AP 布置如图 8-60 所示。

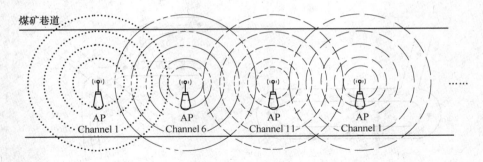

图 8-58 井下直巷道 AP 基站的设置示意图

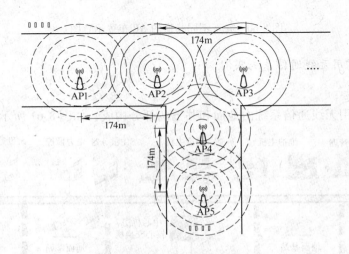

图 8-59 分支巷道在巷道交叉点设置 AP

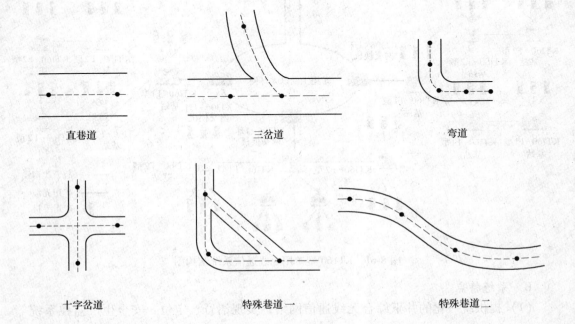

直巷道 三岔道 弯道

十字岔道 特殊巷道一 特殊巷道二

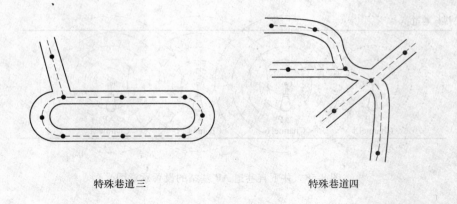

特殊巷道三　　　　　　　　　　　特殊巷道四

图 8-60　井下不同巷道的 AP 布置示意图

8.7.4.3　矿用无线通信系统实例

A　系统结构

KT160 型矿用无线通信系统由地面和井下两部分构成，如图 8-61 所示。

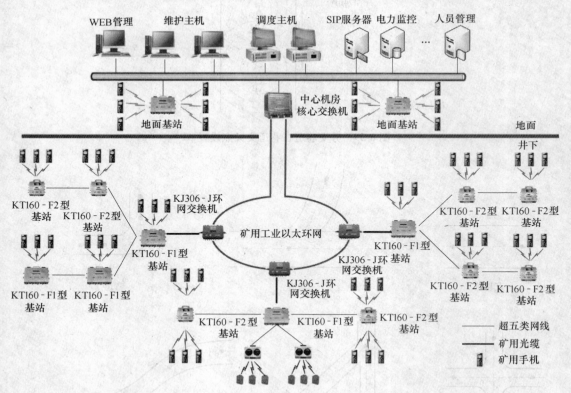

图 8-61　KT160 型矿用无线通信系统结构图

B　系统特点

（1）提供统一化的井下综合无线通信网络，实现语音、定位、安全生产监控系统等各个系统在内的综合无线信息系统。

（2）集成人员管理系统功能，配置人员识别卡就能实现井下人员定位管理。

（3）支持煤炭井下脱网通信功能，使得用户可以在井上交换机通信中断的情况下仍然可以保证局部的通话。

（4）兼容性：提供融合通信，可以与普通电话互通，与现有普通电话完全兼容，亦可接入公众电话网。

（5）灵活性：基于全 IP 化网络，调整、开通网络无须频率规划和割接设备，即接即用。

（6）移动通话：40km/h 时速可以正常通话，网间切换小于 50ms。

8.7.5 井下广播系统

8.7.5.1 概述

矿井语音通信是井上与井下进行实时信息交流的基本设施，在矿井推行语音广播系统已经是势在必行。通过建立井下广播系统，可以将广播通信延伸至回采、掘进、运输等各工作点，在发生突发灾害情况下，能立即发出撤人指令、逃生路线指令，起到及时高效的处理灾变事件作用。

该系统主要应用在矿井安全出现紧急状态下，可以通过广播系统向井下工作区域下达安全指令，紧急避险，从而有效指导人员安全撤离。同时为下井员工播放音乐或安全知识教育，提高煤矿安全生产意识，丰富职工的文化生活。

矿井语音广播系统的扩音站可以安装在巷道、候车室、候车沿线、皮带沿线、采煤工作面、掘进工作面等。这些位置是井下作业人员工作、流动和休息的场所，可清晰听见扩音站的报警广播、通告信息。

8.7.5.2 系统功能

（1）多路广播功能。实现多套节目同时传输。

（2）分区功能。可自动或手动进行按区域或逻辑分组广播、分区域广播（采煤工作面、掘进工作面、运输大巷、井下候车室），既能做到单独控制，也可进行全部广播，在调度室或任意一个广播点向井下最危险的地点或全矿井下达安全指令，使井下工作人员紧急避险，安全撤离。

（3）远程控制功能。中心站对单台音箱和电话进行控制，实现可寻址到点控制。

（4）日常安全宣传、教育。集成煤矿安全规章制度、安全措施、企业文化及其他注意事项的音频文件。

（5）与安全监控、综合自动化系统有机融合，共享安全监控、综合自动化系统有关数据，当出现瓦斯超限、风机不能正常工作等情况时，系统自动在特定区域发出安全告警，指挥相关人员采取必要的措施。

（6）结合应急预案，进行自动或人工应急救援。当系统监测到安全监控系统告警，井下出现重大安全事故时，可以根据事先设定程序，调动相关应急预案，指挥现场人员撤离；也可以人工调用应急预案语音或控制中心麦克风，进行安全疏通管理。

（7）自动播放功能。中心站同时兼做数字节目源，设置实现手动、自动定时播放。将安全教育、安全规章等常用语音文件，实现全自动非线性播出。

（8）断电延时功能。广播电话和音箱均配备蓄电池，在断电情况下，所有广播能同时不间断广播 2~4h。

（9）扩音电话抗噪声功能。在噪声 110dB 下，通话清晰度为 90%。

（10）与程控电话无缝连接功能。可与矿井程控调度电话交换机通过 E1 级联，同时广播电话本身带有 RJ111 电话接口，可与程控调度电话实现无缝连接。

8.7.5.3　系统组成

井下广播系统由系统应用层、系统传输层和系统终端层组成。

（1）系统应用层。系统中心站、局域网内 IP 可由 PC、DVD、麦克风等设备组成，主要用做系统功能应用，及音源接入、数据打包下发、数据交换。

（2）系统传输层。传输层可用井下以太环网、总线、以太环网+总线组网的方式，任意选择。

（3）系统终端层。终端层由井下广播电话、广播音箱、地面语音 IP 网关、地面音箱组成。

8.7.5.4　井下广播系统实例

以 KT179 矿用广播通信系统为例：采用工业以太网组网，传输介质全部采用光纤和网线混合的方式，采用光纤避免井下强电干扰。广播电话和音箱之间光缆传输，接入矿井工业以太环网。KT179 矿用广播通信系统拓扑图如图 8-62 所示。

8.7.5.5　系统特点

（1）自动播放。根据上位机录制好的音源，无需人工干预即可自动播放，实现真正无人值守。按照周期制作不同的播放方案，实现按时循环播放。

（2）结合应急预案，进行自动或人工应急救援。当系统监测到安全监控系统预警，井下出现重大安全事故时，可以根据事先设定程序，调动相关应急预案，指挥现场人员撤离；也可以人工调用应急预案语音，播放给指定区域；还可以通过麦克风，直接指挥有关人员撤离。

（3）远程控制功能。中心站对单台音箱进行开停控制，实现可寻址到点控制。

（4）智能化管理。在广播管理站设置管理控制多台音响的自动开关，定时自动播放，每个音箱都具有独立的 IP 地址。

（5）广播电话与广播音箱分离设计，可发挥出其自身最大优势。

（6）全网络形式，整个系统扩展方便。

（7）系统至少可并发支持 10 对通话需求，实现通信高峰期和应急通信的无阻塞。

（8）系统具有灵活的数据接口，可向煤矿已有的平台系统传送其需要的数据，保证平台系统对应急广播系统的管理和监测。

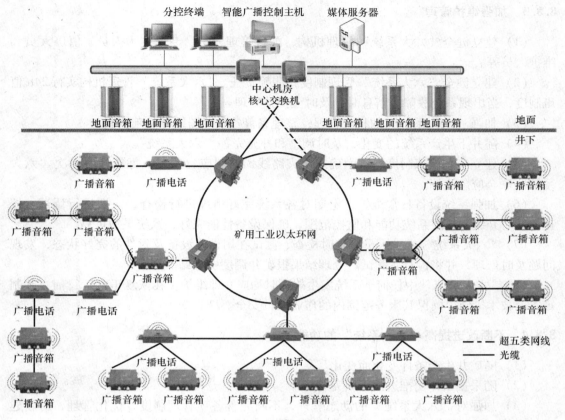

图 8-62　KT179 矿用广播通信系统拓扑图

8.8　发挥"六大系统"整体效能和作用

8.8.1　建设与应用并重

（1）建设是关键，应用是根本。

（2）在规划、设计、施工、验收等工作中，都必须考虑与矿井生产布置、灾害防治相结合，与矿井生产条件、技术设备相结合，与井下应急救援相结合。

（3）逐步建立起符合矿井实际、科学、实用的安全避险系统。

（4）切实提高安全保障能力和应急救援能力。

8.8.2　加强"六大系统"有效管理

（1）加强管理是"六大系统"有效运作并发挥作用的根本保证。

（2）"六大系统"是一个有机整体，各系统互相支持、相辅相成、缺一不可。在建设和管理中要注意始终保持"六大系统"的整体功能，各系统之间有机衔接，共同构筑井下安全避险系统。

（3）建立健全相应的组织管理和规章制度。

8.8.3　加强维护管理

（1）建立健全"六大系统"管理机构，配备管理人员、专业技术人员、值班人员和维护人员等。

（2）建立健全"六大系统"管理制度，明确责任。"六大系统"管理机构实行 24h 值班制度，当出现系统故障等信息时，及时上报并处理。

（3）加强"六大系统"的日常管理，整理完善各系统图纸等基础资料。

（4）随井下生产系统的变化，及时调整和补充完善"六大系统"。

（5）建立应急演练制度，科学确定避灾路线，编制应急预案，每年开展一次"六大系统"联合应急演练。

（6）加强系统设备日常维护，定期对各系统完好情况进行检查，定期进行调试、校正，及时升级、拓展系统功能和监控范围，确保设备性能完好，系统灵敏可靠。

（7）"六大系统"维护人员应定时检查、测试在用设施设备及附件的完好状态，发现问题及时处理，并将检查、测试、处理结果报矿井调度中心站。

（8）"六大系统"中任何子系统发生故障时均应立即维护，在恢复正常运行前必须制定安全技术措施，确保其服务范围内的作业人员安全。

8.8.4　不断改进提高"六大系统"的功能

（1）随矿井生产条件变化而变化。

（2）随采掘工作面推进而不断完善。

（3）加强对"六大系统"的动态管理，不断完善各项管理制度，优化管理，对新建系统功能进行评价和考核，对已建成的或延伸的系统功能进行测试和评估，加强维护，发现问题及时维修、更换。

8.8.5　加大"六大系统"应急救援演练

（1）加大应急救援演练是"六大系统"发挥作用的重要保障。

（2）加大应急救援演练应纳入到煤矿应急预案中，每年组织一次。

（3）避灾路线应标明"六大系统"位置，安有明显标示。

（4）切实发挥"六大系统"在应急救援中的作用。

8.8.6　加强对职工的宣传教育和培训

（1）以各种方式对职工进行"六大系统"的科普教育。

（2）将正确安全使用"六大系统"作为入井人员安全培训的重要内容。

（3）确保入井人员熟悉"六大系统"的相关技术知识。

（4）熟练使用"六大系统"，提高职工的自我保护和应急救援能力。

8.9　本　章　小　结

本章主要介绍了煤矿监测监控系统、人员定位系统、紧急避险系统、压风自救系统、供水施救系统和通信联络系统等安全避险六大系统的基本概念、作用、组成、建设标准和维护管理等内容，以及对发挥"六大系统"整体效能和作用进行了探讨，针对煤矿"六大系统"建设的先后顺序，重点讲述了紧急避险系统的构成和建设标准等。

 复习思考题

8-1 煤矿安全避险"六大系统"是指哪些系统？

8-2 建设煤矿安全避险"六大系统"目的和作用是什么？

8-3 监测和监控有何区别？

8-4 简述监测监控系统中传感器的设置要求。

8-5 简述人员定位系统的工作原理和作用。

8-6 简述紧急避险系统的基本构成。

8-7 永久避难硐室的"三室、两门"是指什么？

8-8 永久避难硐室与临时避难硐室的区别是什么？

8-9 简述压风自救系统的组成和作用。

8-10 简述供水施救系统安装及日常维护。

8-11 矿用调度通信系统的作用是什么？

8-12 煤矿无线通信系统有哪几种类型，哪种通信系统是发展方向？

9　煤矿事故调查与处理

在工农业生产过程中人类制造的机械设备使用中，由于技术瓶颈限制和成本因素等方面的原因，往往会因生产系统存在的不安全因素或产品缺陷而导致发生人身伤亡和财产损失的事故。为了防止工业生产事故造成人民生命财产损失，新中国成立以来，党和国家极为重视安全生产，提出了"安全第一、预防为主、综合治理"的安全生产方针；并在这个方针指引下，建立了从安全生产立法到安全技术标准的法律、规章、标准等法律体系，设立了从国家到地方的安全生产监督管理局等安全生产监管执法机构，明确了各级政府及生产企业的安全生产职能和责任。

目前，随着科学技术的进步，煤矿安全技术装备水平不断提高，煤矿抗灾能力已得到极大提高，煤矿发生恶性事故的情况已大大下降。但也存在因管理不严、从业人员素质差、为了利益降低成本冒险作业等人为原因而发生的重特大恶性事故。煤矿因事故发生而导致的人身伤亡和财产损失数量，在我国仅次于道路运输事故。煤矿事故发生的原因中，存在作业场所狭小、视线不良、顶板容易垮塌、瓦斯爆炸与燃烧和突出、涌水突水、煤层自燃、粉尘爆炸等自然致灾因素，还有对自然认知不够及防治技术落后等客观原因，也有管理不善、麻痹大意、偷工减料、违章指挥、违章作业、违反劳动纪律等主观原因。

我国政府为了防止煤矿事故的发生，一直致力于提高煤矿的安全水平。制定了极为严格的煤矿建设、生产技术标准，建立了严格的煤矿管理制度，构建了煤矿安全监察、监管体系，建立了在煤矿发生事故时的相应救援体系；同时，也要求煤矿建立必要的抗灾系统，并根据各煤矿的特点制定事故应急预案和定期进行事故应急演练。

为了科学客观地了解事故发生的原因，在事故发生后，都要进行事故调查，并根据调查情况进行处理，这就是事故查处。进行事故查处的主要目的，是为了找出事故发生的原因、明确责任，让事故责任者受到应有的处罚，使广大煤矿职工和干部从中受到教育，制定切实可行的防范措施，从而防止类似事故的再次发生。

9.1　煤矿事故分类分级

煤矿事故发生的原因有多种，不同类型的事故需要采用不同的救援方案和救援装备。不同规模的事故需要组织不同规模的救援队伍和不同数量的救援装备及物资。为了保障煤矿在发生事故后能迅速而有效地开展有效救援行动，同时，也为了在事后对事故煤矿的相应处理，需要对煤矿事故进行分类、分级。

9.1.1　煤矿事故分类

煤矿事故类型可按诱发因素、人员伤害程度、致灾因素、发生地点分为四大类。

9.1.1.1 按诱发因素分类

按诱发因素的不同，将事故分为责任事故和非责任事故两种类型。

非责任事故主要包括自然灾害事故和因人们对某种事物的规律性尚未认识，目前的科学技术水平尚无法预防和避免的事故等。

责任事故是指人们在进行有目的的活动中，由于人为的因素，如违章作业、违章指挥、违反劳动纪律、管理缺陷、生产作业条件恶劣、设计缺陷、设备保养不良等原因造成的事故。此类事故是可以预防的。

9.1.1.2 按人员伤害程度分类

按伤害程度划分，将事故分为轻伤、死亡、重伤3类。

（1）轻伤事故。指需休息一个工作日及以上，但未达到重伤程度的伤害。

（2）死亡事故。造成人员死亡的事故。

（3）重伤事故。指按国务院有关部门颁发的《有关重伤事故范围的意见》，经医师诊断为重伤的伤害。凡有下列情况之一者，均作为重伤事故处理：

1）经医师诊断成为残疾或可能成为残疾的；

2）伤势严重，需要进行技术较大的手术才能挽救生命的；

3）要害部位严重灼伤、烫伤或非要害部位灼伤、烫伤占全身面积1/3以上的；

4）严重骨折、严重脑震荡等；

5）眼部受伤较重，有失明可能的；

6）手部伤害、脚部伤害可能致残疾者；

7）内部伤害：内脏损伤、内出血或伤及腹膜等。

凡不在上述范围以内的伤害，经医院诊断后，认为受伤较重，可根据实际情况参考上述各点，由企业行政部门会同基层工会作个别研究，提出意见，由当地有关部门审查确定。

9.1.1.3 按致灾因素分类

煤矿事故按致灾因素主要分为顶板、瓦斯、机电、运输、火药放炮、水灾、火灾、其他8个种类。

（1）顶板。指矿井冒顶、片帮、煤炮、冲击地压、顶板掉矸、露天滑坡、坑槽垮塌。

（2）瓦斯。指瓦斯（煤尘）爆炸（燃烧）、煤（岩）瓦斯突出、瓦斯窒息（中毒）。

（3）机电。指触电、机械故障伤人。

（4）运输。指运输工具造成的伤害，车辆挤、轧人，斜井跑车，竖井蹲罐、溜子、皮带伤人。

（5）火药放炮。指放炮崩人，掘、捅瞎炮伤人，火药、雷管爆炸。

（6）水灾。指老空水、地质水、洪水灌入进下，井下冒顶透入地面水，巷道或工作面积水伤人，冒顶后透入黄泥、流沙等。

（7）火灾。指煤层自燃发火和外因火灾、直接使人致死或产生的有毒气体使人中毒（煤层自燃发火未见明火逸出有毒气体中毒，应算作瓦斯事故）；地面火灾。

（8）其他：指以上 7 类事故以外的事故。如捅溜煤眼、火药储运过程中的爆炸等。

9.1.1.4　按发生地点分类

煤炭生产根据生产地点和生产行为不同，分为原煤生产和非原煤生产两部分，因此，煤矿事故也分原煤生产和非原煤生产事故两部分。井下所有井巷内（露天坑内）工作场所及地面工业场地内为原煤和矸石直接流向服务的工作场所内发生的事故为原煤生产事故；地面其他工作场所内发生的生产事故为非原煤生产事故。其中，救护队处理隐患发生事故为原煤生产事故；救护队抢救事故过程中发生事故为非原煤生产事故。

9.1.2　煤矿事故分级

根据事故造成的人员伤亡或者直接经济损失，煤矿事故分为特别重大事故、重大事故、较大事故、一般事故等四级。

（1）特别重大事故，是指造成 30 人以上死亡，或者 100 人以上重伤（包括急性工业中毒，下同），或者 1 亿元以上直接经济损失的事故。

（2）重大事故，是指造成 10 人以上 30 人以下死亡，或者 50 人以上 100 人以下重伤，或者 5000 万元以上 1 亿元以下直接经济损失的事故。

（3）较大事故，是指造成 3 人以上 10 人以下死亡，或者 10 人以上 50 人以下重伤，或者 1000 万元以上 5000 万元以下直接经济损失的事故。

（4）一般事故，是指造成 3 人以下死亡，或者 10 人以下重伤，或者 1000 万元以下直接经济损失的事故。

上述事故分级条件中的"以上"包括本数，所称的"以下"不包括本数。

上述事故分级中所指的直接经济损失包括以下内容：

（1）人身伤亡后所支出的费用，含医疗费用（含护理费用）、丧葬及抚恤费用、补助及救济费用、歇工工资。

（2）善后处理费用，含处理事故的事务性费用、现场抢救费用、清理现场费用、事故赔偿费用。

（3）财产损失价值，含固定资产损失价值、流动资产损失价值。

9.2　煤矿事故的报告和事故现场保护

煤矿事故发生后，为了便于各级政府安全管理及事故救援机构能根据事故情况，及时调集和组织相关救援力量及物资装备，迅速开展有效的抢救工作，必须按程序在规定的时间内将有关事故的基本情况上报相关部门。同时，为了便于查清事故原因和类型，明确事故责任及为今后防止同类事故的发生，需要对事故现场进行保护。

9.2.1　煤矿事故报告的程序和时间

煤矿发生事故后，事故现场有关人员应当立即报告煤矿负责人。煤矿负责人接到报告后，应当在第一时间报告服务的救护队。同时，应当于 1h 内报告事故发生地县级以上人民政府安全生产监督管理部门、负责煤矿安全生产监督管理的部门和驻地煤矿安全监察机构。情况紧急时，事故现场有关人员可以直接向事故发生地县级以上人民政府安全生产监督管理部门、负责煤矿安全生产监督管理的部门和煤矿安全监察机构报告。

煤矿安全监察分局接到事故报告后，应当在 2h 内上报省级煤矿安全监察机构。省级煤矿安全监察机构接到较大事故以上等级事故报告后，应当在 2h 内上报国家安全生产监督管理总局、国家煤矿安全监察局。国家安全生产监督管理总局、国家煤矿安全监察局接到特别重大事故、重大事故报告后，应当在 2h 内上报国务院。

地方人民政府安全生产监督管理部门和负责煤矿安全生产监督管理的部门接到煤矿事故报告后，应当在 2h 内报告本级人民政府、上级人民政府安全生产监督管理部门、负责煤矿安全生产监督管理的部门和驻地煤矿安全监察机构，同时通知公安机关、劳动保障行政部门、工会和人民检察院。

9.2.2　煤矿事故报告内容

煤矿事故发生后，为了便于救援机构确定事故的救援方式和准备救灾物资，应准确地将以下内容上报有关部门：

（1）事故发生单位概况，包括单位全称、所有制形式和隶属关系、生产能力、证照情况等；

（2）事故发生的时间、地点以及事故现场情况；

（3）事故类别（顶板、瓦斯、机电、运输、放炮、水害、火灾、其他）；

（4）事故的简要经过、入井人数、生还人数和生产状态等；

（5）事故已经造成伤亡人数、下落不明的人数和初步估计的直接经济损失；

（6）已经采取的措施；

（7）其他应当报告的情况。

以上报告内容，初次报告由于情况不明没有报告的，应在查清后及时续报。

事故报告后出现新情况的，应当及时补报或者续报。事故伤亡人数发生变化的，应当在发生的当日内及时补报或者续报。

事故报告应当及时、准确、完整，任何单位和个人不得迟报、漏报、谎报或者瞒报事故。

9.2.3　事故现场保护

事故发生后，有关单位和人员应当妥善保护事故现场以及相关证据；任何单位和个人不得破坏事故现场、毁灭证据。

因事故抢险救援必须改变事故现场状况的，应当绘制现场简图并做出书面记录，妥善保存现场重要痕迹、物证。抢险救灾结束后，现场抢险救援指挥部应当及时向事故调查组提交抢险救援报告及有关图纸、记录等资料。

9.3　煤矿事故应急救援

不同种类煤矿事故，需要采用不同的救援方案和救援装备。如果盲目救援和救援方式不当，不但不能达到安全救援的目的，还可能造成事故的扩大。因此，煤矿事故必须由专业的救援队伍来完成。新中国成立以来，我国建立了以矿山救护队为核心的事故救援体系。至 2011 年起，从国家层面至地方各级政府，完善了从事故救援指挥中心、事故救援基地、事故救援中心和各区域救护队的整个事故救援体系。

近年来，根据煤矿安全技术的发展和总结历年来煤矿事故救援情况，为了尽可能减少事故损失和防止事故扩大，发布了煤矿建立"井下安全避险六大系统"的强制技术标准。同时，也要求所有煤矿必须根据自身的安全灾害特点和开拓开采系统特点，结合"井下安全避险六大系统"建设的具体情况，制定相应的事故应急预案，并定期组织演练。

9.3.1　矿山救援体系及矿山救护队

煤矿事故发生时存在突然性、灾难性、破坏性、继发性的特点，由于煤矿救灾的特殊性，需要专业的救护队伍来完成。自新中国成立以来，我国在大中型煤矿或小煤矿分布密集的区域均建立了专业的矿山救护队伍。2011 年以来，建立了在国家安全生产监督管理总局领导下的，由安全监察机构、应急救援管理机构、应急救援队伍和应急救援专家组组成的应急救援管理体系。依托国有大型煤炭企业建立了国家矿山救援基地，与各省企业矿山救护队伍和产煤集中区域的县级救护队伍组成了我国的矿山救援体系。

我国要求大中型煤矿必须建立专职矿山救护队伍，小型煤矿必须建立兼职矿山救护队伍。规定小型煤矿必须与专职的矿山救护队签定救护协议，交纳救护服务费用。

煤矿发生较大事故以上时，必须在第一时间通知专职矿山救护队，并由其来完成事故救援任务。

矿山救护队是处理和抢救矿井火灾、矿山水灾、瓦斯与煤尘爆炸、瓦斯突出与喷出、火药爆破炮烟中毒等矿山灾害的职业性、技术性、军事化的专业队伍。

矿山救护队的职业性在于经常处于战备状态，时刻保持高度警惕，严格管理，严格训练，常备不懈，平时下井熟悉巷道路线，检查消除隐患，并有不少于 6 人的当值小队执行昼夜值班，一经接到事故通知警报后，要在 1min 内登车出动，专业服装及仪器装备均在车上。行进途中，队员在车内着装佩械，下车后可立即奔赴灾变现场。

矿山救护队的技术性在于每个矿山救护队指战员必须熟悉矿井采掘、通风、机电各专业知识；熟练掌握急救、抢险、救人抗灾的技术业务知识；了解救护技术装备的性能、构造、维修、保养，并能熟练操作，排除故障；掌握各种救灾工艺技术，能在窒息区抢救时得心应手。

矿山救护队实行军事化管理，开展军事训练，以灾区为战场，以矿山灾难为消灭之敌，以呼吸器械为武器，严肃队容风纪，提高组织性、纪律性，每个指战员都要坚决服从命令，听从指挥。

矿山救护队分大队、中队、小队三级组织，大队由 2 个以上中队组成，中队由 3 个以上小队组成，小队至少由 8~9 人组成。中队是独立作战单位，小队是基层作战单位。

矿山救护队主要有两个职能，一是在矿山发生事故时进行抢险救灾，二是帮助矿山企业排除重大安全隐患。到发生事故和灾害的煤矿开展抢险救灾是矿山救护队的基本职能。同时，矿山救护队也担负为所服务的煤矿进行盲巷排瓦斯，进入封闭火区、水淹区或采空区进行侦察，以及在煤矿井下进行电、氧焊作业时提供保护等灾害预防和排除重大隐患的职能。

矿山救护队平时除了正常的训练外，还要定期到其服务的矿山井下熟悉井巷系统，了解所服务矿山的安全生产情况。

9.3.2 矿山事故应急救援预案

煤矿由于其自身固有的特点，容易发生重特大事故。在灾害发生时，为了防止不当的避险方式或不当的救援方式造成事故扩大；同时，也为了使灾害救援工作有序进行，需要制定有针对性的事故应急救援预案。近年来，我国政府相继颁布了一系列法律法规，《安全生产法》第17条规定："生产经营单位的主要负责人对本单位安全生产工作负有组织制定并实施本单位的生产安全事故应急救援预案的责任。"第33条规定："生产经营单位对重大危险源应当登记建档，进行定期检测、评估、监控，并制定应急预案，告知从业人员和相关人员在紧急情况下应当采取的应急措施。"

煤矿事故应急救援预案要根据煤矿企业开采范围内的地质开采技术条件分析后，找出可能造成重大灾害事故的地质因素。同时，还要分析煤矿企业生产环节，找出其中可能发生重大灾害事故的致灾因素。结合矿井开拓开采系统及防灾装备和设施，提出相应的避灾线路和方式。并明确发生各类灾害时，如何进行通知、报告和实施救援，各生产单位在灾变时如何联动等。同时，还要明确各种救灾、避灾物资需要的种类、数量及存放地点。

9.3.2.1 煤矿事故应急救援预案编制的目的和范围

煤矿事故应急救援预案编制的目的就是通过事前计划和应急措施，充分利用一切可能的力量，在煤矿重大事故发生后，迅速控制事故发展并尽可能排除事故，保护现场人员和场外人员的安全，将事故对人员、财产和环境造成的损失降至最低程度。煤矿事故应急救援预案的适用范围就是它在对人、地域、时间以及空间上的效力。也就是说，煤矿事故应急救援预案应当具有针对性、可操作性、实践性。在编制预案时一定要明确界定其适用范围，以确保预防事故的针对性。

9.3.2.2 煤矿事故应急救援预案的编制步骤

从资料整理到预案的编制、完善，直至形成一个完整有效的煤矿事故应急救援预案，需要经历一个多步骤的工作过程，整个过程包括编制准备，预案编制，审定与实施，预案的演练，预案的修订与完善5个步骤。

（1）编制准备。在编制准备阶段需要做的工作有：1）成立编写组织机构；2）制定编制计划；3）搜集整理信息；4）初始评估；5）危险源辨识与风险评价；6）能力与资源评估。

（2）预案编制。这是编制预案的重点工作，是一项专业性和系统性很强的工作。预案质量的好坏直接关系到实施的效果，即事故控制和降低事故损失的程度。编写时按照煤矿事故应急救援预案的文件体系，应急响应程序、预案的内容以及预案的级别（六级）和层次（综合、专项、现场）要求进行编写。

（3）审定与实施。完成预案编写以后，要进行科学评价和审核、审定。编制的预案是否合理，能否达到预期效果，救援过程中是否产生新的危害等，都需要经过有关机构和专家进行评定。而且，预案必须通过审核、批准、实施，这也是国家有关规定的要求。

（4）预案的演练。为全面提高应急救援能力，对应急救援人员进行教育、应急训练和演习是必不可少的工作步骤。应急演练应包括基础培训与训练、专业训练、战术训练及其他训练等，通过演练、评审，为预案的完善创造条件。

（5）预案的修订与完善。修订与完善是实现煤矿事故应急救援预案持续改进的重要步骤。应急预案是煤矿事故应急救援工作的指导性文件，同时又具有法规权威性，故必须通过定期或在应急演习、应急救援后对之进行评审，针对煤矿实际情况的变化以及预案中暴露的缺陷，不断完善和改进应急预案文件体系。

9.3.2.3　煤矿事故应急救援预案的编制要求

（1）煤矿事故救援应遵循在预防为主的前提下，贯彻统一指挥、分级负责、区域为主、煤矿自救与社会救援相结合的原则。

（2）预案编制应分类、分级制定预案内容；上一级预案的编制应以下一级预案为基础。

（3）煤矿必须对潜在的重大事故建立应急救援预案。1）冒顶、片帮、边坡滑落和地表塌陷事故；2）重大瓦斯爆炸事故；3）重大煤尘爆炸事故；4）冲击地压、重大地质灾害、煤与瓦斯突出事故；5）重大水灾事故；6）重大火灾（包括自然发火）事故；7）重大机电事故；8）爆破器材和爆破作业中发生的事故；9）粉尘、有毒有害气体、放射性物质和其他有害物质引起的急性危害事故；10）其他危害事故。

（4）预案编制应体现科学性、实用性、权威性的编制要求。

（5）预案在编制和实施中不能损害相邻矿井的利益。

（6）预案编制要充分依据煤矿危险源辨识、风险评价，煤矿安全现状评价，应急准备与响应能力评估等方面调查、分析的结果；同时要对预案本身在实施过程中可能带来的风险进行评价。

（7）切实做好预案编制的组织保障工作。

（8）预案要形成一个完整的文件体系，应包括总预案、程序、说明书（指导书）、记录（应急行动的记录）四级文件体系。

（9）预案编制完成后要认真履行审核、批准、发布、实施、评审、修改等管理程序。

9.3.2.4　煤矿事故应急救援预案编制的内容及格式

煤矿事故应急救援预案是针对可能发生的重大事故所需的应急准备和响应行动而制定的指导性文件。其编制的主要内容包括方针与原则、应急策划、应急准备、应急响应、现场恢复、预案管理与评审改进和附件等。预案编制的格式：封面包括标题、单位名称、预案编号、实施日期、签发人（签字）、公章、目录、引言、概况、术语、符号和代号、预案内容、附录、附加说明等。

9.3.3　煤矿安全避险"六大系统"的事故救援作用

煤矿安全避险"六大系统"是煤矿发生灾害时的第一道安全屏障，煤矿监测监控能实现对煤矿井下瓦斯、一氧化碳浓度、温度、风速等的实时动态监控。煤矿发生灾害时，监测监控能及时提供井下各巷道的瓦斯浓度、温度、风速等数据，为地面组织救援提供决策数据，同时它还能及时切断危险区域的电力供应。矿井井下人员定位系统可实时监测井下人员活动情况，矿井发生灾害时，可以及时掌握井下被困人员的具体区域和位置，为准确救援创造条件。在发生灾害时，由于灾害原因，井下被困人员一时难以救出，此时，煤矿防尘供水系统可向矿井因灾害被困的井下人员供给清洁水和营养液的生存需求。与此同时，压缩空气供气系统也可以在矿井灾变时，向煤矿井下被困人员提供新鲜空气。在矿井发生灾变时，还可以通过通信联络系统了解灾害情况和被困避难人员情况，以及指引灾区人员按正确的线路进行避险。同时，也便于救援人员和被困避难人员相互沟通，配合完成救援任务。在矿井发生灾害时，井下人员首先可能通过其随身携带的自救器沿避灾线路撤退，如果有的工作区域难以撤退至地面，可以撤退到矿井设置的临时和永久避难设施中等待专业矿山救护队救援。临时和永久避难设施本身装备有与地面相通的水、气、电、通信系统。同时，即使在所有系统都失效的极端情况下，也有配置96h的生存装备，可为救援赢得时间。

煤矿安全避险"六大系统"可以为矿井发生灾变时提供井下自救创造条件，同时，也可为后期准确救援提供良好条件。煤矿安全避险"六大系统"是防止灾害扩大的重要保障。

9.4 煤矿事故调查

煤矿事故在抢险救灾工作完成后，为了查明事故原因及其事故发展情况，明确事故责任，总结教训，即行转入事故调查。国家按照不同事故分级，分级明确了各级事故调查的组织和权限。

9.4.1 事故调查的权限

特别重大事故由国务院组织事故调查组进行调查，或者根据国务院授权，由国家安全生产监督管理总局组织国务院事故调查组进行调查。重大事故由省级煤矿安全监察机构组织事故调查组进行调查。较大事故由煤矿安全监察分局组织事故调查组进行调查。一般事故中造成人员死亡的，由煤矿安全监察分局组织事故调查组进行调查；没有造成人员死亡的，煤矿安全监察分局可以委托地方人民政府负责煤矿安全生产监督管理的部门或者事故发生单位组织事故调查组进行调查。

9.4.2 事故调查的组织

特别重大事故由国务院或者经国务院授权由国家安全生产监督管理总局、国家煤矿安全监察局、监察部等有关部门，中华全国总工会和事故发生地省级人民政府派员组成国务院事故调查组，并邀请最高人民检察院派员参加。特别重大事故以下等级的事故，根据事故的具体情况，由煤矿安全监察机构、有关地方人民政府及其安全生产监督管理部门、负责煤矿安全生产监督管理的部门、行业主管部门、监察机关、公安机关以及工会派人组成事故调查组，并应当邀请人民检察院派人参加。

重大、较大和一般事故的事故调查组组长由负责煤矿事故调查的煤矿安全监察机构负责人担任。委托调查的一般事故，事故调查组组长由煤矿安全监察机构商事故发生地人民政府确定。

9.4.3　事故调查组的人员组成要求及相关职责要求

　　事故调查组可以聘请有关专家参与调查。事故调查组成员应当具有事故调查所需要的知识和专长，并与事故发生单位和所调查的事故没有直接利害关系。事故调查组应当坚持统一领导、协作办案、公平公正、精简高效的原则。事故调查组应当坚持实事求是、依法依规、注重实效的三项基本要求和"四不放过"的原则，做到诚信公正、恪尽职守、廉洁自律，遵守事故调查组的纪律，保守事故调查的秘密，不得包庇、袒护负有事故责任的人员或者借机打击报复。

　　事故调查中需要对重大技术问题、重要物证进行技术鉴定的，事故调查组可以委托具有国家规定资质的单位或直接组织专家进行技术鉴定。进行技术鉴定的单位、专家应当出具书面技术鉴定结论，并对鉴定结论负责。

　　事故调查组组长履行下列职责：

　　（1）主持事故调查组开展工作；

　　（2）明确事故调查组各小组的职责，确定事故调查组成员的分工；

　　（3）协调决定事故调查工作中的重要问题；

　　（4）批准发布事故有关信息；

　　（5）审核事故涉嫌犯罪事实证据材料，批准将有关材料或者复印件移交司法机关处理。

　　事故调查组履行下列主要职责：

　　（1）查明事故单位的基本情况；

　　（2）查明事故发生的经过、原因、类别、人员伤亡情况及直接经济损失，隐瞒事故的，应当查明隐瞒过程和事故真相；

　　（3）认定事故的性质和事故责任；

　　（4）提出对事故责任人员和责任单位的处理建议；

　　（5）总结事故教训，提出防范和整改措施；

　　（6）在规定时限内提交事故调查报告。

9.4.4　事故调查报告内容和资料保存

　　（1）事故发生单位基本情况；

　　（2）事故发生经过、事故救援情况和事故类别；

　　（3）事故造成的人员伤亡和直接经济损失；

　　（4）事故发生的直接原因、间接原因和事故性质；

　　（5）事故责任的认定以及对事故责任人员和责任单位的处理建议；

　　（6）事故防范和整改措施。

　　事故调查的有关资料应当由组织事故调查的煤矿安全监察机构归档保存。归档保存的材料包括技术鉴定报告、重大技术问题鉴定结论和检测检验报告、尸检报告、物证和证人证言、直接经济损失文件、相关图纸、视听资料、批复文件等。

9.4.5　事故调查时限

事故调查组应当自事故发生之日起 60 天内提交事故调查报告。特殊情况下，经上级煤矿安全监察机构批准，提交事故调查报告的期限可以适当延长，但再延长的期限最长不超过 60 天。事故抢险救灾过程超过 60 天，无法进行事故现场勘察的，事故调查时限从具备现场勘察条件之日起计算。瞒报事故的调查时限从查实之日起计算。事故调查报告报送至负责事故调查的国家安全生产监督管理总局或者煤矿安全监察机构后，事故调查工作即告结束。

9.5　煤矿事故处理

煤矿事故调查结束后，在查明事故原因及其事故发展情况，明确了事故责任条件下，根据事故调查报告，按事故分级处理权限追究相关责任人刑事、行政、经济责任，完成事故结案程序。

9.5.1　事故结案权限

特别重大事故调查报告报经国务院同意后，由国家安全生产监督管理总局批复结案。重大事故调查报告经征求省级人民政府意见后，报国家煤矿安全监察局批复结案。较大事故调查报告经征求涉案区的市级人民政府意见后，报省级煤矿安全监察机构批复结案。一般事故由煤矿安全监察分局批复结案。

9.5.2　结案时限及责任追究要求

重大事故、较大事故、一般事故，煤矿安全监察机构应当自收到事故调查报告之日起15 天内作出批复。特别重大事故的批复时限依照《生产安全事故报告和调查处理条例》的规定执行。事故批复应当主送落实责任追究的有关地方人民政府及其有关部门或者单位。有关地方人民政府及其有关部门或者单位应当依照法律、行政法规规定的权限和程序，对事故责任单位和责任人员按照事故批复的规定落实责任追究，并及时将落实情况，书面反馈批复单位。

煤矿安全监察机构依法对煤矿事故责任单位和责任人员实施行政处罚。

9.5.3　事故防范及整改监督检查

事故发生单位应当落实事故防范和整改措施。防范和整改措施的落实情况应当接受工会和职工的监督。负责煤矿安全生产监督管理的部门应当对事故责任单位落实防范和整改措施的情况进行监督检查。煤矿安全监察机构应当对事故责任单位落实防范和整改措施的情况进行监察。

9.5.4　事故处理结果公告

特别重大事故的调查处理情况由国务院或者国务院授权组织事故调查的国家安全生产监督管理总局和其他部门向社会公布，特别重大事故以下等级的事故的调查处理情况由组织事故调查的煤矿安全监察机构向社会公布，依法应当保密的除外。

9.6　本 章 小 结

本章主要介绍了煤矿事故调查处理的目的和意义，明确了煤矿事故分类和分级的基本概念，以及应急预案的编制内容等；着重介绍了煤矿事故报告、救援和调查处理的基本程序。

 复习思考题

9-1　我国的安全生产方针是什么？

9-2　为什么要进行事故调查和处理？

9-3　简述煤矿事故类型和分级。

9-4　简述事故报告的时限要求和主要报告内容。

9-5　简述矿山救护队的职能。

9-6　简要论述煤矿应急预案编制的目的和要求。

9-7　简述事故调查的分级权限要求和调查处理时限。

9-8　简要说明煤矿事故处理的主要内容和过程。

10 煤矿安全风险预控管理

10.1 煤矿安全管理概述

安全生产是安全与生产的统一，事关国家和人民利益，事关社会安定和谐，是社会经济可持续发展的最基本要求；国家高度重视，社会普遍关注，职工殷切期盼。

技术和管理是提高煤矿生产安全水平的两个途径。一方面，随着科技进步和发展，煤矿工程技术的可靠性不断提高，其引发事故的概率不断下降，而管理缺陷正逐渐成为影响煤矿系统安全水平的关键因素；另一方面，技术研发和更新换代需要漫长的周期，在现有煤矿科技水平无法保证煤矿本质安全的前提下，如何通过加强科学管理来实现安全生产，减少事故发生，应当成为煤炭行业重点解决的问题。

煤矿安全管理是煤矿企业管理的一个组成部分，是以安全生产为目的，进行有关决策、计划、组织和控制方面的活动。

10.1.1 煤矿安全管理模式的发展演变

从我国煤矿安全管理的发展历程看，可以划分为不同的发展阶段或管理模式。从安全管理的对象看，煤矿安全管理模式总体上可分为三大类，即以"事故管理为中心"的事故管理模式，以"隐患为中心"的隐患管理模式和"事故-隐患"结合的危险管理模式。从安全管理的方法看，煤矿安全管理模式可划分为以经验管理为主的传统安全管理模式，以管理制度为主的现代安全管理模式，以预控管理为主的当代安全管理模式。从安全管理过程中人的主观能动性看，煤矿安全管理可分为三个阶段：自然本能反应阶段、严格监督阶段（命令强制性安全管理模式）和安全自主管理阶段（自主性安全管理模式）。

10.1.1.1 基于对象的煤矿安全管理模式演变

A 事故管理模式

人们为了探索工业革命时期工业事故频发的原因、规律和后果，以及如何预防事故，建立了事故致因理论，这些理论是指导事故预防工作的基础理论。随着人们认识水平的提高和安全观念的转变，产生了不同的事故致因理论。早期的事故致因理论认为事故的发生仅与一个原因或几个不同原因有关，代表性的理论有事故倾向论和事故因果连锁论。事故倾向论认为：从事同样的工作和在同样的工作环境下，某些人比其他人更容易发生事故，这些人是事故倾向者，这些人的存在会使生产事故增多。如果通过人的性格特点区分出这部分人，则可以减少事故的发生。1936 年，美国人海因里希提出了事故因果连锁理论，认为事故的发生是一连串的事件按一定因果关系依次发生的结果，并提出了著名的海因里希事故法则。早期的事故致因理论将事故的原因大部分归于工人的失误和错误，具有时代局限性。第二次世界大战以后，人们对事故致因有了新的认识：不能把事故简单地归咎于工人的原因，而应该注重机械、物质的危险性。代表性的理论有能量意外释放论和轨迹交叉论。1961 年吉布森提出，事故是一种不正常的或不希望的能量释放，意外释放的各种形式的能量是构成伤害和事故的直接原因。轨迹交叉理论认为，在人的不安全行为和物的不安全状态的形成过程中，一旦发生时间和空间的运动轨迹交叉，就会造成事故。不同于早期的事故致因理论，战后人们逐渐认识到管理因素作为背后原因在事故致因中的重要作用，只有找出深层次的原因，改进企业管理，才能有效防止事故。

事故管理模式是建立在统计学基础上的，样本的局限性使得理论本身的发展受到局限，因此，对于安全管理的指导作用就会下降；此外，煤矿安全生产系统的稳定性不断提高，仅仅采用事后追查型的安全管理方法已远不能满足需要。

B　隐患管理模式

隐患是指可能导致事故的危险行为和危险因素，它包括人的不安全行为、物的不安全状态、环境的不安全条件以及管理缺陷等。不同于事故管理模式，隐患管理是对事故发生的原因和条件进行管理，管理对象是隐患，其理论基础是对事故因果性的认识。2005 年 9月 3 日《国务院关于预防煤矿生产安全事故的特别规定》开始实施，其中第 9 条明确规定：煤矿企业应当建立健全安全生产隐患排查、治理和报告制度。由于有了对事故原因或前兆的提前认识，因此，对事故可以做到提前预控，事故预防的方法和对策也更有效。在这一时期提出了许多隐患的系统分析方法，如事故树分析法、故障树分析法、人的认知可靠性 HCR 模型等。

隐患管理模式相比事故管理模式实现了一定的关口前移和预防，但是，隐患出现时风险已经出现，同时隐患认定标准缺乏动态性，隐患管理主要依靠制度来执行，没有发挥人的主观能动性，隐患管理缺乏系统性、完整性和综合性等，使得隐患管理尚存在许多有待完善的地方。

C　危险管理模式

现代化的安全管理模式是以危险源控制为安全管理中心，主要着眼于危险辨识预控，具有鲜明、主动的动态特征，它是以系统危险辨识、系统危险控制、系统安全评价为主要手段，强调对安全系统的全员、全过程、全周期管理，通过全面调动企业各层次人员的积极性，将安全管理方针和目标落到实处。安全是企业生产经营的一种状态，是安全管理的结果，因此，从这个意义上来说，安全是不需要管的，管的是风险，风险来源于危险源。采取危险源管理模式重点需要解决三个问题：管什么，管的重点，管的方法措施。如图 10-1 所示。

图 10-1　危险源管理模式的核心问题

危险源辨识是危险源评估和危险源控制的基础，危险源管理的实施主要是基于风险预控的思想，遵循 PDCA 运行模式（P 是指策划（Plan），D 是指实施（Do），C 是指检查（Check），A 是指改进（Action）），危险源辨识、评估和控制是危险源管理模式的主线，实施检查和纠正是促进安全水平不断向更高层次发展的促进机制。

10.1.1.2 基于方法的煤矿安全管理模式演变

A 经验管理模式

传统安全管理模式是新中国成立以来逐步形成的，采用前苏联"以经验管理为主，以科学管理为辅"的管理方法。该方法是纵向分科、单向业务保安、事后追查处理、侧重操作者责任安全，与生产脱节，凭经验和感觉处理安全问题，从宏观方面查找危险因素，其特点主要是依靠方针、政策、法律、制度，凭经验、靠强制人管人，工作以事后为主。传统安全管理模式是被动的模式，是在生产活动中采取安全措施或发生事故后，通过总结经验教训，进行"亡羊补牢"式的管理。随着科学技术迅猛发展，市场经济导致个别人员的价值取向、行为方式不断变化，新的危险不断出现，发生事故的诱因增多，传统安全管理模式已难以适应新情况。

B 制度管理模式

经验管理因人而异，随意性太强，而且没有科学根据，对于煤矿安全生产这个复杂系统来说，显然不能保障煤矿的长效安全。企业管理制度是保障，煤矿企业在安全管理工作中不断尝试各种管理办法，形成了一套科学的安全管理制度。这些制度包括安全会议制度、安全目标管理制度、安全投入保障制度、隐患排查整改管理制度、安全检查制度、入井人员管理制度、安全操作管理制度等，显然制度管理模式相比经验管理模式来说，管理的科学性和标准化程度均有了很大提高。但是，这些制度大多是就事论事，在安全问题重复出现和暴露的一些环节，利用制度来规范安全管理，这些制度处于一种零散、孤立的状态，制度与制度之间缺乏密切的联系，尚没有形成系统化的制度体系，并且制度的制定和实施缺乏一个科学、先进的安全管理理论和框架作为引领。因此，在安全管理过程中容易出现"只见树木，不见森林"，局部有效而全局失衡的现象，在这种情况下，迫切需要一个系统化的安全管理模式。

C 预控管理模式

2001 年，随着《职业健康安全管理体系》（GB/T 28001—2001）的出台，许多煤矿企业开始探索实施以危险源为核心的风险预控管理模式，徐矿集团和神华集团是煤矿行业的先行者。2011 年 7 月 12 日，国家安全生产监督管理总局颁发了《煤矿安全风险预控管理体系规范》（AQ/T 1093—2011），标志着我国煤矿安全管理正从传统的经验管理和制度管理向预控管理转变。基于风险预控的安全管理方法是一种事前预防的管理模式，可以很好地防止煤矿企业事故的发生，而且它可以不断修复煤矿安全管理中的漏洞，不断优化安全管理的质量，能够实现煤矿企业的长效安全。预控管理是一种事前预防的管理模式，是在事故发生前，通过对导致事故发生的危险源进行辨识，对危险源进行监测、监控和预警，是通过不断修补煤矿安全管理中的漏洞，最终实现煤矿的长效安全管理。至此，煤矿安全管理模式已经上升到了体系化管理的高度，强调在风险预控管理理论的指导下，整合煤矿安全管理的各个方面要素，从而形成合力，整体推进，分块实施，持续改进，不断向本质安全的目标逼近。

10. 1. 1. 3　基于人的主观能动性的煤矿安全管理模式演变

A　自然本能反应阶段

在这一阶段，员工对安全的认识和反映多是处于人的本能保护，而不是一种安全防护意识，员工对安全是一种被动的服从，缺少主动的参与；认为安全问题主要是安全管理部门的事情，其他单位和人员是配角；高层管理人员对安全的支持有限，尤其是人力与物力的投入。

B　严格监控阶段

在这一阶段，企业已经建立了必要的安全管理系统和规章制度，各级管理人员均已承担明确的安全管理职责，建立了必要的安全规章制度，但员工的安全意识和行为是因为害怕和担心而产生的，往往是被动的，所以很难实现零事故的目标。

C　个人自主管理阶段

在这一阶段，企业建立了良好的安全管理体系，各级人员均承担了一定的安全责任和承诺，管理人员和安全员具有良好的安全管理技巧、能力和安全意识，安全意识深入人心，安全成为一种实践和习惯性行为。在这个阶段，员工普遍形成了"安全健康高于一切"的核心理念，安全是自己的事情，彻底改变依赖他人或者外力来促使自己搞好安全生产的观念，相信自己能够管理好自己的安全。

D　团队自主管理阶段

个人自主管理相比自然本能反应和严格监督管理已经有了巨大进步，但企业里的安全工作人人有责、事事关己，仅仅依靠个人力量，忽视团队力量难以实现真正安全，正所谓"一人把关一人安，众人把关稳如山"。因此，安全管理的最高层次是团队自主安全，即每个人不仅自己做好安全，还要互相照顾，互相管理，留心他人的安全，帮助别人遵守制度。具体来说，团队自主管理包括三个方面内容：员工互助、实现团队贡献、共享团队荣誉。

员工互助：员工自觉遵守安全制度，并将知识和经验分享给其他同事，留心他人岗位上的不安全行为和状态，并给予提醒与帮助。

实现团队贡献：团队员工愿意为安全目标共同奉献和合作，追求团队安全工作的成功。

共享团队荣誉：安全第一成为团队最重要的价值观，个人业绩被视为团队荣誉，团队业绩是员工最引以为荣的事情。

10. 1. 2　相关术语

（1）隐患（hidden danger）。是指可导致事故发生的物的危险状态、人的不安全行为及管理缺陷。

（2）事故（accident）。是指造成死亡、疾病、伤害、损伤或者其他损失的意外情况。

（3）危险源（hazard）。可能导致伤害或疾病、财产损失、工作环境破坏或这些情况组合的根源或状态。

（4）危险源辨识（hazard identification）。认识危险源的存在并确定其特性的过程。

（5）风险（risk）。某一特定危险情况发生的可能性和后果的组合。

（6）风险评估（risk assessment）。评估风险大小以及确定风险是否可容许的全过程。

（7）风险预控（risk precontrol）。在危险源辨识和风险评估的基础上，预先采取措施消除或控制风险的过程。

（8）危险源监测（hazard monitoring）。通过管理与技术手段检查、测量危险源存在的状态及其变化的过程。

（9）风险预警（risk early-warning）。通过一定的方式，对存在的风险进行信息警示。

（10）不安全行为（unsafe behavior）。可能产生风险或导致事故发生的行为。

（11）风险管理对象（objects of risk management）。可能产生或存在风险的主体。

（12）风险管理标准（risk management standards）。针对管理对象所制定的以消除或控制风险的准则。

（13）风险管理措施（risk management measures）。是指达到风险管理标准的具体方法、手段。

（14）持续改进（continual improvement）。为改进煤矿安全总体绩效，根据安全风险预控管理方针，完善安全风险预控管理的过程。

10.2 煤矿安全风险预控管理的理论基础

在煤矿安全生产系统中，危险源、风险、隐患、事故是相互联系并具有一定因果关系的4个概念，它们之间的关系可用图10-2来解释。由危险源的定义可知，危险源包括根源危险源和状态危险源；根源危险源是指能够引发危险、事故的载体；状态危险源是指环境、设备的不安全状态，人的不安全行为以及管理缺陷。没有根源危险源就没有状态危险源，状态危险源总是依附于根源危险源，根源危险源是事故发生的前提，状态危险源是危险源监控的主要对象。根源危险源和状态危险源两者共同构成了危险源系统。在外界扰动的作用下，会激活某些状态危险源，使之成为隐患，因此隐患具备了引发事故的外部条件，也就是具有风险，如果不及时加以消除和控制，随时可能发生事故。在这里，为了解释方便，将状态危险源和隐患理解为具有前后逻辑关系的两个概念。而理论上，状态危险源包括隐患，状态危险源是人、机、环、管中存在的偏离稳定安全状态的状态，其可能已经发生过或正在发生，也可能从来没有发生过；而隐患是指正在发生的状态危险源，是状态危险源的控制重点。由以上分析可知，事故的直接原因是隐患，而其根本原因是缺乏对危险源的全面辨识和管控，如果所有的危险源都辨识出来且处于受控状态，则不会出现隐患，也就不会发生事故。因此，对事故的预防必须从其根源——危险源的管理做起。

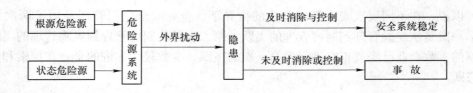

图 10-2 基于危险源的事故致因机理模型

　　危险源、风险、管理标准、管理措施的关系：对危险源的管理达到相应的管理标准，隐患就不会产生，就可以控制风险的出现，从而避免事故的发生，而管理措施就是为了达到该标准所采取的具体办法。

10.2.1　安全管理理论的发展演变

　　人类在长期的安全生产实践以及防范意外事故的过程中，建立和完善了安全管理理论体系，对于指导企业安全管理工作起到了重要作用。总体上，安全管理理论经历了 3 个阶段（表 10-1）。

表 10-1　安全管理理论的发展

发展阶段	理论基础	方法模式	核心策略	对策特征
低级阶段	事故理论	经验型	凭经验	感性、生理本能
中级阶段	危险理论	制度型	用法制	责任制、规范化、标准化
高级阶段	风险理论	系统型	靠科学	理性、系统化、科学化

　　第一阶段：在人类工业发展初期发展了事故学理论，建立在事故致因分析理论基础上，是经验型的管理方法，这一阶段常被称为传统初级安全管理阶段。

　　第二阶段：在电气化时代发展了危险理论，建立在危险分析理论基础上，具有超前预防型的管理特征，这一阶段提出了规范化、标准化管理，常被称为科学管理的中级阶段。

　　第三阶段：在信息化时代发展了风险理论，建立在风险预控管理理论基础上，具有系统化管理的特征，这一阶段提出了风险管理，是科学管理的高级阶段。

　　上述 3 个阶段的安全管理理论，对应 3 种管理模式。

　　（1）事故型管理模式。以事故为管理对象，管理的程序是事故发生→现场调查→分析原因→找出主要原因→理出整改措施→实施整改→效果评价和反馈，这种管理模型的特点是经验型；缺点是事后整改，成本高，不符合预防的原则。

　　（2）缺陷型管理模式。以缺陷或隐患为管理对象，管理的程序是查找隐患→分析成因关键问题→提出整改方案→实施整改→效果评价，其特点是事中管理；缺点是系统全面性、被动式、实时性差，从上而下缺乏现场参与、无合理分级、复杂动态风险失控等。

　　（3）风险型管理模式。以风险为管理对象，管理的程序是进行风险全面辨识→风险科学分级评价→制定风险防范方案→风险实时预报→风险适时预警→风险及时预控风险消除→风险控制在可接受水平，其特点是风险管理类型全面、过程系统、现场主动参与、防范动态实时、科学分级、有效预警预控；其缺点是专业化程度高、应用难度大、需要不断改进。

　　可以说，在不同层次安全管理理论的指导下，企业安全生产管理经历了两次大的飞跃，第一次是从经验管理到制度管理的飞跃，第二次是从制度管理到风险管理的飞跃。目前我国的多数企业已经或正在进行着第一次的飞跃，少数较为先进的企业在探索和实践第二次飞跃。

10.2.2　事故致因理论

　　事故致因理论是从本质上阐明事故的因果关系，说明事故的发生、发展过程和后果的理论。在安全管理理论研究和实践中，人们以事故为研究对象，试图从事故致因机制方面对事故进行预防和控制，提出了大量事故致因理论和模型，其中具有代表性的有几十种。纵观事故致因理论的发展演变，从关注人、物的事故致因到关注管理、文化的事故致因，从单因素事故致因到综合因素事故致因，从孤立的就事论事到安全系统工程，人们对于事故致因的认识越来越深入，越来越全面。以事故致因机理为分类依据，事故致因理论大致可以划分为以下几类：事故频发倾向论、事故致因连锁论、人失误事故致因理论、轨迹交叉论、能量转移理论、动态变化理论等（表10-2）。

表 10-2　事故致因理论一览表

类　型	理论名称	提出时间	提出者	理论介绍	优缺点
事故频发倾向理论	格林伍德、伍慈的事故频发倾向理论	1919 年	格林伍德、伍慈	指个别人具有容易发生事故的、稳定的、个人的内在倾向	把事故致因归咎于人的天性，忽略了机械、设备的危险性，事故频发倾向者并不存在
	纽鲍尔德的事故频发倾向论	1926 年	纽鲍尔德		
	法默和查姆勃的事故频发倾向论	1939 年	法默和查姆勃		
事故因果连锁理论	海因里希事故因果连锁理论	1936 年	海因里希	伤亡事故的发生不是一个孤立的事件，而是一系列原因事件相继发生的结果，即伤害与各原因相互之间具有连锁关系	首先提出人的不安全行为和物的不安全状态的概念。局限性：忽略了劳动工具、劳动对象、工作环境所固有的危险性对事故的影响
	博德事故因果连锁理论		博德		把事故的根本原因归因于管理失误
	亚当斯事故因果连锁理论		亚当斯		仅对造成现场失误的管理原因进行了分析
	北川彻三事故因果连锁理论		北川彻三		考虑了诸多社会因素，超出了企业安全工作的范围

类　型	理论名称	提出时间	提出者	理论介绍	优缺点
人失误事故致因理论	威格里斯沃思模型	1972 年	威格里斯沃思	人失误会导致事故，而人失误的发生是由于对外界刺激（信息）的反应失误造成的	把事故完全归因于人失误，未考虑"机"、"环"的因素
	瑟利模型	1969 年	瑟利		瑟利模型不仅分析了危险出现、释放直至导致事故的原因，而且还为事故预防提供了一个良好的思路；缺点是仅考虑了人的因素
	劳伦斯模型	1974 年	劳伦斯		适用于类似矿山生产的多人作业生产方式
	撒利模型	1977 年	撒利		操作者处理信息的能力是有限的，信息量过大势必导致人失误
轨迹交叉论	轨迹交叉论		斯奇巴	在一个系统中，人的不安全行为和物的不安全状态的形成过程中，一旦发生时间和空间的运动轨迹交叉，就会造成事故	事故的发生并不是简单地按照人、物两条轨迹独立地运行，呈现较为复杂的因果关系
能量转移理论	能量意外转移理论	1966 年	哈登	事故是一种不正常的或不希望的能量释放	理论上具有优越性，但是实际应用上存在困难
	两类危险源理论	1995 年	陈宝智	一起伤亡事故的发生往往是两类危险源共同作用的结果。第一类危险源是伤亡事故发生的能量主体，是第二类危险源出现的前提，并决定事故后果的严重程度；第二类危险源是第一类危险源造成事故的必要条件，决定事故发生的可能性	管理等因素无法用能量观点去衡量

类 型	理论名称	提出时间	提出者	理论介绍	优缺点
动态变化理论	变化-失误连锁理论		约翰逊	运行系统中与能量和失误相对应的变化是事故发生的根本原因，没有变化就没有事故	理论性强，应用性差
	扰动理论		本尼尔	生产活动是一个自觉或不自觉地指向某种预期的或意外结果的事件链，它包含生产系统元素间的相互作用和变化着的外界的影响	

10.2.2.1 事故频发倾向论

事故频发倾向论是阐述企业工人中存在着个别容易发生事故的、稳定的、个人的内在倾向的一种理论。1919 年，格林伍德（M. Greenwood）和伍慈（H. Woods）对许多工厂里伤害事故发生次数资料，按泊松分布、偏倚分布和非均匀分布 3 种统计分布进行了统计检验，提出了"事故倾向性格"论，后来又由纽鲍尔德（Newbold）在 1926 年以及法默（Farmer）在 1939 年分别对其进行了补充，从而形成了事故频发倾向论。该理论认为：事故频发倾向者的存在是工业事故发生的主要原因，从事同样的工作和在同样的工作环境下，某些人比其他人更容易发生事故，这些人是事故倾向者，他们的存在会使生产中的事故增多；如果通过人的性格特点区分出这部分人而不予雇佣，则可以减少工业生产的事故。

据资料介绍，事故频发倾向者往往有如下的性格特征：（1）感情冲动，容易兴奋；（2）脾气暴躁；（3）厌倦工作，没有耐心；（4）慌慌张张，不沉着；（5）动作生硬而工作效率低；（6）喜怒无常，感情多变；（7）理解力低下，判断和思考能力差；（8）极度喜悦和悲伤；（9）缺乏自制力；（10）处理问题轻率、冒失；（11）运动神经迟钝、动作不灵活。

10.2.2.2 事故因果连锁理论

在事故因果连锁论中，以事故为中心，事故的结果是伤害（伤亡事故的场所），事故的原因包括 3 个层次：直接原因、间接原因、基本原因。由于对事故各层次的原因认识不同，形成了不同的事故致因理论。

A 海因里希因果连锁理论

海因里希首次提出因果连锁理论，用以阐述导致伤亡事故各种原因因素间及各因素与伤害间的关系。海因里希把工业伤害事故的发生、发展过程描述为具有一定因果关系的事件的连锁（图 10-3），即：

（1）人员伤亡的发生是事故的结果。

（2）事故发生的原因是人的不安全行为或物的不安全状态。

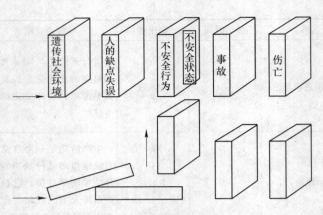

图 10-3　海因里希因果连锁理论

（3）人的不安全行为或物的不安全状态是由于人的缺陷造成的。

（4）人的缺点是由于不良环境诱发或者是由先天的遗传因素造成的。

海因里希将事故因果连锁过程概括为以下 5 个因素：

（1）遗传及社会环境。遗传因素及社会环境是造成人的性格上缺点的原因。遗传因素可能形成鲁莽、固执等不良性格；社会环境可能妨碍教育、助长性格的先天缺点发展。

（2）人的缺点。人的缺点是使人产生不安全行为或造成机械、物质不安全状态的原因，它包括鲁莽、固执、过激、神经质、轻率等性格上的先天缺点；以及缺乏安全生产知识和技术等后天的缺点。

（3）人的不安全行为或物的不安全状态。所谓人的不安全行为或物的不安全状态是指那些引起过事故并可能再次引起事故的人的行为或机械、物质的状态，它们是造成事故的直接原因。例如，在起重机的吊荷下停留，不发信号就启动机器，工作时间打闹、撤出安全防护装置等都属于人的不安全行为；没有防护的传动齿轮，裸露的带电体，照明不良等属物的不安全状态。

（4）事故。事故是由于物体、物质、人或环境的作用或反作用，使人员受到伤害或可能受到伤害的，出乎意料、失去控制的事件。

（5）伤害。由于事故直接产生的人身伤害。

上述事故因果连锁关系，可以用 5 块多米诺骨牌来形象地加以描述，如果第一块骨牌到下（即第一个原因出现），则发生连锁反应，后面的骨牌相继被碰倒（相继发生）。海因里希认为，企业安全工作的中心就是要移去中间的骨牌——防止人的不安全行为或消除物的不安全状态，从而中断事故连锁的进程，避免伤害的发生（图 10-3）。

B　博德事故因果连锁理论

博德事故因果连锁过程同样分为 5 个因素，但每个因素的含义与海因里希所定义的都不相同（图 10-4）。

（1）管理缺陷。对于大多数企业来说，由于各种原因，完全依靠工程技术措施预防事故既不经济也不现实，只能通过完善安全管理工作，经过较大的努力，才能防止事故的发生。企业管理者必须认识到，只要生产没有实现本质安全化，就有发生事故及伤害的可能性，因此，安全管理是企业管理的重要一环。

图 10-4 博德事故因果连锁理论

安全管理系统要随着生产的发展变化而不断调整完善，十全十美的管理系统不可能存在。由于安全管理上的缺陷，致使能够造成事故的其他原因出现。

（2）个人及工作条件的原因。这方面的原因是由于管理缺陷造成的，个人原因包括缺乏安全知识或技能，行为动机不正确，生理或心理有问题等；工作条件原因包括安全操作规程不健全，设备、材料不合格，以及存在温度、湿度、粉尘、气体、噪声、照明、工作场地状况（如打滑的地面、障碍物、不可靠支撑物）等有害作业环境因素。只有找出并控制这些原因，才能有效地防止后续原因的发生，从而防止事故的发生。

（3）直接原因。人的不安全行为或物的不安全状态是事故的直接原因。这种原因是安全管理中必须重点加以追究的原因。但是，直接原因只是一种表面现象，是深层次原因的表征。在实际工作中，不能停留在这种表面现象上，而要追究其背后隐藏的管理上的缺陷原因，并采取有效的控制措施，从根本上杜绝事故的发生。

（4）事故。这里的事故被看做是人体或物体与超过其承受阈值的能量接触，或人体与妨碍正常生理活动的物质的接触。因此，防止事故就是防止接触。可以通过对装置、材料、工艺等改进来防止能量的释放，或者操作者提高识别和回避危险的能力，佩戴个人防护用具等来防止接触。

（5）损失。人员伤害及财务损坏统称为损失。人员伤害包括工伤、职业病、精神创伤等。

在许多情况下，可以采取恰当的措施使事故的损失最大限度地减小。例如，对受伤人员进行迅速正确地抢救，对设备进行抢修以及平时对有关人员进行应急训练等。

C 亚当斯事故因果连锁理论

亚当斯提出了一种与博德事故因果连锁理论类似的因果连锁模型，该模型以表格的形式给出，见表 10-3。

表 10-3 亚当斯事故因果连锁模型

管理体制	管理失误		现场失误	事 故	伤害或损坏
目标 组织 机能	领导者在下述方面 决策错误或没做决策： 政策 目标 权威 责任 职责 注意范围 权限授予	安技人员在下述 方面管理失误或疏忽： 行为 责任 权威 规则 指导 主动性 积极性 业务活动	不安全行为 不安全状态	伤亡事故 损害事故 伤亡事故	对人 对物

在该理论中，事故和损失因素与博德理论相似。这里把人的不安全行为和物的不安全状态称为现场失误，其目的在于提醒人们注意不安全行为和不安全状态的性质。

亚当斯理论的核心在于对现场失误的背后原因进行了深入的研究。操作者的不安全行为及生产作业中的不安全状态等现场失误，是由于企业和安技人员的管理失误造成的。管理人员在管理工作中的差错或疏忽，企业领导人的决策失误，对企业经营管理及安全工作具有决定性的影响。管理失误由企业管理体系中的问题所导致，这些问题包括：如何有组织地进行管理工作，确定怎样的管理目标，如何计划，如何实施等。管理体系反映了作为决策中心的领导人的信念、目标及规范，它决定各级管理人员安排工作的轻重缓急、工作基准及指导方针等重大问题。

D　北川彻三事故因果连锁理论

前面几种事故因果连锁理论把考察的范围局限在企业内部。实际上，工业伤害事故的发生原因是很复杂的，一个国家或地区的政治、经济、文化、教育、科技水平等诸多社会因素，对伤害事故的发生和预防都有着重要的影响。

日本人北川彻三正是基于这种考虑，对海因里希的理论进行了一定的修正，提出了另一种事故因果连锁理论，见表 10-4。

在北川彻三的因果连锁理论中，基本原因中的各个因素已经超出了企业安全工作的范围。但是，充分认识这些基本原因，对综合利用可能的科学技术、管理手段来改善间接原因因素，达到预防伤害事故发生的目的是十分重要的。

表 10-4　北川彻三事故因果连锁理论

基本原因	直接原因	间接原因		
学校教育的原因 社会的原因 历史的原因	技术的原因 教育的原因 身体的原因 精神的原因 管理的原因	不安全行为 不安全状态	事故	伤害

10.2.2.3　基于人体信息处理的人失误事故致因理论

A　威格里斯沃思模型

威格里斯沃思模型于 1972 年提出，认为人失误构成了所有事故的基础。他把人失误定义为"人错误地或不适当地响应一个外界刺激"。他认为，在生产操作过程中，各种各样的信息不断地作用于操作者的感官，给操作者以"刺激"，若操作者能对刺激作出正确的响应，事故就不会发生；反之，如果错误或不恰当地响应了一个刺激（人失误），就有可能出现危险。危险是否会带来伤害事故，取决于一些随机因素（图 10-5）。

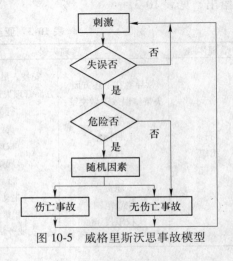

图 10-5　威格里斯沃思事故模型

B　瑟利模型

瑟利把事故分为危险出现和危险释放两个阶段，这两个阶段各自包括一组类似人的信息处理过程，即知觉、认识和行为响应过程。在危险出现阶段，如果人信息处理的每个环节都正确，危险就能被消除或得到控制；反之，只要任何一个环节出现问题，就会使操作者直接面临危险。在危险释放阶段，如果人的信息处理过程的各个环节都正确，则虽然面临着已经显现出来的危险，但仍然可以避免危险释放出来，不会带来伤害或损害；反之，只要任何一个环节出错，危险就会转化成伤害或损害。如图10-6所示。

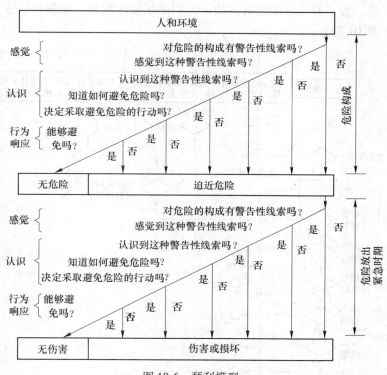

图 10-6　瑟利模型

C　劳伦斯模型

劳伦斯在威格里斯沃思和瑟利等人的人失误模型的基础上，通过对南非金矿中发生事故的研究，于1974年提出了针对金矿企业以人失误为主的事故模型。

在生产过程中，当危险出现时，往往会产生某种形式的信息，向人们发出警告，如突然出现或不断扩大的裂缝、异常的声响、刺激性的烟气等。这种警告信息叫做初期警告。初期警告还包括各种安全监测发出的警报信号。如果没有初期警告就发生事故，则往往是由于缺乏有效的检测手段，或者是管理人员事先没有提醒人们存在着危险，行为人在不知道危险存在的情况下发生的事故属于管理失误造成的。

在发出了初期预告的情况下，行为人在接受、识别警告，或对警告做出反应等方面的失误可能导致事故。

当行为人发生对危险估计不足的失误时，如果他还是采取了相应的行为，则仍然有可能避免事故；反之，如果他麻痹大意，既对危险估计不足，又不采取行动，则会导致事故的发生。这里，行为人如果是管理人员或指挥人员，则低估危险的后果将更加严重。

矿山生产作业往往是多人作业、连续作业。行为人在接受了初期警告、识别了警告并正确地估计了危险性之后，除了自己采取恰当的行动避免伤害事故外，还应该向其他人员发出警告，提醒他们采取防止事故的措施，这种警告叫做二次警告。其他人接到二次警告后，也应该按照正确的行动对警告加以响应。

劳伦斯模型适用于类似矿山生产的多人作业生产方式。在这种生产方式下，危险主要来自于自然环境，而人的控制能力相对有限，在许多情况下，人们唯一的对策是迅速撤离危险区域。因此，为了避免发生伤害事故，人们必须及时发现、正确评估危险，并采取恰当的行动。如图 10-7 所示。

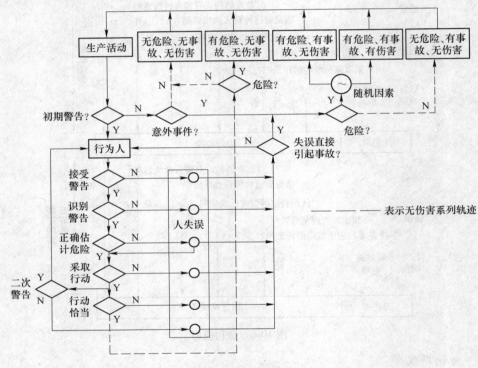

图 10-7　劳伦斯模型

10.2.2.4　轨迹交叉论

轨迹交叉论的基本思想是：伤害事故是许多相互联系的事件顺序发展的结果。这些事件概括起来为人和物（包括环境）两大系列。当人的不安全行为和物的不安全状态在各自发展过程中，在一定时间、空间发生了接触，能量转移于人体时，伤害事故就会发生。而人的不安全行为和物的不安全状态之所以发生和发展，又是受到多种因素作用的结果。轨迹交叉理论的示意图如图 10-8 所示。

轨迹交叉理论反映了绝大多数事故的情况。在实际生产过程中，只有少量的事故仅仅由人的不安全行为或物的不安全状态引起，绝大多数的事故是与二者同时相关的。在人和物两大系列的运动中，二者往往是相互关联，互为因果，相互转化的。有时人的不安全行

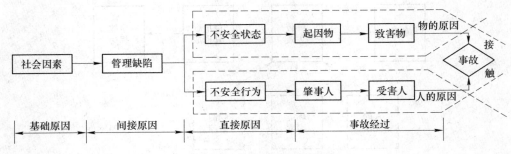

图 10-8 轨迹交叉理论模型

为促进了物的不安全状态的发展，或导致新的不安全状态出现；而物的不安全状态可以诱发人的不安全行为。因此，事故的发生可能并不是如图 10-8 所示的那样简单地按照人、物两条轨迹独立运行，而是呈现较为复杂的因故关系。

人的不安全行为和物的不安全状态是造成事故的、表面的直接原因，如果对它们进行更进一步的考虑，则可以挖掘出两者背后深层次的原因，这些深层次原因见表 10-5。

表 10-5 事故发生的原因

基础原因（社会原因）	间接原因（管理缺陷）	直接原因（直接原因）
遗传、经济、文化、教育培训、民族习惯、社会历史、法律	生理和心理状态、知识技能、工作态度、规章制度、人际关系、领导水平	人的不安全行为
设计、制造缺陷、标准缺陷	维护保养不当、保管不良、故障、使用错误	物的不安全状态

轨迹交叉理论作为一种事故致因理论，强调人的因素在事故致因中占有同样重要的地位。按照该理论，可以通过避免人与物两种因素运动轨迹交叉，来预防事故的发生；同时，该理论对于调查事故发生的原因也是一种较好的工具。

10.2.2.5 能量转移理论

A 能量意外转移理论

事故能量转移理论是美国的安全专家哈登（Haddon）于 1966 年提出的一种事故控制理论。其理论依据是对事故的本质定义，即哈登把事故的本质定义为：事故是能量的不正常转移，如果由于某种原因能量失去控制，发生了异常或意外的释放，则称发生了事故。如图 10-9 所示。

能量的种类有许多，如动能、势能、电能、热能、化学能、原子能、辐射能、声能和生物能等。人受到伤害都可以归结为上述一种或若干种能量的异常或意外转移。麦克法兰特（Mike Farrant）认为：所有的伤害事故（或损失事故）都是因为：（1）接触了超过机体组织（或结构）抵抗力的某种形式的过量的能量；（2）有机体与周围环境的正常能量交换受到了干扰（如窒息、淹溺等）。因此，各种形式的能量是构成伤害的直接原因。根据此观点，可以将能量引起的伤害分为两大类：第一类伤害是由于转移到人体的能量超过或全身性损伤阈值而产生的；第二类则是由于影响局部或全身性能量交换引起的。

能量转移理论的另一个重要概念：在一定条件下，某种形式的能量能否产生人员伤

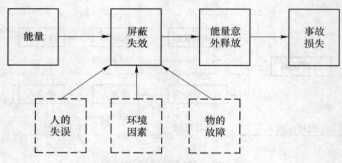

图 10-9　能量意外转移（释放）理论

害，除了与能量大小有关以外，还与人体接触能量的时间和频率、能量的集中程度、身体接触能量的部位等有关。

B　两类危险源理论

陈宝智教授在对系统安全理论进行系统研究的基础上，于 1995 年提出了事故致因的两类危险源理论。该理论认为：一起伤亡事故的发生往往是两类危险源共同作用的结果。

第一类危险源：根据能量意外释放论，事故是能量或危险物质的意外释放，作用于人体的过程的能量或干扰人体与外界能量交换的危险物质是造成人员伤害的直接原因。于是，把系统中存在的，可能发生意外释放的能量或危险物质称作第一危险源。

第二类危险源：在生产和生活中，为了利用能量，让能量按照人们的意图在系统中流动、转换和做功，必须采取措施约束、限制能量，即必须控制危险源。约束、限制能量的屏蔽应该可靠地控制能量，防止能量意外释放。实际上，绝对可靠的控制措施并不存在。在许多因素的复杂作用下，约束、限制能量措施失效或破坏的各种不安全因素称为第二危险源，包括人、物、环境三个方面的问题。

第一类危险源是伤亡事故发生的能量主体，是第二类危险源出现的前提，决定事故后果的严重程度；第二类危险源是第一类危险源造成事故的必要条件，决定事故发生的可能性。如图 10-10 所示。

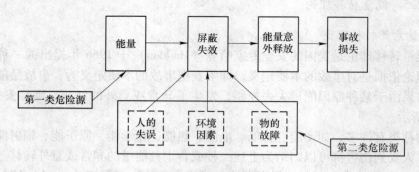

图 10-10　两类危险源理论

10.2.2.6　动态变化理论

A　变化-失误连锁理论

约翰逊认为：事故是由意外的能量释放引起的，这种能量释放的发生是由于管理者或操作者没有适应生产过程中物或人的因素变化，产生了计划错误或人为失误，从而导致不安全行为或不安全状态，破坏了对能量的屏蔽或控制，即发生了事故，由事故造成生产过程中人员伤亡或财产损失。图 10-11 所示为约翰逊的变化-失误连锁理论示意图。

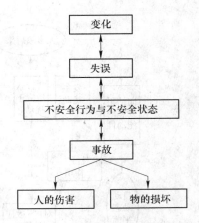

图 10-11 变化-失误连锁理论模型

按照变化的观点，变化可引起人失误和物的故障，因此，变化被看做是一种潜在的事故致因，应该被尽早地发现并采取相应的措施。作为安全管理人员，应该对下述的一些变化给予足够的重视：（1）企业外部社会环境的变化；（2）企业内部环境的宏观变化和微观变化；（3）计划内与计划外的变化；（4）实际的变化和潜在的变化；（5）时间的变化；（6）技术上的变化；（7）人员的变化；（8）劳动组织的变化；（9）操作规程的变化。

需要指出的是，在管理实际中，变化是不可避免的，也并不一定都是有害的，关键在于管理是否能够适应客观情况的变化。要及时发现和预测变化，采取恰当的对策，做到顺应有利的变化，克服不利的变化。约翰逊认为，事故的发生一般是多重原因造成的，包含着一系列的变化-失误连锁。从管理层次上看，有企业领导的失误，计划人员的失误、监管者的失误及操作者的失误等。该连锁的模型如图 10-12 所示。

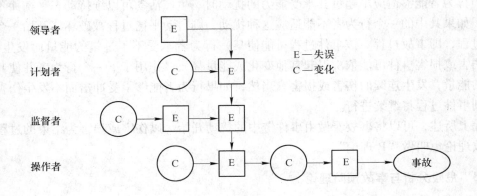

图 10-12 变化-失误连锁

B 扰动理论（图 10-13）

本尼尔认为，事故过程包含着一组相继发生的事件。这里，事件是指生产活动中某种发生了的事情，如一次瞬间或重大的情况变化，一次已经被避免的或导致另一事件发生的偶然事件等。因而，可以将生产活动看作是一个自觉或不自觉地指向某种预期的或意外结果的事件链，它包括生产系统元素间的互相作用和变化的外界影响。由事件链组成的正常生产活动，是在一种自动调节的动态平衡中进行的，在事件的稳定运行中向预期的结果发展。

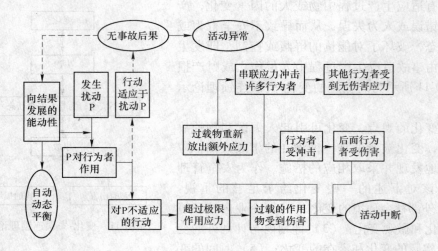

图 10-13　扰动理论

事件的发生必然是某人或某物引起的，如果把引起事件的人或物称为"行为者"，而其动作或运动称为"行为"，则可以用行为者及其行为来描述一个事件。在生产活动中，如果行为者的行为得当，则可以维持事件过程稳定进行；否则，可能中断生产，甚至造成伤害事故。

生产系统的外界影响是经常变化的，可能偏离正常的或预期的情况。这里称外界影响的变化为"扰动"（perturbation），扰动将作用于行为者，产生扰动的事件称为起源事件。

当行为者能够适应不超过其承受能力的扰动时，生产活动可以维持动态平衡而不发生事故；如果其中的一个行为者不能适应这种扰动，则自动平衡过程被破坏，开始一个新的事件过程，即事故过程。该事件过程可能使某一行为者承受不了过量的能量而发生伤害，这些伤害或损害事件可能依次引起其他变化或能量释放，作用于下一个行为者并使其承受过量的能量，发生连续的伤害或损害。当然，如果行为者能够承受冲击而不发生伤害或损害，则事件过程将继续进行。

综上所述，可以将事故看做由事件链中的扰动开始，以伤害或损害为结束的过程，这种事故理论也叫做"P 理论"。

10.2.3　危险分析与事故预防理论

10.2.3.1　认识论

以危险和隐患作为管理对象，其理论的基础是对事故因果性的认识，以及对危险和隐患事件链过程的确认。建立了事件链的概念，产生了事故系统的超前意识和动态认识论，确认了人、机、环境、管理事故综合要素，主张工程技术硬手段与教育、管理软手段综合措施，提出超前防范和预先评价的概念和思路。

10.2.3.2　理论系统

由于管理对象和目标体系的转变，危险分析与风险控制理论又发展了如下理论体系：

（1）系统分析理论。FTA 故障树分析理论、ETA 事件树分析理论、SCL 安全检查表技术、FMFA 故障及类型影响分析理论等。

（2）系统可靠性理论。人机可靠性理论、系统可靠性理论等。

（3）隐患控制理论。重大危险源理论、重大隐患控制理论、无隐患管理理论等。

10.2.3.3 方法和特征

由于有了对事故的超前认识，这一理论体系导致了比早期事故学理论更为有效的方法和对策，如预期型管理模式；危险分析、危险评价、危险控制的基本方法过程；推行安全预评价的系统安全工程；"四负责"的综合责任体制；管理中的"五同时"原则；企业安全生产的动态"四查工程"等科学检查制度等。危险分析与风险控制理论指导下的方法，其特征体现了超前预防、系统综合、主动对策等。

危险分析及隐患控制理论从事故的因果性出发，着眼于事故前期事件的控制，对实现超前和预期型的安全对策，提高事故预防的效果有着显著的意义和作用。但是，这一层次的理论在安全科学理论体系上，还缺乏系统性、完整性和综合性。

10.2.4 风险分析与风险控制理论

10.2.4.1 认识论

以系统安全风险作为管理对象，建立了"安全不期望事件的概率与后果严重度的组合"的风险基本定义，将技术与环境、制度与管理、文化与人因等要素的不期望事件都纳入管理对象，如缺陷、隐患、故障、异常、危险源、不安全态、不符合、不良、不健全、缺失、违章、失误、差错、不作为、不负责等，使管理的对象全面、系统，管理的过程实时、动态，管理的方法超前、预防，管理效果科学、有效。

10.2.4.2 管理系统

以风险的定性、定量理论为基础，具有的基本理论如下：

（1）风险辨识分析理论。对系统单元进行科学的划分，对单一和组合风险、静态和动态风险、固有和现实风险、人机环风险等进行全面辨识分析。

（2）风险评价理论。以概率与程度组合评价作为基本依据，对风险进行科学评价分级，为风险的控制提供充分、合理的科学依据。

（3）风险控制理论。在风险评价分级的基础上，制订科学合理的控制方案，实现风险风机管理和分类管理，做到风险级别与控制级别的有效匹配。

10.2.4.3 方法与特征

风险管理理论与方法与事故理论和危险分析管理的重要不同之处在于：

（1）不是将概率分析（危险理论）与后果程度（事故理论）区别开来，而是综合两者。

（2）不仅仅考察系统的能量、强度（高度）等决定危险程度的指标，突破了重大危险源与重大隐患的概念。

（3）可以做到定量、半定量和定性，方法科学、合理、实用、有效。

10.2.5　安全科学原理

10.2.5.1　认识论

以安全系统作为管理对象，建立了人—物—能量—信息的安全系统要素体系，提出了系统自组织的思路，确立了系统本质安全的目标。通过安全系统论、安全控制论、安全信息论、安全协同学、安全行为科学、安全环境学、安全文化建设等科学理论研究，提出在本质化认识论基础上全面、系统、综合地发展安全科学理论。

10.2.5.2　理论系统

安全原理的理论系统还在发展和完善之中，目前已存在的初步体系有安全哲学原理、安全系统论原理、安全控制论原理、安全教学论原理、安全工程技术原理等，目前还在发展中的安全理论还有安全仿真理论、安全专家系统、系统灾变理论、本质安全化理论、安全文化理论等。

10.2.5.3　方法与体征

根据自组织思想和本质安全化的认识，要求从系统的本质入手，要求主动、协调、综合、全面的方法论。具体表现为：从人、机器和环境的本质安全入手，人的本质安全指不但要解决人的知识、技能和意识素质，还要从人的观念、伦理、情感、态度、认识、品德等人文素质入手，从而提出安全文化建设的思路；物和环境的本质安全化就是要采用先进的安全科学技术，推广自组织、自适应、自控制与闭锁的安全技术；研究人、物、能量、信息的安全系统论、安全控制论和安全信息论等现代工业安全原理；技术项目中要遵循安全措施与技术措施同时设计、施工、投产的"三同时"原则；企业在考虑经济发展、机制转换和技术改造时，安全生产方面要同时规划、同时发展、同时实施，即所谓"三同步"的原则；还有"三点控制工程"、"定置管理"、"四全管理"、"三治工程"等超前预防性安全活动；推行安全目标管理、无隐患管理、安全经济分析、危险预知活动、事故判定技术等安全系统科学方法。

10.2.6　风险预控连续统一体理论

连续统一体的概念来自于罗伯特·坦南鲍姆（Robert Tannenbaum）和沃伦·施密特（Warren H. Schmidt）提出的领导方式统一体理论，该理论认为：领导方式是一个连续变量，在"专制式"的领导模式下，领导者使用的权威和下属拥有的自由度之间是一方扩大另一方缩小的关系。

10.2.6.1　风险预控连续统一体理论及特点

A　海因里希法则

海因里希法则（图10-14）又称"海因里希安全法则"或"海因里希事故法则"，是美国著名安全工程师海因里希提出的 300：
29：1 法则。这个法则意思是说，当一个企业
有 300 个隐患或违章，必然要发生 29 起轻伤
或故障，在这 29 起轻伤或事故当中，有 1 起
重伤或重大事故。"海因里希法"是美国工程
师海因里希通过分析工伤事故的发生概率，为
保险公司的经营提出的法则。这一法则完全可
以用于企业的安全管理上，即在一件重大的事
故背后必有 29 件轻度的事故，还有 300 件潜
在的隐患。可怕的是对潜在性事故毫无觉察，
或麻木不仁，结果导致无法挽回的损失。

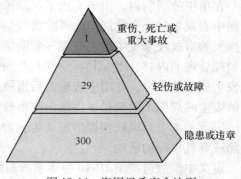

图 10-14 海因里希安全法则

　　B　基于危险源的事故致因（图 10-15）
　　危险源是风险存在的前提，没有危险源就是无所谓的风险，但有危险源不意味着风险
必定出现，当全部的危险源都处于受控状态时，风险就不会出现；当危险源处于失控状
态，即隐患发生时，风险就会出现，依据海因里希法则可知，此时可能导致事故的发生，
从而造成人员伤亡或财产损失。
　　C　风险预控的概念
　　风险预控可以从两方面理解：事故单周期和事故多周期。从事故单周期角度看，风险
预控是指在预想风险状态下在事故发生之前策划风险管控方案，并在生产过程中贯彻执行
这些管制方案，以确保和杜绝导致事故发生的风险出现。在事故多周期角度看，风险管控
方案包括危险源辨识与控制、隐患预案、应急预案。从事故多角度看，风险预控是指零事
故状态前所实施的全部安全管理活动，除了包括事故单周期的风险预控管理之外，还包括
事故管理。该概念把零事故作为最终目的，之前所有安全管理活动都是风险预控的手段和
措施，它是一种基于过程的全生命周期预控管理模式。风险预控是基于事故多周期角度，
图 10-16 所示为积极风险控制条件的风险曲线图。

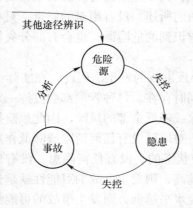

图 10-15　基于危险源的事故致因

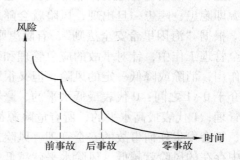

图 10-16　积极风险预控
条件下的风险曲线图

在单事故周期内，由于实施了风险预控管理，可以有效降低不安全因素出现的频数，在图中表现为每个事故周期内风险曲线呈下降趋势；在多事故周期内，由于对已发生伤害或损失的事故及未发生伤害或损失的险肇事故都进行原因分析，从而扩充危险源管理和风险预控管理的内容，增加其科学性和全面性，其结果直接体现为安全管理水平的提高，风险发生的频数减少，在图中表现为后事故周期内风险曲线显然比前事故周期内更低，一起事故发生的周期不断延长，逐渐向零事故的理想状态逼近。

因此，本书对风险预控的定义为：为了避免事故的发生所采取的直接的间接的、所有消除或降低风险的活动。

定义中事故包括图 10-16 中零事故前的所有事故，因此对当前事故的应急、统计分析处理是为了消除或降低导致次生事故或下一次事故的发生风险，也是风险预控。比如亡羊补牢是为了避免下次发生丢失羊的事故，尽管是事后，但相对于下次丢失羊的事故来说属于事前风险控制。

定义中能"直接消除或降低风险的活动"是禁止打火机入井、加大瓦斯抽放之类的活动，而"能间接消除或降低风险活动"是指加大安全观念的宣贯、加强安全管理制度的建立等之类活动。

定义中的"降低风险"也是风险控制，比如隐患的处理能降低隐患导致事故发生的风险、事故应急处理能降低导致次生事故发生的风险，而不应将风险预控仅仅局限于"消除风险"。

D　风险预控连续统一体理论

由于煤矿生产条件的复杂性和恶劣性，使得"零事故"只能是一种理想状态，很难达到，相对的安全和绝对的危险在煤矿安全生产系统中相伴而生。在多事故周期下，为了避免下一次事故的发生，安全管理的关口可依次划分为危险源、隐患、事故，从管理危险源到管理事故代表着煤矿安全管理的主动性从强到弱，管理关口越是远离事故，则安全的保证程度就越高。显然，3 个关口在煤矿安全系统中的位置对应着其 3 个不同状态，危险源对应的是稳定的安全系统，隐患对应的是失稳的安全系统，事故对应的是事故状态系统，煤矿安全程度与其安全管理的关口有着很大关系，其中危险源管理的安全程度高，安全管理水平也很高，而事故管理的安全程度最低。由前所述，没有绝对的安全，只有绝对的风险，即使安全管理工作非常到位，也会有尚未辨识到的危险源，也会有部分失控的危险源即隐患；隐患一旦出现，风险就会随之出现。

根据"海因里希安全法则"，有隐患则必然会导致事故的发生。因此，在实际的煤矿安全管理工作中，针对事故的应急管理和事后管理同时存在。每种管理都会发挥一定的预控作用，消除或降低一定的风险，但又很难做到消除或降低全部的风险，因此风险控制水平介于 0~1 之间：0 代表最低水平的、毫不作为的、对风险没有任何消除或降低作用的安全管理；1 代表最高水平的、所有危险源都处于受控状态的、没有任何隐患、没有任何风险、不会发生任何事故的安全管理。风险预控水平越高，则发生事故的可能性就越低，系统中存在的风险就越低，风险水平就越低；风险预控水平越低，则发生事故的可能性就越高，系统中存在的风险就越高，风险水平就越高。因此，风险预控水平与风险水平是反向的负关系。用 0 代表系统没有任何风险，即系统风险受到全面的控制；用 1 代表系统风险最大，即系统风险没有受到任何控制。如图 10-17 所示，风险预控水平与风险水平均是连续的，介于 0~1 之间，且呈反向的负关系。

由危险源的事故致因机理和多事故周期视角可知，安全管理的直接对象有 3 个：危险源、隐患和事故。这三者的管理水平的组合就构成了一个单位的整体风险预控水平。如式（10-1）所示：

$$P = \alpha + \beta(1 - \alpha) + \gamma\{1 - [\alpha + \beta(1 - \alpha)]\}$$

$$(10\text{-}1)$$

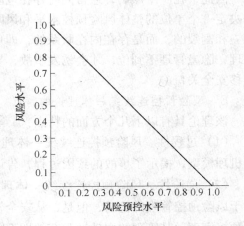

图 10-17 风险预控水平与风险水平的关系

式中 α——危险源的控制水平，包括危险源辨识、风险评估、制定标准、实施控制等，对事故的事后统计分析也是危险源辨识及相关工作的来源之一，因此事后管理纳入危险源控制，取值 0~1；

β——隐患的预控水平，包括隐患排查、隐患整改等，取值 0~1；

γ——事故应急处理水平，即防止事故扩大或导致次生事故发生的处理水平，此处不包括事后管理，仅代表应急管理，取值 0~1。

由式（10-1）可得整体的风险预控水平是连续的，介于 0~1 之间。

整体的风险水平公式为：

$$r = 1 - P \qquad\qquad (10\text{-}2)$$

在理想状态下，危险源辨识全面、控制相当，则 $\alpha = 1$，此时不会出现隐患，整体风险预控水平为 1，风险水平为 0。

当 $0 < \alpha < 1$，则意味着有部分危险源处于失控状态，即出现了隐患，如果对隐患的控制及时恰当，则 $\beta = 1$，也就是所有的隐患一出现就被及时采取了恰当的措施整改消除了，则整体的风险预控水平也为 1，风险水平为 0。

当 $0 < \alpha < 1$ 且 $0 < \beta < 1$ 时，此时就会发生事故，在理想状态下，如果应急管理做得好，则可以将由事故造成的人员伤亡和财产损失降到零，此时 $\gamma = 1$。

但根据海因里希法则可知：当一个企业有 300 个隐患或违章，必然要发生 29 起轻伤或故障，在这 29 起轻伤事故或故障中，会有 1 起重伤、死亡或重大事故。因此将隐患控制水平修正为：$\beta^* = \dfrac{300 - 29}{300} \times \beta \approx 0.9\beta$。

γ 代表应急管理水平，由于绝大部分的事故发生都是瞬间的，因此应急管理做到极致，将人员伤亡和财产损失降到零，只是奢求。综合统计相关应急管理相关数据，将应管理水平修正为：$\gamma^* = 0.5\gamma$。

修正后整体风险预控水平 P 可以表示为：

$$P = \alpha + \beta^*(1 - \alpha) + \gamma^*\{1 - [\alpha + \beta^*(1 - \alpha)]\} \qquad (10\text{-}3)$$

$$P = \alpha + 0.9 \times \beta(1 - \alpha) + 0.05 \times \gamma\{1 - [\alpha + 0.9 \times \beta(1 - \alpha)]\} \qquad (10\text{-}4)$$

由式（10-4）可知，P 的取值范围仍然为 0~1。

因此，在一个煤矿，通常同时存在危险源管理、隐患管理、应急管理，三者的管理水平决定一个单位的整体风险预控水平和风险水平。需要说明的是，这几种管理模式并不是孤立和割裂的，而是存在内在联系的，即危险源管理的不到位，才会出现隐患，导致隐患管理；隐患管理不到位，才会诱发事故，导致应急管理。因此，本着预控的原则，应尽量迁移安全关口。

E　风险预控连续统一体理论的特点

该理论具有以下几个方面的特点：

（1）过程性。风险预控连续统一体理论提出了多事故视角下的基于危险源的事故致因机理模型，揭示了事故的致因过程，告诉我们应尽量在致因链早期实施控制。

（2）递阶性。风险预控连续统一体理论指出：应急管理、缺陷管理和危险源管理都属于风险预控管理的范畴，但是，从安全管理的主动性和安全管理的效果来看，应急管理到预控管理，其管理的主动性和有效性不断增强，安全管理水平不断提高。

（3）连续统一性。连续性是指风险预控管理水平是一个连续变量，介于 0~1 之间。统一性是指风险预控管理是应急管理、缺陷管理和危险源管理的统一体。

该理论的贡献在于：（1）提出了风险预控水平是连续的，介于 0~1 之间；（2）危险源管理、缺陷管理、应急管理都是预控管理，本质上是统一的，都是为了避免事故的发生及其造成的人员伤亡和财产损失，只是安全关口不同；（3）危险源管理、缺陷管理、应急管理三者的管理水平构成了整体风险预控水平。

完整地理解该理论有利于理顺安全工作，找到安全工作的主轴。我们既要重视危险源的辨识与管控，同时也要做好隐患的排查与整改，以及事故的应急处理工作，而不是偏废哪一方面的工作。同时又要明确牢记三者在事故致因中的位置与作用。

10.2.6.2　基于风险预控连续一体理论的风险梯度控制

如前文所述，风险预控管理涵盖应急管理、缺陷管理、危险源管理。由危险源的事故致因机理可知，应优先做好隐患管理，确保不会出现隐患，使得安全关口前移。当隐患出现时，应及时做好隐患的整改消除工作，避免发生事故。由危险源管理到缺陷管理，再到应急管理，管理的对象不断向"事故"逼近，安全管理工作也越来越被动，对风险的控制度不断降低。因此风险控制具有梯度性，可以对煤矿风险实施梯度控制。从图 10-18 中可以看出：

（1）风险控制态度最高的是对稳定安全状态的预防控制，然后依次为对失稳安全状态的校正控制，对紧急事故状态的应急控制，对事故的事故控制。

（2）在稳定的安全状态下，针对不同的风险制定了相应的风险管理预案，一旦发生风险，预案就转化为实际的风险控制措施。

（3）由于外界不良扰动，安全系统的状态会不断趋于恶化，应对其采取梯度措施，如果前一梯度的控制措施失效，就立刻启动下一梯度的控制措施，从而形成完整的煤矿风险梯度控制体系。

（4）煤矿风险梯度控制是一个遵循 PDCA 原则的闭环管理过程。以稳定的安全状态

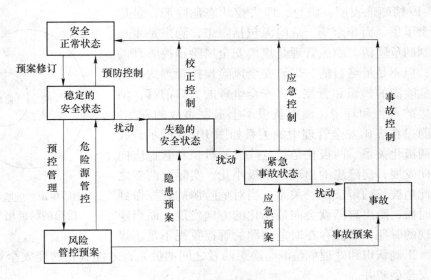

图 10-18 煤矿风险梯度控制框架

为起点，制定预案、执行预案、检查原因和修订预案形成了一个完整的 PDCA 循环，每经过一个循环，安全管理水平就有所提高。

10.2.7 危险源两极化管理理论

10.2.7.1 危险源的定义与分类

我国《职业健康安全管理体系规范》中对危险源的定义是：可能导致伤害或疾病、财产损失、工作环境破坏或这些情况组合的根源或状态。由定义可知，危险源至少有以下 3 个方面的特征：（1）危险源是生产系统中客观存在，其辨识的全面与否直接影响企业安全管理的质量；（2）危险源具有风险；（3）危险源可分为两种类型——根源和状态，这里的状态特指不安全状态。

在根源危险源和状态危险源分类的基础上，危险源还可进一步细分（图 10-19）。根源危险源是指能够引发危险、事故的客观实体，可见（如采煤机、顶底板等）或不可见（如瓦斯等有毒有害气体），是事故发生的前提，包括人、机、环、管。状态危险源是指根源危险源的状态和行为，这种状态和行为具有引发事故的可能。状态危险源由两部分构成：受控状态危险源和失控状态危险源。受控状态危险源是指在相关安全管理措施的作用下，根源危险源的状态或行为正常，处于安全控制范围之内。失控状态危险源是指根源危险源的状态或行为超出了安全控制范围，也就是通常所说的安全隐患。

图 10-19 危险源的分类

图 10-19 清晰地表明，隐患，即失控状态危险源，是危险源的一个子集，而非全集，危险源包括隐患，隐患是重点管理和控制的危险源。隐患管理是煤矿安全风险预控管理的重要方面，但不是最终目的，煤矿安全风险预控管理的目的是通过对危险源的辨识和管控，将安全管理的关口前移，消除隐患发生的条件和环境，继而从根本上遏制事故的发生。危险源和隐患在煤矿安全管理中的关系如图 10-20 所示，我们称之为两极化关系。两极化是指危险源的辨识和管控应向极大化方向发展，而隐患的出现应该极小化。实际上两者之间存在着此消彼长的辩证统一关系，当对危险源的管控做到

图 10-20　危险源与隐患的两极化关系

最大化的时候，隐患自然就会向最小化的方向发展；而当隐患大量出现的时期，必然存在对危险源的管控重视不足。煤炭企业只有正确认识和处理危险源与隐患两者之间的关系，才能真正转变安全管理意识，创建本质安全型矿井。

10.2.7.2　基于危险源的事故致因机理

危险源是安全风险预控管理的关键控制变量，是事故发生的主要致因，因此，认清危险源与事故之间的关系，有助于正确认识危险源在事故预防管理工作中的地位和作用。根源危险源是事故发生的前提和载体，状态危险源是根源危险源过去发生过，现在正在发生或将来可能发生的一些状态，主要包括人的不安全行为，设备、环境的不安全状态以及管理缺陷，共同构成了危险源系统。当根源危险源的状态偏离了正常安全状态而没有得到及时校正，事故就极有可能被引发。因此，基于风险预控的理论思想，对事故的预防控制必须要从危险源的辨识和控制这些基础工作做起。

目前，安全专家、学者和工作者对于根源危险源的认识较为统一，其主要包括人、机、环、管四个方面，因此，在煤矿日常安全管理工作中，重点在于对状态危险源的监测和控制。针对状态危险源，应该制定控制标准和控制措施对它们实施管理，如果状态危险源符合控制标准，称之为受控状态危险源，其不具备引发事故的条件；否则，就演变为失控状态危险源，也就是煤矿通常所说的安全隐患，这个时候，就具备了事故发生的条件。举例来说，综采面瓦斯浓度超限是状态危险源，"瓦斯浓度低于1%"是其控制标准，符合该控制标准，状态危险源处于受控状态，瓦斯浓度达到或者大于1%，就处于失控状态。一旦状态危险源处于失控状态，就必须采取整改措施对其进行校正，以避免事故的发生。在这里，控制标准、控制措施和整改措施称为煤矿安全风险预控的三层管理防御，如果危险源突破了这三层管理防御，事故就极有可能被引发。基于危险源的事故致因机理如图 10-21 所示。

控制标准是指达到该标准后，已辨识状态危险源处于受控状态，没有转变为受控状态危险源；控制措施是指达到控制标准的方法或手段；整改措施是指使失控状态危险源回归正常安全状态所采取的方法手段。

综上所述，可以将危险源与事故之间的关系总结为：根源危险源是事故发生的前提和载体，受控状态危险源是事故发生的潜在条件，失控状态危险源是事故发生的直接致因。

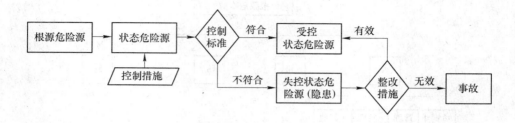

图 10-21　基于危险源的事故致因机理

10.2.7.3　危险源两极化管理的理论思想

危险源的事故致因机理表明了危险源是如何逐步演化为事故的，可以假设一种理想情况，如果我们能够辨识出所有的状态危险源，那么对事故的预防控制可以采取两条途径：一是加强对状态危险源的控制；二是重视对失控状态危险源的整改。可以说，只要加强了这两方面的安全管理工作，就可获得两种结果：状态危险源的失控概率极小化；失控状态危险源的事故引发概率极小化。当然，辨识出所有的状态危险源是不可能的，我们只能追求辨识极大化，使得尽可能多的状态危险源被认知并处于日常安全监测范围之内。

综上所述，为了实现煤矿安全风险预控，应该加强以下三方面的工作：一是状态危险源辨识极大化；二是状态危险源的失控概率极小化；三是失控状态危险源的事故引发概率极小化。以上三项工作从"极大"和"极小"两个维度实施煤矿安全风险预控，构成了危险源的两极化管理框架。通过危险源的两极化管理，可以消除事故发生的条件，切断事故发生的因果链，从而实现煤矿安全风险预控。

10.2.7.4　危险源两极化管理的方法体系

A　状态危险源辨识极大化

危险源辨识是煤矿安全风险预控管理的基础工作和实施前提，辨识方法有很多种，如工作任务法、安全检查表、事故树、事件树等，这些方法为辨识危险源提供了具体的技术工具，实际应用也较为广泛，但这些方法要么针对某一具体的事故或事件进行分析，要么根据经验归纳总结，缺乏一种系统、全面的辨识方法框架。在危险源分类的基础上，由孟现飞、李新春提出了一种根源-状态危险源辨识方法框架（图 10-22）。

根源-状态危险源辨识方法的基础思路是：首先从人、机、环、管四个方面详细罗列出煤矿所存在的根源危险源；然后，针对每一类根源危险源，综合采用多种方法，尽可能多地辨识其状态危险源。该方法的实施步骤如下：

第一步，从人、机、环、管四方面对根源危险源进行分类。

（1）"人"方面分为安全生产负责人、安全生产管理人员、特殊工种、其他工种等。

（2）"机"方面分为采煤设备、掘进设备、机电设备、提升运输设备、通防设备、地测防治水设备、调度设备、选煤设备、其他设备等。

（3）"环"方面分为安全设施、材料堆放、地质构造、粉尘、辐射、各类保护、火、警示标志、有毒有害气体、水、温度、巷道等。

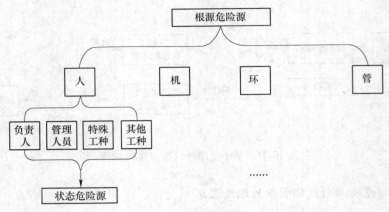

图 10-22　煤矿危险源全面辨识的方法框架

（4）"管"方面分为安全文化、方针、管理评审、目标、内部审核、培训、制度等。

大分类下还可以进一步细分小类，小类下还可以再分更小的分类，视具体情况而定。

第二步，在第一步人、机、环、管下分类的基础上辨识每个分类下的根源危险源。

如辨识特殊工种下爆破工、采煤机司机、电机车司机、绞车操作工等根源危险源，采煤设备下刮板运输机、采煤机、单体支柱、金属顶梁、破碎机、乳化泵站、液压支架、胶带运输机等根源危险源。

第三步，针对每一类根源危险源，煤矿企业的每个子系统（单元）综合运用两种以上方法，辨识其状态危险源。

当然，由于人的认知局限性，很难实现状态危险源辨识的完备性，除了利用上述技术方法辨识以外，还要建立起危险源定期评审制度和全员辨识制度，以不断充实、完善状态危险源，使危险源辨识动态化、制度化、常态化，而不是一劳永逸。

B　状态危险源的失控概率极小化

为了实现状态危险源的失控概率极小化，应该制定控制标准和控制措施对其实施风险预控。对煤矿危险源的风险预控是围绕人、机、环、管四个方面展开，但机、环、管属于无生命特征体，对它们的风险预控最终要落实到人的管控上。因此，应明确规定每一个状态危险源的责任者、直接管理者和监管者，并制定对应的控制措施，形成一个全方位的目标责任体系，从而使状态危险源处于不同责任主体的监控中，避免其演化为失控状态危险源。表 10-6 以状态危险源"滚筒截齿磨损或丢失严重"为例对以上方法进行说明。

表 10-6　煤矿状态危险源风险预控的目标责任体系

状态危险源	控制标准	管理对象	责任者	直接管理者	监管者	控制措施
滚筒截齿磨损或丢失严重	（1）截齿齐全、锋利，安装牢固；（2）滚筒截齿丢失或损坏不超过 10%	采煤机	采煤机司机	带班队长	安检员	（1）责任措施：采煤机司机开机前必须检查采煤机滚筒截齿，当截齿丢失或损坏超过 10%时，必须停机更换后，方可开机；（2）管理措施：带班队长对采煤机滚筒截齿每割 4 刀检查一次，当工作面遇构造时，必须每刀检查，发现问题及时整改；（3）监管措施：安检员应每班至少巡检一次采煤机滚筒截齿，当截齿丢失或损坏超过 10%时，必须责令停机更换

C　失控状态危险源的事故引发概率极小化

如果受控状态危险源转化为了失控状态危险源，必须及时采取整改措施对其实施校正，避免其引发事故。根据危险源的不同类型和性质，整改措施可划分为三种：技术整改、行为纠正和管理完善。技术整改主要针对物态方面（包括机和环）的危险源，行为纠正是针对人员方面的危险源，管理完善是针对制度和观念方面的危险源。

技术整改的措施方法较多，按照其整改力度的强弱，可以分类为消除、隔离、弱化和劳动保护。消除是指对于一定环境下的根源危险源，如果不是生产所必须并且可以人为控制它的存在，那么，必须坚决消除它，以避免其出现失控状态危险源，从而触发事故；如果该根源危险源为生产所必须或者事故发生过程的一部分，那么，可以采取隔离的预控措施，防止其能量意外释放或事故发生的条件被触发，如井下采空区，必须对其实施有效的隔离防护，以免采空区垮落造成人员伤亡。在煤炭企业中，一些状态危险源随着生产的进行而出现，并且其能量会不断集聚，达到一定限度就成为失控危险源，有可能引发事故。对于这些危险源，可以采取弱化措施，使其发生事故的条件不具备。如煤矿中瓦斯管理，应该持续通风以降低瓦斯浓度。劳动保护指的是对危险源进行消除、隔离或弱化时，代价太大或无法实现，那么可以从人的角度进行保护，使得失控状态危险源对人不能构成健康、生命威胁。

行为纠正的主要措施是培训教育，培训教育可以使矿工掌握安全操作的方法技巧，树立正确的安全意识，从而减少或消除人的不安全行为。管理完善是为了弥补煤矿安全管理漏洞，其主要措施有建立健全危险源管理的规章制度，引导员工树立正确的安全观念，加强危险源控制管理的基础建设工作，完善危险源控制管理的考核评价和奖惩体系。

10.3　煤矿安全风险预控管理体系介绍

10.3.1　煤矿安全风险预控管理体系的内容及内涵

煤矿安全风险预控管理体系是以危险源辨识和风险评估为基础，以风险预控为核心，以不安全行为管控为重点，通过制定针对性的管控标准和措施，达到"人、机、环、管"的最佳匹配，从而实现煤矿安全生产。其核心是通过危险源辨识和风险评估，明确煤矿安全管理的对象和重点；通过保障机制，促进安全生产责任制的落实和风险管控标准与措施的执行；通过危险源监测监控和风险预警，使危险源始终处于受控状态。

10.3.1.1　煤矿安全风险预控管理体系的内容

煤矿安全风险预控管理体系由四部分组成，分别是范围、规范性引用文件、术语和定义、管理要素及要求。其中，管理要素及要求是体系的核心部分，包括 8 个一级要素和46 个二级要素，一级要素和二级要素的对应关系见表 10-7。

表 10-7　煤矿安全风险预控管理体系的管理要素

一　级　要　素	二　级　要　素
4.1　总体要求	

一 级 要 素	二 级 要 素
4.2　安全风险预控管理方针	
4.3　风险预控管理	4.3.1　危险源辨识
	4.3.2　风险评估
	4.3.3　风险管理对象、管理标准和管理措施制定
	4.3.4　危险源监控
	4.3.5　风险预警
	4.3.6　风险控制
	4.3.7　信息与沟通
4.4　保障管理	4.4.1　组织保障
	4.4.2　制度保障
	4.4.3　技术保障
	4.4.4　资金保障
	4.4.5　安全文化保障
4.5　人员不安全行为管理	4.5.1　员工准入管理
	4.5.2　员工不安全行为分类
	4.5.3　员工岗位规范
	4.5.4　不安全行为控制措施
	4.5.5　员工培训教育
	4.5.6　员工行为监督
	4.5.7　员工档案
4.6　生产系统安全要素管理	4.6.1　通风管理
	4.6.2　瓦斯管理
	4.6.3　防突管理
	4.6.4　防尘管理
	4.6.5　防灭火管理
	4.6.6　通风安全监控管理
	4.6.7　采掘管理
	4.6.8　爆破管理
	4.6.9　地测管理
	4.6.10　防治水管理
	4.6.11　供用电管理
	4.6.12　运输提升管理
	4.6.13　压气、输送和压力容器管理
	4.6.14　其他要求
4.7　综合管理	4.7.1　煤矿准入管理
	4.7.2　应急与事故管理
	4.7.3　消防管理
	4.7.4　职业健康管理
	4.7.5　手工工具管理
	4.7.6　登高作业管理
	4.7.7　起重作业管理
	4.7.8　标识管理
	4.7.9　承包商管理
	4.7.10　工余安全健康管理

续表 10-7

一　级　要　素	二　级　要　素
4.8　检查、审核与评审	4.8.1　检查 4.8.2　审核 4.8.3　管理评审

　　实施煤矿安全风险预控管理，实质上也是针对体系要素的规范管理。系统化的戴明模型或称为 PDCA 模型，是煤矿安全风险预控管理体系的运行基础。按照戴明模型，一个企业的经营活动可分为策划、实施、检查、改进四个相互联系的环节。煤矿安全风险预控管理体系的要素体现了这四个方面，因此，将体系要素划分为四类：策划要素、实施要素、检查要素和改进要素，其具体所包括的要素如图 10-23 所示。

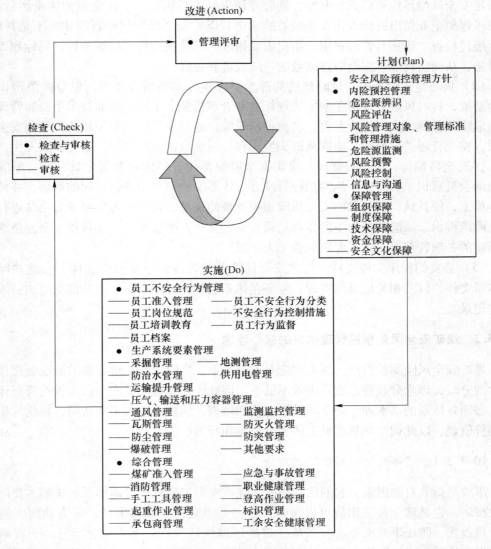

图 10-23　体系运行模式

10.3.1.2　煤矿安全风险预控管理体系的内涵

（1）为煤矿企业的安全管理提供了一套结构化的运行机制。虽然安全风险预控管理体系要素与现行煤矿安全管理要素没有本质区别，但其将这些要素系统化、结构化，实施PDCA循环模式以实现持续改进。因此，煤矿安全风险预控管理体系为煤矿企业安全管理提供了一套结构化的运行机制，目的是帮助煤炭企业建立系统化、综合化的安全管理机制，提高安全管理水平，推动安全管理绩效的持续改进，并为煤矿企业提供检查、评审和管理评审的依据。煤矿安全风险预控管理体系为煤矿企业安全管理提供了一套先进的管理框架，侧重于管理机制的建立，提出了具体、详细的管理要素及要求，但并未提供出具体的实施措施和方法，煤矿企业应根据自身条件采用最佳的技术和方法。

（2）持续改进的开放性循环过程。煤矿安全风险预控管理体系遵循PDCA运行模式，从指定安全风险预控管理方针开始，到管理评审结束，构成了一次完整的体系运行过程，并要求煤矿企业做出持续改进安全绩效的承诺。煤矿安全风险预控管理体系不是封闭的，需要经过检查、审核与管理评审，指出需要修改的风险预控管理体系方针、目标和要素管理措施，从而实现煤矿安全管理绩效的持续改进和提高。

（3）核心是风险预控。风险预控的理念贯穿于体系的所有要素，以危险源辨识和评价为基础，针对风险管理对象制定管理标准和管理措施，采取一定的技术手段和管理手段实施危险源监测，实现风险预警，进而控制风险，遏制事故的发生。相比传统的安全管理方法，安全管理关口前移，能够从源头发现和控制事故的致因因素，避免事故发生。

（4）全员参与，全过程管理。煤矿安全风险预控管理体系强调全员参与，形成风险预控的全员意识。如：安全风险预控管理方针体系要求对员工进行持续的培训，并传达到全体员工，使其认识到各自的安全风险预控管理的义务、责任；每年至少对全员进行一次以危险源辨识、风险评估为主的体系培训；安全文化保障要全员、全过程、全方位地贯穿于煤矿的各项管理等。体系要素涵盖了人、机、环、管。

（5）必要的程序文件支持。煤矿安全风险预控管理体系要形成文件，实施并保持规范体系文件，以及相关记录的管理，保证在体系运行的各个场所、岗位都能得到有效的文件和记录。

10.3.2　煤矿安全风险预控管理体系的核心理念

煤矿安全风险预控管理的核心理念是安全至上、风险预控，价值观的混乱会直接导致理念的分歧，理念分歧将造成管理效率低下。因此，在实施煤矿安全风险预控管理体系之前，必须将体系的基本理念向全体员工宣传和培训，达到心理共识和认同，转化为集体认同的价值观，以此调节和规范员工的安全心态和行为。

10.3.2.1　"事故可以预防"的理念

事故是指非自然因素引起的伤亡事故。煤矿安全风险预控管理体系解决的主要问题是事故预防，它是建立在"事故可以预防"这一基本理念基础之上的，研究如何实施科学的管理过程，防止事故发生。应当从"事故可以预防"这一基本理念出发，一方面考虑事故发生后减少或控制事故损失的应急措施；另一方面更要考虑消除事故发生原因的根本措施。前者称为损失预防措施，属于消极的对策；后者称为风险预控措施，属于积极的预防对策。

10.3.2.2 "防患于未然"理念

事故与损失是偶然性的关系。任何一次事故的发生都是其内在因素作用的结果，但事故何时发生以及发生以后是否造成损失、损失的种类、损失的程度等都是由偶然因素决定的。即使是反复出现的同类事故，各次事故的损失情况通常也各不相同的，有的可能造成伤亡，有的可能造成物质、财产损失，有的既有伤亡，又有物质财产的损失，也可能未造成损失。由此说明，由于事故与后果存在着偶然性关系，唯一的、积极的办法是防患于未然，因为只有完全防止事故出现，才能避免由事故所引起的各种程度的损失。如果仅从事故后果的严重程度来分析事故的性质，以此作为判断事故是否需要预防的依据，显然是片面的，甚至是错误的。因为它极少能反映事故前的不安全状态、不安全行为及管理上的缺陷。因此，从预防事故的角度考虑，绝对不能以事故是否造成伤害或损失作为是否应当预防的依据。对于未发生伤害或损失的未遂事故，如果不及时、有效地采取防范措施，以后也必然会发生伤害或损失的偶然性事故。因此，对于已发生伤害或损失的事故及未遂事故，均应全面判断隐患、分析原因。只有这样才能准确地掌握发生事故的倾向及频率，提出比较切合实际的预防对策。

10.3.2.3 "事故的可能原因必须予以根除"理念

事故与其发生的原因是必然性关系，任何事故的出现总是有原因的，事故与原因之间存在着必然性的因果关系，可按下述事故与原因的关系去理解事故发生的经过：

$$\boxed{损失} \longleftarrow \boxed{事故} \longleftarrow \boxed{直接原因} \longleftarrow \boxed{间接原因} \longleftarrow \boxed{基础原因}$$

为了使预防事故的措施有效，首先应当对事故进行全面的调查和分析，准确地找出直接原因、间接原因以及基础原因，一般在事故调查报告中只列出造成事故的直接原因，即在事故发生的瞬间所做的或发生的事情，或者在时间上最接近事故发生的原因，而没有分析管理缺陷及造成管理缺陷的基础原因，所采取的预防对策也往往只是针对直接原因而言，所以预防措施常常无效。这是因为显而易见的直接原因几乎很少是事故的根本原因，即使暂时去掉了直接原因但只要间接原因还存在，就会重新出现直接原因。所以，有效的事故预防措施来源于深入的原因分析。

10.3.2.4 "以人为本"理念

在煤矿安全风险预控管理体系的建立、运行和评审改进中，始终体现着"以人为本"的理念，如安全风险预控管理方针要体现对员工进行持续培训的要求，将管理方针传达到全体员工，使其认识到各自的安全风险预控管理的义务、责任。在信息与沟通中煤矿应确保：(1)员工参与风险预控管理方针和程序的制定、评审；(2)员工参与危险源辨识、风险评估；(3)员工参与管理标准、管理措施的制定；(4)员工了解谁是现场或当班急救人员；(5)组织员工进行班前、作业前风险评估，并留有记录；(6)在风险财务管理中对员工进行投保等。

在体系建立之初，"以人为本"体现在对员工进行分层培训，让员工参与到管理方针制定、体系文件编写中，要广泛听取员工，尤其是基层员工的意见，这对于员工理解并执行体系，提高员工对体系的认可度起着至关重要的作用。

在体系实施过程中，从保护员工安全的角度出发，让员工参与危险源辨识、风险评估及管理标准、管理措施的制定，让其充分了解工作中存在的危险性，并掌握处理办法，树立自我防范的意识。煤矿应了解和掌握员工业余安全健康状况并对此进行管理。煤矿应建立并保持员工职业健康控制程序，及时识别和控制职业健康方面的有害因素，保障员工职业健康。

在体系评审改进中，应将评审结果予以公布，让员工有工作环境危害的知情权，应建立通畅的协商沟通渠道，使得员工可以对体系改进献计献策，提出自己的意见。

10.3.2.5 "持续改进"理念

安全管理没有最优，只有更优。"持续改进"是煤矿安全风险预控管理体系的精髓。在体系中持续改进被定义为改进煤矿安全总体绩效，根据安全风险预控管理方针，企业完善安全风险预控管理的过程不仅体现在日常工作中，也体现在某些重大项目中。"持续改进"的理念突出体现在以下 5 个方面：

（1）安全风险预控管理方针。煤矿应定期评审，提出与煤矿发展相适宜的管理方针，激励员工不断努力，营造一个不断改进的环境与气氛。

（2）审核。煤矿企业应制定并保持体系审核程序，定期开展风险预控管理体系审核，将审核结果向管理者和相关方反馈，以便采取纠正措施。

（3）管理评审。煤矿应按规定的时间间隔对体系进行评审，以确保体系的持续适宜性、充分性和有效性。根据风险预控管理体系审核的结果、环境的变化和对持续改进的承诺，指出可能需要修改的风险预控管理方针、目标和其他要素。

（4）实施过程。实施纠正和预防措施以及其他适用的措施，实现改进。

（5）运行模式。体系的维护遵循 PDCA 运行模式，本身就体现了持续改进的理念。

10.3.3 煤矿安全风险预控管理体系的运行模式

煤矿安全风险预控管理体系同其他管理体系的运行模式相似，共同遵守由戴明博士提出的 PDCA 运行模式，包括策划、实施、检查和改进四个环节，每个环节包括的具体内容如图 10-24 所示。

（1）P ——策划。

1）确定煤矿安全风险预控管理的方针、目标；

2）建立组织机构，规定相应的职责、权限和相互关系；

3）配备必要的资源；

4）确定体系文件的结构及其层次关系；

5）编写必要的体系文件，明确活动或过程的实施程序和作业方法等。

（2）D——实施。按照策划阶段所规定的实施程序和作业方法等加以实施。

（3）C——检查。为了确保策划内容的有效实施，需要对实施的过程和结果进行检查衡量，检查的方式主要有日常安全检查监控、内部审核、管理评审三种。

（4）A——改进。根据检查阶段发现的问题和不足，对管理体系进行改进和完善，确

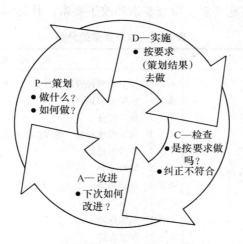

图 10-24　煤矿安全风险预控管理体系的 PDCA 循环

保体系的持续适用性、充分性和有效性，为下一个动态循环打下基础。

在 PDCA 循环过程中策划（P）是一个基础工作，对于初次建立煤矿安全风险预控管理体系的企业来说，尤其需要做好策划工作。正如图 10-24 所示，策划规定了做什么以及如何做，后续的 3 个环节都是在策划基础上展开工作的，是对策划内容的实践和纠正。

PDCA 循环可以使煤矿安全风险预控管理体系的建立和实施条理化、系统化和科学化，使工作步骤清晰明了，并具有如下两个特点：

1）大环套小环，小环保大环，推动大循环。PDCA 循环不仅是管理体系的整体运行模式，同时也应作为部门、班组、个人以及每一项安全活动的运行模式，层层循环，从而形成大环套小环，小环里面又套更小的环。大环是小环的依据，小环是大环的分解和保证，小环围绕着大环的方针、目标朝着同一方向转动，从而把各项安全管理工作有机地联系起来，彼此协同，互相促进。

2）持续改进，螺旋上升。PDCA 循环强调的是持续改进，每经过一轮循环，就解决一些问题，同时进行归纳总结，提出新的目标，然后再进行下一轮的循环，解决新的问题。通过持续不断的动态循环过程，使得煤矿安全管理水平和绩效呈螺旋式不断提高。

10.3.4　煤矿安全风险预控管理体系要素间的逻辑关系

煤矿安全风险预控管理体系的 46 个二级要素，都有其独立的管理作用，但各个要素在体系中的地位和作用是不同的，有的位于主线，有的位于支线。另外，各个要素之间是彼此关联的，共同构成了系统化的完整体系。在运行中，各个要素互相配合，前后关联，共同发挥作用，因此了解 46 个要素之间的相互关联与逻辑关系对更好地理解标准、建好体系具有十分重要的作用。

10.3.4.1　体系要素的分类

系统化的"戴明模型"即 PDCA 模型是煤矿安全风险预控管理体系的运行基础。按照"戴明模型"，一个企业的经营活动可分为"策划、实施、检查、改进"四个相互联系的环节。煤矿安全风险预控管理体系的要素体现了这 4 个方面，因此，本书将体系要素划分为四类：策划要素、实施要素、检查要素和改进要素，其具体所包含的要素见表 10-8。

表 10-8　体系要素的分类

要 素 分 类	相 关 要 素
策划要素	4.2　安全风险预控管理方针 4.3.1　危险源辨识 4.3.2　风险评估 4.3.3　风险管理对象、管理标准和管理措施 4.3.4　危险源监控 4.3.5　风险预警 4.3.6　风险控制 4.3.7　信息与沟通 4.4.1　组织保障 4.4.2　制度保障 4.4.3　技术保障 4.4.4　资金保障 4.4.5　安全文化保障
实施要素	4.5.1　员工准入管理 4.5.2　员工不安全行为分类 4.5.3　员工岗位规范 4.5.4　不安全行为控制措施 4.5.5　员工培训教育 4.5.6　员工行为监督 4.5.7　员工档案 4.6.1　通风管理 4.6.2　瓦斯管理 4.6.3　防突管理 4.6.4　防尘管理 4.6.5　防灭火管理 4.6.6　通风安全监控管理 4.6.7　采掘管理 4.6.8　爆破管理 4.6.9　地测管理 4.6.10　防治水管理 4.6.11　供用电管理 4.6.12　运输提升管理 4.6.13　压气、输送和压力容器管理 4.6.14　其他要求 4.7.1　煤矿准入管理 4.7.2　应急与事故管理 4.7.3　消防管理 4.7.4　职业健康管理 4.7.5　手工工具管理 4.7.6　登高作业管理 4.7.7　起重作业管理 4.7.8　标识管理 4.7.9　承包商管理 4.7.10　工余安全健康管理

要　素　分　类	相　关　要　素
检查要素	4.8.1　检查 4.8.2　审核
改进要素	4.8.3　管理评审

10.3.4.2　体系要素间的逻辑关系

在体系要素运行中，各个要素不仅各司其职，还紧密联系，互相配合，形成了一个整体，从而共同发挥作用，实现风险预控、持续改进的效果。体系要素之间的逻辑关系如图 10-25 所示。

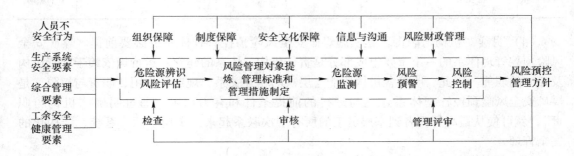

图 10-25　体系要素之间的逻辑关系

从图 10-25 可以看出，体系要素之间具有如下逻辑关系：

（1）"危险源辨识和风险控制"的过程是煤矿安全风险预控管理体系的核心。煤矿安全风险预控管理体系实施的目的在于对风险的超前预控，变事后的事故管理和隐患管理为事前的危险源管理，从而预防事故发生，持续改进安全管理绩效。因此，以危险源为核心而展开的一系列管理过程成为体系建立和保持的基础。从危险源辨识→风险评估→风险管理对象、管理标准和管理措施→危险源监测→风险预警→风险控制构成了煤矿安全风险预控管理体系的核心主线，其他体系要素均是围绕该过程而展开管理工作的。

（2）风险预控的对象涵盖了煤矿安全管理的各个方面。风险预控是指在危险源辨识和风险评估的基础上，预先采取措施消除或控制风险的过程。虽然风险预控控制的是风险，但风险的载体是危险源，因此，实施风险预控的第一步要对风险源进行辨识。在煤矿安全风险预控管理体系中，外源性涵盖了煤矿各个方面的要素，包括人员不安全行为（7个要素）、生产系统安全要素（14个要素）、综合管理要素（10个要素），除了以上要素之外，煤矿企业还应该从制度和观念两方面去辨识危险源。

（3）三级监控系统是体系有效运行的保障。在安全风险预控管理体系中，有3个要素专司监控职责，具有发现问题、解决问题和持续改进的功能，形成严格的三级监控体系，使体系具有自我约束、自我调节、自我完善的"三自"机制，这三个要素分别是检查、审核和管理评审。检查是一级监控，主要对体系的日常运行进行监督，随时发现问题，随时解决问题；审核是第二级监控，主要对体系的符合性和有效性进行检查，集中发现问题，集中解决问题；管理评审是第三级监控，主要对关乎体系运行的大政方针进行审查，由决策层对一些重大问题进行解决。

综上可知，检查、审核和管理的本质都是对风险预控管理工作进行监督、考核和评价，但监控的主体、重点和方式等存在差异，见表 10-9。

表 10-9 检查、审核和管理评价的差异

项目	检查主体	对象	检查内容	检查方式	检查周期	检查层次
检查	各级安全检查人员	人、机、环	危险源的状态	现场及内业检查	天	个人
审核	审核员	体系	全矿体系的建立和实施情况	现场及内业检查	季度或半年	整个煤矿
管理评审	管理层	体系	煤矿体系的适宜性、充分性、有效性	资料审查、讨论	年	整个煤矿

（4）明确"机构与职责"是实施煤矿安全风险预控管理体系的必要前提。煤矿安全风险预控管理体系的一个重要组成部分是责任机构，体系的建立、运行均依赖于职责机构及相应的职能。因此，明确各机构职能与层次的相互关系，规定其作用、职责与权限，是煤矿安全风险预控管理体系建立与运行的前提条件和有力保障。通过明确"机构与职责"，就可使从最高管理者到基层员工的所有层次联系起来，实现全面、系统、结构化的安全管理。

（5）风险预控管理方针是体系运行的实现目标。安全风险预控管理方针在体系中占有重要地位，它既阐明了体系的宗旨、方向和总目标，明确表明了对遵守现行安全法规和持续改进安全绩效的承诺，同时也体现了煤矿安全风险预控管理体系要实现的目标，使体系运行具备了可测量性和可评价性。

10.4 煤矿安全风险预控管理体系的建设步骤

煤矿安全风险预控管理体系的建立和实施是一个系统工程，为了顺利开展该项工作，首先要充分理解和掌握《煤矿安全风险预控管理体系规范》（AQ/T 1093—2011）的要求；其次要与煤矿企业的生产特点相适应，在煤矿企业现有的安全管理基础之上建立体系，以确保体系的适宜性、有效性和连续性；最后通过检查、审核和管理评审，不断提高体系的有效性、科学性，实现持续改进。

煤矿安全风险预控管理体系的建立涉及方方面面的工作，既要有领导的支持和承诺，还要有全体员工的参与；既要有目标设定，还要有目标考核；既要有体系策划实施，还要有体系审核和改进。总之，煤矿企业建立安全风险预控管理体系，应事先做好策划准备工作，按步骤逐步实施。

10.4.1 体系建立的原则

10.4.1.1 与企业实际和现有的安全管理工作相结合

不同煤矿在资源赋存条件、采深、煤层厚度、煤层瓦斯含量、矿井涌水量、顶底板性质、安全管理水平等方面存在较大差异，因而其体系建设的复杂程度也不同，煤矿安全风险预控管理体系的建设应充分适应企业自身的特点，既要体现全面性，同时也要突出重点。另外，煤矿现有的安全管理流程、制度和方法是在长期的工作实际中形成的，具有一定的科学性和有效性。煤矿安全风险预控管理体系不应该摒弃这些流程、制度和方法另搞一套，而应该以此为基础，取其精华、弃其糟粕，修改完善其不合理、不科学的地方，从而建立更为科学有效、适合自身特点的安全管理体系。

10.4.1.2　以安全文化为引领

由于煤矿自然条件的恶劣性，仅仅依靠安全技术手段和安全管理手段来预防事故是不够的，这是因为：一个没有安全文化基础的管理即使当时十分有效，也是暂时的现象，会因管理者的变化或随着时间的推移而迅速滑坡；缺乏安全文化的引领，煤矿员工很难从"受控人"到"自控人"的转变；安全文化的滞后注定了先进管理模式难以得到有效贯彻落实。因此，建立和实施煤矿安全风险预控管理体系，必须以安全文化为引领，从制度文化、观念文化、物态文化、行为文化四个方面分别进行贯彻落实，实现安全管理的长效机制。

10.4.1.3　遵循 PDCA 管理循环

PDCA 循环是能使任何一项活动有效进行的一种符合逻辑的工作程序，其遵循策划—实施—检查—改进的工作顺序，并且周而复始、持续改进。因此，煤矿安全风险预控管理体系的运行必须遵循 PDCA 管理循环，每一个循环周期都有具体、特定的管理目标和管理方案，下一个循环是上一个循环的改进、提升和延续，从而不断推进煤矿安全管理工作向更高层次发展。同时，每一项具体的安全管理活动同样应遵循 PDCA 循环，从而支撑和保证安全管理大循环的有效运转。总之，无论是煤矿整体的安全风险预控管理工作，还是部门、班组、个人的安全管理活动，无论是对于整个安全生产流程的管理，还是对于其中一个工序的管理，都应遵循 PDCA 循环。

10.4.1.4　体现"5w1h"的工作思路

在体系的建立过程中以及具体工作的实施过程中，应利用 5w1h 的思路来思考和筹划工作。5w1h 是一种思考分析方法，它强调对于一项事情或工作，要从"为什么做（why）"、"做什么（what）"、"谁去做（who）"、"何时做（when）"、"何地做（where）"、"怎么做（how）" 6 个方面去深化思考，从而使得工作内容具体化、科学化。

10.4.1.5　注重可操作性

煤矿安全风险预控管理体系不是煤矿的形象工程和面子工程，不能仅仅停留在煤矿安全管理框架的建立上，而应该成为煤矿安全管理的实施标准或准则，使其在实践中具备很强的可操作性。因此，在体系建立过程中，必须以系统工程为基础，对安全生产工艺、流程、安全操作、安全管理制度和办法以及安全环境（包括自然环境和文化环境）等进行结构化和系统化审查，识别和评估所存在的危险源，并制定切实可行的管理措施。

10.4.2　体系建立、实施的步骤及其工作内容

体系的建立和实施是一个系统工程，总体上，应遵循以下 7 个步骤：

步骤 1：领导决策与准备；

步骤 2：体系策划与设计；

步骤 3：危险源辨识与控制；

步骤 4：体系试运行；

步骤 5：内部审核；

步骤 6：体系运行绩效模糊评价；

步骤 7：管理评审。

每个步骤包含的主要工作内容如图 10-26 所示。

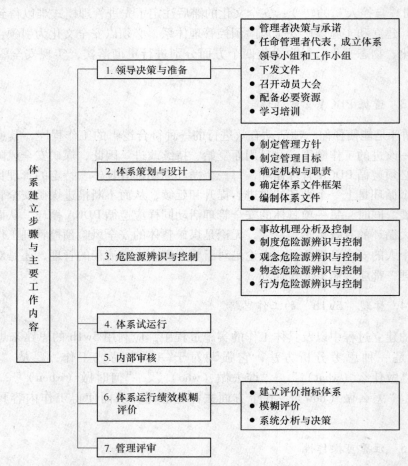

图 10-26　煤矿安全风险预控管理体系的建立、实施步骤和主要工作内容

10.4.3　体系建立的日程

企业特点和安全管理基础决定了体系建立的时间长短，少则半年，多则 1 年或更长时间。企业应根据自身实际，制定切实可行的日程，以便建设工作有条不紊进行。体系建设

的日程安排可以参考图 10-27。

ID	任务名称	开始时间	完成	持续时间									
1	体系调研与诊断				▬								
2	高层人员培训				▬								
3	成立组织机构					▬							
4	召开启动大会					▪							
5	分组贯标培训					▬							
6	危险源辨识							▬▬▬▬▬					
7	体系文件编制							▬▬▬▬▬					
8	体系文件审核											▬	
9	体系试运行												▬▬

图 10-27　煤矿安全风险预控管理体系建设的日程安排

10.5　本　章　小　结

本章主要介绍了安全管理理论的发展演变，事故致因理论、危险分析与事故预防理论、风险分析与风险控制理论、安全科学原理等，参照《煤矿安全风险预控管理体系规范》（AQ/T 1093—2011），重点讲述了煤矿安全风险预控管理体系的核心理念、运行模式、要素以及要素间的逻辑关系等，以及煤矿安全风险预控管理体系构建的内容和步骤。

 复习思考题

10-1　简述煤矿安全管理的重要性。

10-2　危险源管理模式重点需要解决哪 3 个问题？

10-3　简述安全管理理论的发展演变。

10-4　事故致因理论大致可以划分为哪几个类型？

10-5　利用海因里希因果连锁理论解释事故发生的原因。

10-6　如何理解风险预控？

10-7　危险源可分为几类？

10-8　PDCA 循环的内涵是什么？

10-9　煤矿安全风险预控管理体系的核心理念有哪些？

10-10　简述煤矿安全风险预控管理体系的建设步骤。

参 考 文 献

[1] 林友，王育军．安全系统工程［M］．北京：冶金工业出版社，2011．

[2] 汤其建．煤矿安全［M］．北京：国防工业出版社，2012．

[3] 张子敏．瓦斯地质学［M］．徐州：中国矿业大学出版社．

[4] 防治煤与瓦斯突出规定．国家安全生产监督管理总局 2009 年第 19 号令．

[5] 矿井瓦斯涌出量预测方法 AQ1018—2006．

[6] 煤矿瓦斯抽采工程设计规范 GB50471—2008．

[7] 煤矿井工开采通风技术条件 AQ 1028—2006．

[8] 煤矿生产安全事故报告和调查处理规定．国家安监总局，国家煤监局．"安监总政法〔2008〕212
号"文件．

[9] 高坚周．煤矿安全技术［M］．北京：煤炭工业出版社，2011．

[10] 郭国政，陆明心，等．煤矿安全技术与管理［M］．北京：冶金工业出版社，2006．

[11] 庞玉峰．煤矿防治水综合技术手册［M］．长春：吉林音像出版社，2003．

[12]《煤矿"六大"系统建设》，苏文叔，课件，2012．

[13] 孟现飞，李新春．煤矿安全风险预控管理体系建设实施指南［M］．徐州：中国矿业大学出版
社，2012．

[14] 吴强，等．煤矿安全技术与事故处理［M］．徐州：中国矿业大学出版社，2001．

[15] 王显政．煤矿安全新技术［M］．北京：煤炭工业出版社，2002．